Gaodeng Shuxue

高等数学

（下册）

四川大学数学学院高等数学教研室　编

四川大学出版社

责任编辑：毕　潜
责任校对：唐　飞
封面设计：墨创文化
责任印制：王　炜

图书在版编目(CIP)数据

高等数学. 下册 / 四川大学数学学院高等数学教研室编. —成都：四川大学出版社，2013.7
ISBN 978-7-5614-7010-7

Ⅰ.①高…　Ⅱ.①四…　Ⅲ.①高等数学－高等学校－教材　Ⅳ.①O13

中国版本图书馆 CIP 数据核字（2013）第 162995 号

书名　**高等数学（下册）**

作　者　四川大学数学学院高等数学教研室
出　版　四川大学出版社
地　址　成都市一环路南一段 24 号（610065）
发　行　四川大学出版社
书　号　ISBN 978-7-5614-7010-7
印　刷　郫县犀浦印刷厂
成品尺寸　185 mm×260 mm
印　张　14.75
字　数　395 千字
版　次　2013 年 8 月第 1 版
印　次　2017 年 7 月第 5 次印刷
定　价　32.00 元

◆读者邮购本书，请与本社发行科联系。电 话：85408408/85401670/85408023　邮政编码：610065
◆本社图书如有印装质量问题，请寄回出版社调换。
◆网址：http://www.scup.cn

前　言

本书是根据普通高等教育大学数学教学大纲以及硕士研究生高等数学考试大纲编写的，并针对当前高等院校的教学实际，重新整理了教材内容，教材具有体系完整、叙述详细、说理浅显、内容透彻、例题和习题全面及便于教学等特点.

全书分上下册. 上册为一元函数微积分部分；下册为多元函数微积分部分. 具体内容为：上册包括数列极限与数项级数、函数极限与连续性、导数与微分、微分中值定理与导数的应用、不定积分、定积分及函数项无穷级数；下册包括空间解析几何与矢量代数、多元函数微分学、重积分、曲线积分与曲面积分及微分方程.

鉴于普通初、高级中学数学教学大纲的不断修订，相比于其他同类教材，本书补充了极坐标等内容，并完善了一些初、高中阶段介绍过的概念及相应内容.

由于理工各专业所需要的数学不尽相同，本教材除共同需要的部分外，增加了一些加*号的内容，除了各专业可根据需要自行选用外，也可作为高等数学学习的补充课外参考内容.

本书可作为对大学数学要求较高的高等院校理工科非数学类各专业工科高等数学课程的教材或参考书.

本书由四川大学数学学院高等数学教研室组织编写，参加编写的人员有牛健人、高波、冷忠建、钮海、吕子明、闵心畅、项兆虹等.

本书的出版得益于四川大学数学学院、四川大学出版社及四川大学教务处的关心和帮助，在此谨向他们表示衷心的感谢.

由于水平所限，又兼仓促完稿，本书在内容安排、文字修饰和习题选配等方面还存在许多问题，希望教材使用者及广大读者予以指正.

编　者

2013 年 6 月

目　录

第 8 章　空间解析几何与矢量代数 …… (1)
§8.1　矢量及矢量的运算 …… (1)
§8.1.1　矢量、矢量的模、单位矢量 …… (1)
§8.1.2　矢量的加法 …… (2)
§8.1.3　数乘矢量 …… (3)
§8.1.4　两矢量的数量积(内积) …… (4)
§8.1.5　两矢量的矢量积 …… (5)
*§8.1.6　混合积 …… (6)
§8.1.7　矢量代数的应用举例 …… (6)
§8.2　坐标系、矢量的坐标 …… (9)
§8.2.1　坐标系 …… (9)
§8.2.2　空间直角坐标系、柱面坐标系和球面坐标系 …… (10)
§8.2.3　矢量运算的坐标表达式 …… (12)
§8.3　平面与直线 …… (16)
§8.3.1　平面方程 …… (16)
§8.3.2　直线方程 …… (18)
§8.3.3　点到平面与点到直线的距离 …… (19)
§8.3.4　两平面、两直线及平面与直线的位置关系 …… (20)
§8.4　曲面与曲线 …… (25)
§8.4.1　曲面方程 …… (25)
§8.4.2　曲线方程 …… (28)
§8.4.3　投影曲线 …… (31)
§8.5　二次曲面的标准型 …… (34)
§8.5.1　坐标平移 …… (36)
§8.5.2　坐标旋转 …… (37)
第 9 章　多元函数微分学 …… (45)
§9.1　多元函数 …… (45)
§9.1.1　二元函数的概念 …… (45)
§9.1.2　二元函数的极限和连续 …… (47)
§9.1.3　偏导数 …… (50)
§9.1.4　全微分 …… (54)

§9.1.5 复合函数微分法 …………………………………………………… (59)
§9.1.6 隐函数的微分法 …………………………………………………… (64)
§9.2 偏导数的应用 …………………………………………………… (71)
§9.2.1 几何应用 …………………………………………………… (71)
§9.2.2 方向导数 梯度 …………………………………………………… (74)
*§9.2.3 二元函数的泰勒展式 …………………………………………………… (78)
§9.2.4 二元函数的极值 …………………………………………………… (80)
第10章 重积分 …………………………………………………… (91)
§10.1 二重积分的概念与性质 …………………………………………………… (91)
§10.1.1 二重积分的概念 …………………………………………………… (91)
§10.1.2 二重积分的性质 …………………………………………………… (94)
§10.2 二重积分的计算 …………………………………………………… (97)
§10.2.1 利用直角坐标计算二重积分 …………………………………………………… (98)
§10.2.2 利用极坐标计算二重积分 …………………………………………………… (103)
§10.2.3 利用坐标变换计算二重积分 …………………………………………………… (106)
§10.3 三重积分 …………………………………………………… (111)
§10.3.1 三重积分的概念 …………………………………………………… (111)
§10.3.2 三重积分的计算 …………………………………………………… (111)
§10.4 含参变量的积分 …………………………………………………… (119)
§10.5 重积分的应用 …………………………………………………… (122)
§10.5.1 曲面的面积 …………………………………………………… (122)
§10.5.2 质心 …………………………………………………… (124)
§10.5.3 转动惯量 …………………………………………………… (126)
§10.5.4 引力 …………………………………………………… (127)
第11章 曲线积分与曲面积分 …………………………………………………… (131)
§11.1 对弧长的曲线积分 …………………………………………………… (131)
§11.1.1 对弧长的曲线积分的概念与性质 …………………………………………………… (131)
§11.1.2 对弧长的曲线积分的计算法 …………………………………………………… (133)
§11.2 对坐标的曲线积分 …………………………………………………… (136)
§11.2.1 对坐标的曲线积分的概念与性质 …………………………………………………… (136)
§11.2.2 对坐标的曲线积分的计算 …………………………………………………… (138)
§11.3 格林公式及其应用 …………………………………………………… (142)
§11.3.1 格林公式 …………………………………………………… (142)
§11.3.2 格林公式的简单应用 …………………………………………………… (144)
§11.3.3 平面上曲线积分与路径无关的条件 …………………………………………………… (146)
§11.3.4 二元函数的全微分求积 …………………………………………………… (147)
§11.3.5 曲线积分的基本定理 …………………………………………………… (149)
§11.4 对面积的曲面积分 …………………………………………………… (151)
§11.4.1 对面积的曲面积分的概念与性质 …………………………………………………… (151)

§11.4.2　对面积的曲面积分的计算…………………………………………（152）
§11.5　对坐标的曲面积分……………………………………………………（155）
§11.5.1　对坐标的曲面积分的概念与性质……………………………………（155）
§11.5.2　对坐标的曲面积分的计算…………………………………………（158）
§11.5.3　两类曲面积分之间的联系…………………………………………（159）
§11.6　高斯公式　通量与散度………………………………………………（161）
§11.6.1　高斯公式………………………………………………………………（161）
§11.6.2　通量与散度……………………………………………………………（163）
§11.7　斯托克斯公式　环流量与旋度………………………………………（165）
§11.7.1　斯托克斯公式…………………………………………………………（165）
§11.7.2　环流量与旋度…………………………………………………………（167）
第12章　微分方程 …………………………………………………………（170）
§12.1　微分方程的基本概念…………………………………………………（170）
§12.1.1　微分方程基本概念……………………………………………………（170）
§12.1.2　微分方程解的存在性…………………………………………………（172）
§12.2　一阶微分方程…………………………………………………………（174）
§12.2.1　可分离变量的微分方程………………………………………………（174）
§12.2.2　一阶线性微分方程……………………………………………………（179）
§12.3　二阶微分方程…………………………………………………………（184）
§12.3.1　特殊二阶微分方程……………………………………………………（184）
§12.3.2　二阶线性微分方程……………………………………………………（189）
§12.3.3　二阶常系数线性微分方程……………………………………………（192）
习题参考答案……………………………………………………………………（207）

第 8 章　空间解析几何与矢量代数

作为数学分支"几何学"的重要部分，空间解析几何是学习多元函数微积分、线性代数以及其他数学课程必不可少的基础. 同时，也是学习物理、力学以及其他工程技术学科所必需具备的数学知识.

本章首先介绍矢量及其运算，并建立空间坐标系，然后介绍平面与直线，曲面与曲线以及二次曲面等空间解析几何的基本内容.

§8.1　矢量及矢量的运算

矢量来源于力学、物理学. 本节从物理、力学上引入矢量运算的定义，并给出其运算规律以及矢量平行、垂直的重要定理.

§8.1.1　矢量、矢量的模、单位矢量

在物理、力学中，如速度、加速度、力、位移等既有大小又有方向的量称为**矢量**(或称**向量**). 用有向线段 $\overrightarrow{AB}$ 表示大小为 AB 线段的长度，沿 AB 直线从点 A 到点 B 方向的矢量，点 A 称为矢量 $\overrightarrow{AB}$ 的**始端**，点 B 称为矢量的**终端**，也可用 $\vec{a}$, $\vec{b}$, $\vec{c}$ 或者黑体字母 $\boldsymbol{a}$, $\boldsymbol{b}$, $\boldsymbol{c}$ 来表示矢量，如图 8.1 所示. 符号 $|\overrightarrow{AB}|$ 表示矢量 $\overrightarrow{AB}$ 的大小，称为矢量 $\overrightarrow{AB}$ 的模，同样 $|\vec{a}|$ 表示矢量 $\vec{a}$ 的模，$|\boldsymbol{a}|$ 表示矢量 $\boldsymbol{a}$ 的模.

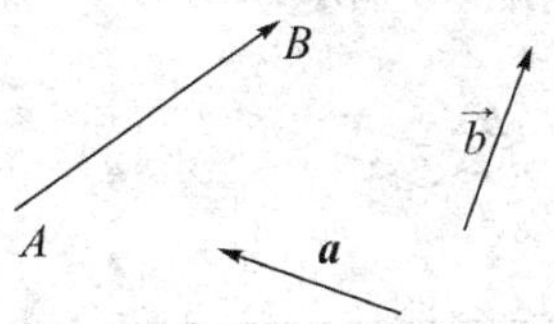

图 8.1

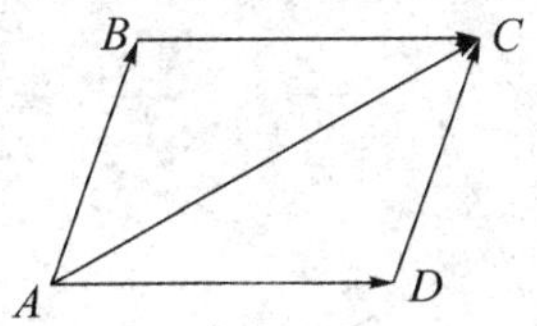

图 8.2

定义 1　若两个矢量 $\boldsymbol{a}$ 与 $\boldsymbol{b}$ 的方向相同、大小相等(模相等)，则称两矢量**相等**，记为 $\boldsymbol{a}=\boldsymbol{b}$，也即一个平行移动后的矢量与原矢量相等，这样的矢量又称为**自由矢量**. 在数学上，我们研究的矢量都是指自由矢量.

如图 8.2 所示的平行四边形 $ABCD$，矢量 $\overrightarrow{AB}=\overrightarrow{DC}$，$\overrightarrow{AD}=\overrightarrow{BC}$.

定义 2　若两个矢量 $\boldsymbol{a}$ 与 $\boldsymbol{b}$ 的大小(模)相等、方向相反($\boldsymbol{a}$ 与 $\boldsymbol{b}$ 互为逆向矢量)，则称 $\boldsymbol{b}$ 为 $\boldsymbol{a}$ 的**负矢量**，或称 $\boldsymbol{a}$ 为 $\boldsymbol{b}$ 的负矢量. 记为 $\boldsymbol{a}=-\boldsymbol{b}$ 或 $\boldsymbol{b}=-\boldsymbol{a}$.

如图 8.2 中，$\overrightarrow{AB}=-\overrightarrow{CD}$，$\overrightarrow{CD}=-\overrightarrow{AB}$.

定义 3　长度为零的矢量(模等于零)，称为**零矢量**，记为$\vec{0}$，在不至于混淆的情况下也写为“**0**”. 零矢量又称为**点矢量**，无一定方向，所以可以是任意方向的矢量.

定义 4　长度为一个单位(模等于 1)的矢量称为**单位矢量**. 一个矢量 $\boldsymbol{a}$ 的单位矢量为与 $\boldsymbol{a}$ 方向相同、长度(模)为一个单位的矢量，记为 $\boldsymbol{a}^0$.

§8.1.2　矢量的加法

在物理力学中，两个力的合力用“平行四边形法则”确定，如图 8.3(a)所示，矢量 $\overrightarrow{OA}$ 与 $\overrightarrow{OB}$ 表示两个力，以 OA，OB 为邻边作平行四边形 $OACB$，对角线为 OC，则矢量 $\overrightarrow{OC}$ 是 $\overrightarrow{OA}$ 与 $\overrightarrow{OB}$ 的合力，记为 $\overrightarrow{OA}+\overrightarrow{OB}=\overrightarrow{OC}$，这便是矢量加法的“平行四边形法则”.

“平行四边形法则”可简化为“三角形法则”，如图 8.3(b)、(c)所示. $\overrightarrow{OA}=\overrightarrow{BC}=\boldsymbol{a}$，$\overrightarrow{OB}=\overrightarrow{AC}=\boldsymbol{b}$，那么 $\overrightarrow{OC}=\boldsymbol{a}+\boldsymbol{b}=\boldsymbol{b}+\boldsymbol{a}$.

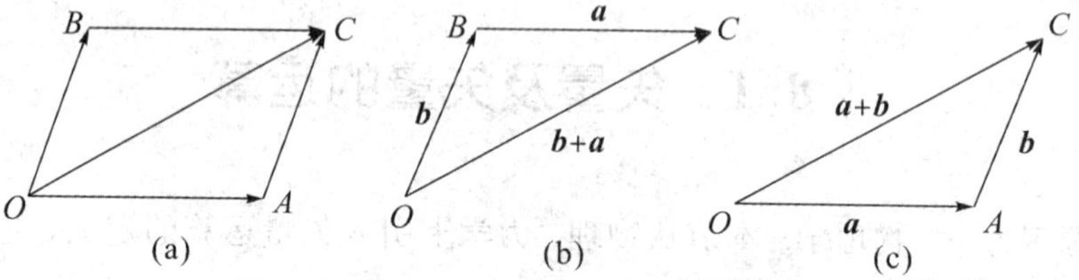

图 8.3

定义 5　两矢量 $\boldsymbol{a}$ 与 $\boldsymbol{b}$ 的加法. 若 $\boldsymbol{a}$ 的终端与 $\boldsymbol{b}$ 的始端相连，则从 $\boldsymbol{a}$ 的始端到 $\boldsymbol{b}$ 的终端的矢量为 $\boldsymbol{a}$ 与 $\boldsymbol{b}$ 的和，记为 $\boldsymbol{a}+\boldsymbol{b}$，称为“$\boldsymbol{a}$ 加 $\boldsymbol{b}$”. 若 $\boldsymbol{b}$ 的终端与 $\boldsymbol{a}$ 的始端相连，则从 $\boldsymbol{b}$ 的始端到 $\boldsymbol{a}$ 的终端的矢量为 $\boldsymbol{b}+\boldsymbol{a}$，称为“$\boldsymbol{b}$ 加 $\boldsymbol{a}$”.

因为矢量 $\boldsymbol{a}$，$\boldsymbol{b}$ 与 $\boldsymbol{a}+\boldsymbol{b}$ 构成一个三角形，所以又称为“三角形法则”，显然，矢量的加法满足交换律 $\boldsymbol{a}+\boldsymbol{b}=\boldsymbol{b}+\boldsymbol{a}$.

从两个矢量相加的“三角形法则”，不难推广到多个矢量相加的“封闭多边形法则”. 如图 8.4 所示，设矢量 $\boldsymbol{a}$，$\boldsymbol{b}$，$\boldsymbol{c}$，$\boldsymbol{d}$，作加法 $\boldsymbol{a}+\boldsymbol{b}+\boldsymbol{c}+\boldsymbol{d}$. 则只要把矢量 $\boldsymbol{a}$，$\boldsymbol{b}$，$\boldsymbol{c}$，$\boldsymbol{d}$ 依次序首(始端)尾(终端)相连，那么从矢量 $\boldsymbol{a}$ 的始端到矢量 $\boldsymbol{d}$ 的终端的矢量为 $\boldsymbol{a}+\boldsymbol{b}+\boldsymbol{c}+\boldsymbol{d}$.

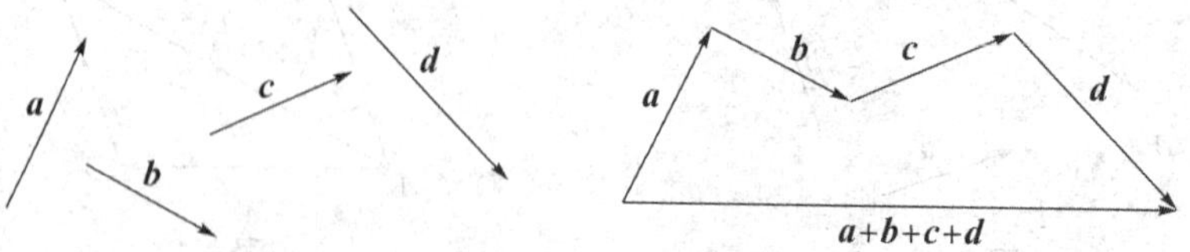

图 8.4

“代数”中引入负数后，加法的逆运算减法，已当作代数和，减一个数相当于加该数的相反数. 矢量运算同样如此，矢量 $\boldsymbol{a}$ 减矢量 $\boldsymbol{b}$ 相当于加“$-\boldsymbol{b}$”，即 $\boldsymbol{a}-\boldsymbol{b}=\boldsymbol{a}+(-\boldsymbol{b})$，如图 8.5 所示.

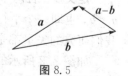

图 8.5

矢量的加法与数的加法类似，满足以下规律：

(1)若 $\boldsymbol{a}+\boldsymbol{b}=\boldsymbol{0}$，则 $\boldsymbol{b}=-\boldsymbol{a}$，$\boldsymbol{a}=-\boldsymbol{b}$；

(2)$\boldsymbol{a}+\boldsymbol{0}=\boldsymbol{a}$；

(3)$\boldsymbol{a}+\boldsymbol{b}=\boldsymbol{b}+\boldsymbol{a}$(交换律)；

(4)$(\boldsymbol{a}+\boldsymbol{b})+\boldsymbol{c}=\boldsymbol{a}+(\boldsymbol{b}+\boldsymbol{c})$(结合律)；

(5)若 $\boldsymbol{a}+\boldsymbol{b}=\boldsymbol{a}+\boldsymbol{c}$，则 $\boldsymbol{b}=\boldsymbol{c}$(消去律).

§8.1.3　数乘矢量

定义 6　实数 k 与矢量 $\boldsymbol{a}$ 的乘积称为**数乘矢量**. 记为 $k\boldsymbol{a}$，它的模 $|k\boldsymbol{a}|=|k||\boldsymbol{a}|$. 其方向为：当 $k>0$ 时，$k\boldsymbol{a}$ 与 $\boldsymbol{a}$ 同向；当 $k<0$ 时，$k\boldsymbol{a}$ 与 $\boldsymbol{a}$ 反向；当 $k=0$ 时，$0\cdot\boldsymbol{a}=\boldsymbol{0}$；当 $k=1$ 时，$1\cdot\boldsymbol{a}=\boldsymbol{a}$；当 $k=-1$ 时，$(-1)\cdot\boldsymbol{a}=-\boldsymbol{a}$.

数乘矢量满足下列规律：

(1)$k\boldsymbol{a}=\boldsymbol{a}k$(交换律)；

(2)$k(l\boldsymbol{a})=(kl)\boldsymbol{a}$，$k$，$l$ 为实数(结合律)；

(3)$(k+l)\boldsymbol{a}=k\boldsymbol{a}+l\boldsymbol{a}$，$k(\boldsymbol{a}+\boldsymbol{b})=k\boldsymbol{a}+k\boldsymbol{b}$(分配律)；

(4)若 $k\neq 0$，$k\boldsymbol{a}=k\boldsymbol{b}$，则 $\boldsymbol{a}=\boldsymbol{b}$，

若 $\boldsymbol{a}\neq\boldsymbol{0}$，$k\boldsymbol{a}=l\boldsymbol{a}$，则 $k=l$(消去律).

例如，矢量 $\boldsymbol{a}$ 为非零矢量，即 $|\boldsymbol{a}|\neq 0$，则因为 $\boldsymbol{a}=|\boldsymbol{a}|\boldsymbol{a}^0$，所以 $\boldsymbol{a}^0=\frac{1}{|\boldsymbol{a}|}\boldsymbol{a}$.

矢量加法与数乘矢量统称矢量的**线性运算**. 设任意二实数 k，l，与两个矢量 $\boldsymbol{a}$，$\boldsymbol{b}$ 的运算 $k\boldsymbol{a}+l\boldsymbol{b}$ 称为矢量 $\boldsymbol{a}$，$\boldsymbol{b}$ 的线性运算.

显然，当 $k=l=1$ 时，为 $\boldsymbol{a}+\boldsymbol{b}$；当 $l=0$ 时，为 $k\boldsymbol{a}$. 因此矢量的线性运算包含矢量加法与数乘矢量.

线性运算又称为**线性组合**，即 $k\boldsymbol{a}+l\boldsymbol{b}$ 为 $\boldsymbol{a}$ 与 $\boldsymbol{b}$ 的线性组合. 若矢量 $\boldsymbol{c}=k\boldsymbol{a}+l\boldsymbol{b}$，又称矢量 $\boldsymbol{c}$ 可被 $\boldsymbol{a}$ 与 $\boldsymbol{b}$ 线性表示，…. 这些都是线性代数课程中讨论的重要概念，其几何意义在于矢量共线与共面的问题.

对于自由矢量来说，互相平行的矢量称为**共线矢量**，平行于同一平面的矢量称为**共面矢量**. 关于矢量共线与共面有以下常用到的结论：

结论 1　零矢量与任何矢量共线(零矢量平行于任何矢量).

结论 2　若矢量 $\boldsymbol{a}$ 与 $\boldsymbol{b}$ 有等式 $\boldsymbol{a}=k\boldsymbol{b}$ 成立，则 $\boldsymbol{a}$ 与 $\boldsymbol{b}$ 共线(数乘矢量与原矢量平行).

结论 3　矢量 $\boldsymbol{a}$ 与 $\boldsymbol{b}$ 共线的充分必要条件是存在不全为零的数 k_1，k_2，使得 $k_1\boldsymbol{a}+k_2\boldsymbol{b}=\boldsymbol{0}$.

证明　必要性. 若 $\boldsymbol{a}$ 与 $\boldsymbol{b}$ 共线，则当 $\boldsymbol{a}=\boldsymbol{0}$ 时，有 $1\boldsymbol{a}+0\boldsymbol{b}=\boldsymbol{0}$，这时 $k_1=1$，$k_2=0$；当 $\boldsymbol{b}=\boldsymbol{0}$ 时，有 $0\boldsymbol{a}+1\boldsymbol{b}=\boldsymbol{0}$，这时 $k_1=0$，$k_2=1$；当 $\boldsymbol{a}$，$\boldsymbol{b}$ 均为非零矢量时，因为 $\boldsymbol{a}$ 与 $\boldsymbol{b}$ 平行，所以 $\boldsymbol{a}$ 为 $\boldsymbol{b}$ 的数乘，即存在实数 l，使得 $\boldsymbol{a}=l\boldsymbol{b}$(当 $\boldsymbol{a}$ 与 $\boldsymbol{b}$ 同向时 $l>0$，反向时 $l<0$). 有

$$\boldsymbol{a}-l\boldsymbol{b}=\boldsymbol{0},$$

即

$$k_1=1,\quad k_2=-l.$$

所以必存在不全为零的数 k_1，k_2，使得 $k_1\boldsymbol{a}+k_2\boldsymbol{b}=\boldsymbol{0}$ 成立.

充分性. 若存在不全为零的数 k_1，k_2，使得 $k_1\boldsymbol{a}+k_2\boldsymbol{b}=\boldsymbol{0}$，则当 $k_1\neq 0$ 时，$\boldsymbol{a}=-\frac{k_2}{k_1}\boldsymbol{b}$；

当 $k_2\neq0$ 时，$\boldsymbol{b}=-\frac{k_1}{k_2}\boldsymbol{a}$. 所以由结论 2 知 $\boldsymbol{a}$ 与 $\boldsymbol{b}$ 共线.

结论 4　若矢量 $\boldsymbol{a}$，$\boldsymbol{b}$，$\boldsymbol{c}$ 满足关系 $\boldsymbol{c}=k_1\boldsymbol{a}+k_2\boldsymbol{b}$($k_1$，$k_2$ 为实数)，则 $\boldsymbol{a}$，$\boldsymbol{b}$，$\boldsymbol{c}$ 三矢量共面(由矢量加法可证).

结论 5　三个矢量 $\boldsymbol{a}$，$\boldsymbol{b}$，$\boldsymbol{c}$ 共面的充分必要条件是存在不全为零的实数 k_1，k_2，k_3，使得 $k_1\boldsymbol{a}+k_2\boldsymbol{b}+k_3\boldsymbol{c}=\boldsymbol{0}$ 成立(作为练习证明).

§8.1.4　两矢量的数量积(内积)

从物理学中知道在力 $\boldsymbol{F}$ 的作用下使物体作直线运动而产生位移 $\boldsymbol{s}$ 时所做的功(见图 8.6)为

$$W=|\boldsymbol{F}||\boldsymbol{s}|\cos\theta.$$

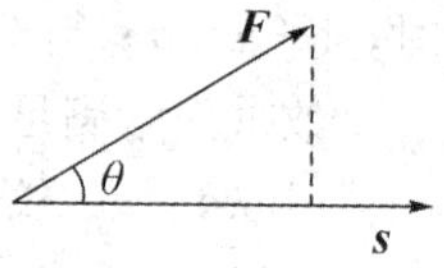

图 8.6

定义 7　两矢量 $\boldsymbol{a}$ 与 $\boldsymbol{b}$ 的**数量积**(内积)，等于两矢量的模与两矢量夹角的余弦的乘积. 记为

$$\boldsymbol{a}\cdot\boldsymbol{b}=|\boldsymbol{a}||\boldsymbol{b}|\cos\theta.$$

式中，$\theta=\langle\boldsymbol{a},\boldsymbol{b}\rangle$，为 $\boldsymbol{a}$ 与 $\boldsymbol{b}$ 的夹角. 即平移两矢量使始端重合为角的顶点，以两矢量为边所成的角，规定 $0\leqslant\theta\leqslant\pi$.

数量积满足以下规律：

(1)$\boldsymbol{a}\cdot\boldsymbol{b}=\boldsymbol{b}\cdot\boldsymbol{a}$(交换律)；

(2)$(\boldsymbol{a}+\boldsymbol{b})\cdot\boldsymbol{c}=\boldsymbol{a}\cdot\boldsymbol{c}+\boldsymbol{b}\cdot\boldsymbol{c}$(分配律)；

(3)$(k\boldsymbol{a})\cdot\boldsymbol{b}=\boldsymbol{a}\cdot(k\boldsymbol{b})=k(\boldsymbol{a}\cdot\boldsymbol{b})$；

(4)$\boldsymbol{a}^2=\boldsymbol{a}\cdot\boldsymbol{a}=|\boldsymbol{a}|^2$.

这里要注意，三个矢量 $\boldsymbol{a}$，$\boldsymbol{b}$，$\boldsymbol{c}$ 的积，$(\boldsymbol{a}\cdot\boldsymbol{b})\boldsymbol{c}$ 与 $\boldsymbol{a}(\boldsymbol{b}\cdot\boldsymbol{c})$ 之间未必相等，特别要注意 $\boldsymbol{a}\cdot\boldsymbol{b}\cdot\boldsymbol{c}$ 是无意义的.

由数量积的定义可推得两个重要公式. 设 $\boldsymbol{a}$ 与 $\boldsymbol{b}$ 为非零矢量，则有：

$\boldsymbol{a}$ 与 $\boldsymbol{b}$ 的夹角的余弦

$$\cos\theta=\frac{\boldsymbol{a}\cdot\boldsymbol{b}}{|\boldsymbol{a}||\boldsymbol{b}|};$$

$\boldsymbol{a}$ 在 $\boldsymbol{b}$ 上的投影

$$\mathrm{Prj}_{\boldsymbol{b}}\boldsymbol{a}=\frac{\boldsymbol{a}\cdot\boldsymbol{b}}{|\boldsymbol{b}|}\ \text{或记为}\ a_{\boldsymbol{b}}=\frac{\boldsymbol{a}\cdot\boldsymbol{b}}{|\boldsymbol{b}|};$$

$\boldsymbol{b}$ 在 $\boldsymbol{a}$ 上的投影

$$\mathrm{Prj}_{\boldsymbol{a}}\boldsymbol{b}=\frac{\boldsymbol{a}\cdot\boldsymbol{b}}{|\boldsymbol{a}|}\ \text{或记为}\ b_{\boldsymbol{a}}=\frac{\boldsymbol{a}\cdot\boldsymbol{b}}{|\boldsymbol{a}|}.$$

定理 1　两个矢量 $\boldsymbol{a}$ 与 $\boldsymbol{b}$ 垂直的充分必要条件是 $\boldsymbol{a}\cdot\boldsymbol{b}=0$.

证明　必要性. 若 $\boldsymbol{a}$ 与 $\boldsymbol{b}$ 垂直，则 $\boldsymbol{a}$ 与 $\boldsymbol{b}$ 的夹角 $\theta=\frac{\pi}{2}$，所以

$$\boldsymbol{a}\cdot\boldsymbol{b}=|\boldsymbol{a}||\boldsymbol{b}|\cos\frac{\pi}{2}=0.$$

充分性. 若 $\boldsymbol{a}\cdot\boldsymbol{b}=0$，则 $|\boldsymbol{a}||\boldsymbol{b}|\cos\theta=0$，当 $\boldsymbol{a}$ 与 $\boldsymbol{b}$ 至少有一个为零矢量时，零矢量与

任何矢量都垂直. 当 $\boldsymbol{a}$ 与 $\boldsymbol{b}$ 均为非零矢量时，即 $|\boldsymbol{a}|\neq 0$，$|\boldsymbol{b}|\neq 0$ 时，有 $\cos\theta=0$；即 $\boldsymbol{a}$ 与 $\boldsymbol{b}$ 的夹角 $\theta=\frac{\pi}{2}$，两矢量垂直.

§8.1.5　两矢量的矢量积

回忆物理学中**矩**的概念. 如图 8.7 所示，悬臂长为 S，悬臂端作用力为 $\boldsymbol{F}$，则 $\boldsymbol{F}$ 与力臂 $\boldsymbol{S}$ 产生的矩的大小等于 $|\boldsymbol{F}||\boldsymbol{S}|\sin\theta$，方向规定为右手定则.

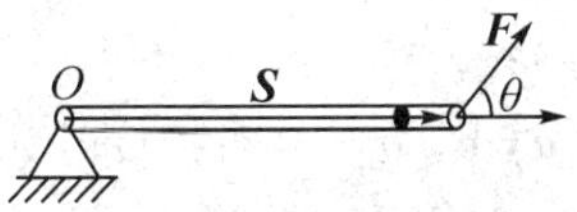

图 8.7

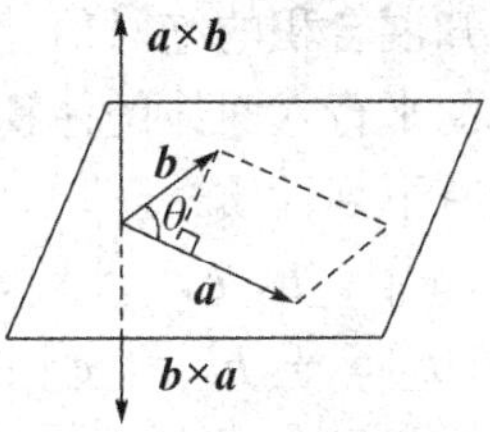

图 8.8

定义 8　两矢量 $\boldsymbol{a}$ 与 $\boldsymbol{b}$ 的**矢量积**为一个矢量，记为 $\boldsymbol{a}\times\boldsymbol{b}$，它的模等于两矢量的模与两矢量夹角 $\theta=\langle\boldsymbol{a},\boldsymbol{b}\rangle$ 的正弦 $\sin\theta$ 的积，即

$$|\boldsymbol{a}\times\boldsymbol{b}|=|\boldsymbol{a}||\boldsymbol{b}|\sin\theta;$$

方向垂直于 $\boldsymbol{a}$，$\boldsymbol{b}$ 所在平面，按右手定则指定的方向，如图 8.8 所示.

因为 $|\boldsymbol{a}\times\boldsymbol{b}|=|\boldsymbol{a}||\boldsymbol{b}|\sin\theta$，所以 $\boldsymbol{a}\times\boldsymbol{b}$ 的模等于以 $\boldsymbol{a}$，$\boldsymbol{b}$ 为邻边所构成平行四边形的面积.

矢量积满足下列规律：

(1) $\boldsymbol{a}\times\boldsymbol{b}=-\boldsymbol{b}\times\boldsymbol{a}$；

(2) $(k\boldsymbol{a})\times\boldsymbol{b}=\boldsymbol{a}\times(k\boldsymbol{b})=k(\boldsymbol{a}\times\boldsymbol{b})$（$k$ 为实数）；

(3) $\boldsymbol{a}\times(\boldsymbol{b}+\boldsymbol{c})=\boldsymbol{a}\times\boldsymbol{b}+\boldsymbol{a}\times\boldsymbol{c}$；

$(\boldsymbol{b}+\boldsymbol{c})\times\boldsymbol{a}=\boldsymbol{b}\times\boldsymbol{a}+\boldsymbol{c}\times\boldsymbol{a}$（分配律）.

可以看出矢量积只有分配律成立，交换律与结合律都不成立，即 $(\boldsymbol{a}\times\boldsymbol{b})\times\boldsymbol{c}$ 未必等于 $\boldsymbol{a}\times(\boldsymbol{b}\times\boldsymbol{c})$. 所以连乘积 $\boldsymbol{a}\times\boldsymbol{b}\times\boldsymbol{c}$ 与 $\boldsymbol{a}\cdot\boldsymbol{b}\cdot\boldsymbol{c}$ 同样无意义.

定理 2　两矢量 $\boldsymbol{a}$ 与 $\boldsymbol{b}$ 平行的充分必要条件是 $\boldsymbol{a}\times\boldsymbol{b}=\boldsymbol{0}$.

证明　必要性. 若 $\boldsymbol{a}$ 与 $\boldsymbol{b}$ 平行，则 $\boldsymbol{a}$ 与 $\boldsymbol{b}$ 的夹角 $\theta=0$ 或 $\theta=\pi$，故

$$|\boldsymbol{a}\times\boldsymbol{b}|=|\boldsymbol{a}||\boldsymbol{b}|\sin\theta=0,$$

所以 $\boldsymbol{a}\times\boldsymbol{b}=\boldsymbol{0}$.

充分性. 若 $\boldsymbol{a}\times\boldsymbol{b}=\boldsymbol{0}$，则 $|\boldsymbol{a}\times\boldsymbol{b}|=|\boldsymbol{a}||\boldsymbol{b}|\sin\theta=0$，当 $\boldsymbol{a}$ 与 $\boldsymbol{b}$ 至少有一个为零矢量时，因零矢量与任何矢量平行，所以 $\boldsymbol{a}$ 与 $\boldsymbol{b}$ 平行. 当 $\boldsymbol{a}$ 与 $\boldsymbol{b}$ 均为非零矢量时，则 $|\boldsymbol{a}|\neq 0$，$|\boldsymbol{b}|\neq 0$，因此 $\theta=0$ 或 $\theta=\pi$，所以 $\boldsymbol{a}$ 与 $\boldsymbol{b}$ 平行.

* §8.1.6 混合积

定义 9 三个矢量 $\boldsymbol{a}$, $\boldsymbol{b}$, $\boldsymbol{c}$ 的积$(\boldsymbol{a}\times\boldsymbol{b})\cdot\boldsymbol{c}$ 称为**混合积**, 记为$[\boldsymbol{a}, \boldsymbol{b}, \boldsymbol{c}]$.

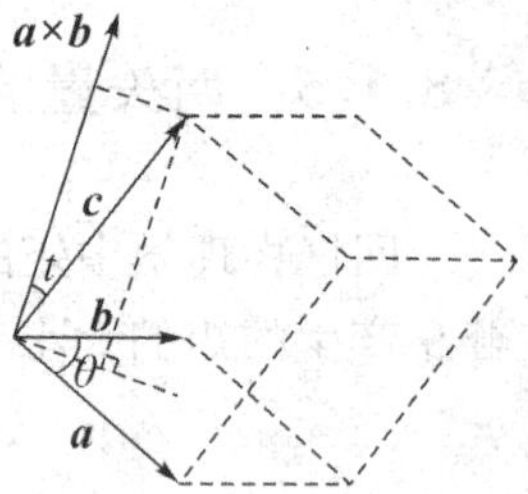

图 8.9

设矢量 $\boldsymbol{a}\times\boldsymbol{b}$ 与 $\boldsymbol{c}$ 的夹角为 t, $\boldsymbol{a}$ 与 $\boldsymbol{b}$ 的夹角为 θ, 则

$$(\boldsymbol{a}\times\boldsymbol{b})\cdot\boldsymbol{c}=|\boldsymbol{a}\times\boldsymbol{b}||\boldsymbol{c}|\cos t$$
$$=|\boldsymbol{a}\times\boldsymbol{b}|\mathrm{Prj}_{\boldsymbol{a}\times\boldsymbol{b}}\boldsymbol{c}.$$

由图 8.9 知混合积的绝对值$|[\boldsymbol{a}, \boldsymbol{b}, \boldsymbol{c}]|$等于以 $\boldsymbol{a}$, $\boldsymbol{b}$, $\boldsymbol{c}$ 三矢量为棱所构成的平行六面体的体积.

混合积具有下列性质:

(1)$[\boldsymbol{a}, \boldsymbol{b}, \boldsymbol{c}]=[\boldsymbol{b}, \boldsymbol{c}, \boldsymbol{a}]=[\boldsymbol{c}, \boldsymbol{a}, \boldsymbol{b}]$ (轮换性);

(2)$[\boldsymbol{a}, \boldsymbol{b}, \boldsymbol{c}]=-[\boldsymbol{b}, \boldsymbol{a}, \boldsymbol{c}]=-[\boldsymbol{c}, \boldsymbol{b}, \boldsymbol{a}]=-[\boldsymbol{a}, \boldsymbol{c}, \boldsymbol{b}]$ (对换变号);

(3)$[k\boldsymbol{a}, \boldsymbol{b}, \boldsymbol{c}]=[\boldsymbol{a}, k\boldsymbol{b}, \boldsymbol{c}]=[\boldsymbol{a}, \boldsymbol{b}, k\boldsymbol{c}]=k[\boldsymbol{a}, \boldsymbol{b}, \boldsymbol{c}]$;

(4)$[\boldsymbol{a}_1+\boldsymbol{a}_2, \boldsymbol{b}, \boldsymbol{c}]=[\boldsymbol{a}_1, \boldsymbol{b}, \boldsymbol{c}]+[\boldsymbol{a}_2, \boldsymbol{b}, \boldsymbol{c}]$.

以上性质在下一节建立坐标系后, 用向量的坐标及混合积的行列式表达式, 再根据行列式的性质很容易给出证明.

定理 3 三个矢量 $\boldsymbol{a}$, $\boldsymbol{b}$, $\boldsymbol{c}$ 共面的充分必要条件是$[\boldsymbol{a}, \boldsymbol{b}, \boldsymbol{c}]=0$.

证明 必要性. 若矢量 $\boldsymbol{a}$, $\boldsymbol{b}$, $\boldsymbol{c}$ 共面, 则 $\boldsymbol{a}\times\boldsymbol{b}$ 与 $\boldsymbol{c}$ 垂直. 所以

$$[\boldsymbol{a}, \boldsymbol{b}, \boldsymbol{c}]=(\boldsymbol{a}\times\boldsymbol{b})\cdot\boldsymbol{c}=|\boldsymbol{a}\times\boldsymbol{b}||\boldsymbol{c}|\cos\frac{\pi}{2}=0.$$

充分性. 若$[\boldsymbol{a}, \boldsymbol{b}, \boldsymbol{c}]=0$, 即$|\boldsymbol{a}\times\boldsymbol{b}||\boldsymbol{c}|\cos t=0$, 则$|\boldsymbol{a}\times\boldsymbol{b}|=0$ 或$|\boldsymbol{c}|=0$ 或 $\cos t=0$(t 为 $\boldsymbol{c}$ 与 $\boldsymbol{a}\times\boldsymbol{b}$ 的夹角), 若$|\boldsymbol{a}\times\boldsymbol{b}|=0$, 则 $\boldsymbol{a}\times\boldsymbol{b}=\boldsymbol{0}$, $\boldsymbol{a}$ 与 $\boldsymbol{b}$ 平行, 所以 $\boldsymbol{a}$, $\boldsymbol{b}$, $\boldsymbol{c}$ 共面; 若$|\boldsymbol{c}|=0$, 则 $\boldsymbol{c}=\boldsymbol{0}$, 零矢量与 $\boldsymbol{a}$, $\boldsymbol{b}$ 共面; 若 $\cos t=0$, 则 $t=\frac{\pi}{2}$, $\boldsymbol{a}\times\boldsymbol{b}$ 与 $\boldsymbol{c}$ 垂直, 所以 $\boldsymbol{a}$, $\boldsymbol{b}$, $\boldsymbol{c}$ 共面. 综上所述, 当$[\boldsymbol{a}, \boldsymbol{b}, \boldsymbol{c}]=0$ 时, $\boldsymbol{a}$, $\boldsymbol{b}$, $\boldsymbol{c}$ 共面.

§8.1.7 矢量代数的应用举例

例 1 证明三角形两边中点的连线平行于第三边且等于第三边的一半.

证明 作任意三角形, 如图 8.10 所示△ABC, D, E 分别为 AB, AC 边的中点, 连接 DE, 则

$$\overrightarrow{DE}=\overrightarrow{DA}+\overrightarrow{AE}=\frac{1}{2}\overrightarrow{BA}+\frac{1}{2}\overrightarrow{AC}$$
$$=\frac{1}{2}(\overrightarrow{BA}+\overrightarrow{AC})=\frac{1}{2}\overrightarrow{BC},$$

所以 $DE /\!/ BC$, 且 $DE=\frac{1}{2}BC$.

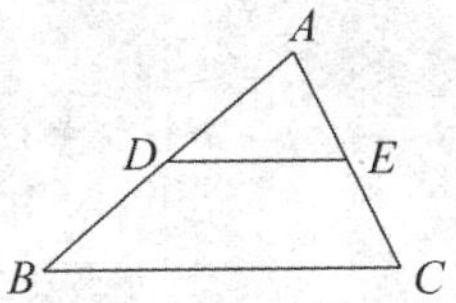

图 8.10

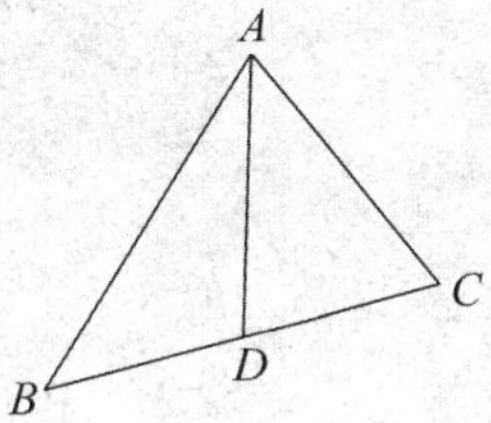

图 8.11

例 2　如图 8.11 所示△ABC，D 为 BC 边的中点，试证：

$$\overrightarrow{AD}=\frac{1}{2}(\overrightarrow{AB}+\overrightarrow{AC}).$$

证明　因为$\overrightarrow{AD}=\overrightarrow{AC}+\overrightarrow{CD}$，又$\overrightarrow{CD}=\frac{1}{2}\overrightarrow{CB}$，$\overrightarrow{CB}=\overrightarrow{AB}-\overrightarrow{AC}$，所以

$$\overrightarrow{AD}=\overrightarrow{AC}+\frac{1}{2}(\overrightarrow{AB}-\overrightarrow{AC})=\frac{1}{2}(\overrightarrow{AB}+\overrightarrow{AC}).$$

例 3　证明下列等式：

(1)$(\boldsymbol{a}+\boldsymbol{b})^2+(\boldsymbol{a}-\boldsymbol{b})^2=2(\boldsymbol{a}^2+\boldsymbol{b}^2)$；

(2)$(\boldsymbol{a}\times\boldsymbol{b})^2+(\boldsymbol{a}\cdot\boldsymbol{b})^2=\boldsymbol{a}^2\boldsymbol{b}^2$.

证明　(1)左端$=(\boldsymbol{a}+\boldsymbol{b})\cdot(\boldsymbol{a}+\boldsymbol{b})+(\boldsymbol{a}-\boldsymbol{b})\cdot(\boldsymbol{a}-\boldsymbol{b})$

$=\boldsymbol{a}^2+2\boldsymbol{a}\cdot\boldsymbol{b}+\boldsymbol{b}^2+\boldsymbol{a}^2-2\boldsymbol{a}\cdot\boldsymbol{b}+\boldsymbol{b}^2$

$=2(\boldsymbol{a}^2+\boldsymbol{b}^2)=$右端；

(2)左端$=|\boldsymbol{a}\times\boldsymbol{b}|^2+(\boldsymbol{a}\cdot\boldsymbol{b})^2$

$=(|\boldsymbol{a}||\boldsymbol{b}|\sin\langle\boldsymbol{a},\boldsymbol{b}\rangle)^2+(|\boldsymbol{a}||\boldsymbol{b}|\cos\langle\boldsymbol{a},\boldsymbol{b}\rangle)^2$

$=|\boldsymbol{a}|^2|\boldsymbol{b}|^2=\boldsymbol{a}^2\boldsymbol{b}^2=$右端.

例 4　设有空间三点 A，B，C 及点O，且$\overrightarrow{OA}=\boldsymbol{r}_1$，$\overrightarrow{OB}=\boldsymbol{r}_2$，$\overrightarrow{OC}=\boldsymbol{r}_3$. 若$\boldsymbol{r}_1$，$\boldsymbol{r}_2$，$\boldsymbol{r}_3$满足等式 $\boldsymbol{r}_1\times\boldsymbol{r}_2+\boldsymbol{r}_2\times\boldsymbol{r}_3+\boldsymbol{r}_3\times\boldsymbol{r}_1=\boldsymbol{0}$，试证 A，B，C 三点共线.

证明　因为$\overrightarrow{AB}=\boldsymbol{r}_2-\boldsymbol{r}_1$，$\overrightarrow{AC}=\boldsymbol{r}_3-\boldsymbol{r}_1$，所以

$$\begin{aligned}\overrightarrow{AB}\times\overrightarrow{AC}&=(\boldsymbol{r}_2-\boldsymbol{r}_1)\times(\boldsymbol{r}_3-\boldsymbol{r}_1)\\&=\boldsymbol{r}_2\times\boldsymbol{r}_3-\boldsymbol{r}_2\times\boldsymbol{r}_1-\boldsymbol{r}_1\times\boldsymbol{r}_3+\boldsymbol{r}_1\times\boldsymbol{r}_1.\end{aligned}$$

又因为 $\boldsymbol{r}_1\times\boldsymbol{r}_1=\boldsymbol{0}$，$\boldsymbol{r}_2\times\boldsymbol{r}_1=-\boldsymbol{r}_1\times\boldsymbol{r}_2$，$\boldsymbol{r}_1\times\boldsymbol{r}_3=-\boldsymbol{r}_3\times\boldsymbol{r}_1$，有

$$\overrightarrow{AB}\times\overrightarrow{AC}=\boldsymbol{r}_1\times\boldsymbol{r}_2+\boldsymbol{r}_2\times\boldsymbol{r}_3+\boldsymbol{r}_3\times\boldsymbol{r}_1=\boldsymbol{0},$$

即 $AB\,/\!/\,AC$，所以 A，B，C 三点共线.

例 5　设 $\boldsymbol{c}=(\boldsymbol{b}\times\boldsymbol{a})-\boldsymbol{b}$，$\boldsymbol{a}$，$\boldsymbol{b}$ 均为非零矢量，且 $\boldsymbol{a}\times\boldsymbol{b}\neq\boldsymbol{0}$. 试证：

(1)$\boldsymbol{a}\perp\boldsymbol{b}+\boldsymbol{c}$；

(2)$\boldsymbol{b}$，$\boldsymbol{c}$ 的夹角θ满足$\frac{\pi}{2}<\theta<\pi$.

证明　(1)因为 $\boldsymbol{c}=(\boldsymbol{b}\times\boldsymbol{a})-\boldsymbol{b}$，有 $\boldsymbol{b}+\boldsymbol{c}=\boldsymbol{b}\times\boldsymbol{a}$，所以 $\boldsymbol{b}+\boldsymbol{c}$ 垂直 $\boldsymbol{a}$，$\boldsymbol{b}$ 所在平面，即 $\boldsymbol{b}+\boldsymbol{c}\perp\boldsymbol{a}$(且 $\boldsymbol{b}+\boldsymbol{c}\perp\boldsymbol{b}$)；

(2)因为 $\boldsymbol{b}\cdot(\boldsymbol{b}+\boldsymbol{c})=0$，有 $\boldsymbol{b}\cdot\boldsymbol{b}+\boldsymbol{b}\cdot\boldsymbol{c}=0$. 即 $\boldsymbol{b}^2+\boldsymbol{b}\cdot\boldsymbol{c}=0$，$\boldsymbol{b}\cdot\boldsymbol{c}=-|\boldsymbol{b}|^2$，又因为 $\boldsymbol{b}\cdot\boldsymbol{c}=|\boldsymbol{b}||\boldsymbol{c}|\cos\theta$，所以

$$\cos\theta=-\frac{|\boldsymbol{b}|^2}{|\boldsymbol{b}||\boldsymbol{c}|}<0,$$

即

$$\frac{\pi}{2}<\theta<\pi.$$

习题 8−1

1. 已知矢量 $\boldsymbol{a}$，$\boldsymbol{b}$ 的模 $|\boldsymbol{a}|=3$，$|\boldsymbol{b}|=4$，夹角 $\theta=\frac{\pi}{3}$. 求 $\boldsymbol{a}\cdot\boldsymbol{b}$，$|\boldsymbol{a}\times\boldsymbol{b}|$，$|\boldsymbol{a}+\boldsymbol{b}|$，$|\boldsymbol{a}-\boldsymbol{b}|$.

2. 已知矢量 $\boldsymbol{a}$，$\boldsymbol{b}$ 的模 $|\boldsymbol{a}|=2\sqrt{2}$，$|\boldsymbol{b}|=3$，夹角 $\langle\boldsymbol{a},\boldsymbol{b}\rangle=\frac{\pi}{4}$，求以矢量 $\boldsymbol{c}=5\boldsymbol{a}+2\boldsymbol{b}$ 和 $\boldsymbol{d}=\boldsymbol{a}-3\boldsymbol{b}$ 为边的平行四边形对角线的长.

3. 已知平行四边形对角线矢量为 $\boldsymbol{c}=\boldsymbol{m}+2\boldsymbol{n}$ 及 $\boldsymbol{d}=3\boldsymbol{m}-4\boldsymbol{n}$. 其中 $|\boldsymbol{m}|=1$，$|\boldsymbol{n}|=2$，夹角 $\langle\boldsymbol{m},\boldsymbol{n}\rangle=\frac{\pi}{6}$，求此平行四边形的面积.

4. 判断下列等式何时成立.

(1) $|\boldsymbol{a}+\boldsymbol{b}|=|\boldsymbol{a}-\boldsymbol{b}|$；　　(2) $|\boldsymbol{a}+\boldsymbol{b}|=|\boldsymbol{a}|+|\boldsymbol{b}|$；

(3) $|\boldsymbol{a}+\boldsymbol{b}|=|\boldsymbol{a}|-|\boldsymbol{b}|$；　　(4) $\frac{1}{|\boldsymbol{a}|}\boldsymbol{a}=\frac{1}{|\boldsymbol{b}|}\boldsymbol{b}$.

5. 下列运算是否正确？为什么？

(1) $(\boldsymbol{a}+\boldsymbol{b})\times(\boldsymbol{a}-\boldsymbol{b})=\boldsymbol{a}\times\boldsymbol{a}-\boldsymbol{b}\times\boldsymbol{b}=\boldsymbol{0}$；

(2) 若 $\boldsymbol{a}+\boldsymbol{c}=\boldsymbol{b}+\boldsymbol{c}$，则 $\boldsymbol{a}=\boldsymbol{b}$；

(3) 若 $\boldsymbol{a}\cdot\boldsymbol{c}=\boldsymbol{b}\cdot\boldsymbol{c}$，且 $\boldsymbol{c}\neq\boldsymbol{0}$，则 $\boldsymbol{a}=\boldsymbol{b}$；

(4) 若 $\boldsymbol{a}\times\boldsymbol{c}=\boldsymbol{b}\times\boldsymbol{c}$，且 $\boldsymbol{c}\neq\boldsymbol{0}$，则 $\boldsymbol{a}=\boldsymbol{b}$.

6. 用几何作图验证下列等式.

(1) $(\boldsymbol{a}+\boldsymbol{b})+(\boldsymbol{a}-\boldsymbol{b})=2\boldsymbol{a}$；

(2) $\left(\boldsymbol{a}+\frac{1}{2}\boldsymbol{b}\right)-\left(\boldsymbol{b}+\frac{1}{2}\boldsymbol{a}\right)=\frac{1}{2}(\boldsymbol{a}-\boldsymbol{b})$.

7. 设平行四边形 $ABCD$ 的对角线矢量 $\overrightarrow{AC}=\boldsymbol{a}$，$\overrightarrow{BD}=\boldsymbol{b}$，求 $\overrightarrow{AB}$，$\overrightarrow{BC}$.

8. 证明 $|\boldsymbol{a}+\boldsymbol{b}|=|\boldsymbol{a}-\boldsymbol{b}|$ 成立的充分必要条件是 $\boldsymbol{a}$ 垂直于 $\boldsymbol{b}$.

9. 设 $\boldsymbol{a}+\boldsymbol{b}+\boldsymbol{c}=\boldsymbol{0}$，且 $|\boldsymbol{a}|=|\boldsymbol{b}|=|\boldsymbol{c}|$，试证：$\boldsymbol{a}\cdot\boldsymbol{b}=\boldsymbol{b}\cdot\boldsymbol{c}=\boldsymbol{c}\cdot\boldsymbol{a}$.

10. 设 $\boldsymbol{a}+\boldsymbol{b}+\boldsymbol{c}=\boldsymbol{0}$，证明：$\boldsymbol{a}\times\boldsymbol{b}=\boldsymbol{b}\times\boldsymbol{c}=\boldsymbol{c}\times\boldsymbol{a}$.

11. 设有平行四边形 $ABCD$，且 $\overrightarrow{AD}=\boldsymbol{a}$，$\overrightarrow{AB}=\boldsymbol{b}$，求垂直于 AD 边的高矢量.

12. 若矢量 $\boldsymbol{a}+3\boldsymbol{b}$ 垂直于矢量 $7\boldsymbol{a}-5\boldsymbol{b}$，矢量 $\boldsymbol{a}-4\boldsymbol{b}$ 垂直于矢量 $7\boldsymbol{a}-2\boldsymbol{b}$，求矢量 $\boldsymbol{a}$ 与 $\boldsymbol{b}$ 的夹角.

13. 证明不等式 $|\boldsymbol{a}\cdot\boldsymbol{b}|\leqslant|\boldsymbol{a}||\boldsymbol{b}|$.

14. 若 $\boldsymbol{a}$，$\boldsymbol{b}$，$\boldsymbol{c}$ 为非零矢量，且满足 $\boldsymbol{a}=\boldsymbol{b}\times\boldsymbol{c}$，$\boldsymbol{b}=\boldsymbol{c}\times\boldsymbol{a}$，$\boldsymbol{c}=\boldsymbol{a}\times\boldsymbol{b}$，试证：

$$|\boldsymbol{a}|=|\boldsymbol{b}|=|\boldsymbol{c}|=1.$$

15. 证明：(1) 若 $\boldsymbol{a}\times\boldsymbol{b}+\boldsymbol{b}\times\boldsymbol{c}+\boldsymbol{c}\times\boldsymbol{a}=\boldsymbol{0}$，则 $\boldsymbol{a}$，$\boldsymbol{b}$，$\boldsymbol{c}$ 共面；

(2) 若 $\boldsymbol{a}\times\boldsymbol{b}=\boldsymbol{c}\times\boldsymbol{d}$，$\boldsymbol{a}\times\boldsymbol{c}=\boldsymbol{b}\times\boldsymbol{d}$，则 $\boldsymbol{a}-\boldsymbol{d}$ 与 $\boldsymbol{b}-\boldsymbol{c}$ 共线.

16. 试证(关于矢量共线与共面的结论 5)：三矢量 $\boldsymbol{a}$，$\boldsymbol{b}$，$\boldsymbol{c}$ 共面的充分必要条件是存在不全为零的实数 k_1，k_2，k_3，使得

$$k_1\boldsymbol{a}+k_2\boldsymbol{b}+k_3\boldsymbol{c}=\boldsymbol{0}.$$

§8.2　坐标系、矢量的坐标

本节将建立空间直角坐标系，把矢量及其运算数量化.

§8.2.1　坐标系

初等代数中的数轴，使直线上的点与实数建立了一一对应关系，平面解析几何中的直角坐标系与极坐标系使平面上的点与二元有序数组一一对应.

为了确定空间中的一点在一定参考系中的位置，按规定的方法选取的有序数组(或一个数)称为点的**坐标**，这种规定坐标的方法称为**坐标系**.

规定坐标的方法必须使每一个点的坐标是唯一的，不同的坐标表示不同的点. 因此能使点与有序数组(或数)一一对应便可构成坐标系，通常用**网格法**与**矢量法**构成坐标系，网格法多用于几何空间. 为便于推广到抽象的 n 维空间，需掌握矢量法.

网格法　如在平面直角坐标系中 x 与 y 为任意实数时，分别表示相互垂直的两族直线构成密布整个平面的网，平面上任意一点均是 x 与 y 分别为某实数所代表的两条直线的交点，使得二元有序数组(x,y)与平面上的点一一对应，称(x,y)为平面上点的坐标.

极坐标系是由称为**极点** O 所引出的一族射线及以 O 为圆心的一族同心圆构成一张网覆盖整个平面，实数 θ 表示射线，非负数 r 表示圆，除 $r=0$ 为极点外，平面上其他的点均是某条射线与某个圆的交点. 因而可以用二元有序数组(θ,r)确定点的位置，称为点的坐标.

又如地图上的经、纬度是球面上的坐标系，经线与纬线构成覆盖整个球面的网，除南北极点外，球面上的点均是某条经线与某条纬线的交点，因此可用经度与纬度确定球面上某点的位置.

矢量法　在一直线上，取一个非零矢量 $\boldsymbol{e}$，则直线上任意一个矢量 $\boldsymbol{a}$ 与 $\boldsymbol{e}$ 共线，所以存在实数 x，使得 $\boldsymbol{a}=x\boldsymbol{e}$. 若把直线上的矢量的始端均确定在一定点 O(称为**原点**)，这样给定一个实数 x 就确定一个矢量. 这个矢量的终端也同时确定，因此数(x)称为矢量的**坐标**，也称为矢量终端点的坐标. 如果矢量 $\boldsymbol{e}$ 为单位矢量，则此直线上点的坐标与数轴一致.

平面上取一定点 O(为原点). 以点 O 为始端的两个不共线的矢量 $\boldsymbol{e}_1$，$\boldsymbol{e}_2$，则平面上任意一矢量 $\boldsymbol{a}$ 都存在唯一确定的有序数组(x_1,x_2)，使得 $\boldsymbol{a}=x_1\boldsymbol{e}_1+x_2\boldsymbol{e}_2$. 同样把平面上的任意矢量的始端均定在点 O，那么(x_1,x_2)确定矢量终端点的位置，所以(x_1,x_2)称为矢量终端点的坐标，也称为矢量 $\boldsymbol{a}$ 的坐标. 如果矢量 $\boldsymbol{e}_1$，$\boldsymbol{e}_2$ 为相互垂直的单位矢量，则称为平面上的**正交系**，也即是平面直角坐标系. 只需把 x_1，x_2 用 x，y 表示，那么便与平面直角坐标系一致.

§8.2.2　空间直角坐标系、柱面坐标系和球面坐标系

上面对直线上和平面上的坐标系作了简要的介绍，并按其构成特征分为网格法和矢量法. 下面介绍空间中的三种坐标系，即空间直角坐标系、柱面坐标系和球面坐标系. 其中，空间直角坐标系既可看作是由矢量法构成的坐标系，又可看作是由网格法构成的坐标系. 柱面坐标系和球面坐标系则是由网格法构成的坐标系.

空间直角坐标系　首先取空间中一定点 O，作三个以 O 点为始端的两两垂直的单位向量 $\boldsymbol{i}$，$\boldsymbol{j}$，$\boldsymbol{k}$，就确定了三条以 O 点为原点的两两垂直的数轴 Ox，Oy，Oz，分别称为 x 轴、y 轴、z 轴，并依 Ox，Oy，Oz 的顺序按右手法则规定坐标轴的正向. 这样就由矢量法建立了一个空间直角坐标系，如图 8.12 所示. 显然，在 x 轴、y 轴、z 轴上点的坐标分别为 $(x, 0, 0)$，$(0, y, 0)$，$(0, 0, z)$.

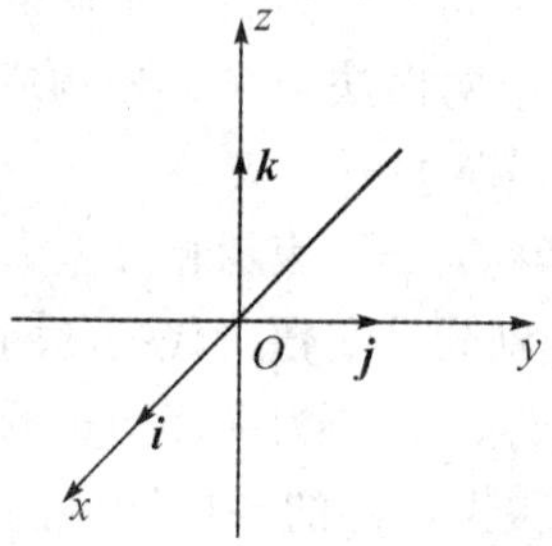

图 8.12

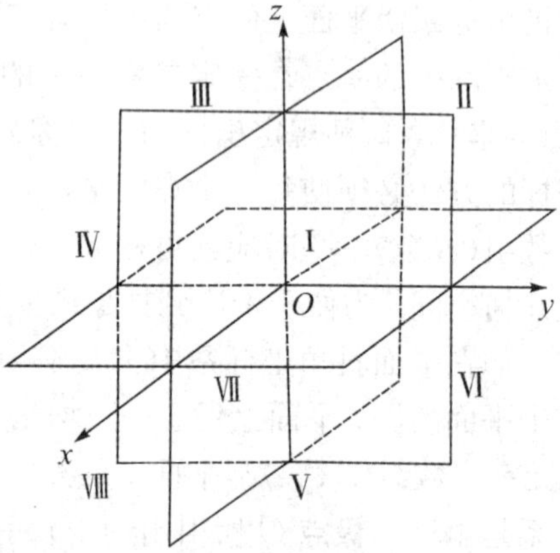

图 8.13

三条坐标轴中的任意两条可以确定一个平面，称为坐标面. 其中，由 y 轴和 z 轴确定的坐标面称为 Oyz 面，由 z 轴和 x 轴确定的坐标面称为 Ozx 面，由 x 轴和 y 轴确定的坐标面称为 Oxy 面. 上述坐标面上点的坐标分别为 $(0, y, z)$，$(x, 0, z)$，$(x, y, 0)$.

三个坐标面把空间分为八个部分，称为八个卦限. 以空间点的坐标 (x, y, z) 中 x，y，z 的正负号区别划分，称为:第Ⅰ卦限(＋＋＋)；第Ⅱ卦限(－＋＋)；第Ⅲ卦限(－－＋)；第Ⅳ卦限(＋－＋)；第Ⅴ卦限(＋＋－)；第Ⅵ卦限(－＋－)；第Ⅶ卦限(－－－)；第Ⅷ卦限(＋－－).

如图 8.13 所示，其中，Ⅰ、Ⅱ、Ⅲ、Ⅳ卦限合称为上半空间，Ⅴ、Ⅵ、Ⅶ、Ⅷ卦限合称为下半空间. 同样也可将空间分为左半空间和右半空间，或者前半空间与后半空间.

柱面坐标系　空间中一点 $P(x, y, z)$，在 Oxy 面上投影 Q 的极坐标为 r，θ，即 $r=|OQ|$，θ 是 OQ 与 x 轴正向的夹角，z 仍然是 P 在空间直角坐标系中的 z 坐标. 显然，空间中任何一点 P 都可用三个数 r，θ，z 唯一确定，(r, θ, z) 称为点 P 的柱面坐标(如图 8.14所示)，这里规定：

$$0 \leqslant r < +\infty, \quad 0 \leqslant \theta \leqslant 2\pi, \quad -\infty < z < +\infty.$$

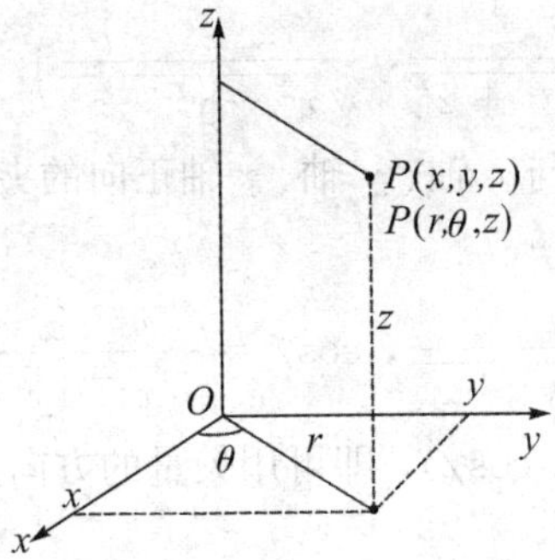

图 8.14

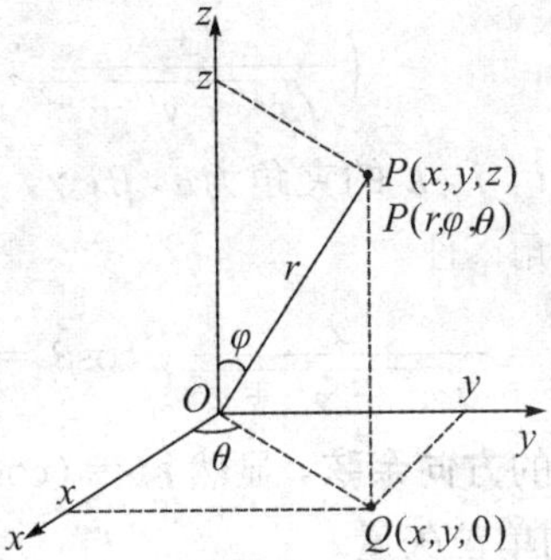

图 8.15

柱面坐标系的三组坐标面分别为：

$r=$常数，是以 z 轴为轴，半径为 r 的圆柱面.

$\theta=$常数，是过 z 轴的半平面.

$z=$常数，是与 Oxy 面平行的平面.

柱面坐标(r, θ, z)与直角坐标(x, y, z)的关系为

$$\begin{cases} x = r\cos\theta, \\ y = r\sin\theta, \\ z = z. \end{cases}$$

球面坐标系　空间中一点 $P(x, y, z)$与原点 O 的距离$|OP|$为 r，矢量 $\overrightarrow{OP}$ 与 z 轴正向的夹角为 φ，θ 为 $\overrightarrow{OP}$ 在 Oxy 坐标面上的投影向量 $\overrightarrow{OQ}$ 与 x 轴正向的夹角. 这样的三个数形成的有序数组(r, φ, θ)称为点 P 的球面坐标(如图 8.15 所示). 这里规定：

$$0 \leqslant r < +\infty, \quad 0 \leqslant \varphi \leqslant \pi, \quad 0 \leqslant \theta \leqslant 2\pi.$$

球面坐标系的三组坐标面分别为：

$r=$常数，是以原点为球心，半径为 r 的球面.

$\varphi=$常数，是以原点为顶点，z 轴为轴，半顶角为 φ 的圆锥面.

$\theta=$常数，是过 z 轴的半平面.

球面坐标(r, φ, θ)与直角坐标(x, y, z)的关系为

$$\begin{cases} x = r\sin\varphi\cos\theta, \\ y = r\sin\varphi\sin\theta, \\ z = r\cos\varphi. \end{cases}$$

空间解析几何学是建立在空间直角坐标系的基础上的，所以，如果不加以说明，则给出的矢量(或点)的坐标均为直角坐标系下的坐标.

设空间直角坐标系下，任意一点 M 的坐标为(x, y, z)，记为 $M(x, y, z)$，则矢量 $\overrightarrow{OM}$的坐标也是(x, y, z)，记为$\overrightarrow{OM}=(x, y, z)$或$\overrightarrow{OM}=x\boldsymbol{i}+y\boldsymbol{j}+z\boldsymbol{k}$. 矢量$\overrightarrow{OM}$又称为点 M 的**矢径**，简写为 $\boldsymbol{r}_M$，即 $\boldsymbol{r}_M=(x, y, z)=x\boldsymbol{i}+y\boldsymbol{j}+z\boldsymbol{k}$. $\boldsymbol{r}_M$ 的模为

$$|\boldsymbol{r}_M| = \sqrt{x^2+y^2+z^2}, \tag{8.1}$$

也就是点 M 与原点 O 之间的距离. $\boldsymbol{r}_M$ 的单位矢量为

$$\boldsymbol{r}_M^0 = \frac{1}{|\boldsymbol{r}_M|}\boldsymbol{r}_M = \frac{1}{\sqrt{x^2+y^2+z^2}}(x, y, z)$$

$$=\left(\frac{x}{\sqrt{x^2+y^2+z^2}}, \frac{y}{\sqrt{x^2+y^2+z^2}}, \frac{z}{\sqrt{x^2+y^2+z^2}}\right). \tag{8.2}$$

设 $\boldsymbol{r}_M$ 与 $\boldsymbol{i}, \boldsymbol{j}, \boldsymbol{k}$ 的夹角为 α, β, γ，也即 $\overrightarrow{OM}$ 与 x 轴、y 轴、z 轴正向的夹角，把它们称为 $\boldsymbol{r}_M$ 的方向角. 且

$$\cos\alpha=\frac{x}{\sqrt{x^2+y^2+z^2}}, \cos\beta=\frac{y}{\sqrt{x^2+y^2+z^2}}, \cos\gamma=\frac{z}{\sqrt{x^2+y^2+z^2}} \tag{8.3}$$

称为矢量 $\boldsymbol{r}_M$ 的**方向余弦**，显然 $\boldsymbol{r}_M^0=(\cos\alpha, \cos\beta, \cos\gamma)$，即可用矢量的方向余弦表示该矢量(方向上)的单位矢量.

例 1　设矢量 $\boldsymbol{a}=(2, 3, 6)$，求 $\boldsymbol{a}$ 的单位矢量与方向余弦.

解　$|\boldsymbol{a}|=\sqrt{2^2+3^2+6^2}=7$,

$$\boldsymbol{a}^0=\frac{1}{7}(2, 3, 6)=\left(\frac{2}{7}, \frac{3}{7}, \frac{6}{7}\right),$$

$$\cos\alpha=\frac{2}{7}, \cos\beta=\frac{3}{7}, \cos\gamma=\frac{6}{7}.$$

例 2　求与三坐标轴夹角相等的单位矢量.

解　因为 $\alpha=\beta=\gamma$，又 $\cos^2\alpha+\cos^2\beta+\cos^2\gamma=1$，所以

$$3\cos^2\alpha=1 \quad 或 \quad \cos\alpha=\pm\frac{\sqrt{3}}{3},$$

则与三坐标轴夹角相等的单位矢量为 $\left(\pm\frac{\sqrt{3}}{3}, \pm\frac{\sqrt{3}}{3}, \pm\frac{\sqrt{3}}{3}\right)$.

§8.2.3　矢量运算的坐标表达式

设矢量

$$\boldsymbol{a}=a_1\boldsymbol{i}+a_2\boldsymbol{j}+a_3\boldsymbol{k}=(a_1, a_2, a_3),$$
$$\boldsymbol{b}=b_1\boldsymbol{i}+b_2\boldsymbol{j}+b_3\boldsymbol{k}=(b_1, b_2, b_3),$$
$$\boldsymbol{c}=c_1\boldsymbol{i}+c_2\boldsymbol{j}+c_3\boldsymbol{k}=(c_1, c_2, c_3).$$

由矢量的坐标及矢量运算的规则可得出矢量运算的坐标表达式如下：

矢量加法　$\boldsymbol{a}\pm\boldsymbol{b}=(a_1\boldsymbol{i}+a_2\boldsymbol{j}+a_3\boldsymbol{k})\pm(b_1\boldsymbol{i}+b_2\boldsymbol{j}+b_3\boldsymbol{k})$

$$=(a_1\pm b_1)\boldsymbol{i}+(a_2\pm b_2)\boldsymbol{j}+(a_3\pm b_3)\boldsymbol{k},$$

$$\boldsymbol{a}\pm\boldsymbol{b}=(a_1\pm b_1, a_2\pm b_2, a_3\pm b_3). \tag{8.4}$$

数乘矢量　$k\boldsymbol{a}=k(a_1\boldsymbol{i}+a_2\boldsymbol{j}+a_3\boldsymbol{k})$

$$=ka_1\boldsymbol{i}+ka_2\boldsymbol{j}+ka_3\boldsymbol{k},$$

$$k\boldsymbol{a}=(ka_1, ka_2, ka_3). \tag{8.5}$$

矢量的数量积　因为 $\boldsymbol{i}\cdot\boldsymbol{j}=\boldsymbol{j}\cdot\boldsymbol{k}=\boldsymbol{k}\cdot\boldsymbol{i}=0$ 且 $\boldsymbol{i}^2=\boldsymbol{j}^2=\boldsymbol{k}^2=1$，所以有

$$\boldsymbol{a}\cdot\boldsymbol{b}=(a_1\boldsymbol{i}+a_2\boldsymbol{j}+a_3\boldsymbol{k})\cdot(b_1\boldsymbol{i}+b_2\boldsymbol{j}+b_3\boldsymbol{k}),$$

$$\boldsymbol{a}\cdot\boldsymbol{b}=a_1b_1+a_2b_2+a_3b_3. \tag{8.6}$$

矢量的矢量积　因为 $\boldsymbol{i}\times\boldsymbol{j}=\boldsymbol{k}$, $\boldsymbol{j}\times\boldsymbol{k}=\boldsymbol{i}$, $\boldsymbol{k}\times\boldsymbol{i}=\boldsymbol{j}$ 且 $\boldsymbol{i}\times\boldsymbol{i}=\boldsymbol{j}\times\boldsymbol{j}=\boldsymbol{k}\times\boldsymbol{k}=\boldsymbol{0}$，所以有

$$\boldsymbol{a}\times\boldsymbol{b}=(a_1\boldsymbol{i}+a_2\boldsymbol{j}+a_3\boldsymbol{k})\times(b_1\boldsymbol{i}+b_2\boldsymbol{j}+b_3\boldsymbol{k})$$

$$=(a_2b_3-a_3b_2)\boldsymbol{i}-(a_1b_3-a_3b_1)\boldsymbol{j}+(a_1b_2-a_2b_1)\boldsymbol{k},$$

$$\boldsymbol{a}\times\boldsymbol{b}=\begin{vmatrix}a_2 & a_3\\ b_2 & b_3\end{vmatrix}\boldsymbol{i}-\begin{vmatrix}a_1 & a_3\\ b_1 & b_3\end{vmatrix}\boldsymbol{j}+\begin{vmatrix}a_1 & a_2\\ b_1 & b_2\end{vmatrix}\boldsymbol{k}=\begin{vmatrix}\boldsymbol{i} & \boldsymbol{j} & \boldsymbol{k}\\ a_1 & a_2 & a_3\\ b_1 & b_2 & b_3\end{vmatrix}$$

$$=\left(\begin{vmatrix}a_2 & a_3\\ b_2 & b_3\end{vmatrix},-\begin{vmatrix}a_1 & a_3\\ b_1 & b_3\end{vmatrix},\begin{vmatrix}a_1 & a_2\\ b_1 & b_2\end{vmatrix}\right). \tag{8.7}$$

矢量的混合积

$$[\boldsymbol{a},\boldsymbol{b},\boldsymbol{c}]=(\boldsymbol{a}\times\boldsymbol{b})\cdot\boldsymbol{c}$$

$$=\left(\begin{vmatrix}a_2 & a_3\\ b_2 & b_3\end{vmatrix},-\begin{vmatrix}a_1 & a_3\\ b_1 & b_3\end{vmatrix},\begin{vmatrix}a_1 & a_2\\ b_1 & b_2\end{vmatrix}\right)\cdot(c_1,c_2,c_3)$$

$$=c_1\begin{vmatrix}a_2 & a_3\\ b_2 & b_3\end{vmatrix}-c_2\begin{vmatrix}a_1 & a_3\\ b_1 & b_3\end{vmatrix}+c_3\begin{vmatrix}a_1 & a_2\\ b_1 & b_2\end{vmatrix};$$

$$[\boldsymbol{a},\boldsymbol{b},\boldsymbol{c}]=\begin{vmatrix}a_1 & a_2 & a_3\\ b_1 & b_2 & b_3\\ c_1 & c_2 & c_3\end{vmatrix}. \tag{8.8}$$

例 3　推导出空间中两点间的距离公式.

解　设任意两点 $M_1(x_1,y_1,z_1)$，$M_2(x_2,y_2,z_2)$，则

$$\overrightarrow{M_1M_2}=\boldsymbol{r}_{M_2}-\boldsymbol{r}_{M_1}=(x_2,y_2,z_2)-(x_1,y_1,z_1)$$
$$=(x_2-x_1,y_2-y_1,z_2-z_1),$$

所以两点间的距离为

$$d=|\overrightarrow{M_1M_2}|=\sqrt{(x_2-x_1)^2+(y_2-y_1)^2+(z_2-z_1)^2}. \tag{8.9}$$

例 4　设两点 $M_1(x_1,y_1,z_1)$与$M_2(x_2,y_2,z_2)$，求 M_1 与 M_2 连线中点的坐标.

解　设中点为 $M_0(x_0,y_0,z_0)$，则$\overrightarrow{M_1M_2}=2\overrightarrow{M_1M_0}$. 因为

$$\overrightarrow{M_1M_2}=(x_2-x_1,y_2-y_1,z_2-z_1),$$
$$2\overrightarrow{M_1M_0}=2(x_0-x_1,y_0-y_1,z_0-z_1)$$
$$=(2(x_0-x_1),2(y_0-y_1),2(z_0-z_1)),$$

所以

$$x_2-x_1=2(x_0-x_1),\quad x_0=\frac{x_1+x_2}{2};$$

$$y_2-y_1=2(y_0-y_1),\quad y_0=\frac{y_1+y_2}{2};$$

$$z_2-z_1=2(z_0-z_1),\quad z_0=\frac{z_1+z_2}{2}.$$

故中点坐标为

$$M_0\left(\frac{x_1+x_2}{2},\frac{y_1+y_2}{2},\frac{z_1+z_2}{2}\right). \tag{8.10}$$

例 5　设两矢量 $\boldsymbol{a}=(a_1,a_2,a_3)$，$\boldsymbol{b}=(b_1,b_2,b_3)$，求 $\cos\langle\boldsymbol{a},\boldsymbol{b}\rangle$，$\mathrm{Prj}_{\boldsymbol{a}}\boldsymbol{b}$ 及 $\mathrm{Prj}_{\boldsymbol{b}}\boldsymbol{a}$.

解　因为 $\boldsymbol{a}\cdot\boldsymbol{b}=a_1b_1+a_2b_2+a_3b_3$，$|\boldsymbol{a}|=\sqrt{a_1^2+a_2^2+a_3^2}$，$|\boldsymbol{b}|=\sqrt{b_1^2+b_2^2+b_3^2}$，所以

$$\cos\langle \boldsymbol{a},\boldsymbol{b}\rangle=\frac{\boldsymbol{a}\cdot\boldsymbol{b}}{|\boldsymbol{a}||\boldsymbol{b}|}=\frac{a_1b_1+a_2b_2+a_3b_3}{\sqrt{a_1^2+a_2^2+a_3^2}\sqrt{b_1^2+b_2^2+b_3^2}},\tag{8.11}$$

$$\mathrm{Prj}_{\boldsymbol{a}}\boldsymbol{b}=\frac{\boldsymbol{a}\cdot\boldsymbol{b}}{|\boldsymbol{a}|}=\frac{a_1b_1+a_2b_2+a_3b_3}{\sqrt{a_1^2+a_2^2+a_3^2}},\tag{8.12}$$

$$\mathrm{Prj}_{\boldsymbol{b}}\boldsymbol{a}=\frac{\boldsymbol{a}\cdot\boldsymbol{b}}{|\boldsymbol{b}|}=\frac{a_1b_1+a_2b_2+a_3b_3}{\sqrt{b_1^2+b_2^2+b_3^2}}.\tag{8.13}$$

例 6　求$(\boldsymbol{i}+2\boldsymbol{j})\times\boldsymbol{k}$.

解法一　$(\boldsymbol{i}+2\boldsymbol{j})\times\boldsymbol{k}=\boldsymbol{i}\times\boldsymbol{k}+2(\boldsymbol{j}\times\boldsymbol{k})=-\boldsymbol{j}+2\boldsymbol{i}=2\boldsymbol{i}-\boldsymbol{j}$.

解法二　$(\boldsymbol{i}+2\boldsymbol{j})\times\boldsymbol{k}=\begin{vmatrix}\boldsymbol{i}&\boldsymbol{j}&\boldsymbol{k}\\1&2&0\\0&0&1\end{vmatrix}=2\boldsymbol{i}-\boldsymbol{j}$.

例 7　已知三角形顶点的坐标为$A(-1,2,3)$，$B(1,1,1)$，$C(0,0,5)$，试证$\triangle ABC$为直角三角形，并求$\angle B$.

解　$\overrightarrow{AB}=\boldsymbol{r}_B-\boldsymbol{r}_A=(1,1,1)-(-1,2,3)=(2,-1,-2)$,

$\overrightarrow{AC}=\boldsymbol{r}_C-\boldsymbol{r}_A=(0,0,5)-(-1,2,3)=(1,-2,2)$,

$\overrightarrow{BC}=\boldsymbol{r}_C-\boldsymbol{r}_B=(0,0,5)-(1,1,1)=(-1,-1,4)$.

因为$\overrightarrow{AB}\cdot\overrightarrow{AC}=2\times1+(-1)\times(-2)+(-2)\times2=2+2-4=0$，所以$\overrightarrow{AB}$与$\overrightarrow{AC}$垂直，$\triangle ABC$为直角三角形. 又

$$\cos\angle B=\frac{\overrightarrow{BA}\cdot\overrightarrow{BC}}{|\overrightarrow{BA}||\overrightarrow{BC}|}=\frac{(-2)\times(-1)+1\times(-1)+2\times4}{\sqrt{(-2)^2+1^2+2^2}\sqrt{(-1)^2+(-1)^2+4^2}}$$
$$=\frac{2-1+8}{3\cdot3\sqrt{2}}=\frac{1}{\sqrt{2}},$$

所以$\angle B=\frac{\pi}{4}$.

例 8　已知三角形的三顶点$A(1,0,2)$，$B(2,1,1)$，$C(0,2,4)$，求$\triangle ABC$的面积.

解　$\triangle ABC$的面积$S=\frac{1}{2}|\overrightarrow{AB}\times\overrightarrow{AC}|$. 因为

$$\overrightarrow{AB}=\boldsymbol{r}_B-\boldsymbol{r}_A=(2,1,1)-(1,0,2)=(1,1,-1),$$
$$\overrightarrow{AC}=\boldsymbol{r}_C-\boldsymbol{r}_A=(0,2,4)-(1,0,2)=(-1,2,2).$$

所以

$$\overrightarrow{AB}\times\overrightarrow{AC}=\begin{vmatrix}\boldsymbol{i}&\boldsymbol{j}&\boldsymbol{k}\\1&1&-1\\-1&2&2\end{vmatrix}=\left(\begin{vmatrix}1&-1\\2&2\end{vmatrix},-\begin{vmatrix}1&-1\\-1&2\end{vmatrix},\begin{vmatrix}1&1\\-1&2\end{vmatrix}\right)$$
$$=(4,-1,3),$$
$$|\overrightarrow{AB}\times\overrightarrow{AC}|=\sqrt{4^2+(-1)^2+3^2}=\sqrt{26},$$

故$\triangle ABC$的面积$S=\frac{1}{2}\sqrt{26}$.

例 9　已知四面体的顶点$A(0,0,2)$，$B(3,0,5)$，$C(1,1,0)$，$D(4,1,2)$，求此四面体的体积.

解　体积 $V=\frac{1}{6}|[\overrightarrow{AB},\overrightarrow{AC},\overrightarrow{AD}]|$，其中

$$\overrightarrow{AB}=\boldsymbol{r}_B-\boldsymbol{r}_A=(3,0,5)-(0,0,2)=(3,0,3),$$
$$\overrightarrow{AC}=\boldsymbol{r}_C-\boldsymbol{r}_A=(1,1,0)-(0,0,2)=(1,1,-2),$$
$$\overrightarrow{AD}=\boldsymbol{r}_D-\boldsymbol{r}_A=(4,1,2)-(0,0,2)=(4,1,0),$$

而

$$[\overrightarrow{AB},\overrightarrow{AC},\overrightarrow{AD}]=\begin{vmatrix}3&0&3\\1&1&-2\\4&1&0\end{vmatrix}=\begin{vmatrix}3&0&0\\1&1&-3\\4&1&-4\end{vmatrix}=3\begin{vmatrix}1&-3\\1&-4\end{vmatrix}=-3,$$

所以体积 $V=\frac{1}{6}|-3|=\frac{1}{2}$.

习题 8-2

1. 已知两点 $A(4,\sqrt{2},1)$，$B(3,0,2)$，求矢量 $\overrightarrow{AB}$ 的模、方向余弦及方向角.

2. 求平行于矢量 $\boldsymbol{a}=(6,-7,-6)$ 的单位矢量.

3. 已知矢量 $\overrightarrow{AB}$ 的终端点 $B(2,-1,7)$，且 $\overrightarrow{AB}$ 在 x 轴、y 轴、z 轴上的投影分别为 4，−4，7，求矢量 $\overrightarrow{AB}$ 的始端点 A 的坐标.

4. 设矢量 $\overrightarrow{AB}$ 与 $\boldsymbol{a}=(8,9,-12)$ 同向，且点 $A(2,-1,7)$，$|\overrightarrow{AB}|=34$，求点 B 的坐标.

5. 已知矢量 $\boldsymbol{a}=(2,-3,1)$，$\boldsymbol{b}=(1,-1,3)$，$\boldsymbol{c}=(1,-2,0)$，求：

(1)$(\boldsymbol{a}\cdot\boldsymbol{b})\boldsymbol{c}-(\boldsymbol{a}\cdot\boldsymbol{c})\boldsymbol{b}$；

(2)$(\boldsymbol{a}+\boldsymbol{b})\times(\boldsymbol{b}+\boldsymbol{c})$；

(3)$(\boldsymbol{a}\times\boldsymbol{b})\cdot\boldsymbol{c}$.

6. 判别下列矢量中，哪些矢量共线.

$\boldsymbol{a}_1=(1,2,3)$，$\boldsymbol{a}_2=(1,-2,3)$，$\boldsymbol{a}_3=(1,0,2)$，$\boldsymbol{a}_4=(-3,6,-9)$，

$\boldsymbol{a}_5=(2,0,4)$，$\boldsymbol{a}_6=(-1,-2,-3)$，$\boldsymbol{a}_7=\left(-\frac{1}{4},\frac{1}{2},\frac{3}{4}\right)$，$\boldsymbol{a}_8=\left(\frac{1}{2},-1,-\frac{3}{2}\right)$.

7. 判别下列各组矢量中的 $\boldsymbol{a}$，$\boldsymbol{b}$，$\boldsymbol{c}$ 是否共面.

(1)$\boldsymbol{a}=(0,0,2)$，$\boldsymbol{b}=(6,-9,8)$，$\boldsymbol{c}=(6,-3,3)$；

(2)$\boldsymbol{a}=(1,-2,3)$，$\boldsymbol{b}=(3,3,1)$，$\boldsymbol{c}=(1,7,-5)$；

(3)$\boldsymbol{a}=(1,-1,2)$，$\boldsymbol{b}=(2,4,5)$，$\boldsymbol{c}=(3,9,8)$.

8. 如图 8.16 所示，已知三角形的三顶点 $A(1,1,1)$，$B(2,1,4)$，$C(1,2,4)$.

(1)求△ABC 的面积；

(2)求 $\cos\angle A$；

(3)若 AC 边上的高为 DB，求高矢量 $\overrightarrow{DB}$.

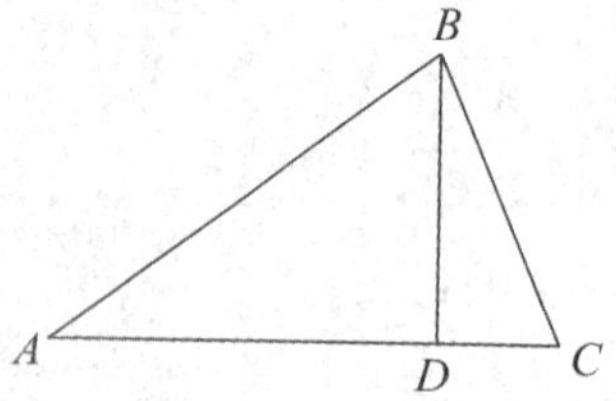

图 8.16

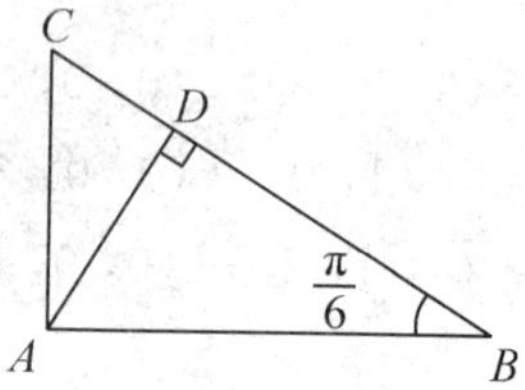

图 8.17

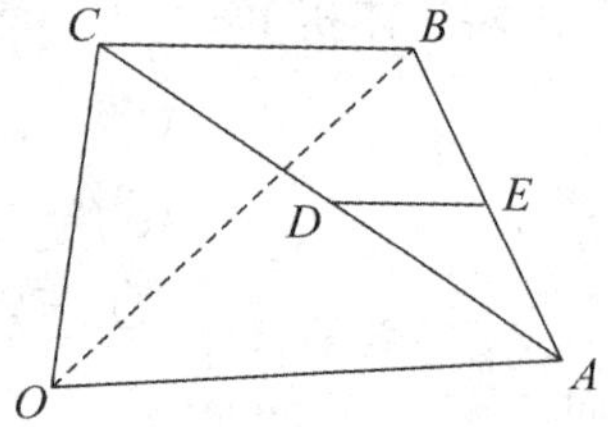

图 8.18

9. 如图 8.17 所示，$\triangle ABC$ 中，$\angle A=\frac{\pi}{2}$，$\angle B=\frac{\pi}{6}$，AD 是 BC 边上的高. 设$\overrightarrow{AB}=\boldsymbol{e}_1$，$\overrightarrow{AC}=\boldsymbol{e}_2$，求 $\boldsymbol{e}_1$，$\boldsymbol{e}_2$ 构成的坐标系下点 D 的坐标.

10. 如图 8.18 所示，四面体 $O-ABC$，E，D 分别是 AB，AC 的中点，设$\overrightarrow{OA}=\boldsymbol{e}_1$，$\overrightarrow{OB}=\boldsymbol{e}_2$，$\overrightarrow{OC}=\boldsymbol{e}_3$，求在 $\boldsymbol{e}_1$，$\boldsymbol{e}_2$，$\boldsymbol{e}_3$ 所构成的坐标系下矢量 $\overrightarrow{DE}$ 的坐标.

11. 已知三矢量 $\boldsymbol{a}=(2,3,-1)$，$\boldsymbol{b}=(1,-2,3)$，$\boldsymbol{c}=(1,-2,-7)$，若矢量 $\boldsymbol{d}$ 分别与 $\boldsymbol{a}$，$\boldsymbol{b}$ 垂直，且 $\boldsymbol{d}\cdot\boldsymbol{c}=10$，求矢量 $\boldsymbol{d}$.

12. 在 Oxy 面上求垂直于矢量 $\boldsymbol{a}=(5,-3,4)$并与它等长的矢量.

13. 设矢量 $\boldsymbol{a}$ 与三坐标面的夹角分别为 φ，θ，ω，试证：

$$\cos^2\varphi+\cos^2\theta+\cos^2\omega=2.$$

§8.3 平面与直线

平面解析几何重点讨论曲线与方程，空间解析几何同样要求对已知曲面或曲线建立方程或者已知方程作出所表示的曲面或曲线. 这样的方程称为曲面或曲线的方程，即曲面或曲线上的点的坐标满足方程，且满足方程的点都在曲面或曲线上. 平面与直线分别是曲面与曲线的特例.

§8.3.1 平面方程

过一定点且与已知非零矢量垂直的平面是唯一确定的，如图 8.19 所示. 设定点 $M_0(x_0,y_0,z_0)$，非零矢量 $\boldsymbol{n}=(A,B,C)$，对平面上任意一点 $M(x,y,z)$，必有$\overrightarrow{M_0M}$垂直于 $\boldsymbol{n}$. 因为

$$\begin{aligned}\overrightarrow{M_0M}&=\boldsymbol{r}_M-\boldsymbol{r}_{M_0}=(x,y,z)-(x_0,y_0,z_0)\\&=(x-x_0,y-y_0,z-z_0),\end{aligned}$$

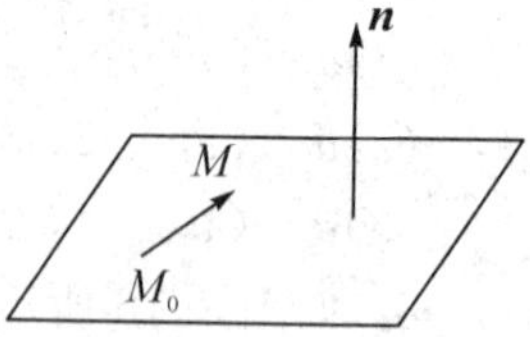

图 8.19

又$\overrightarrow{M_0M}$与 $\boldsymbol{n}$ 垂直，所以$\overrightarrow{M_0M}\cdot\boldsymbol{n}=0$. 因而得到平面方程为

$$A(x-x_0)+B(y-y_0)+C(z-z_0)=0. \tag{8.14}$$

式(8.14)称为平面的**点法式方程**，矢量 $\boldsymbol{n}$ 称为此平面的**法矢量**. 显然与 $\boldsymbol{n}$ 平行的所有非零矢量均可作为此平面的法矢量.

例 1 已知不在同一直线上的三点 $A(x_1,y_1,z_1)$，$B(x_2,y_2,z_2)$，$C(x_3,y_3,z_3)$.

求过 A，B，C 三点的平面方程.

解　所求平面过定点 A，且垂直于矢量$\overrightarrow{AB}\times\overrightarrow{AC}$，即法矢量 $\boldsymbol{n}=\overrightarrow{AB}\times\overrightarrow{AC}$. 因为

$$\overrightarrow{AB}=\boldsymbol{r}_B-\boldsymbol{r}_A=(x_2, y_2, z_2)-(x_1, y_1, z_1)=(x_2-x_1, y_2-y_1, z_2-z_1),$$

$$\overrightarrow{AC}=\boldsymbol{r}_C-\boldsymbol{r}_A=(x_3, y_3, z_3)-(x_1, y_1, z_1)=(x_3-x_1, y_3-y_1, z_3-z_1),$$

$$\overrightarrow{AB}\times\overrightarrow{AC}=\begin{vmatrix}\boldsymbol{i} & \boldsymbol{j} & \boldsymbol{k}\\ x_2-x_1 & y_2-y_1 & z_2-z_1\\ x_3-x_1 & y_3-y_1 & z_3-z_1\end{vmatrix}$$

$$=\left(\begin{vmatrix}y_2-y_1 & z_2-z_1\\ y_3-y_1 & z_3-z_1\end{vmatrix}, -\begin{vmatrix}x_2-x_1 & z_2-z_1\\ x_3-x_1 & z_3-z_1\end{vmatrix}, \begin{vmatrix}x_2-x_1 & y_2-y_1\\ x_3-x_1 & y_3-y_1\end{vmatrix}\right),$$

所以平面方程为

$$\begin{vmatrix}y_2-y_1 & z_2-z_1\\ y_3-y_1 & z_3-z_1\end{vmatrix}(x-x_1)-\begin{vmatrix}x_2-x_1 & z_2-z_1\\ x_3-x_1 & z_3-z_1\end{vmatrix}(y-y_1)+\begin{vmatrix}x_2-x_1 & y_2-y_1\\ x_3-x_1 & y_3-y_1\end{vmatrix}(z-z_1)=0.$$

根据行列式的展开式，过三点的平面方程可写为

$$\begin{vmatrix}x-x_1 & y-y_1 & z-z_1\\ x_2-x_1 & y_2-y_1 & z_2-z_1\\ x_3-x_1 & y_3-y_1 & z_3-z_1\end{vmatrix}=0. \tag{8.15}$$

式(8.15)称为平面的**三点式方程**.

如果设平面上任意一点 $M(x, y, z)$，则由$\overrightarrow{AM}$，$\overrightarrow{AB}$，$\overrightarrow{AC}$三矢量共面的充分必要条件(§8.1 中的定理 3)知，混合积$[\overrightarrow{AM}, \overrightarrow{AB}, \overrightarrow{AC}]=0$. 同样可得平面的三点式方程.

例 2　若例 1 中，三点为 $A(a, 0, 0)$，$B(0, b, 0)$，$C(0, 0, c)$，也即已知平面与三坐标轴的交点，a，b，c 称为平面在三坐标轴的截距. 此时平面方程为

$$\begin{vmatrix}x-a & y & z\\ 0-a & b-0 & 0-0\\ 0-a & 0-0 & c-0\end{vmatrix}=0,$$

即 $bc(x-a)+acy+abz=0$，经整理后得

$$\frac{x}{a}+\frac{y}{b}+\frac{z}{c}=1. \tag{8.16}$$

式(8.16)称为平面的**截距式方程**.

平面的**一般式方程**为

$$Ax+By+Cz+D=0. \tag{8.17}$$

特殊情况：若 $D=0$，则平面过原点；若 $A=0$ 或 $B=0$ 或 $C=0$，则平面分别平行于 x 轴、y 轴、z 轴；若 $A=D=0$ 或 $B=D=0$ 或 $C=D=0$，则平面分别过 x 轴、y 轴、z 轴.

例 3　已知平面的一般式方程为 $2x+y+z-6=0$，求此平面的点法式与截距式方程.

解　因为 $2x+y+z-6=2(x-1)+(y-2)+(z-2)$，所以点法式方程为

$$2(x-1)+(y-2)+(z-2)=0.$$

由此可见，在平面的一般式方程 $Ax+By+Cz+D=0$ 中，x，y，z 的系数所构成的矢量 $\boldsymbol{n}=(A, B, C)$即为平面的法矢量.

又因为 $2x+y+z=6$，则可得到平面的截距式方程为

$$\frac{x}{3}+\frac{y}{6}+\frac{z}{6}=1,$$

其中，3，6，6 分别为 x 轴、y 轴、z 轴上的截距.

§8.3.2　直线方程

过一定点且与已知非零矢量平行的直线是唯一确定的，如图 8.20 所示. 设定点 $M_0(x_0, y_0, z_0)$，非零矢量 $\boldsymbol{l}=(m, n, p)$，又直线上任意一点 $M(x, y, z)$. 因为 $\overrightarrow{M_0M}$ 与 $\boldsymbol{l}$ 平行，所以 $\overrightarrow{M_0M}=t\boldsymbol{l}=(tm, tn, tp)$. 又因为

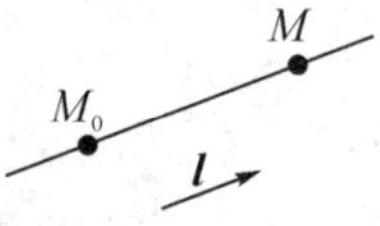

图 8.20

$$\overrightarrow{M_0M}=\boldsymbol{r}_M-\boldsymbol{r}_{M_0}=(x-x_0, y-y_0, z-z_0),$$

因而得 $x-x_0=tm$，$y-y_0=tn$，$z-z_0=tp$，所以直线方程为

$$\frac{x-x_0}{m}=\frac{y-y_0}{n}=\frac{z-z_0}{p}. \tag{8.18}$$

式(8.18)称为直线的**点向式方程**，又称为直线的**对称式方程**或**标准方程**，其中 m，n，p 称为**方向数**. 显然与 m，n，p 成比例的任何一组(不全为零的)数，均为同一直线的方向数.

直线的参数式方程为

$$x=mt+x_0,\quad y=nt+y_0,\quad z=pt+z_0. \tag{8.19}$$

式中，t 是参变量.

直线的一般式方程为

$$\begin{cases}A_1x+B_1y+C_1z+D_1=0,\\A_2x+B_2y+C_2z+D_2=0.\end{cases} \tag{8.20}$$

式(8.20)又称为**交面式方程**. 一般式方程为两平面的交线，所以两平面的法矢量不能平行.

例 4　已知不同的两点 $M_1(x_1, y_1, z_1)$，$M_2(x_2, y_2, z_2)$. 求过两点 M_1，M_2 的直线方程.

解　直线平行于 $\overrightarrow{M_1M_2}$，因 $\overrightarrow{M_1M_2}=\boldsymbol{r}_{M_2}-\boldsymbol{r}_{M_1}=(x_2-x_1, y_2-y_1, z_2-z_1)$，所以直线方程为

$$\frac{x-x_1}{x_2-x_1}=\frac{y-y_1}{y_2-y_1}=\frac{z-z_1}{z_2-z_1}. \tag{8.21}$$

式(8.21)称为直线的**两点式方程**.

例 5　已知直线的一般式方程为 $\begin{cases}2x-y-z=0,\\3x-y+2z-3=0,\end{cases}$ 求此直线的对称式与参数式方程.

解　用消元法于方程组

$$\begin{cases}2x-y-z=0, & ①\\3x-y+2z-3=0. & ②\end{cases}$$

②式减①式，消去 y，得

$$x+3z-3=0,$$

即

$$\frac{x}{3}=\frac{z-1}{-1}.$$

①式乘以 2，加②式，消去 z，得$\frac{x}{3}=\frac{y+1}{7}$，所以对称式方程为

$$\frac{x}{3}=\frac{y+1}{7}=\frac{z-1}{-1}.$$

又令$\frac{x}{3}=\frac{y+1}{7}=\frac{z-1}{-1}=t$，则可得直线的参数式方程为

$$x=3t,\quad y=7t-1,\quad z=-t+1.$$

例 6　求直线$\begin{cases}2x-y-z=0,\\3x-y+2z-3=0\end{cases}$与平面 $x+2y-z+1=0$ 的交点坐标.

解　由例 5 知直线的参数式方程为 $x=3t$，$y=7t-1$，$z=-t+1$，代入平面方程，得

$$3t+2(7t-1)-(-t+1)+1=0.$$

即 $18t-2=0$，$t=\frac{1}{9}$. 所以交点坐标分别为

$$x=3\times\frac{1}{9}=\frac{1}{3},\quad y=7\times\frac{1}{9}-1=-\frac{2}{9},\quad z=-\frac{1}{9}+1=\frac{8}{9},$$

即交点坐标为$\left(\frac{1}{3},-\frac{2}{9},\frac{8}{9}\right)$.

§8.3.3　点到平面与点到直线的距离

设平面π：$Ax+By+Cz+D=0$，平面π外一点 $M_0(x_0,y_0,z_0)$. 如图 8.21 所示，在平面π上任取一点 $M_1(x_1,y_1,z_1)$，那么矢量$\overrightarrow{M_1M_0}$在平面π的法矢量 $\boldsymbol{n}$ 上的投影的绝对值为点 M_0 到平面π的距离.

因为$\overrightarrow{M_1M_0}=\boldsymbol{r}_{M_0}-\boldsymbol{r}_{M_1}=(x_0-x_1,y_0-y_1,z_0-z_1)$，$\boldsymbol{n}=(A,B,C)$，所以

$$\begin{aligned}\mathrm{Prj}_{\boldsymbol{n}}\,\overrightarrow{M_1M_0}&=\frac{\overrightarrow{M_1M_0}\cdot\boldsymbol{n}}{|\boldsymbol{n}|}\\&=\frac{A(x_0-x_1)+B(y_0-y_1)+C(z_0-z_1)}{\sqrt{A^2+B^2+C^2}}\\&=\frac{Ax_0+By_0+Cz_0-(Ax_1+By_1+Cz_1)}{\sqrt{A^2+B^2+C^2}}.\end{aligned}$$

由于点 M_1 在平面π上，因此 $Ax_1+By_1+Cz_1+D=0$，有

$$D=-(Ax_1+By_1+Cz_1).$$

所以点 M_0 到平面π的距离为

$$d=\frac{|Ax_0+By_0+Cz_0+D|}{\sqrt{A^2+B^2+C^2}}.\tag{8.22}$$

这便是**点到平面的距离公式**.

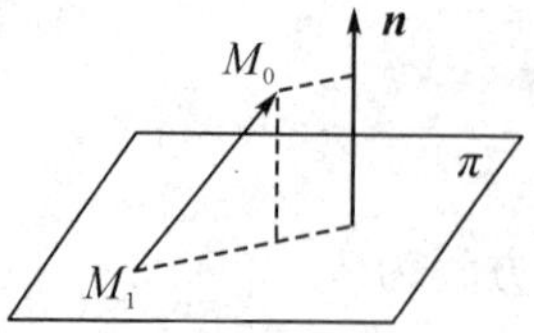

图 8.21

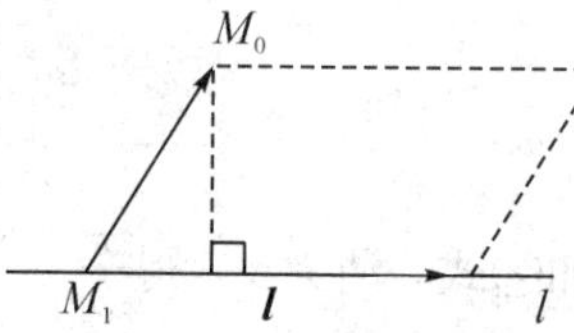

图 8.22

设直线 l：$\frac{x-x_1}{m}=\frac{y-y_1}{n}=\frac{z-z_1}{p}$，直线 l 外一点 $M_0(x_0, y_0, z_0)$，如图 8.22 所示. 若直线上一点 $M_1(x_1, y_1, z_1)$，直线的方向矢量 $\boldsymbol{l}=(m, n, p)$，则矢量 $\overrightarrow{M_1M_0}$ 与 $\boldsymbol{l}$ 所构成的平行四边形在 $\boldsymbol{l}$ 边上的高为点 M_0 到直线 l 的距离.

平行四边行的面积 $S=|\boldsymbol{l}\times\overrightarrow{M_1M_0}|$，$|\boldsymbol{l}|$ 为平行四边形底边长，所以点 M_0 到直线 l 的距离公式为

$$d=\frac{|\boldsymbol{l}\times\overrightarrow{M_1M_0}|}{|\boldsymbol{l}|},$$

式中，

$$|\boldsymbol{l}|=\sqrt{m^2+n^2+p^2},\quad \overrightarrow{M_1M_0}=(x_0-x_1, y_0-y_1, z_0-z_1),$$

$$|\boldsymbol{l}\times\overrightarrow{M_1M_0}|=\sqrt{\begin{vmatrix} n & p \\ y_0-y_1 & z_0-z_1 \end{vmatrix}^2+\begin{vmatrix} m & p \\ x_0-x_1 & z_0-z_1 \end{vmatrix}^2+\begin{vmatrix} m & n \\ x_0-x_1 & y_0-y_1 \end{vmatrix}^2}.$$

§8.3.4 两平面、两直线及平面与直线的位置关系

设有两平面

$$\pi_1: A_1x+B_1y+C_1z+D_1=0,\quad \boldsymbol{n}_1=(A_1, B_1, C_1);$$
$$\pi_2: A_2x+B_2y+C_2z+D_2=0,\quad \boldsymbol{n}_2=(A_2, B_2, C_2).$$

则不难证明以下结论：

(1)两平面 π_1 与 π_2 平行 $\Leftrightarrow\frac{A_1}{A_2}=\frac{B_1}{B_2}=\frac{C_1}{C_2}\neq\frac{D_1}{D_2}$(当 $\frac{A_1}{A_2}=\frac{B_1}{B_2}=\frac{C_1}{C_2}=\frac{D_1}{D_2}$ 时，两平面重合)；

(2)两平面 π_1 与 π_2 相交 $\Leftrightarrow A_1:B_1:C_1\neq A_2:B_2:C_2$；

(3)两平面 π_1 与 π_2 垂直 $\Leftrightarrow A_1A_2+B_1B_2+C_1C_2=0$；

(4)两平面 π_1 与 π_2 夹角为 θ，则

$$\cos\theta=\frac{|A_1A_2+B_1B_2+C_1C_2|}{\sqrt{A_1^2+B_1^2+C_1^2}\sqrt{A_2^2+B_2^2+C_2^2}}.$$

说明：两平面的夹角，取 $0\leqslant\theta\leqslant\frac{\pi}{2}$.

设两直线

$$l_1: \frac{x-x_1}{m_1}=\frac{y-y_1}{n_1}=\frac{z-z_1}{p_1},\quad \boldsymbol{l}_1=(m_1, n_1, p_1);$$

$$l_2: \frac{x-x_2}{m_2}=\frac{y-y_2}{n_2}=\frac{z-z_2}{p_2},\quad \boldsymbol{l}_2=(m_2, n_2, p_2).$$

点 $M_1(x_1, y_1, z_1)$ 与 $M_2(x_2, y_2, z_2)$ 分别在直线 l_1 与 l_2 上，则有以下结论：

(1)两直线 l_1 与 l_2 为异面直线 $\Leftrightarrow [\boldsymbol{l}_1, \boldsymbol{l}_2, \overrightarrow{M_1M_2}] \neq 0$；

(2)两直线 l_1 与 l_2 平行 $\Leftrightarrow \boldsymbol{l}_1 /\!/ \boldsymbol{l}_2 \neq \overrightarrow{M_1M_2}$（当 $\boldsymbol{l}_1 /\!/ \boldsymbol{l}_2 /\!/ \overrightarrow{M_1M_2}$ 时，两直线 l_1 与 l_2 重合）；

(3)两直线 l_1 与 l_2 相交 $\Leftrightarrow [\boldsymbol{l}_1, \boldsymbol{l}_2, \overrightarrow{M_1M_2}] = 0$ 且 $\boldsymbol{l}_1 \not\parallel \boldsymbol{l}_2$；

(4)设两直线 l_1 与 l_2 的夹角为 θ，则

$$\cos\theta = \frac{|\boldsymbol{l}_1 \cdot \boldsymbol{l}_2|}{|\boldsymbol{l}_1||\boldsymbol{l}_2|}.$$

说明：两直线的夹角，取 $0 \leqslant \theta \leqslant \frac{\pi}{2}$.

设

$$直线\ l: \frac{x-x_1}{m} = \frac{y-y_1}{n} = \frac{z-z_1}{p}, \quad \boldsymbol{l} = (m, n, p);$$

$$平面\ \pi: A(x-x_2)+B(y-y_2)+C(z-z_2)=0, \quad \boldsymbol{n}=(A, B, C).$$

点 $M_1(x_1, y_1, z_1)$ 在直线 l 上，点 $M_2(x_2, y_2, z_2)$ 在平面 π 上，则有以下结论：

(1)直线 l 与平面 π 平行 $\Leftrightarrow \boldsymbol{l} \cdot \boldsymbol{n} = 0$ 且 $\boldsymbol{n} \cdot \overrightarrow{M_1M_2} \neq 0$（当 $\boldsymbol{l} \cdot \boldsymbol{n} = 0$ 且 $\boldsymbol{n} \cdot \overrightarrow{M_1M_2} = 0$ 时，直线 l 在平面 π 上）；

(2)直线 l 与平面 π 垂直 $\Leftrightarrow \boldsymbol{l} /\!/ \boldsymbol{n}$；

(3)直线 l 与平面 π 相交 $\Leftrightarrow \boldsymbol{l} \cdot \boldsymbol{n} \neq 0$；

(4)设直线 l 与平面 π 的夹角为 θ，则

$$\sin\theta = \frac{|\boldsymbol{l} \cdot \boldsymbol{n}|}{|\boldsymbol{l}||\boldsymbol{n}|}.$$

说明：直线与平面的夹角，取 $0 \leqslant \theta \leqslant \frac{\pi}{2}$.

例 7　讨论下列两直线间的关系：

(1) l_1：$\frac{x-3}{2} = \frac{y-2}{3} = \frac{z}{4}$ 与 l_2：$\frac{x-3}{4} = \frac{y-2}{4} = \frac{z}{5}$；

(2) l_1：$\frac{x-3}{1} = \frac{y-2}{3} = \frac{z}{5}$ 与 l_2：$\frac{x-1}{2} = \frac{y}{6} = \frac{z}{10}$；

(3) l_1：$\frac{x-3}{1} = \frac{y-2}{3} = \frac{z}{5}$ 与 l_2：$\frac{x-5}{3} = \frac{y-2}{4} = \frac{z-1}{2}$；

(4) l_1：$\begin{cases} x = 7z-17, \\ y = 3z-1 \end{cases}$ 与 l_2：$\begin{cases} x = 4z-11, \\ y = -10z+25. \end{cases}$

解　(1)易知 $\boldsymbol{l}_1 = (2, 3, 4)$，$\boldsymbol{l}_2 = (4, 4, 5)$，由于 $2:3:4 \neq 4:4:5$，即 $\boldsymbol{l}_1 \not\parallel \boldsymbol{l}_2$. 又直线 l_1 与 l_2 均过点 $(3, 2, 0)$，所以 l_1 与 l_2 相交.

(2)易知 $\boldsymbol{l}_1 = (1, 3, 5)$，$\boldsymbol{l}_2 = (2, 6, 10)$，由于 $1:3:5 = 2:6:10$，即 $\boldsymbol{l}_1 /\!/ \boldsymbol{l}_2$. 且直线 l_1 上的点 $M_1(3, 2, 0)$ 不在直线 l_2 上，所以 l_1 与 l_2 平行.

(3)易知 $\boldsymbol{l}_1 = (1, 3, 5)$，$\boldsymbol{l}_2 = (3, 4, 2)$，点 $M_1(3, 2, 0)$，$M_2(5, 2, 1)$ 分别在直线 l_1 与 l_2 上. $\overrightarrow{M_1M_2} = (2, 0, 1)$，由于

$$[\boldsymbol{l}_1, \boldsymbol{l}_2, \overrightarrow{M_1M_2}] = \begin{vmatrix} 1 & 3 & 5 \\ 3 & 4 & 2 \\ 2 & 0 & 1 \end{vmatrix} = \begin{vmatrix} -9 & 3 & 5 \\ -1 & 4 & 2 \\ 0 & 0 & 1 \end{vmatrix} = \begin{vmatrix} -9 & 3 \\ -1 & 4 \end{vmatrix} = -33 \neq 0,$$

所以直线 l_1 与 l_2 为异面直线.

(4)把直线方程化为对称式方程

$$l_1: \frac{x+17}{7} = \frac{y+1}{3} = \frac{z}{1}, \quad l_2: \frac{x+11}{4} = \frac{y-25}{-10} = \frac{z}{1}.$$

则知 $\boldsymbol{l}_1=(7, 3, 1)$，$\boldsymbol{l}_2=(4, -10, 1)$，点 $M_1(-17, -1, 0)$，$M_2(-11, 25, 0)$分别在直线 l_1 与 l_2 上，$\overrightarrow{M_1M_2}=(6, 26, 0)$. 因为

$$[\boldsymbol{l}_1, \boldsymbol{l}_2, \overrightarrow{M_1M_2}] = \begin{vmatrix} 7 & 3 & 1 \\ 4 & -10 & 1 \\ 6 & 26 & 0 \end{vmatrix} = \begin{vmatrix} 7 & 3 & 1 \\ -3 & -13 & 0 \\ 6 & 26 & 0 \end{vmatrix} = 0,$$

故直线 l_1 与 l_2 共面. 又 $7:3:1 \neq 4:-10:1$，即 $\boldsymbol{l}_1 \not\parallel \boldsymbol{l}_2$，所以直线 l_1 与 l_2 相交.

设直线 l 的交面式方程为 $\begin{cases} A_1x+B_1y+C_1z+D_1=0, \\ A_2x+B_2y+C_2z+D_2=0, \end{cases}$ 则方程

$$A_1x+B_1y+C_1z+D_1+\lambda(A_2x+B_2y+C_2z+D_2)=0$$

或

$$A_2x+B_2y+C_2z+D_2+\lambda(A_1x+B_1y+C_1z+D_1)=0$$

称为过直线 l 的**平面束方程**. 其中 λ 取不同值时，表示过直线 l 的不同平面，在解决某些问题时用平面束方程较为简便.

例 8 求过直线 $l: \begin{cases} x+y-z+1=0, \\ y+z=0 \end{cases}$ 且垂直于平面 $\pi: 2x-y+2z=0$ 的平面方程.

解 过直线 l 的平面束方程为 $x+y-z+1+\lambda(y+z)=0$，即

$$x+(1+\lambda)y+(\lambda-1)z+1=0,$$

因为所求平面与已知平面 π 垂直，则两平面的法矢量垂直. 所以

$$(1, 1+\lambda, \lambda-1)\cdot(2, -1, 2)=0,$$

即 $2-(1+\lambda)+2(\lambda-1)=0$，解得 $\lambda=1$，代入平面束方程得所求平面方程为

$$x+2y+1=0.$$

例 9 求异面直线 $l_1: \frac{x}{1}=\frac{y}{2}=\frac{z}{3}$ 与 $l_2: x-1=y+1=z-2$ 之间的最短距离 d.

解 如图 8.23 所示，直线 l_1 上的点 $M_1(0, 0, 0)$，l_2 上的点 $M_2(1, -1, 2)$. $\overrightarrow{M_1M_2}$在直线 l_1 与 l_2 的公垂线的方向矢量上的投影的绝对值为 l_1 和 l_2 的最短距离.

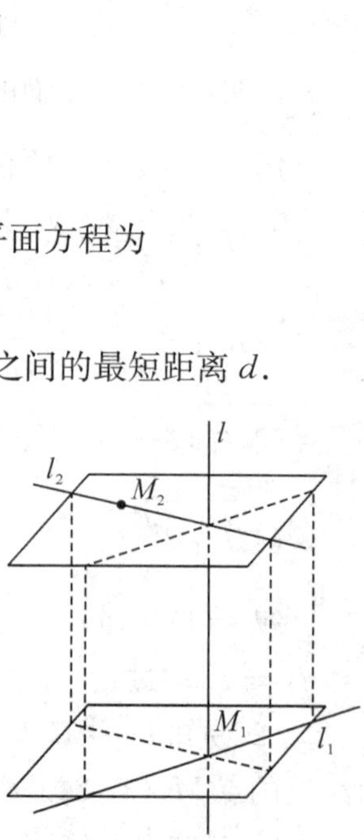

图 8.23

因为直线 l_1 的方向矢量 $\boldsymbol{l}_1=(1, 2, 3)$，直线 l_2 的方向矢量 $\boldsymbol{l}_2=(1, 1, 1)$，所以，公垂线的方向矢量为

$$\boldsymbol{l} = \boldsymbol{l}_1 \times \boldsymbol{l}_2 = \begin{vmatrix} \boldsymbol{i} & \boldsymbol{j} & \boldsymbol{k} \\ 1 & 2 & 3 \\ 1 & 1 & 1 \end{vmatrix} = (-1, 2, -1),$$

$$\overrightarrow{M_1M_2} = \boldsymbol{r}_{M_2} - \boldsymbol{r}_{M_1} = (1, -1, 2),$$

所求距离为

$$d=|\mathrm{Prj}_{\boldsymbol{l}}\overrightarrow{M_1M_2}|=\frac{|\overrightarrow{M_1M_2}\cdot\boldsymbol{l}|}{|\boldsymbol{l}|}$$

$$=\frac{|1\cdot(-1)+(-1)\cdot 2+2\cdot(-1)|}{\sqrt{(-1)^2+2^2+(-1)^2}}=\frac{5}{\sqrt{6}}.$$

例 10　求例 9 中，直线 l_1 与 l_2 的公垂线方程.

解　设公垂线 l 上任一点为 $M(x, y, z)$，由图 8.23 知 $\overrightarrow{M_1M}$，$\boldsymbol{l}_1$，$\boldsymbol{l}$ 共面，且 $\overrightarrow{M_2M}$，$\boldsymbol{l}_2$，$\boldsymbol{l}$ 也共面.

$$\overrightarrow{M_1M}=(x-0, y-0, z-0)=(x, y, z),$$

$$\overrightarrow{M_2M}=(x-1, y+1, z-2),$$

$$\boldsymbol{l}_1=(1, 2, 3), \boldsymbol{l}_2=(1, 1, 1), \boldsymbol{l}=(-1, 2, -1),$$

由三矢量共面的充分必要条件知

$$[\overrightarrow{M_1M}, \boldsymbol{l}_1, \boldsymbol{l}]=0 \quad 和 \quad [\overrightarrow{M_2M}, \boldsymbol{l}_2, \boldsymbol{l}]=0,$$

从而得

$$\begin{vmatrix} x & y & z \\ 1 & 2 & 3 \\ -1 & 2 & -1 \end{vmatrix}=0 \quad 和 \quad \begin{vmatrix} x-1 & y+1 & z-2 \\ 1 & 1 & 1 \\ -1 & 2 & -1 \end{vmatrix}=0,$$

即

$$-8x-2y+4z=0 \quad 和 \quad -3(x-1)+0(y+1)+3(z-2)=0,$$

整理得公垂线方程为 l：$\begin{cases} 4x+y-2z=0, \\ x-z+1=0. \end{cases}$

习题 8—3

1. 指出下列各平面方程所表示平面的特殊位置，并作草图.

(1) $x=0$；　(2) $3y-1=0$；　(3) $x-2z=0$；

(4) $y+z=1$；　(5) $x-\sqrt{3}y=0$；　(6) $2x-3y-6=0$；

(7) $6x+5y-z=0$；　(8) $x+y+z=1$.

2. 分别按下列条件求平面方程.

(1)平行于 Ozx 面，且过点 $(2, -5, 3)$；

(2)过 z 轴和点 $(-3, 1, -2)$；

(3)平行于 x 轴，且过两点 $M_1(4, 0, -2)$ 与 $M_2(5, 1, 7)$.

3. 求过点 $M(0, 2, 4)$ 且与两平面 π_1：$x+2z=1$ 与 π_2：$y-3z=2$ 均平行的直线方程.

4. 求过点 $(3, 1, -2)$ 与直线 $\dfrac{x-4}{5}=\dfrac{y+3}{2}=\dfrac{z}{1}$ 的平面方程.

5. 求平面 $2x-2y+z=5$ 与各坐标面的夹角的余弦.

6. 求直线 l_1：$\begin{cases} 5x-3y+3z-9=0, \\ 3x-2y+z-1=0 \end{cases}$ 与 l_2：$\begin{cases} 2x+2y-z+23=0, \\ 3x+8y+z-18=0 \end{cases}$ 的夹角的余弦.

7. 求直线 l：$\begin{cases} x+y+2z=0, \\ x-y-z=0 \end{cases}$ 与平面π：$x-y-z+1=0$ 的夹角 φ.

8. 判别下列各组直线与平面的关系.

(1)直线 l：$\dfrac{x+3}{-2}=\dfrac{y+4}{-7}=\dfrac{z}{3}$ 与平面π：$4x-2y-2z=3$；

(2)直线 l：$\dfrac{x}{3}=\dfrac{y}{-2}=\dfrac{z}{7}$ 与平面π：$3x-2y+7z=8$；

(3)直线 l：$\dfrac{x-2}{3}=\dfrac{y+2}{1}=\dfrac{z-3}{-4}$ 与平面π：$x+y+z-3=0$.

9. 求点 $M(-1, 2, 0)$在平面π：$x+2y-z+1=0$ 上的投影点的坐标.

10. 求直线 l：$\begin{cases} 2x-4y+z=0, \\ 3x-y-2z-9=0 \end{cases}$ 在平面π：$4x-y+z=1$ 上的投影直线方程.

11. 求点 $P(3, -1, 2)$到直线 l：$\begin{cases} x+y-z+1=0, \\ 2x-y+z-4=0 \end{cases}$ 的距离.

12. 设一平面垂直于 Oxy 面，且过点 $M(1, -1, 1)$到直线 l：$\begin{cases} y-z+1=0, \\ x=0 \end{cases}$ 的垂线，求此平面方程.

13. 分别按下列条件求直线方程.

(1)过点$(3, 4, -4)$，直线的方向矢量的方向角为$\dfrac{\pi}{3}$，$\dfrac{\pi}{4}$，$\dfrac{2\pi}{3}$；

(2)过点$(0, -3, 2)$，且平行两点$(3, 4, -7)$与$(2, 7, -6)$的连线；

(3)过点$(-1, 2, 1)$，且与两平面 $x+y-2z-1=0$ 和 $x+2y-z+1=0$ 平行.

14. 求下列直线的标准方程(对称式)与参数方程.

(1)$\begin{cases} x=-\dfrac{1}{2}z+\dfrac{9}{2}, \\ y=-\dfrac{1}{8}z+\dfrac{23}{8}; \end{cases}$　　(2)$\begin{cases} x-5y+2z-1=0, \\ z=2+5y; \end{cases}$

(3)$\begin{cases} x-y+z+5=0, \\ 5x-8y+4z+36=0. \end{cases}$

15. 已知平面上不在同一直线的三点 A，B，C 的矢径分别为 $\boldsymbol{r}_A=\boldsymbol{a}$，$\boldsymbol{r}_B=\boldsymbol{b}$，$\boldsymbol{r}_C=\boldsymbol{c}$，试证矢量 $\boldsymbol{n}=\boldsymbol{a}\times\boldsymbol{b}+\boldsymbol{b}\times\boldsymbol{c}+\boldsymbol{c}\times\boldsymbol{a}$ 为此平面的法矢量.

16. 设平面π垂直于平面 $5x-y+3z-2=0$，且与此平面的交线在 Oxy 面上，求平面π的方程.

17. 若直线过点 $M(-1, 0, 4)$，平行于平面π：$3x-4y+z-10=0$，且与直线 l：$\dfrac{x+1}{3}=\dfrac{y+3}{1}=\dfrac{z}{2}$ 相交，求此直线方程.

18. 已知直线 l_1：$x=t+1$，$y=2t-1$，$z=t$ 与直线 l_2：$x=t+2$，$y=2t-1$，$z=t+1$，求直线 l_1 与 l_2 之间的距离.

19. 已知四面体的四个顶点 $A(5, 1, 3)$，$B(1, 6, 2)$，$C(5, 0, 4)$，$D(4, 0, 6)$，求过 AB 边所作平行于CD 边的平面方程.

20. 设三个不同平面的方程分别为

$$\pi_1: A_1x+B_1y+C_1z+D_1=0,\quad \boldsymbol{n}_1=(A_1, B_1, C_1);$$

$$\pi_2: A_2x+B_2y+C_2z+D_2=0,\quad \boldsymbol{n}_2=(A_2, B_2, C_2);$$

$$\pi_3: A_3x+B_3y+C_3z+D_3=0,\quad \boldsymbol{n}_3=(A_3, B_3, C_3).$$

试根据三平面π_1，π_2，π_3 可能的位置，分别讨论它们的法矢量 $\boldsymbol{n}_1$，$\boldsymbol{n}_2$，$\boldsymbol{n}_3$ 之间的关系.

§8.4　曲面与曲线

在§8.3 节中利用矢量建立了平面与直线方程，而平面与直线仅仅是曲面与曲线的特例. 本节讨论一般的曲面与曲线方程.

§8.4.1　曲面方程

首先看几个用矢量建立常见的球面、圆柱面、圆锥面的方程例子.

例 1　求以点 $M_0(a, b, c)$为球心，半径为 R 的球面方程.

解　如图 8.24 所示，设球面上任意一点为 $M(x, y, z)$，则

$$\overrightarrow{M_0M}=\boldsymbol{r}_M-\boldsymbol{r}_{M_0}=(x-a, y-b, z-c).$$

因为$|\overrightarrow{M_0M}|=R$，即$\sqrt{(x-a)^2+(y-b)^2+(z-c)^2}=R$，所以球面方程为

$$(x-a)^2+(y-b)^2+(z-c)^2=R^2.$$

显然，球心为原点时的球面方程为

$$x^2+y^2+z^2=R^2.$$

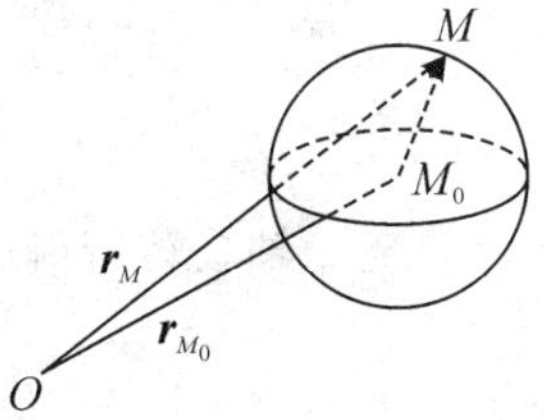

图 8.24

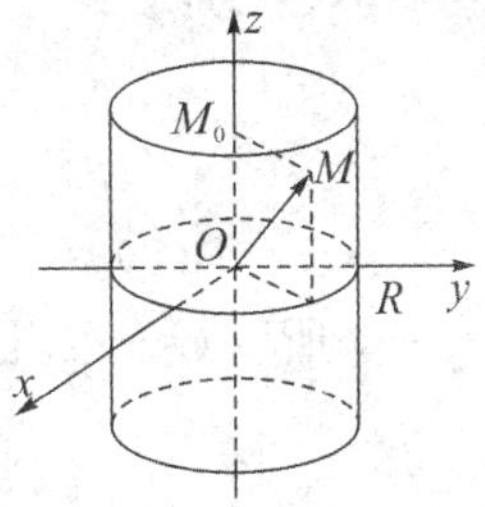

图 8.25

例 2　求以 z 轴为中心轴，半径为 R 的圆柱面方程.

解　如图 8.25 所示，设圆柱面上任一点为 $M(x, y, z)$，则点 M 在 z 轴上的投影点为$M_0(0, 0, z)$，由已知条件知$|\overrightarrow{M_0M}|=R$，因为$\overrightarrow{M_0M}=\boldsymbol{r}_M-\boldsymbol{r}_{M_0}=(x, y, 0)$，则$\sqrt{x^2+y^2}=R$. 所以圆柱面方程为

$$x^2+y^2=R^2.$$

例 3　求顶点在原点，中心轴为 z 轴，母线与 z 轴夹角为θ 的圆锥面方程.

解　如图 8.26 所示，设圆锥面上任意一点为 $M(x, y, z)$，由题设 $\boldsymbol{r}_M$ 与 z 轴夹角为θ，即矢量 $\boldsymbol{r}_M$ 与矢量$\boldsymbol{k}$ 的夹角为θ，而$\boldsymbol{r}_M=(x, y, z)$，$|\boldsymbol{r}_M|=\sqrt{x^2+y^2+z^2}$，$|\boldsymbol{k}|=1$. 因

为

$$\boldsymbol{r}_M \cdot \boldsymbol{k} = |\boldsymbol{r}_M||\boldsymbol{k}|\cos\theta = \sqrt{x^2+y^2+z^2}\cos\theta,$$
$$\boldsymbol{r}_M \cdot \boldsymbol{k} = (x, y, z)\cdot(0, 0, 1) = z,$$

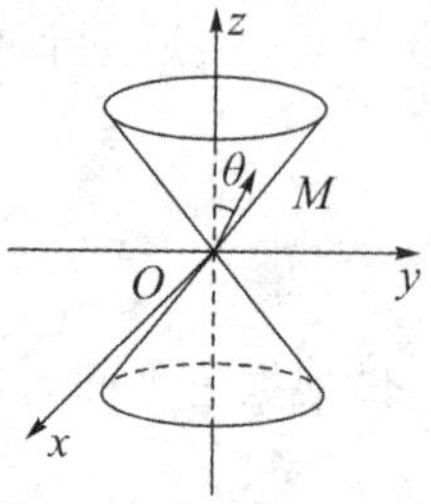

图 8.26

所以$\sqrt{x^2+y^2+z^2}\cos\theta=z$. 设$\cos\theta=\dfrac{b}{a}$, $|b|\leqslant|a|$, 则

$$z=\frac{b}{a}\sqrt{x^2+y^2+z^2},\qquad \frac{z^2}{b^2}=\frac{x^2+y^2}{a^2}+\frac{z^2}{a^2}.$$

又设$\dfrac{1}{b^2}-\dfrac{1}{a^2}=\dfrac{1}{c^2}$, 那么圆锥面方程为

$$\frac{x^2+y^2}{a^2}-\frac{z^2}{c^2}=0.$$

通过例1、例2、例3及§8.3节的平面方程这些曲面的特例,可给出一般曲面方程的定义.

定义1 若曲面Σ与方程$F(x, y, z)=0$满足以下关系:

(1)曲面Σ上任意一点的坐标满足方程$F(x, y, z)=0$,

(2)不在曲面Σ上的点的坐标不满足方程,

则称此方程$F(x, y, z)=0$为曲面Σ的方程.

定义2 曲线(或直线)绕某直线(称为旋转轴)旋转所得的曲面称为**旋转曲面**. 显然,球面、圆柱面、圆锥面都是旋转曲面.

旋转曲面的方程:如图8.27所示,若Oyz面上的曲线$F(y, z)=0(x=0)$,绕z轴旋转所得旋转曲面为Σ. 设曲面Σ上任意一点为$M(x, y, z)$,则点$M(x, y, z)$为Oyz面上的点$M_0(0, y_0, z)$绕z轴旋转所得. 点M_0与M在z轴上的投影均为点$M_1(0, 0, z)$,且$|\overrightarrow{M_1M_0}|=|\overrightarrow{M_1M}|$,所以

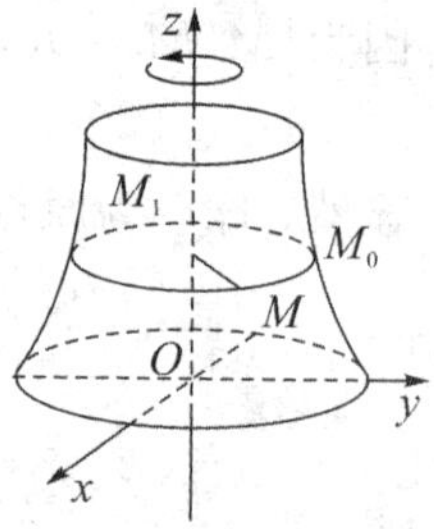

图 8.27

$$x^2+y^2=y_0^2,$$

即

$$y_0=\pm\sqrt{x^2+y^2}.$$

又$F(y_0, z)=0$,所以Oyz面上的曲线$F(y, z)=0(x=0)$绕z轴旋转所得旋转曲面的方程为

$$F(\pm\sqrt{x^2+y^2}, z)=0.$$

同理可得曲线$F(y, z)=0(x=0)$绕y轴旋转所得旋转曲面的方程为

$$F(y, \pm\sqrt{x^2+z^2})=0.$$

因此,可得到常见的Oyz面上的直线与二次曲线分别绕z轴及y轴旋转所得的旋转曲面方程(见表8.1).

表 8.1　常见的 Oyz 面上的直线与二次曲线分别绕 z 轴及 y 轴旋转所得的旋转曲面方程

Oyz 面上的曲线方程($x=0$)	绕 z 轴旋转所得的曲面与曲面方程	绕 y 轴旋转所得的曲面与曲面方程
$y=R$ 直线	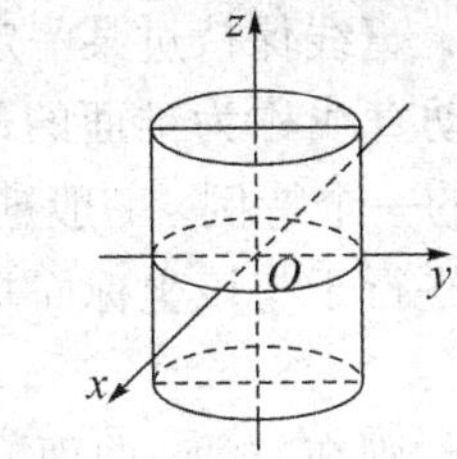 $x^2+y^2=R^2$ 圆柱面	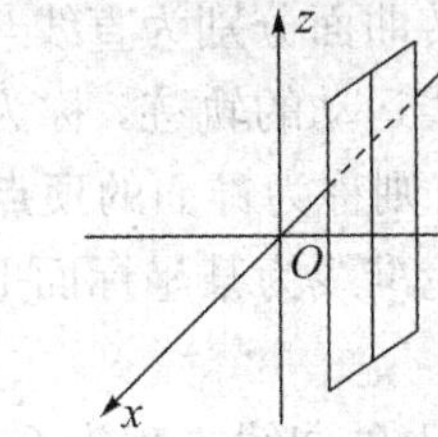 $y=R$ 平面
$y=\frac{b}{c}z$ 直线	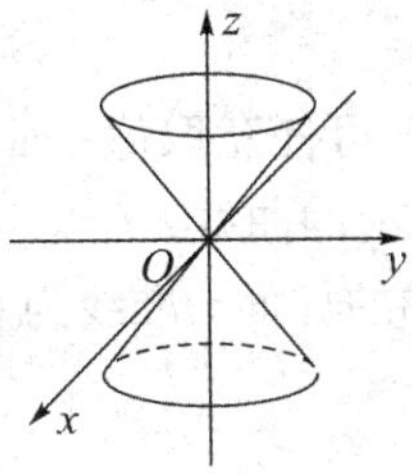 $\frac{x^2+y^2}{b^2}-\frac{z^2}{c^2}=0$ 圆锥面	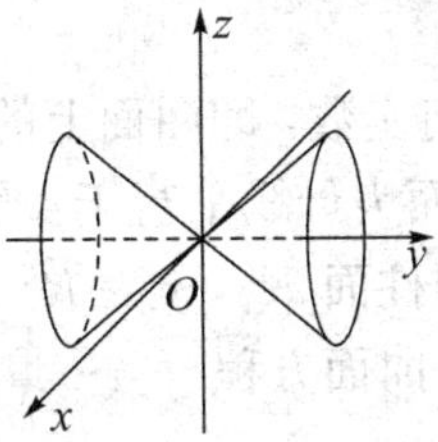 $\frac{y^2}{b^2}-\frac{x^2+z^2}{c^2}=0$ 圆锥面
$y^2+z^2=R^2$ 圆	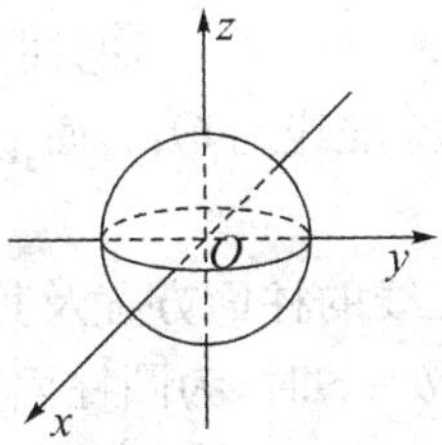 $x^2+y^2+z^2=R^2$ 球面	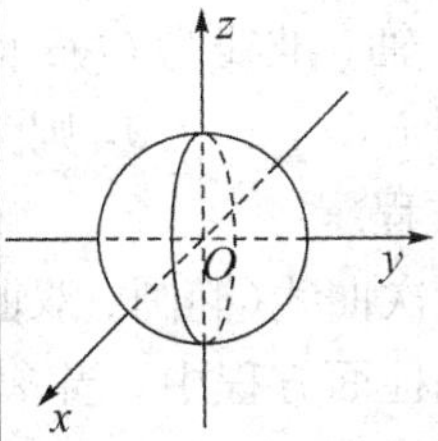 $x^2+y^2+z^2=R^2$ 球面
$\frac{y^2}{b^2}+\frac{z^2}{c^2}=1$ 椭圆	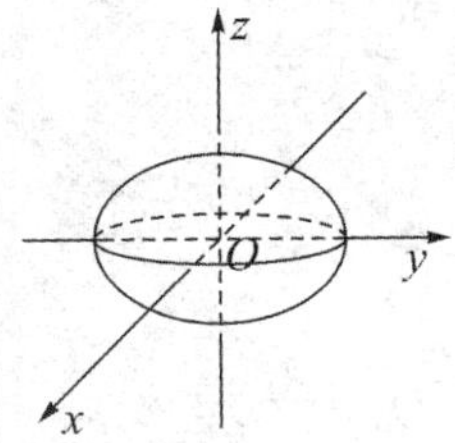 $\frac{x^2+y^2}{b^2}+\frac{z^2}{c^2}=1$ 旋转椭球面	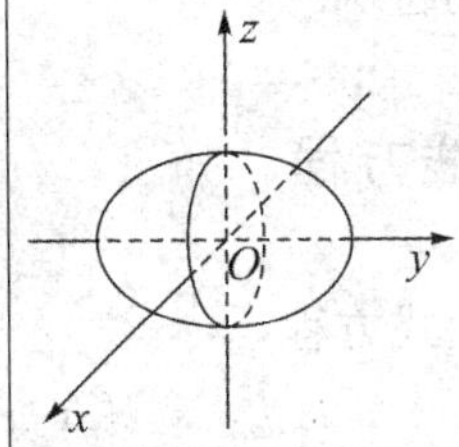 $\frac{y^2}{b^2}+\frac{x^2+z^2}{c^2}=1$ 旋转椭球面
$\frac{y^2}{b^2}-\frac{z^2}{c^2}=1$ 双曲线	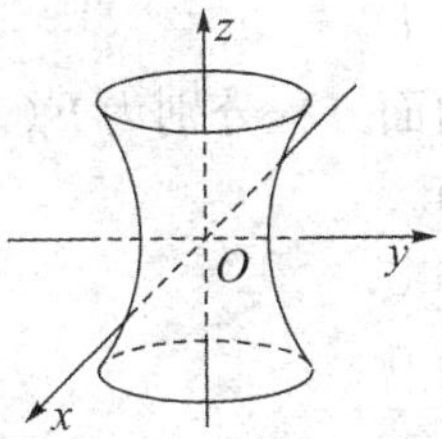 $\frac{x^2+y^2}{b^2}-\frac{z^2}{c^2}=1$ 单叶旋转双曲面	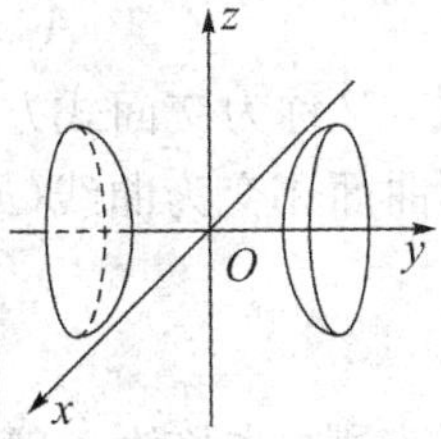 $\frac{y^2}{b^2}-\frac{x^2+z^2}{c^2}=1$ 双叶旋转双曲面
$y^2=2pz(p>0)$ 抛物线	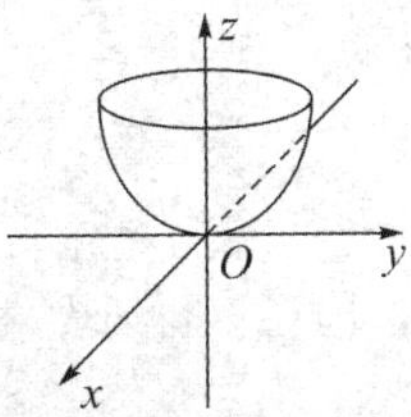 $x^2+y^2=2pz$ 旋转抛物面	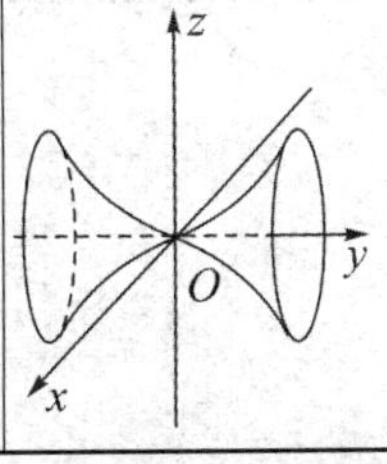 $y^2=2p\sqrt{x^2+z^2}$ $\Rightarrow y^4=4p^2(x^2+z^2)$ 喇叭面

下面介绍另一种重要曲面——柱面.

定义 3 直线与某一定曲线相交，并沿着此曲线平行移动的轨迹称为**柱面**. 该动直线称为柱面的**母线**，定曲线则称为柱面的**准线**.

柱面与旋转曲面分别为直线与曲线运动的轨迹. 直线保持过某一定点且与某一定曲线相交并沿此曲线运动的轨迹，称为**锥面**. 同样，该动直线称为锥面的**母线**，定曲线称为锥面的**准线**，定点则称为锥面的**顶点**. 圆锥面为锥面的一个特例，一般锥面不在此讨论.

这里只讨论准线为某坐标面上的曲线，且母线平行于与该坐标面垂直的坐标轴的柱面方程.

设 Oxy 面上的曲线方程为 $F(x, y)=0(z=0)$，则在空间，曲面方程

$$F(x, y)=0$$

表示 z 可取任何实数，即曲面上的点 (x, y, z) 中，z 可任意取值. 而 (x, y) 满足 $F(x, y)=0$，所以此曲面为母线平行于 z 轴，准线为 Oxy 面上的曲线 $F(x, y)=0(z=0)$ 的柱面方程. 如例 2 中圆柱面 $x^2+y^2=R^2$ 为母线平行于 z 轴的柱面，准线为 Oxy 面上的圆.

同理可得，曲面方程

$$F(y, z)=0$$

为母线平行于 x 轴，准线为 Oyz 面上的曲线 $F(y, z)=0(x=0)$ 的柱面方程.

而曲面方程 $F(x, z)=0$，则为母线平行于 y 轴，准线为 Ozx 面上的曲线 $F(x, z)=0$ $(y=0)$ 的柱面方程.

常见的以二次曲线(椭圆、双曲线、抛物线)为准线的柱面方程及其图象见表 8.2.

显然在椭圆柱面方程中，当 $a=b$，或 $a=c$，或 $b=c$ 时，为圆柱面方程. 所以，圆柱面仅是椭圆柱面的特例.

§8.4.2 曲线方程

直线的一般式方程

$$\begin{cases}A_1x+B_1y+C_1z+D_1=0,\\A_2x+B_2y+C_2z+D_2=0\end{cases}$$

是两平面的交线，又称为交面式方程. 同样，设两曲面方程分别为 $F(x, y, z)=0$ 与 $G(x, y, z)=0$. 若两曲面相交为曲线(或直线)，则方程组

$$\begin{cases}F(x, y, z)=0,\\G(x, y, z)=0\end{cases}$$

为曲线的交面式方程，也称为**一般式方程**.

表 8.2　常见的以二次曲线为准线的柱面方程及其图象

<table>
<tr><th></th><th>母线平行 z 轴</th><th>母线平行 y 轴</th><th>母线平行 x 轴</th></tr>
<tr><td>椭圆柱面</td><td>$\frac{x^2}{a^2}+\frac{y^2}{b^2}=1$
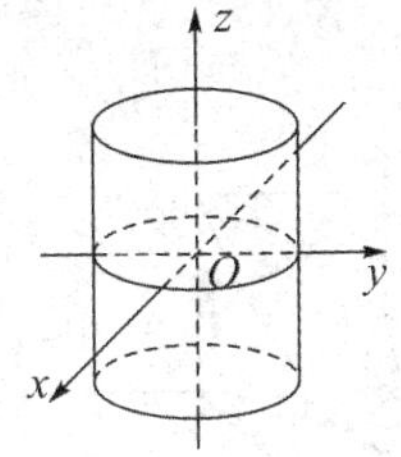
</td><td>$\frac{x^2}{a^2}+\frac{z^2}{c^2}=1$
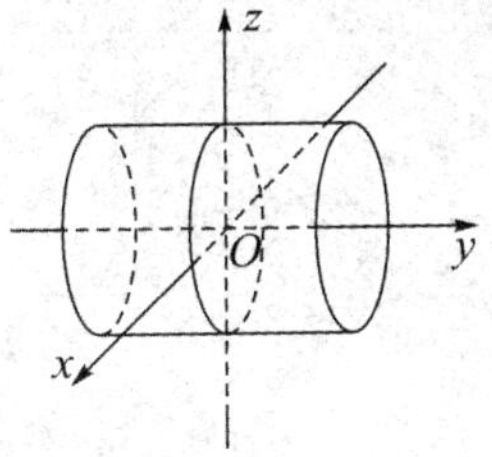
</td><td>$\frac{y^2}{b^2}+\frac{z^2}{c^2}=1$
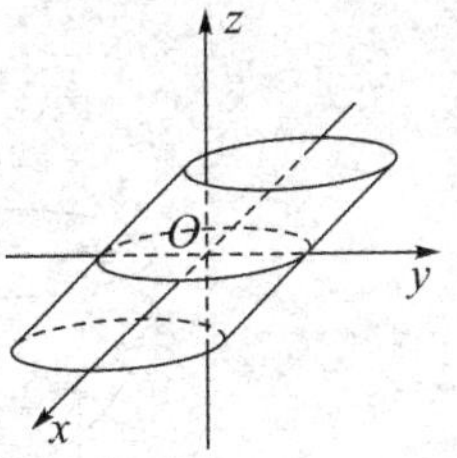
</td></tr>
<tr><td>双曲柱面</td><td>$\frac{x^2}{a^2}-\frac{y^2}{b^2}=1$
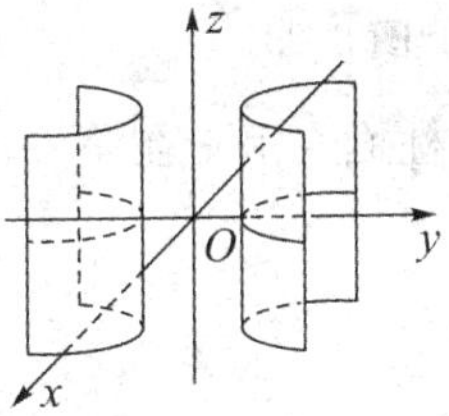
</td><td>$\frac{x^2}{a^2}-\frac{z^2}{c^2}=1$
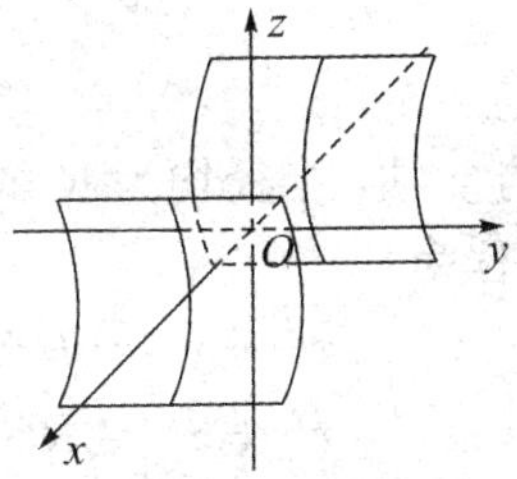
</td><td>$\frac{y^2}{b^2}-\frac{z^2}{c^2}=1$
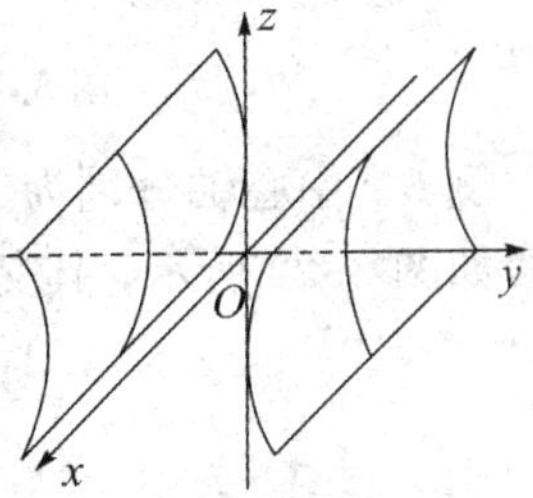
</td></tr>
<tr><td>抛物柱面</td><td>$x^2=2py(p>0)$
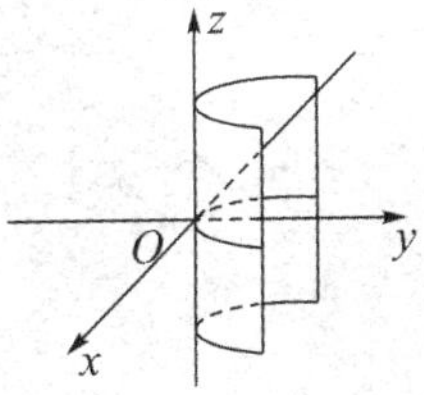
</td><td>$x^2=2pz(p>0)$
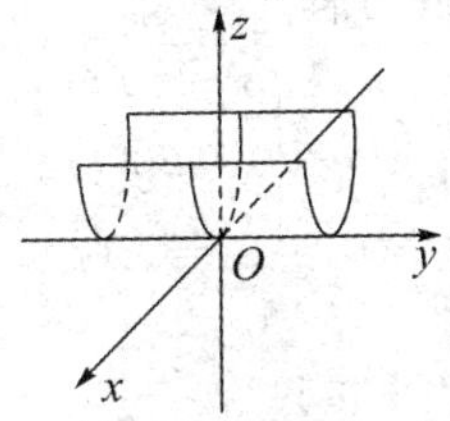
</td><td>$y^2=2pz$
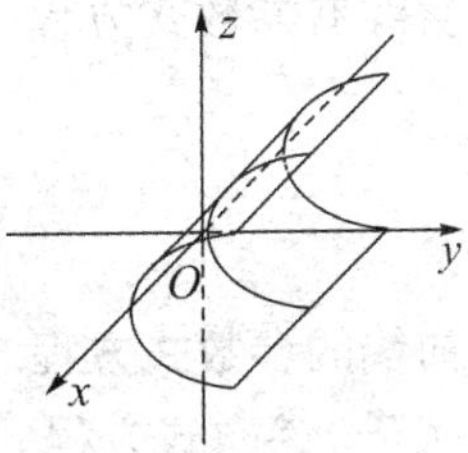
</td></tr>
</table>

例如三坐标面上的曲线方程，分别为柱面与坐标面的交线，表示如下：

$$Oxy\ 面上的曲线方程为\begin{cases}F(x,\ y)=0,\\ z=0.\end{cases}$$

$$Ozx\ 面上的曲线方程为\begin{cases}F(x,\ z)=0,\\ y=0.\end{cases}$$

$$Oyz\ 面上的曲线方程为\begin{cases}F(y,\ z)=0,\\ x=0.\end{cases}$$

例 4　圆锥面 $x^2+y^2-z^2=0$ 与平面 π_1：$y=2$，π_2：$y+z=1$，π_3：$y+4z=1$ 的交线 l_1，l_2，l_3 分别为

$$l_1:\begin{cases}x^2+y^2-z^2=0,\\ y=2,\end{cases}\quad 是双曲线；$$

$$l_2:\begin{cases}x^2+y^2-z^2=1,\\ y+z=1,\end{cases}\quad 是抛物线；$$

$$l_3:\begin{cases}y+4z=1,\\ x^2+y^2-z^2=0,\end{cases}\quad 是椭圆.$$

这便是平面切割圆锥面所得的三种圆锥曲线，读者可作为练习画出其图象.

例 5　旋转抛物面 $z=x^2+y^2$ 与平面 $x+y=1$ 的交线如图 8.28 所示，其交线方程为

$$\begin{cases} z = x^2 + y^2, \\ x + y = 1. \end{cases}$$

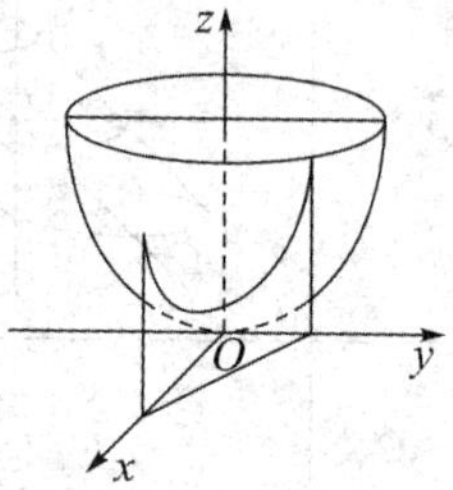

图 8.28

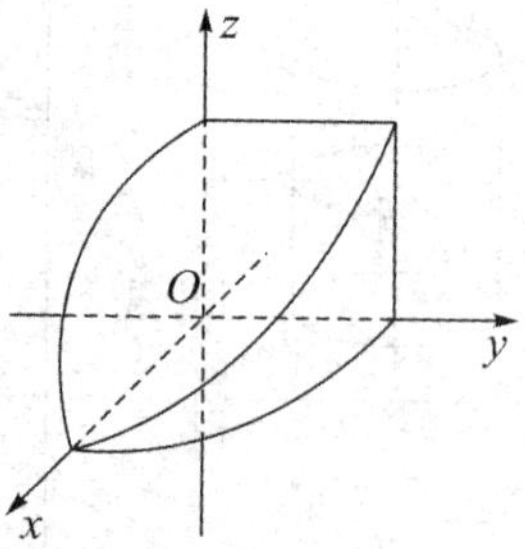

图 8.29

例 6　中心轴分别为 z 轴与 y 轴，半径均为 R 的两个圆柱面，相交在第一卦限部分的交线如图 8.29 所示，其交线方程为

$$\begin{cases} x^2 + y^2 = R^2, \\ x^2 + z^2 = R^2 \end{cases}$$

($x\geqslant 0$，$y\geqslant 0$，$z\geqslant 0$ 部分).

直线有参数式方程，同样曲线方程

$$\begin{cases} x = f(t), \\ y = g(t), \\ z = h(t) \end{cases}$$

称为曲线的**参数式方程**.

例 7　参数式方程

$$\begin{cases} x = a\cos t, \\ y = a\sin t, \\ z = bt(a > 0, b > 0) \end{cases}$$

为圆柱面螺旋线. 如图 8.30 所示，曲线在圆柱面 $x^2+y^2=a^2$ 上，且 z 随着 t 的增加而不断增加. 曲线上的点(x, y, z)随 t 的增加，不断地绕 z 轴螺旋式上升.

参数方程$\begin{cases} x=a\cos t, \\ y=b\sin t, \\ z=ct \end{cases}$称为椭圆柱面螺旋线，所表示的曲线上的点满足$\dfrac{x^2}{a^2}+\dfrac{y^2}{b^2}=1$. 即曲线在椭圆柱面上，曲线上的点随着 t 的增加，而在椭圆柱面上不断地绕 z 轴螺旋上升.

参数方程$\begin{cases} x=t\cos t, \\ y=t\sin t, \\ z=t \end{cases}$称为圆锥面螺旋线，曲线上点的坐标满足方程 $x^2+y^2-z^2=0$，所以曲线在圆锥面 $x^2+y^2-z^2=0$ 上，且随着 t 的增加不断地在圆锥面上绕 z 轴螺旋上升.

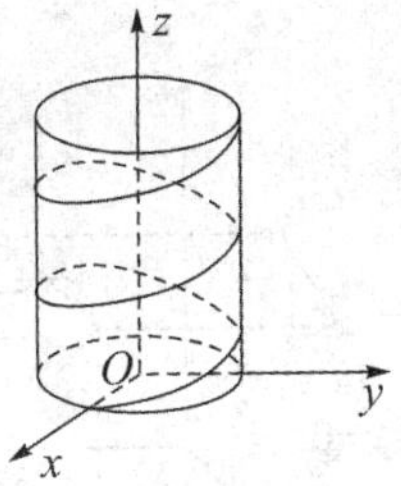

图 8.30

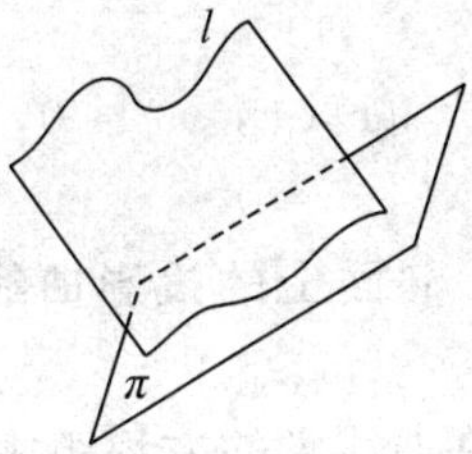

图 8.31

§8.4.3　投影曲线

空间曲线 l 向平面π上投影，则以曲线 l 为准线作母线垂直于平面π的柱面，称为**投影柱面**，而投影柱面与平面π的交线称为曲线 l 在平面π上的**投影曲线**，如图 8.31 所示.

例 8　求直线 l：$\begin{cases}x+2y-z+3=0,\\2x+3z-1=0\end{cases}$在平面$\pi$：$x-y+z-4=0$ 上的投影直线方程.

解　准线为直线的柱面为平面，只需过直线 l 作垂直于平面π的平面，即为投影柱面. 过直线 l 的平面束方程为

$$x+2y-z+3+\lambda(2x+3z-1)=0,$$

即$(1+2\lambda)x+2y+(3\lambda-1)z+3-\lambda=0$，法矢量为$(1+2\lambda,\ 2,\ 3\lambda-1)$，平面$\pi$的法矢量 $\boldsymbol{n}=(1,\ -1,\ 1)$与矢量$(1+2\lambda,\ 2,\ 3\lambda-1)$垂直，则

$$(1,\ -1,\ 1)\cdot(1+2\lambda,\ 2,\ 3\lambda-1)=0,$$

即 $1+2\lambda-2+3\lambda-1=0$. 解得 $\lambda=\frac{2}{5}$，代入平面束方程，过直线 l 垂直于平面π的平面方程为

$$\frac{9}{5}x+2y+\frac{1}{5}z+2=0,$$

整理得 $9x+10y+z+10=0$. 于是，所求投影直线方程为

$$\begin{cases}9x+10x+z+10=0,\\x-y+z-4=0.\end{cases}$$

例 8 只是直线在平面的投影的一个例子，而一般空间曲线在平面上的投影复杂得多. 下面介绍工程技术上以及多元函数积分学中常用的空间曲线在坐标面上的投影.

工程制图中，把曲线在 Oxy 面上的投影称为俯视图，在 Oyz 面上的投影称为正视图，在 Ozx 面上的投影称为侧视图. 工程制图需要精确描绘出投影曲线的图象，而在空间解析几何中不要求精确作图，只需作投影曲线的草图，但要求写出准确的投影曲线方程.

设空间曲线的交面式方程为

$$l:\begin{cases}F(x,\ y,\ z)=0,\\G(x,\ y,\ z)=0.\end{cases}$$

如果方程组中消去 z 得到 $H(x,\ y)=0$，则称为母线平行于 z 轴的柱面方程. 显然，曲线在此柱面上，所以称为**曲线 l 向 Oxy 面上投影的投影柱面**，又称为**母线平行于 z 轴的**

投影柱面.

曲线方程

$$\begin{cases}H(x, y)=0,\\ z=0\end{cases}$$

称为**曲线 l 在 Oxy 面上的投影曲线方程**，如图 8.32 所示.

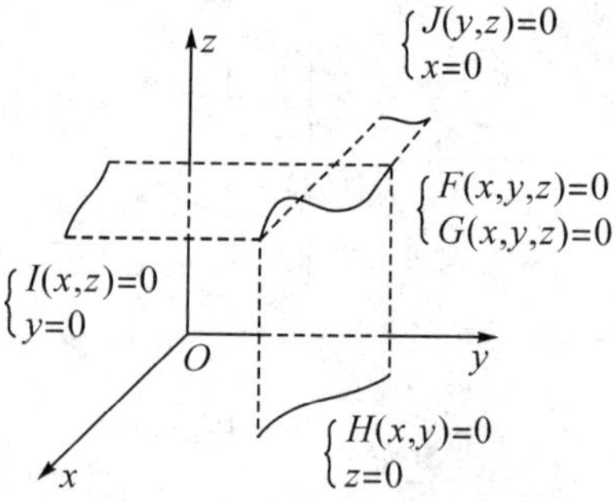

图 8.32

类似地，若在曲线 l 的方程组中消去 y 得到 $I(x, z)=0$，则称为**母线平行于 y 轴的投影柱面**. 曲线方程

$$\begin{cases}I(x, z)=0,\\ y=0\end{cases}$$

称为**曲线 l 在 Ozx 面上的投影曲线方程.**

若在曲线 l 的方程组中消去 x 得到 $J(y, z)=0$，则称为**母线平行于 x 轴的投影柱面.** 曲线方程

$$\begin{cases}J(y, z)=0,\\ x=0\end{cases}$$

称为**曲线 l 在 Oyz 面上的投影曲线方程.**

例 9　写出例 4 中圆锥面 $x^2+y^2-z^2=0$ 分别与下列平面的交线在 Ozx 面上的投影曲线方程：

(1) $y=2$；　　(2) $y+z=1$；　　(3) $y+4z=1$.

解　(1) 交线方程为 $\begin{cases}x^2+y^2-z^2=0,\\ y=2.\end{cases}$ 消去 y 得母线平行于 y 轴的投影柱面方程为 $x^2+2^2-z^2=0$，即 $-\dfrac{x^2}{2^2}+\dfrac{z^2}{2^2}=1$，为双曲柱面. 在 Ozx 面上的投影曲线方程为

$$\begin{cases}-\dfrac{x^2}{2^2}+\dfrac{z^2}{2^2}=1,\\ y=0.\end{cases}$$

(2) 交线方程为 $\begin{cases}x^2+y^2-z^2=0,\\ y+z=1.\end{cases}$ 消去 y 得母线平行于 y 轴的投影柱面方程为 $x^2+(1-z)^2-z^2=0$，即 $x^2=2(z-\dfrac{1}{2})$，为抛物柱面. 在 Ozx 面上的投影曲线方程为

$$\begin{cases}x^2=2\left(z-\dfrac{1}{2}\right),\\ y=0.\end{cases}$$

(3) 交线方程为 $\begin{cases}x^2+y^2-z^2=0,\\ y+4z=1.\end{cases}$ 消去 y 得母线平行于 y 轴的投影柱面方程为 $x^2+(1-4z)^2-z^2=0$，即 $x^2-8z+15z^2+1=0$，经整理得

$$\frac{x^2}{\left(\frac{1}{\sqrt{15}}\right)^2}+\frac{\left(z-\frac{4}{15}\right)^2}{\left(\frac{1}{15}\right)^2}=1,$$

为椭圆柱面. 在 Ozx 面上的投影曲线方程为

$$\begin{cases}\dfrac{x^2}{\left(\dfrac{1}{\sqrt{15}}\right)^2}+\dfrac{\left(z-\dfrac{4}{15}\right)^2}{\left(\dfrac{1}{15}\right)^2}=1,\\ y=0.\end{cases}$$

例 10　已知两个曲面的方程分别为 $z=2x^2+3y^2$ 与 $z=4-2x^2-y^2$. 求此两个曲面的交线在 Oxy 面上的投影曲线方程以及两曲面所围成的立体在 Oxy 面上的投影区域.

解　曲面的交线方程为

$$\begin{cases}z=2x^2+3y^2,\\ z=4-2x^2-y^2,\end{cases}$$

联立消去 z 得母线平行于 z 轴的投影柱面方程为 $x^2+y^2=1$，为圆柱面.

所以交线在 Oxy 面上的投影曲线为

$$\begin{cases}x^2+y^2=1,\\ z=0.\end{cases}$$

而投影曲线在 Oxy 面上所围成的区域，即为此两曲面所围成的立体在 Oxy 面上的投影区域，表示如下：

$$\begin{cases}x^2+y^2\leqslant 1,\\ z=0.\end{cases}$$

空间立体在坐标面上的投影区域，是后面学习计算重积分所必须掌握的知识，因此，曲线在坐标面上的投影也是本章重点要掌握的内容.

习题 8－4

1. 已知球面过原点，球心坐标为(1，－2，3)，求此球面方程.

2. 在空间直角坐标系下，下列方程表示什么图象，并作草图.

(1) $4x^2+y^2=1$；　(2) $y^2-z^2=1$；

(3) $y^2=4x$；　(4) $y^2=x^2$；

(5) $x^2+y^2+z^2-2x+4z+1=0$；

(6) $4x^2+y^2+z^2-4x-2y-4z+6=0$.

3. 在空间直角坐标系下，下列方程组表示什么曲线，并作图.

(1) $\begin{cases}x-y+2z=0,\\ z=0;\end{cases}$　(2) $\begin{cases}2x^2+3y^2=1,\\ z=1;\end{cases}$

(3) $\begin{cases}x=1,\\ y=2;\end{cases}$　(4) $\begin{cases}x^2+y^2+z^2=16,\\ (x-1)^2+y^2+z^2=16.\end{cases}$

4. 求下列旋转曲面的方程.

(1) Ozx 面上的抛物线 $\begin{cases}z^2=5x,\\ y=0\end{cases}$ 绕 x 轴旋转一周；

(2) Oxy 面上的双曲线 $\begin{cases}4x^2-9y^2=36,\\ z=0\end{cases}$ 分别绕 x 轴及 y 轴旋转一周.

5. 下列旋转曲面是什么曲面，并说明是由什么曲线绕哪个坐标轴旋转形成的.

(1) $\frac{x^2}{4}+\frac{y^2}{9}+\frac{z^2}{9}=1$； (2) $x^2-\frac{y^2}{4}+z^2=1$；

(3) $x^2-y^2-z^2=1$； (4) $(z-a)^2=x^2+y^2$.

6. 设准线为 $\begin{cases}2x^2+y^2+z^2=16,\\x^2-y^2+z^2=0,\end{cases}$ 分别求出母线平行于 x 轴及 y 轴的柱面方程.

7. 求下列曲线在给定坐标面上的投影曲线方程.

(1) 曲线 $\begin{cases}x^2+y^2+z^2=9,\\x+z=1\end{cases}$ 在 Ozy 面上的投影；

(2) 曲线 $\begin{cases}x+y+z=3,\\x+2y=1\end{cases}$ 在 Oyz 面上的投影；

(3) 曲线 $\begin{cases}x=a\cos\theta,\\y=a\sin\theta,\\z=b\theta\end{cases}$ 分别在三坐标面上的投影.

8. 求旋转抛物面 $z=x^2+y^2$ 与平面 $z=1$ 所围成的立体分别在三个坐标面上的投影区域，并作投影区域的图象.

9. 作下列柱面的图形.

(1) 准线为 $\begin{cases}4x^2+y^2=4,\\z=0,\end{cases}$ 母线的方向数为 0，1，1；

(2) 准线为 $\begin{cases}y=x^2,\\z=0,\end{cases}$ 母线的方向数为 0，−1，1.

10. 已知准线方程为 $\begin{cases}x+y-z-1=0,\\x-y+z=0,\end{cases}$ 母线平行于直线 $x=y=z$. 试求此柱面方程.

11. 求以点(0，0，1)为顶点，椭圆 $\begin{cases}\frac{x^2}{25}+\frac{y^2}{9}=1,\\z=3\end{cases}$ 为准线的锥面方程.

§8.5 二次曲面的标准型

一般的一次方程 $Ax+By+Cz+D=0$ 表示平面，所以平面又称为**一次曲面**.

在§8.4节中已经看到由二次方程表示的曲面中，有球面、旋转椭球面、旋转抛物面、旋转双曲面，以及椭圆柱面、抛物柱面、双曲柱面、圆锥面，形态各异.

一般的二次方程为

$$Ax^2+By^2+Cz^2+2Dxy+2Exz+2Fyz+2Gx+2Hy+2Iz+J=0.$$

式中，A，B，C，D，E，F，G，H，I，J 为常数. 那么又如何判别二次方程表示什么曲面呢？让我们先看一些例子.

例 1 二次方程 $x^2+y^2+z^2-2x-4y-6z+14=0$ 经过配方后，得

$$(x-1)^2+(y-2)^2+(z-3)^2=0,$$

显然它表示点(1，2，3).

例 2　二次方程 $x^2+y^2+z^2-xy-xz-yz=0$ 在等式两端同乘以 2 后，得

$$(x-y)^2+(y-z)^2+(x-z)^2=0,$$

即 $x=y=z$. 表示过原点且平行于矢量(1，1，1)的直线.

例 3　二次方程 $x^2+4y^2+9z^2-4xy+6xz-12yz+4x-8y+12z+3=0$ 可化为 $(x-2y+3z)^2+4(x-2y+3z)+3=0$. 再分解因式，得

$$(x-2y+3z+1)(x-2y+3z+3)=0,$$

所以此二次方程表示两个平面，其方程分别为

$$x-2y+3z+1=0 \quad 和 \quad x-2y+3z+3=0,$$

是两个平行平面.

例 4　二次方程 $x^2+y^2+z^2+1=0$ 在实数范围内无意义，满足此方程的点集为空集.

例 5　二次方程 $4x^2+9y^2+36z^2-8x-18y-72z+13=0$ 经配方后，得

$$4(x-1)^2+9(y-1)^2+36(z-1)^2=36,$$

即

$$\frac{(x-1)^2}{3^2}+\frac{(y-1)^2}{2^2}+(z-1)^2=1.$$

如果令 $X=x-1$，$Y=y-1$，$Z=z-1$，则得到方程

$$\frac{X^2}{3^2}+\frac{Y^2}{2^2}+Z^2=1.$$

例 6　二次方程 $x^2-y^2+4x+8y-2z=0$ 经配方后，得

$$(x+2)^2-(y-4)^2=2(z-6).$$

如果令 $X=x+2$，$Y=y-4$，$Z=x-6$，则得到方程

$$Z=\frac{X^2}{2}-\frac{Y^2}{2}.$$

例 7　二次方程 $4x^2+y^2-4z^2-8x-4y-8z+4=0$ 经配方后，得

$$4(x-1)^2+(y-2)^2-4(z+1)^2=0.$$

如果令 $X=x-1$，$Y=y-2$，$Z=z+1$，则得到方程

$$X^2+\frac{Y^2}{2^2}-Z^2=0.$$

例 8　二次方程 $z=xy$，如果令

$$\begin{cases} x=\dfrac{\sqrt{2}}{2}(X-Y), \\ y=\dfrac{\sqrt{2}}{2}(X+Y), \\ z=Z, \end{cases}$$

用矩阵表示为

$$\begin{bmatrix} x \\ y \\ z \end{bmatrix}=\begin{bmatrix} \dfrac{\sqrt{2}}{2} & -\dfrac{\sqrt{2}}{2} & 0 \\ \dfrac{\sqrt{2}}{2} & \dfrac{\sqrt{2}}{2} & 0 \\ 0 & 0 & 1 \end{bmatrix}\begin{bmatrix} x \\ y \\ z \end{bmatrix},$$

则方程变为 $Z=\frac{1}{2}(X^2-Y^2)$. 与例 6 化为同一个方程.

从上面的例子可以看出，二次方程比一次方程表示的几何图象更为广泛、复杂. 例 1 仅表示一点，例 2 表示一直线，例 3 表示两个平面，例 4 不表示任何图象，满足方程的点集为空集，而例 5～例 8 则通过某种替换把原方程化为简单形式，这种特殊的替换称为**坐标变换**. 即把原坐标系下任意点的坐标(x, y, z)，变换为新坐标系下该点的坐标(X, Y, Z).

坐标系的选取是人为的，选取适当的坐标系将对问题的解决带来很大的方便，因此坐标变换是解析几何学中的重要问题之一.

坐标变换　设两种不同的坐标系为 S_1, S_2. 它们可以是同一类的坐标系(如都是直角坐标系)，也可以是不同类的坐标系(如平面直角坐标系与极坐标系). 根据坐标的性质和两坐标系之间的关系，得到坐标变换方程. 从而在解决某一问题时，可以使 S_1, S_2 相互替换.

坐标变换方程可以从一点关于 S_1 的坐标来计算同一点关于 S_2 的坐标. 坐标变换的作用更在于它可使曲线(或曲面)的复杂方程转化为较简单的方程，从而认清曲线(或曲面)的类型.

空间直角坐标变换方程为

$$\begin{bmatrix} x \\ y \\ z \end{bmatrix} = \begin{bmatrix} a_{11} & a_{12} & a_{13} \\ a_{21} & a_{22} & a_{23} \\ a_{31} & a_{32} & a_{33} \end{bmatrix} \begin{bmatrix} x' \\ y' \\ z' \end{bmatrix} + \begin{bmatrix} a_{14} \\ a_{24} \\ a_{34} \end{bmatrix},$$

式中，矩阵 $\begin{bmatrix} a_{11} & a_{12} & a_{13} \\ a_{21} & a_{22} & a_{23} \\ a_{31} & a_{32} & a_{33} \end{bmatrix}$ 为正交矩阵. 此变换由两个特殊的坐标变换合成，即

$$\text{Ⅰ}: \begin{bmatrix} x \\ y \\ z \end{bmatrix} = \begin{bmatrix} x' \\ y' \\ z' \end{bmatrix} + \begin{bmatrix} a \\ b \\ c \end{bmatrix}, \quad \text{Ⅱ}: \begin{bmatrix} x \\ y \\ z \end{bmatrix} = \begin{bmatrix} a_{11} & a_{12} & a_{13} \\ a_{21} & a_{22} & a_{23} \\ a_{31} & a_{32} & a_{33} \end{bmatrix} \begin{bmatrix} x' \\ y' \\ z' \end{bmatrix}.$$

§8.5.1　坐标平移

若空间直角坐标系 $O-x, y, z$，把原点 O 移到点 $O'(a, b, c)$，坐标轴也同时平行移动，便得到新坐标系 $O'-x', y', z'$，所以称为坐标平移. 可用矢量建立两坐标系之间的坐标变换方程.

设空间一点 M 在原坐标系 $O-x, y, z$ 下的坐标为(x, y, z)，而在新坐标系 $O'-x', y', z'$ 下的坐标为(x', y', z')，如图 8.33 所示，$\overrightarrow{O'M}=\overrightarrow{OM}-\overrightarrow{OO'}$. 因为

$$\overrightarrow{O'M}=(x', y', z'),\quad \overrightarrow{OM}=(x, y, z),\quad \overrightarrow{OO'}=(a, b, c).$$

所以$(x', y', z')=(x-a, y-b, z-c)$. 从而得到变换方程，称为**坐标平移公式**:

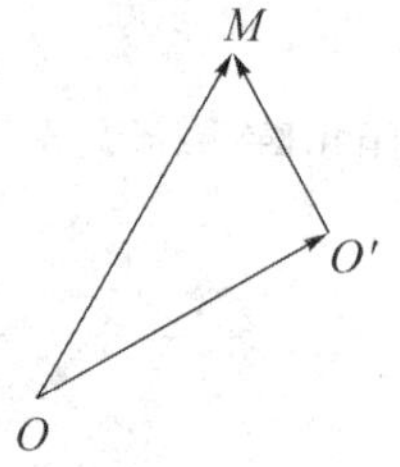

图 8.33

$$\begin{cases} x' = x - a, \\ y' = y - b, \\ z' = z - c, \end{cases}$$

用矩阵表示为

$$\begin{bmatrix} x' \\ y' \\ z' \end{bmatrix} = \begin{bmatrix} x \\ y \\ z \end{bmatrix} - \begin{bmatrix} a \\ b \\ c \end{bmatrix}.$$

在例 5 中，令

$$\begin{cases} X = x - 1 \\ Y = y - 1, \\ Z = z - 1 \end{cases}$$

为坐标平移，坐标原点平移到点(1，1，1). 在例 6 中，令

$$\begin{cases} X = x + 2, \\ Y = y - 4, \\ Z = z - 6 \end{cases}$$

为坐标平移，坐标原点平移到点(−2，4，6). 在例 7 中，令

$$\begin{cases} X = x - 1, \\ Y = y - 2, \\ Z = z + 1, \end{cases}$$

为坐标平移，坐标原点平移到点(1，2，−1).

§8.5.2　坐标旋转

坐标系 $O-x$，y，z，保持原点不动，以原点 O 为轴心，三坐标轴仍然保持相对的位置(两两正交)而同时转动，得到新坐标系 $O-x'$，y'，z'.

例如，平面解析几何中的坐标旋转如图 8.34 所示，坐标系$O-x$，y 与 $O-x'$，y'，设旋转角为 θ，则任意一点 M 在 $O-x$，y 下的坐标为 $M(x, y)$，在 $O-x'$，y'下的坐标为 (x', y')，不难得出变换方程式为

$$\begin{cases} x = x'\cos\theta - y'\sin\theta, \\ y = x'\sin\theta + y'\cos\theta. \end{cases}$$

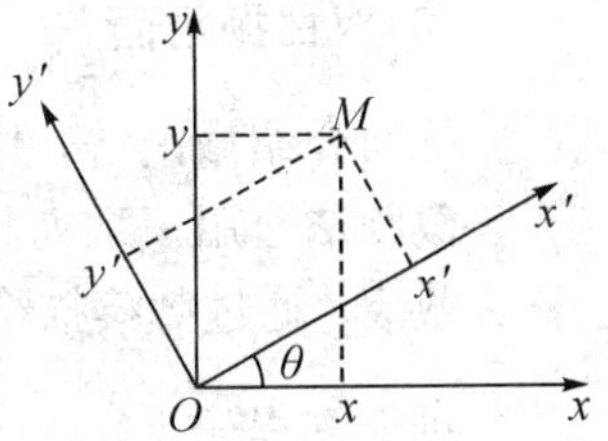

图 8.34

该方程式又称为旋转公式. 当 $\theta = \frac{\pi}{4}$时，旋转公式为

$$\begin{cases} x = \frac{\sqrt{2}}{2}(x' - y'), \\ y = \frac{\sqrt{2}}{2}(x' + y'). \end{cases}$$

在例 8 中，令

$$\begin{cases} x = \dfrac{\sqrt{2}}{2}(X - Y), \\ y = \dfrac{\sqrt{2}}{2}(X + Y), \\ z = Z \end{cases}$$

为坐标旋转，保持原点不动，z 轴(自转)不动，x 轴与 y 轴同时绕 z 轴旋转$\frac{\pi}{4}$.

一般的旋转公式称为正交变换，在线性代数中将详细论述.

二次曲面的标准型：本章§8.4节曲面与曲线的表8.1和表8.2中的二次方程，即旋转二次曲面与二次柱面方程都属于标准型，在旋转二次曲面中，用垂直于旋转轴的平面截曲面的**截痕**(交线)为圆. 如果使截痕为椭圆，则得到一般的标准型.

(1)**椭球面**$\frac{x^2}{a^2}+\frac{y^2}{b^2}+\frac{z^2}{c^2}=1$，其中，

$a=b=c$ 为球面；

$a=b$ 为绕 z 轴旋转的旋转椭球面；

$a=c$ 为绕 x 轴旋转的旋转椭球面.

(2)**椭圆锥面**$\frac{x^2}{a^2}+\frac{y^2}{b^2}-\frac{z^2}{c^2}=0$，其中，$a=b$ 为绕 z 轴旋转的旋转圆锥面.

(3)**单叶双曲面**$\frac{x^2}{a^2}+\frac{y^2}{b^2}-\frac{z^2}{c^2}=1$，其中，$a=b$ 为绕 z 轴旋转的单叶旋转双曲面.

(4)**双叶双曲面** $-\frac{x^2}{a^2}+\frac{y^2}{b^2}-\frac{z^2}{c^2}=1$，其中，$a=c$ 为绕 y 轴旋转的双叶旋转双曲面.

(5)**椭圆抛物面**$\frac{x^2}{2p}+\frac{y^2}{2q}=z$($p$，$q$ 同号)，其中，$p=q$ 为绕 z 轴旋转的旋转抛物面.

在§8.4节表8.1中的旋转二次曲面为以上的特例，其空间图象类似. 与以上标准型对照便知，例5的方程为椭球面，例7的方程为椭圆锥面，例6与例8属于另一种曲面.

(6)**双曲抛物面**$\frac{x^2}{2p}-\frac{y^2}{2q}=z$($p$，$q$ 同号)，这个方程与椭圆抛物面方程差一个符号.

下面介绍截割法，并用此方法来认识此方程所表示的图象.

截割法　用一系列与坐标面平行的平面与曲面相交，称为用平面去截割曲面，其交线称为截痕，通过截痕描绘方程所表示的曲面.

对于方程$\frac{x^2}{a^2}-\frac{y^2}{b^2}=z$($2p=a^2$，$2q=b^2$).

(1)用平行于 Oxy 面的平面去截割，平面方程为 $z=k$. 当 $k=0$ 时，交线为

$$\begin{cases} \dfrac{x^2}{a^2} - \dfrac{y^2}{b^2} = 0, \\ z = 0, \end{cases}$$

在 Oxy 面上截痕为两条相交直线，即

$$y = \frac{b}{a}x \quad 和 \quad y = -\frac{b}{a}x.$$

当 $k=c^2>0$ 时，交线为

$$\begin{cases}\dfrac{x^2}{(ac)^2}-\dfrac{y^2}{(bc)^2}=1,\\ z=c^2,\end{cases}$$

在上半空间的截痕为双曲线，且相应于 x 轴为实轴，y 轴为虚轴.

当 $k=-c^2<0$ 时，交线为

$$\begin{cases}-\dfrac{x^2}{(ac)^2}+\dfrac{y^2}{(bc)^2}=1,\\ z=-c^2,\end{cases}$$

在下半空间的截痕为双曲线，且相应于 x 轴为虚轴，y 轴为实轴.

(2)用平行于 Oyz 面的平面去截割，平面方程为 $x=k$. 交线为

$$\begin{cases}z-\left(\dfrac{k}{a}\right)^2=-\dfrac{y^2}{b^2},\\ x=k,\end{cases}$$

为 $x=k$ 平面上开口向下的抛物线，特别当 $k=0$ 时，为 Oyz 面上，顶点在原点的抛物线.

(3)用平行于 Ozx 面的平面去截割，平面方程为 $y=k$. 交线为

$$\begin{cases}z+\left(\dfrac{k}{b}\right)^2=\dfrac{x^2}{a^2},\\ y=k,\end{cases}$$

为 $y=k$ 平面上开口向上的抛物线，特别当 $k=0$ 时，为 Ozx 面上，顶点在原点的抛物线.

所以曲面 $\dfrac{x^2}{a^2}-\dfrac{y^2}{b^2}=z$ 称为双曲抛物面，如图 8.35 所示，其图象形似马鞍，所以又称为马鞍面.

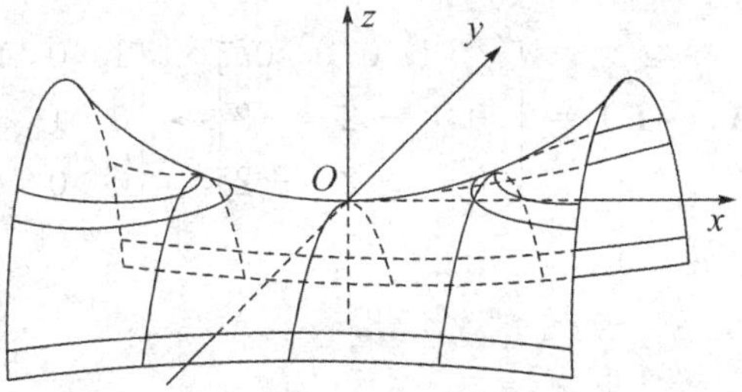

图 8.35

*例 9　把二次方程

$$x^2+2y^2+2z^2-4yz-2x+2\sqrt{2}y+6\sqrt{2}z+5=0$$

化为标准型，并判别方程表示什么曲面.

解　方程左端二次项 $x^2+2y^2+2z^2-4yz$ 为线性代数中讨论的二次型. 设

$$\boldsymbol{A}=\begin{bmatrix}1&0&0\\0&2&-2\\0&-2&2\end{bmatrix},\ \boldsymbol{X}_0=\begin{bmatrix}x\\y\\z\end{bmatrix},\ \boldsymbol{B}=(-2,\ 2\sqrt{2},\ 6\sqrt{2}),$$

则二次方程可表示为

$$\boldsymbol{X}_0^{\mathrm{T}}\boldsymbol{A}\boldsymbol{X}_0+\boldsymbol{B}\boldsymbol{X}_0+5=0.$$

利用线性代数中化二次型为标准型的方法，先求正交变换. 因为 $\boldsymbol{A}$ 的特征方程为 $|(\boldsymbol{A}-\lambda\boldsymbol{E})|=0$，即

$$\begin{vmatrix} 1-\lambda & 0 & 0 \\ 0 & 2-\lambda & -2 \\ 0 & -2 & 2-\lambda \end{vmatrix}=0,$$

化为 $(1-\lambda)(\lambda^2-4\lambda)=0$，特征值 $\lambda=1, 0, 4$. 当 $\lambda=1$ 时，有

$$(\boldsymbol{A}-\boldsymbol{E})=\begin{bmatrix} 0 & 0 & 0 \\ 0 & 1 & -2 \\ 0 & -2 & 1 \end{bmatrix}\to\begin{bmatrix} 0 & 1 & 0 \\ 0 & 0 & 1 \\ 0 & 0 & 0 \end{bmatrix},$$

得 $\boldsymbol{\xi}_1=\begin{bmatrix} 1 \\ 0 \\ 0 \end{bmatrix}$.

当 $\lambda=0$ 时，有

$$(\boldsymbol{A}-0\boldsymbol{E})=\boldsymbol{A}=\begin{bmatrix} 1 & 0 & 0 \\ 0 & 2 & -2 \\ 0 & -2 & 2 \end{bmatrix}\to\begin{bmatrix} 1 & 0 & 0 \\ 0 & 1 & -1 \\ 0 & 0 & 0 \end{bmatrix},$$

得 $\boldsymbol{\xi}_2=\begin{bmatrix} 0 \\ \frac{\sqrt{2}}{2} \\ \frac{\sqrt{2}}{2} \end{bmatrix}$.

当 $\lambda=4$ 时，有

$$(\boldsymbol{A}-4\boldsymbol{E})=\begin{bmatrix} -3 & 0 & 0 \\ 0 & -2 & -2 \\ 0 & -2 & -2 \end{bmatrix}\to\begin{bmatrix} 1 & 0 & 0 \\ 0 & 1 & 1 \\ 0 & 0 & 0 \end{bmatrix},$$

得 $\boldsymbol{\xi}_3=\begin{bmatrix} 0 \\ \frac{\sqrt{2}}{2} \\ -\frac{\sqrt{2}}{2} \end{bmatrix}$.

所以正交阵为

$$\boldsymbol{P}=\begin{bmatrix} 1 & 0 & 0 \\ 0 & \frac{\sqrt{2}}{2} & \frac{\sqrt{2}}{2} \\ 0 & \frac{\sqrt{2}}{2} & -\frac{\sqrt{2}}{2} \end{bmatrix},$$

作变换 $\boldsymbol{X}_0=\boldsymbol{PU}$，$\boldsymbol{U}=\begin{bmatrix} X \\ Y \\ Z \end{bmatrix}$，方程化为

$$\boldsymbol{U}'\boldsymbol{P}'\boldsymbol{APU}+\boldsymbol{BPU}+5=0,$$

其中，

$$\boldsymbol{U}'\boldsymbol{P}'\boldsymbol{APU}=\boldsymbol{U}'\begin{bmatrix}1&&\\&0&\\&&4\end{bmatrix}\boldsymbol{U}=X^2+4Z^2,$$

$$\boldsymbol{BPU}=(-2,\ 2\sqrt{2},\ -6\sqrt{2})\begin{bmatrix}1&0&0\\0&\frac{\sqrt{2}}{2}&\frac{\sqrt{2}}{2}\\0&\frac{\sqrt{2}}{2}&-\frac{\sqrt{2}}{2}\end{bmatrix}\begin{bmatrix}X\\Y\\Z\end{bmatrix}=-2X-4Y+8Z,$$

代入方程为 $X^2+4Z^2-2X-4Y-8Z+5=0$，配方得 $(X-1)^2-4Y+4(Z+1)^2=0$. 再作坐标平移，令

$$\begin{cases}X-1=x_1,\\Y=y_1,\\Z+1=z_1,\end{cases}$$

则此二次曲面的标准型为 $y_1=\frac{x_1^2}{4}+z_1^2$，为椭圆抛物面.

习题 8－5

1. 下列方程表示什么曲面，并作草图.

(1) $\frac{x^2}{9}+\frac{y^2}{4}+z^2=1$；　(2) $\frac{x^2}{4}+\frac{y^2}{9}-z=0$；

(3) $16x^2+4y^2-z^2=64$；　(4) $x^2-y-z^2=0$.

2. 下列方程表示什么曲线.

(1) $\begin{cases}x^2+4y^2+9z^2=36.\\x=3;\end{cases}$　(2) $\begin{cases}x^2-4y^2+z^2=25,\\x=-3;\end{cases}$

(3) $\begin{cases}y^2+z^2-4x+8=0,\\y=4;\end{cases}$　(4) $\begin{cases}\frac{y^2}{9}-\frac{z^2}{4}=1,\\x-2=0.\end{cases}$

3. 考察曲面 $x^2-2y^2-z^2=1$ 被下列平面所截的截痕，说明是什么曲线.

(1) $z=0$；　(2) $y=0$；　(3) $x=2$.

4. 画出下列各组曲面所围成的立体图形.

(1) $\frac{x}{3}+\frac{y}{2}+z=1$，$x=0$，$y=0$，$z=0$；

(2) $z=x^2+y^2$，$x=0$，$y=0$，$z=0$，$x+y=1$；

(3) $z=\sqrt{x^2+y^2}$，$z=\sqrt{R^2-x^2-y^2}\ (R>0)$；

(4) $x^2+y^2=2x$，$z=0$，$z=1$；

(5) $z=\sqrt{R^2-x^2-y^2}$，$z=R-\sqrt{R^2-x^2-y^2}$；

(6)$z=xy$，$x^2+y^2=2x$，$z=0$.

5. 求过两曲面 $x^2+y^2+4z^2=1$ 与 $x^2-y^2-z^2=0$ 的交线，母线平行于 z 轴的柱面方程.

6. 已知球面过点(0，−3，1)，且在 Oxy 面上的截痕为曲线 $\begin{cases}x^2+y^2=16,\\ z=0.\end{cases}$ 求此球面方程.

7. 求曲面 $\frac{x^2}{16}+\frac{y^2}{4}-\frac{z^2}{5}=1$ 与平面 $x-2z+3=0$ 的交线在 Oxy 面上的投影柱面与投影曲线方程.

8. 利用坐标平移把下列二次方程化为标准型，并说明是什么曲面.

(1)$x^2-y^2+4x+8y-2z=0$；

(2)$4x^2-y^2+4z^2-8x+4y+8z+4=0$；

(3)$x^2+z^2-4x-4z+4=0$；

(4)$x^2+y^2-z^2-4y+2z=0$.

9. 二次方程 $x^2+z^2=m(y^2+z^2)+1$(m 为常数)表示什么曲面？

10. 空间直角坐标系 $O-x,y,z$ 下的点 $A(-3,4,1)$，$B(2,-3,-5)$，$C(6,7,-3)$，坐标平移后新坐标原点为 $O'(2,4,-1)$时，求在新坐标系 $O'-x',y',z'$下，A，B，C 三点的坐标.

11. 曲面上任意一点 $M(x,y,z)$到原点的距离等于它到平面 $z=4$ 的距离，求此曲面方程，并说明是什么曲面.

12. 设一动直线，始终保持与直线 l_1 共面，且与直线 l_2 共面，并与平面π平行.

$$\text{直线 } l_1：\frac{x-2}{1}=\frac{y}{-1}=\frac{z-4}{4},$$

$$\text{直线 } l_2：\frac{x-1}{1}=\frac{y+1}{-1}=\frac{z}{0},$$

$$\text{平面 } \pi：x-y-4=0,$$

求此动直线运动的轨迹，并说明是什么曲面.

总复习题八

1. 矢量 $\boldsymbol{a}=(-2,3,t)$，$\boldsymbol{b}=(s,-6,2)$. 若 $\boldsymbol{a}$ 与 $\boldsymbol{b}$ 共线，则 $t=$________，$s=$________. 若 $\boldsymbol{a}$ 与 $\boldsymbol{b}$ 垂直，则 t 与 s 应当满足关系式________.

2. 已知两矢量 $\boldsymbol{a}$ 与 $\boldsymbol{b}$ 的夹角 $\theta=\frac{2}{3}\pi$，且 $|\boldsymbol{a}|=3$，$|\boldsymbol{b}|=4$，则

$\boldsymbol{a}\cdot\boldsymbol{b}=$________；$(\boldsymbol{a}\times\boldsymbol{b})^2=$________；

$(3\boldsymbol{a}-2\boldsymbol{b})(\boldsymbol{a}+2\boldsymbol{b})=$________；$[(\boldsymbol{a}+\boldsymbol{b})\times(2\boldsymbol{a}-\boldsymbol{b})]^2=$________.

3. 已知三角形 ABC 的顶点 $A(2,-5,3)$，$\overrightarrow{AB}=(4,1,2)$，$\overrightarrow{BC}=(3,-2,5)$，则点 B 的坐标为______，点 C 的坐标为______，$\cos\angle A=$______.

4. 过点 $A(0,0,1)$，$B(3,0,0)$且与 Oxy 面夹角为 $\frac{\pi}{3}$ 的平面方程为________.

5. 过点(−1, 0, 4), 平行于平面 $3x-4y+z-10=0$ 且与直线 $\frac{x+1}{1}=\frac{y-3}{1}=\frac{z}{2}$ 相交的直线方程为__________.

6. 矢量运算的下列等式中正确的是(　　).

A. $(\boldsymbol{a}\times\boldsymbol{b})\cdot\boldsymbol{c}=(\boldsymbol{b}\times\boldsymbol{c})\cdot\boldsymbol{a}$　　B. $(\boldsymbol{a}\cdot\boldsymbol{b})\boldsymbol{c}=\boldsymbol{a}(\boldsymbol{b}\cdot\boldsymbol{c})$

C. $(\boldsymbol{a}\cdot\boldsymbol{b})^2=|\boldsymbol{a}|^2|\boldsymbol{b}|^2$　　D. $(\boldsymbol{a}\times\boldsymbol{b})\times\boldsymbol{c}=\boldsymbol{a}\times(\boldsymbol{b}\times\boldsymbol{c})$

7. 下列各组矢量中共面的是(　　).

A. $\boldsymbol{a}=(2, 3, 1)$, $\boldsymbol{b}=(1, -1, 3)$, $\boldsymbol{c}=(1, 9, -12)$

B. $\boldsymbol{a}=(1, 1, 1)$, $\boldsymbol{b}=(0, 1, 1)$, $\boldsymbol{c}=(1, 0, 0)$

C. $\boldsymbol{a}=(3, -2, 1)$, $\boldsymbol{b}=(2, 1, 2)$, $\boldsymbol{c}=(3, -1, 2)$

D. $\boldsymbol{a}=(1, 1, 0)$, $\boldsymbol{b}=(1, 0, 1)$, $\boldsymbol{c}=(0, 1, 1)$

8. 下列曲面中不是旋转曲面的是(　　).

A. $z=x^2+y^2$　　B. $\frac{x^2}{2}+\frac{y^2}{3}-\frac{z^2}{2}=0$

C. $\frac{x^2}{2}+\frac{y^2}{3}+\frac{z^2}{2}=1$　　D. $x^2=2y^2-z^2$

9. 下列直线中在 Oxy 面上的是(　　).

A. $\frac{x-1}{1}=\frac{y-2}{2}=\frac{z-3}{0}$　　B. $\frac{x}{0}=\frac{y}{2}=\frac{z}{1}$

C. $x=y=z$　　D. $\frac{x+1}{1}=\frac{y+3}{2}=\frac{z}{0}$

10. 下列论断中正确的是(　　).

A. 若 $\boldsymbol{a}\cdot\boldsymbol{b}=0$, 则 $\boldsymbol{a}$, $\boldsymbol{b}$ 至少有一个为零矢量

B. 二次方程如果表示平面, 那么必定是两个平面

C. π_1, π_2, π_3 为三个互不平行的平面, 则它们的法矢量 $\boldsymbol{n}_1$, $\boldsymbol{n}_2$, $\boldsymbol{n}_3$ 不共面

D. 点(1, −1, 0)到直线 $\begin{cases}x=z-3,\\ y=2x-3\end{cases}$ 的垂线在平面 π: $5x+5y+3z=0$ 上

11. 已知 $|\boldsymbol{a}|=2$, $|\boldsymbol{b}|=3$, $\langle\boldsymbol{a}, \boldsymbol{b}\rangle=\frac{\pi}{3}$, 求 $|2\boldsymbol{a}-\boldsymbol{b}|$.

12. 单位矢量 $\boldsymbol{a}^0$ 与 x 轴、y 轴的夹角均为 $\frac{\pi}{3}$, 与 z 轴的夹角为钝角, 矢量 $\boldsymbol{b}=2\boldsymbol{j}-\boldsymbol{k}$, 求 $\boldsymbol{a}^0\cdot\boldsymbol{b}$ 与 $\boldsymbol{a}^0\times\boldsymbol{b}$.

13. 求点 $M(1, 0, -1)$ 到直线 l: $\begin{cases}x-y=3,\\ 3x+y+2z+7=0\end{cases}$ 的距离.

14. 设 $\boldsymbol{a}$, $\boldsymbol{b}$, $\boldsymbol{c}$ 为非零矢量, 且 $\boldsymbol{a}=\boldsymbol{b}\times\boldsymbol{c}$, $\boldsymbol{b}=\boldsymbol{c}\times\boldsymbol{a}$, $\boldsymbol{c}=\boldsymbol{a}\times\boldsymbol{b}$. 试证:

$$|\boldsymbol{a}|+|\boldsymbol{b}|+|\boldsymbol{c}|=3.$$

15. 求平行于平面 $2x+y+2z+5=0$ 且与三坐标面围成的四面体的体积等于 1 的平面方程.

16. 求两平面 π_1: $x+2y-z-1=0$ 与 π_2: $x+2y+z+1=0$ 的角平分面方程.

17. 求过直线 $\begin{cases}4x+2y+3z=6,\\ 2x+y=0\end{cases}$ 且与球面 $x^2+y^2+z^2=4$ 相切的平面方程.

18. 一动点到两平面 $x+y-z-1=0$ 与 $x+y+z+1=0$ 距离的平方和等于 1. 求此动点的轨迹，并说明是什么曲面.

19. 已知点 $A(1,0,0)$，$B(0,1,1)$，试求过 A，B 两点的直线绕 z 轴旋转一周所得的旋转曲面方程，并说明是什么曲面.

20. 椭球面 $\frac{x^2}{a^2}+\frac{y^2}{b^2}+\frac{z^2}{c^2}=1$. 若 $0<a<b<c$，试证：存在过 y 轴的平面，使得与椭球面的交线为一个圆.

第 9 章　多元函数微分学

本章主要研究具有两个或多个自变量的函数. 在实际问题的研究中，往往要研究一个变量依赖多个变量变化的情形，这就需要讨论多元函数以及多元函数的微分学与积分学. 本章将一元函数微分学理论作一个推广，研究多元函数微分学及其应用. 我们将着重研究二元函数的微分法及其应用，进而推广到三元乃至多元函数.

§9.1　多元函数

§9.1.1　二元函数的概念

一元函数的定义域是区间. 推广到二维空间，对应了二元函数. 由于二元函数的自变量是两个，自变量的取值范围是平面点集，因此首先讨论平面点集.

平面点集　一元函数的定义域是实数集 $\mathbf{R}$ 的子集，二元函数的自变量是两个，其取值范围是有序实数组(x, y)的集合

$$\{(x, y) \mid x \in \mathbf{R}, y \in \mathbf{R}\},$$

即二维空间(记为 $\mathbf{R}^2$)上的集合. 二维空间 $\mathbf{R}^2$ 与坐标平面的所有点形成一一对应. 称二维空间的子集是“平面点集”.

邻域　$\mathbf{R}^2$ 中任意两点 $M_1(x_1, y_1)$与 $M_2(x_2, y_2)$之间的距离为

$$\rho(M_1, M_2) = \sqrt{(x_2 - x_1)^2 + (y_2 - y_1)^2}.$$

设 $M_0(x_0, y_0)$为一定点，与 M_0 的距离小于 $\varepsilon(\varepsilon > 0)$的动点轨迹，构成 M_0 的 ε 圆形邻域. 记为

$$O(M_0, \varepsilon) = \{(x, y) \mid \sqrt{(x - x_0)^2 + (y - y_0)^2} < \varepsilon\}.$$

以点 $M_0(x_0, y_0)$为中心，$2r$ 为边长的正方形内的动点轨迹构成 M_0 的 r 方形邻域，记为$\{(x, y) \mid |x - x_0| < r, |y - y_0| < r\}$.

内点　设 E 是平面点集. 点 $M(x, y) \in E$，如果存在 $M(x, y)$的一个 δ 邻域 $O(M, \delta)$，使 $O(M, \delta) \subset E$，则称 M 是 E 的**内点**(如图 9.1 所示).

外点　设 $M(x, y) \notin E$，如果存在 $M(x, y)$的一个 η 邻域 $O(M, \eta)$，使 $O(M, \eta)$中无 E 的点，则称 M 是 E 的**外点**(如图 9.1 所示).

聚点　设 E 是平面点集，$M(x, y)$是平面上的一点，如果 $M(x, y)$的任何 ε 邻域

$U(M, \varepsilon)$内，至少含有 E 中一个(异于 M 的)点，则称 M 是 E 的**聚点**. 聚点可属于 E，也可不属于 E.

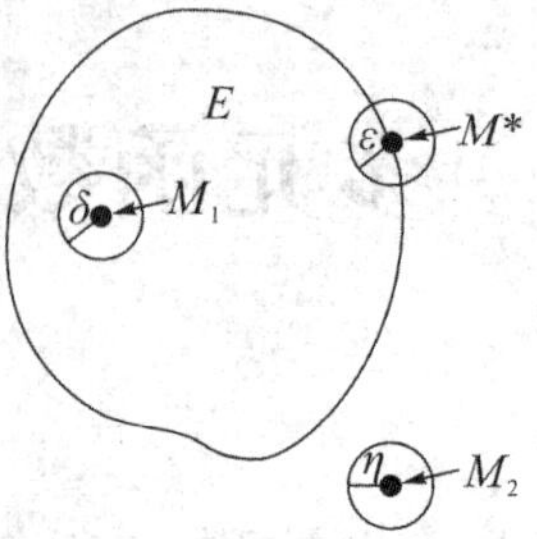

图 9.1

边界点　设 $M(x, y)$是平面上的一点，如果 $M(x, y)$的任何 ε 邻域 $O(M, \varepsilon)$内，既有点属于 E，又有点不属于 E，则称点 $M(x, y)$是 E 的**边界点**. E 的边界点全体构成 E 的边界(如图 9.1 所示). 边界点可属于 E，也可不属于 E.

开集和闭集　如果 E 的任意点都是 E 的内点，则称 E 为**开集**. 如果 E 的所有聚点都在 E 内，则称 E 为**闭集**.

区域　设 E 是开集，E 中任意两点可用属于 E 的折线连接起来，称 E 为**开区域**. 开区域加上其边界称为**闭区域**.

有界集和无界集　如果存在原点 O 的某个邻域 $O(0, \varepsilon)$使集 $E \subset O(0, \varepsilon)$，则称 E 是**有界集**；反之，称 E 是**无界集**.

例 1　$E=\{(x, y) \mid 0<x^2+y^2<1\}$，$E$ 是以原点为圆心的单位圆内除去原点的所有点(如图 9.2 所示). E 中所有点都是 E 的内点，单位圆周 $x^2+y^2=1$ 上的点都是 E 的边界点. 是单位圆外，满足 $x^2+y^2>1$ 的点是 E 的外点. 原点是 E 的聚点. 由此可见，聚点可以不属于 E.

例 2　$E=\{(x, y) \mid 1 \leqslant x^2+y^2<4\}$，$E$ 是以原点为圆心，半径分别是 1 与 2 的两个圆周之间的圆环内部和半径为 1 的圆周上的所有点. 显然，满足 $1<x_1^2+y_1^2<4$ 的所有点 (x_1, y_1)为 E 的内点，满足 $x_2^2+y_2^2<1$ 或 $x_2^2+y_2^2>4$ 的点 (x_2, y_2)为 E 的外点. 而满足 $x_3^2+y_3^2=1$ 或 $x_3^2+y_3^2=4$ 的点 (x_3, y_3)为 E 的边界点. 但 $x^2+y^2=1$ 上的点属于 E，而 $x^2+y^2=4$ 上的点不属于 E(如图 9.3 所示).

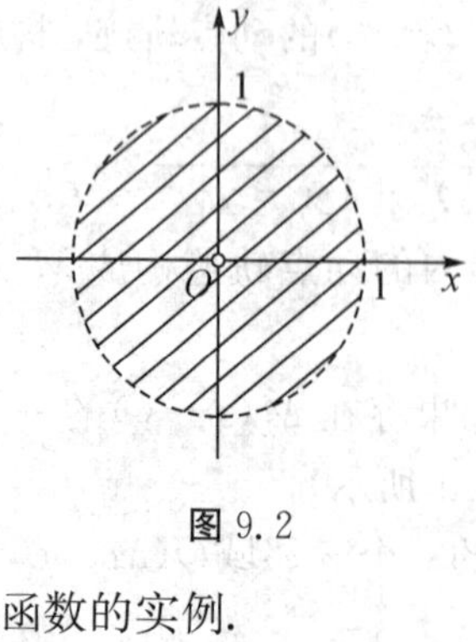

图 9.2

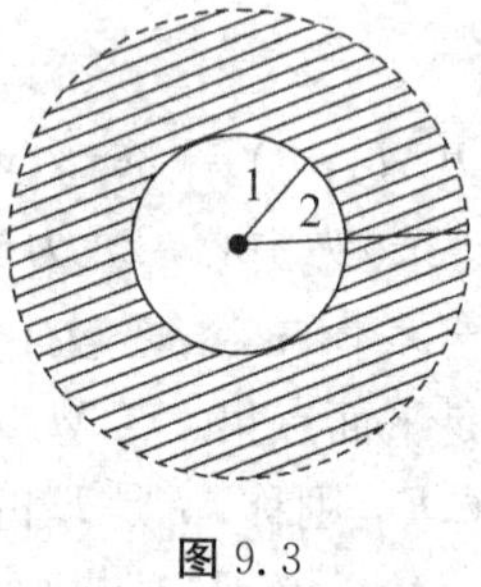

图 9.3

下面是多元函数的实例.

例 3　1 mol 理想气体的体积 V 与绝对温度 T 和压强 p 之间的关系为

$$p = R\frac{T}{V},$$

这里 R 是正常数，自变量取值范围是 $V>0$，$T>0$.

例 4　平行四边形的面积 A 由它的相邻两边之长 a，b 和夹角 θ 决定，即

$$A = ab\sin\theta,$$

由题意可知，自变量取值的范围是 $a>0$，$b>0$，$0<\theta<\pi$.

例 3 和例 4 都具有两个以上的变量，其中一个变量依其余变量的变化而变化. 去掉变量的具体意义，取其共性，对照一元函数定义，可以概括出多元函数的定义.

定义 1　设 D 为平面点集，$\mathbf{R}$ 为实数集，若存在法则 f，使得对于 D 中任意点 $P(x, y)$，都有 $\mathbf{R}$ 中的唯一实数 z 与之相对应，则称 f 是定义在集合 D 上的**二元函数**，记为

$$z=f(P) \quad \text{或} \quad z=f(x, y),$$

x，y 称为**自变量**，z 称为**因变量**，平面集合 D 为函数 f 的**定义域**，函数值构成的集合称为函数 f 的**值域**，记为

$$f(D) = \{z \mid z = f(x, y), (x, y) \in D\} \subset \mathbf{R}.$$

类似地，可以定义三元函数，四元函数，…，n 元函数. 二元及其二元以上的函数称为多元函数.

设 $z=f(x, y)$ 的定义域为 xOy 面上区域 D，对于 D 内任一点 P，其坐标为 (x, y)，按照 $z=f(x, y)$，有空间中的一点 $M(x, y, z)$ 与之对应，当点 $P(x, y)$ 在 D 内变化时，点 $M(x, y, z)$ 在空间变化，其轨迹是一张曲面，即是函数 $z=f(x, y)$ 的图形. 例如，函数 $z=\sqrt{R^2-x^2-y^2}$，其定义域为坐标面 xOy 上的圆面 $x^2+y^2\leqslant R^2$，这个函数的图形是中心在原点，半径为 R 的上半球面(如图 9.4 所示). 又如函数 $z=x^2+y^2$，其定义域是全平面，函数的图形是位于坐标面 xOy 上方的旋转抛物面(如图 9.5 所示).

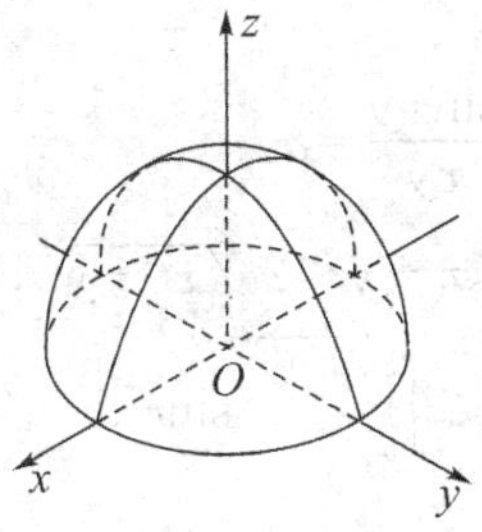

图 9.4

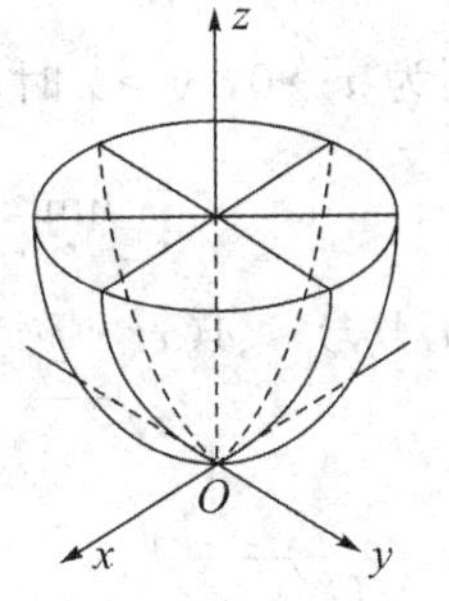

图 9.5

§9.1.2　二元函数的极限和连续

1. 二元函数的极限

本节将讨论当自变量 $x\to x_0$，$y\to y_0$，即点 $(x, y)\to(x_0, y_0)$ 时，函数 $z=f(x, y)$ 的变化趋势. 类似于一元函数，我们将讨论二元函数的极限和连续性问题. 首先给出极限的

定义.

设函数 $f(x, y)$ 在 $P_0(x_0, y_0)$ 的某个去心邻域有定义，如果当 $P(x, y)$ 在定义域内以任意方式趋于定点 $P_0(x_0, y_0)$，其对应的函数值 $f(x, y)$ 无限接近于某个常数 A，则称当点 $P(x, y)$ 趋于 $P_0(x_0, y_0)$ 时，函数 $f(x, y)$ 的极限为 A.

定义 2　设函数 $f(x, y)$ 在 $P_0(x_0, y_0)$ 的邻域有定义，如果对任意 $\varepsilon>0$，总存在 $\delta>0$，对任意点 $P(x, y)$，当 $0<|x-x_0|<\delta$，$0<|y-y_0|<\delta(P\neq P_0)$ 时，有

$$|f(x, y)-A|<\varepsilon$$

成立，则称 A 是函数 $f(x, y)$ 在点 (x_0, y_0) 的极限. 记为

$$\lim_{(x, y)\to(x_0, y_0)} f(x, y)=A$$

或

$$\lim_{\substack{x\to x_0\\ y\to y_0}} f(x, y)=A,$$

$$\lim_{\rho\to 0} f(x, y)=A.$$

式中，$\rho=\sqrt{(x-x_0)^2+(y-y_0)^2}$.

为了便于和一元函数比较，定义中使用了方形邻域 $0<|x-x_0|<\delta$，$0|<|y-y_0|<\delta$，事实上 $P_0(x_0, y_0)$ 的圆形邻域 $0<\rho=\sqrt{(x-x_0)^2+(y-y_0)^2}<\delta$ 亦可.

与一元函数类似，极限的定义中，函数在点 P_0 处可以没有定义. 值得注意的是，一元函数的极限定义中，动点 x 趋向于定点 x_0 时的方向只有左右两个方向，而二元函数的极限定义中，点 (x, y) 趋于定点 (x_0, y_0) 的方式是任意的. 即使点 (x, y) 沿着某些特殊的路径，例如沿着平行于坐标轴的直线或某条曲线趋于点 (x_0, y_0) 时，对应的函数无限接近于某一确定常数，也不能断定函数的极限就一定存在，但如果点 (x, y) 沿不同的轨迹趋于定点 (x_0, y_0) 函数的极限取不同的值，则可以肯定函数在该点的极限一定不存在.

例 5　(1)计算 $\displaystyle\lim_{(x, y)\to(0, a)}\frac{\sin xy}{x}$($a$ 为常数)；　　(2) $\displaystyle\lim_{\substack{x\to 0\\ y\to 0}}\frac{\int_0^{x+y}\sin t^2\,\mathrm{d}t}{x^2+y^2}$.

解　(1)因为 $x\to 0$，$y\to a$ 时，$xy\to 0$，所以

$$\lim_{(x, y)\to(0, a)}\frac{\sin xy}{x}=\lim_{(x, y)\to(0, a)} y\,\frac{\sin xy}{xy}=a.$$

(2)因为 $(x+y)^2\leqslant 4(x^2+y^2)$，所以 $-2\sqrt{x^2+y^2}\leqslant x+y\leqslant 2\sqrt{x^2+y^2}$，则

$$\int_0^{-2\sqrt{x^2+y^2}}\sin t^2\,\mathrm{d}t\leqslant\int_0^{x+y}\sin t^2\,\mathrm{d}t\leqslant\int_0^{2\sqrt{x^2+y^2}}\sin t^2\,\mathrm{d}t.$$

而

$$\lim_{\substack{x\to 0\\ y\to 0}}\frac{\int_0^{2\sqrt{x^2+y^2}}\sin t^2\,\mathrm{d}t}{x^2+y^2}\xlongequal{u=x^2+y^2}\lim_{\substack{x\to 0\\ y\to 0}}\frac{\int_0^{2\sqrt{u}}\sin t^2\,\mathrm{d}t}{u}=\lim_{u\to 0}\frac{\sin u}{\sqrt{u}}=0,$$

同理有

$$\lim_{\substack{x\to 0\\ y\to 0}}\frac{\int_0^{-2\sqrt{x^2+y^2}}\sin t^2\,\mathrm{d}t}{x^2+y^2}=0,$$

由夹逼定理，有

$$\lim_{\substack{x\to 0\\ y\to 0}}\frac{\int_0^{x+y}\sin t^2\,\mathrm{d}t}{x^2+y^2}=0.$$

例 6　考察函数

$$f(x, y)=\frac{xy}{x^2+y^2},\quad x^2+y^2\neq 0.$$

当$(x, y)\to(0, 0)$时极限是否存在？

解　因为在 x 轴上，$f(x, 0)=0$，故当点(x, y)沿 x 轴趋于$(0, 0)$时，有

$$\lim_{x\to 0}f(x, 0)=0.$$

同样，在 y 轴上，$f(0, y)=0$，故当点(x, y)沿 y 轴趋于$(0, 0)$时，有

$$\lim_{y\to 0}f(0, y)=0.$$

虽然沿两条特殊路径函数 $f(x, y)$都趋于 0，但 $\lim\limits_{(x, y)\to(0, 0)}f(x, y)$不存在. 因为在直线 $y=kx$ 上，有

$$f(x, y)=\frac{kx^2}{x^2+k^2x^2}=\frac{k}{1+k^2},$$

所以，沿着 $y=kx$，

$$\lim_{\substack{y=kx\\ x\to 0}}f(x, y)=\lim_{x\to 0}\frac{k}{1+k^2}=\frac{k}{1+k^2}.$$

其值随 k 值变化，但极限存在则必唯一，故该极限不存在.

由一元函数运算法则可推出多元函数极限的运算法则. 若函数 $f(x, y)$与 $g(x, y)$在点 $P_0(x_0, y_0)$存在极限，则：

(1) $\lim\limits_{(x, y)\to(x_0, y_0)}[f(x, y)\pm g(x, y)]=\lim\limits_{(x, y)\to(x_0, y_0)}f(x, y)\pm\lim\limits_{(x, y)\to(x_0, y_0)}g(x, y)$；

(2) $\lim\limits_{(x, y)\to(x_0, y_0)}f(x, y)g(x, y)=\lim\limits_{(x, y)\to(x_0, y_0)}f(x, y)\lim\limits_{(x, y)\to(x_0, y_0)}g(x, y)$；

(3) $\lim\limits_{(x, y)\to(x_0, y_0)}\dfrac{f(x, y)}{g(x, y)}=\dfrac{\lim\limits_{(x, y)\to(x_0, y_0)}f(x, y)}{\lim\limits_{(x, y)\to(x_0, y_0)}g(x, y)}$，其中 $\lim\limits_{(x, y)\to(x_0, y_0)}g(x, y)\neq 0$.

2. 二元函数的连续性

将一元函数连续的定义推广到二元函数，可以得到二元函数连续的概念.

定义 3　设函数 $z=f(x, y)$在点 $P_0(x_0, y_0)$的某个邻域上有意义，如果

$$\lim_{(x, y)\to(x_0, y_0)}f(x, y)=f(x_0, y_0),$$

则称函数 $f(x, y)$在点 $P_0(x_0, y_0)$**连续**.

若函数 $f(x, y)$在区域 D 内的每一点都连续，且在区域的边界点也连续，则称函数 $f(x, y)$在闭区域 D 连续.

例 7　设

$$f(x, y)=\begin{cases}xy\dfrac{x^2-y^2}{x^2+y^2}, & (x, y)\neq(0, 0),\\ 0, & (x, y)=(0, 0),\end{cases}$$

试证明 $f(x, y)$在原点处连续.

证明　任意给定正数 $\varepsilon>0$，取 $\delta=\sqrt{\varepsilon}$. 当

$$\rho=\sqrt{(x-0)^2+(y-0)^2}=\sqrt{x^2+y^2}<\delta,$$

即 $x^2+y^2<\delta^2=\varepsilon$ 时，有

$$|f(x,y)-f(0,0)|=|f(x,y)|=|xy|\frac{x^2-y^2}{x^2+y^2}$$
$$\leqslant|xy|=|x||y|\leqslant x^2+y^2<\varepsilon.$$

根据定义 $f(x,y)$在原点处连续.

一元连续函数的运算性质及复合函数的连续性定理，对二元连续函数也成立.

定理 1 设 $u=u(x,y)$，$v=v(x,y)$都在(x_0,y_0)连续，且 $u(x_0,y_0)=u_0$，$v(x_0,y_0)=v_0$；又 $f(u,v)$在(u_0,v_0)连续，则复合函数 $f[u(x,y),v(x,y)]$在(x_0,y_0)连续.

闭区间上连续的一元函数的性质可以推广到有界闭区域上的二元连续函数.

有界性定理 若函数 $f(x,y)$在有界闭区域 D 上连续，则它在 D 上有界. 即存在 $M>0$，对 D 上任意一点(x,y)，有

$$|f(x,y)|\leqslant M.$$

最值定理 若函数 $f(x,y)$在有界闭区域 D 上连续，则它在 D 上必有最大值和最小值. 即在闭区域 D 上存在两点 $P_1(x_1,y_1)$和 $P_2(x_2,y_2)$，对 D 上任意一点(x,y)有

$$f(x_1,y_1)\leqslant f(x,y)\leqslant f(x_2,y_2),$$

这里 $f(x_1,y_1)$，$f(x_2,y_2)$分别是 $f(x,y)$在闭区域 D 上的最小值和最大值.

介值定理 若函数 $f(x,y)$在有界闭域 D 上连续，M 与 m 分别是 $f(x,y)$在 D 上的最大值和最小值，则对 M 与 m 间的任意数 c，在 D 中至少存在一点 $P(x_0,y_0)$，使

$$f(x_0,y_0)=c.$$

§9.1.3 偏导数

1. 偏导数的定义

二元函数 $z=f(x,y)$中，x，y 是两个独立的变量，取互不依赖的改变量 Δx，Δy，这时函数的改变量 $\Delta z=f(x_0+\Delta x,y_0+\Delta y)-f(x_0,y_0)$与 Δx，Δy 有关. 对应一元函数导数的概念，有多元函数偏导数的概念，由于自变量的增多，因变量和其自变量的关系要比一元函数复杂.

定义 4 设函数 $z=f(x,y)$在点 $P(x_0,y_0)$的某个邻域内有定义，给 x_0 一个改变量 Δx，z 关于 x_0 的改变量 $\Delta_x z=f(x_0+\Delta x,y_0)-f(x_0,y_0)$称为关于自变量 x 的偏增量，如果极限

$$\lim_{\Delta x\to 0}\frac{f(x_0+\Delta x,y_0)-f(x_0,y_0)}{\Delta x}$$

存在，则称此极限为函数 $f(x,y)$在点 $P(x_0,y_0)$关于 x 的**偏导数**，记为

$$f'_x(x_0,y_0),\quad \left.\frac{\partial f}{\partial x}\right|_{\substack{x=x_0\\y=y_0}},\quad \left.\frac{\partial z}{\partial x}\right|_{\substack{x=x_0\\y=y_0}},\quad \left.z'_x\right|_{\substack{x=x_0\\y=y_0}}.$$

同样，给 y_0 一个改变量 Δy，如果 z 关于自变量 y 的偏增量

$$\Delta_y z=f(x_0,y_0+\Delta y)-f(x_0,y_0)$$

与 Δy 比值的极限

$$\lim_{\Delta y\to 0}\frac{f(x_0,y_0+\Delta y)-f(x_0,y_0)}{\Delta y}$$

存在，则称此极限为函数 $f(x, y)$ 在点 $P(x_0, y_0)$ 关于 y 的**偏导数**，记为

$$f'_y(x_0, y_0),\quad \left.\frac{\partial f}{\partial y}\right|_{\substack{x=x_0\\y=y_0}},\quad \left.\frac{\partial z}{\partial y}\right|_{\substack{x=x_0\\y=y_0}},\quad \left.z'_y\right|_{\substack{x=x_0\\y=y_0}}.$$

如果函数 $z=f(x, y)$ 在区域 D 内每一点都有偏导数，则对应了 D 上的两个偏导函数 $f'_x(x, y)$，$f'_y(x, y)$，它们仍然是 D 上的两个函数，称为 $z=f(x, y)$ 在区域 D 内的偏导函数.

由偏导数的定义可知，求二元函数的偏导数就是将一个自变量看作常数，对另一个自变量按照一元函数的求导法则或求导公式求导.

例 8　$f(x, y)=xy+x^2+y^3$，求 $\frac{\partial f}{\partial x}$，$\frac{\partial f}{\partial y}$，并求 $f'_x(0, 1)$，$f'_x(1, 0)$，$f'_y(0, 2)$，$f'_y(2, 0)$.

解　求 $\frac{\partial f}{\partial x}$ 时，把 y 看成常数，所以

$$\frac{\partial f}{\partial x}=y+2x,$$

于是 $f'_x(0, 1)=1$，$f'_x(1, 0)=2$.

求 $\frac{\partial f}{\partial y}$ 时，把 x 看成常数，所以

$$\frac{\partial f}{\partial y}=x+3y^2,$$

于是 $f'_y(0, 2)=12$，$f'_y(2, 0)=2$.

例 9　设 $u=\ln(x+y^2+z^3)$，求 u'_x，u'_y，u'_z.

解　同二元函数的情形一样，有

$$u'_x=\frac{1}{x+y^2+z^3},\quad u'_y=\frac{2y}{x+y^2+z^3},\quad u'_z=\frac{3z^2}{x+y^2+z^3}.$$

例 10　气体的状态方程为 $P=\frac{RT}{V}$，求 P 关于 V 和 T 的偏导数.

解　在温度 T 不变的等温过程中，压力 P 关于体积 V 的瞬时变化率为

$$P'_V=\left(\frac{RT}{V}\right)'_V=-\frac{RT}{V^2}.$$

同样，在体积 V 不变的等容过程中，压力 P 关于温度 T 的瞬时变化率为

$$P'_T=\left(\frac{RT}{V}\right)'_T=\frac{R}{V}.$$

2. 偏导数的几何意义

下面讨论二元函数 $z=f(x, y)$ 在点 (x_0, y_0) 偏导数的几何意义. 设 $M_0=M(x_0, y_0, f(x_0, y_0))$ 为曲面 $z=f(x, y)$ 上的一点，过 M_0 作平面 $y=y_0$，与曲面的交线为曲线 $z=f(x, y_0)$，其导数 $\frac{\mathrm{d}}{\mathrm{d}x}f(x, y_0)|_{x=x_0}$ 即为二元函数 $z=f(x, y)$ 的偏导数，$f'_x(x_0, y_0)$ 即为曲线在点 M_0 的切线 M_0T_x 对 x 轴的斜率(即切线 M_0T_x 与 x 轴正向所成倾角 α 的正切). 同理，偏导数 $f'_y(x_0, y_0)$ 是曲面被平面 $x=x_0$ 所截成的曲线在点 M_0 的切线 M_0T_y 对 y 轴的斜率(如图 9.6 所示).

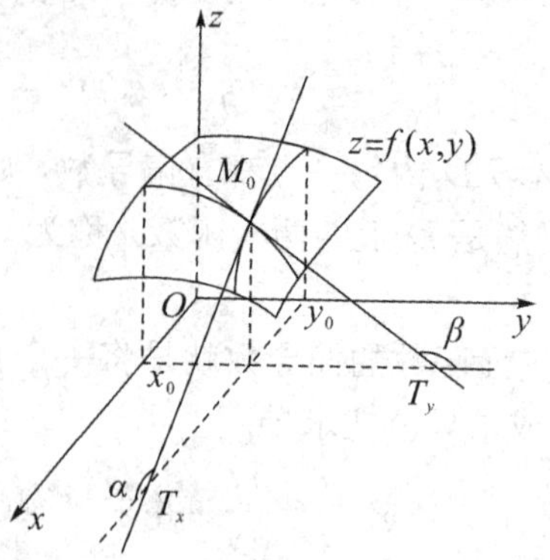

图 9.6

需要注意的是，一元函数在某点可导，则它在该点必然连续. 但对于多元函数来说，即使某点各偏导数都存在，也不能保证函数在该点连续. 例如，函数

$$z=f(x,y)=\begin{cases}\dfrac{xy}{x^2+y^2}, & (x,y)\neq(0,0),\\ 0, & (x,y)=(0,0)\end{cases}$$

在点(0, 0)对 x 及对 y 的偏导数均存在且为零，但函数在点(0, 0)并不连续.

3. 高阶偏导数

与一元函数的高阶导数类似，多元函数也有高阶偏导数. 函数 $z=f(x,y)$的偏导数

$$z'_x=\frac{\partial f(x,y)}{\partial x},\quad z'_y=\frac{\partial f(x,y)}{\partial y}$$

仍是 x，y 的二元函数. 如果这两个函数关于自变量 x 和 y 的偏导数也存在，这些偏导数称为**函数 $z=f(x,y)$的二阶偏导数**. 对二元函数$\frac{\partial z}{\partial x}$中的变量 x 求偏导数，$\frac{\partial}{\partial x}\left(\frac{\partial z}{\partial x}\right)$是 $z=f(x,y)$一个二阶偏导数，记为$\frac{\partial^2 z}{\partial x^2}$，二元函数的二阶偏导数共有四个，记为

$$\frac{\partial}{\partial x}\left(\frac{\partial z}{\partial x}\right)=\frac{\partial^2 z}{\partial x^2}=z''_{xx},\quad \frac{\partial}{\partial y}\left(\frac{\partial z}{\partial x}\right)=\frac{\partial^2 z}{\partial x\partial y}=z''_{xy},$$

$$\frac{\partial}{\partial x}\left(\frac{\partial z}{\partial y}\right)=\frac{\partial^2 z}{\partial y\partial x}=z''_{yx},\quad \frac{\partial}{\partial y}\left(\frac{\partial z}{\partial y}\right)=\frac{\partial^2 z}{\partial y^2}=z''_{yy},$$

式中，z''_{xy}和z''_{yx}称为二阶混合偏导数.

同理可定义更高阶的偏导数，即

$$\frac{\partial}{\partial x}\left(\frac{\partial^2 z}{\partial x^2}\right)=\frac{\partial^3 z}{\partial x^3},\quad \frac{\partial}{\partial y}\left(\frac{\partial^2 z}{\partial x^2}\right)=\frac{\partial^3 z}{\partial x^2\partial y},\quad \cdots$$

$z=f(x,y)$的 $n-1$ 阶偏导数的偏导数称为 $z=f(x,y)$ 的 n **阶偏导数**. 我们把二阶及其二阶以上的偏导数统称为**高阶偏导数**.

例 11 求 $z=xe^x\sin y$ 的二阶偏导数.

解 $\frac{\partial z}{\partial x}=e^x\sin y+xe^x\sin y=(1+x)e^x\sin y$,

$\frac{\partial^2 z}{\partial x^2}=e^x\sin y+(1+x)e^x\sin y=(2+x)e^x\sin y$,

$$\frac{\partial^2 z}{\partial x \partial y}=(1+x)e^x\cos y,$$

$$\frac{\partial z}{\partial y}=xe^x\cos y,$$

$$\frac{\partial^2 z}{\partial y^2}=-xe^x\sin y,$$

$$\frac{\partial^2 z}{\partial y \partial x}=e^x\cos y+xe^x\cos y=(1+x)e^x\cos y.$$

例 12　求 $z=x^4+y^4-4x^2y^3$ 的二阶偏导数.

解　$\frac{\partial z}{\partial x}=4x^3-8xy^3$，　$\frac{\partial^2 z}{\partial x^2}=12x^2-8y^3$，

$\frac{\partial^2 z}{\partial x \partial y}=-24xy^2$，　$\frac{\partial z}{\partial y}=4y^3-12x^2y^2$，

$\frac{\partial^2 z}{\partial y^2}=12y^2-24x^2y$，　$\frac{\partial^2 z}{\partial y \partial x}=-24xy^2$.

以上两例中$\frac{\partial^2 z}{\partial x \partial y}=\frac{\partial^2 z}{\partial y \partial x}$，即这些函数的二阶混合偏导数与求导的顺序无关，这个结果并非偶然. 这一性质是否适应于所有函数呢？回答是否定的，例如函数

$$f(x,y)=\begin{cases} xy\dfrac{x^2-y^2}{x^2+y^2}, & x^2+y^2\neq 0, \\ 0, & x=0,\ y=0. \end{cases}$$

由偏导数定义，有

$$f'_x(0,0)=\lim_{\Delta x\to 0}\frac{f(\Delta x,0)-f(0,0)}{\Delta x}=0,$$

$$f'_y(0,0)=\lim_{\Delta y\to 0}\frac{f(0,\Delta y)-f(0,0)}{\Delta y}=0,$$

$$f'_x(0,y)=\lim_{\Delta x\to 0}\frac{f(\Delta x,y)-f(0,y)}{\Delta x}=\lim_{\Delta x\to 0}\frac{(\Delta x)y\dfrac{(\Delta x)^2-y^2}{(\Delta x)^2+y^2}}{\Delta x}=-y,$$

$$f'_y(x,0)=\lim_{\Delta y\to 0}\frac{f(x,\Delta y)-f(x,0)}{\Delta y}=\lim_{\Delta y\to 0}\frac{x(\Delta y)\dfrac{x^2-(\Delta y)^2}{x^2+(\Delta y)^2}}{\Delta y}=x.$$

因此

$$f''_{xy}(0,0)=\lim_{\Delta y\to 0}\frac{f'_x(0,\Delta y)-f'_x(0,0)}{\Delta y}=\lim_{\Delta y\to 0}\frac{-\Delta y}{\Delta y}=-1,$$

$$f''_{yx}(0,0)=\lim_{\Delta x\to 0}\frac{f'_y(\Delta x,0)-f'_y(0,0)}{\Delta x}=\lim_{\Delta x\to 0}\frac{\Delta x}{\Delta x}=1.$$

于是

$$f''_{xy}(0,0)\neq f''_{yx}(0,0).$$

这说明该函数在原点(0，0)的两个混合偏导数 $f''_{xy}(0,0)$ 与 $f''_{yx}(0,0)$ 都存在但不相等.

那么一个函数具有什么条件时，它的二阶混合偏导数与求导的顺序无关呢？

定理 2　若函数 $f(x,y)$ 在点 $P(x_0,y_0)$ 的邻域 G 内有连续的二阶偏导数 $f''_{xy}(x,y)$ 和 $f''_{yx}(x,y)$，则

$$f''_{xy}(x_0, y_0) = f''_{yx}(x_0, y_0).$$

即二阶混合偏导数在连续的条件下与求导次序无关，证明从略.

这一结果可推广到 n 元函数的高阶偏导数.

例 13　验证函数 $z=\ln\sqrt{x^2+y^2}$ 满足方程

$$\frac{\partial^2 z}{\partial x^2}+\frac{\partial^2 z}{\partial y^2}=0.$$

证明　因为 $$z=\ln\sqrt{x^2+y^2}=\frac{1}{2}\ln(x^2+y^2),$$

所以 $$\frac{\partial z}{\partial x}=\frac{x}{x^2+y^2},\quad \frac{\partial z}{\partial y}=\frac{y}{x^2+y^2},$$

$$\frac{\partial^2 z}{\partial x^2}=\frac{(x^2+y^2)-x\cdot 2x}{(x^2+y^2)^2}=\frac{y^2-x^2}{(x^2+y^2)^2},$$

$$\frac{\partial^2 z}{\partial y^2}=\frac{(x^2+y^2)-y\cdot 2y}{(x^2+y^2)^2}=\frac{x^2-y^2}{(x^2+y^2)^2}.$$

因此 $$\frac{\partial^2 z}{\partial x^2}+\frac{\partial^2 z}{\partial y^2}=\frac{y^2-x^2}{(x^2+y^2)^2}+\frac{x^2-y^2}{(x^2+y^2)^2}=0.$$

例 14　证明函数 $u=\frac{1}{r}$ 满足方程

$$\frac{\partial^2 u}{\partial x^2}+\frac{\partial^2 u}{\partial y^2}+\frac{\partial^2 u}{\partial z^2}=0,$$

式中，$r=\sqrt{x^2+y^2+z^2}$.

证明 $$\frac{\partial u}{\partial x}=-\frac{1}{r^2}\frac{\partial r}{\partial x}=-\frac{1}{r^2}\cdot\frac{x}{r}=-\frac{x}{r^3},$$

$$\frac{\partial^2 u}{\partial x^2}=-\frac{1}{r^3}+\frac{3x}{r^4}\cdot\frac{\partial r}{\partial x}=-\frac{1}{r^3}+\frac{3x^2}{r^5}.$$

由于函数关于自变量的对称性，所以

$$\frac{\partial^2 u}{\partial y^2}=-\frac{1}{r^3}+\frac{3y^2}{r^5},\quad \frac{\partial^2 u}{\partial z^2}=-\frac{1}{r^3}+\frac{3z^2}{r^5}.$$

因此 $$\frac{\partial^2 u}{\partial x^2}+\frac{\partial^2 u}{\partial y^2}+\frac{\partial^2 u}{\partial z^2}=-\frac{3}{r^3}+\frac{3(x^2+y^2+z^2)}{r^5}=-\frac{3}{r^3}+\frac{3r^2}{r^5}=0.$$

例 13 和例 14 中的两个方程都称为**拉普拉斯(Laplace)方程**，它是数理方法、物理化学等后续课程中极为重要的方程.

§9.1.4　全微分

1. 全微分的定义

如果一元函数 $y=f(x)$在点 x_0 处的导数 $f'(x_0)$存在，则函数 $y=f(x)$在点 x_0 的增量 Δy 可以表示为

$$\Delta y=f(x_0+\Delta x)-f(x_0)=f'(x_0)\Delta x+o(\Delta x).$$

式中，$o(\Delta x)$表示当 $\Delta x\to 0$ 时较 Δx 高阶的无穷小，$\mathrm{d}y=f'(x_0)\Delta x$ 称为函数 $y=f(x)$在点 x_0 处的微分，当 Δx 很小时，可以用 $\mathrm{d}y$ 近似地表示增量 Δy. 对于二元函数也有类似的

讨论. 二元函数 $z=f(x, y)$在点(x_0, y_0)处的全增量为

$$\Delta z = f(x_0+\Delta x, y_0+\Delta y) - f(x_0, y_0).$$

在实际问题中，常常需要知道多元函数所有自变量改变时函数的全面变化情况，即对二元函数，当自变量 x，y 同时取得微小改变量 Δx，Δy 时，对应的函数改变量 Δz 与自变量的改变量 Δx，Δy 之间有什么样的依赖关系？这就需要引入全微分的概念.

例如，矩形金属板的面积 z 与其长 x 和宽 y 的关系为 $z=xy$，如果金属板受热时 x，y 产生增量 Δx，Δy，对应面积的增量为 Δz，则

$$z+\Delta z = (x+\Delta x)(y+\Delta y),$$

这里产生的增量为

$$\Delta z = (x+\Delta x)(y+\Delta y) - xy = y\Delta x + x\Delta y + \Delta x\Delta y.$$

当 Δx，Δy 很小时，常略去 $\Delta x\Delta y$，以 $y\Delta x+x\Delta y$ 近似表达 Δz. 而 $y\Delta x+x\Delta y$ 是 Δx，Δy 的线性函数，当 $\Delta x\to 0$，$\Delta y\to 0$ 或

$$\rho = \sqrt{(\Delta x)^2+(\Delta y)^2}\to 0$$

时，$\Delta z-(y\Delta x+x\Delta y)=\Delta x\Delta y$ 是比 ρ 高阶的无穷小，记为 $o(\rho)$.

因此，Δz 分解为关于 Δx，Δy 的线性部分(称线性主部)和关于 Δx，Δy 的高阶无穷小两部分. 称线性主部 $y\Delta x+x\Delta y$ 为函数 $z=xy$ 在点(x, y)的**全微分**，记为

$$\mathrm{d}z = y\Delta x + x\Delta y.$$

Δz 称为函数 $z=xy$ 在点(x, y)对应于自变量的改变量 Δx，Δy 的**全增量**.

定义 5　当 $z=f(x, y)$的自变量 x，y 在点(x_0, y_0)分别取得改变量 Δx，Δy 时，如果全增量

$$\Delta z = f(x_0+\Delta x, y_0+\Delta y) - f(x_0, y_0)$$

能分解成两个部分：一部分是 Δx，Δy 的线性组合 $A\Delta x+B\Delta y$(A，B 与 Δx，Δy 无关)，另一部分是比 $\rho=\sqrt{(\Delta x)^2+(\Delta y)^2}\to 0$ 更高阶的无穷小量 $o(\rho)$，则称 $f(x, y)$在点(x_0, y_0)可微，并称线性主部 $A\Delta x+B\Delta y$ 为 $z=f(x, y)$在点(x_0, y_0)的**全微分**，记为

$$\mathrm{d}z = A\Delta x + B\Delta y,$$

$$\Delta z = \mathrm{d}z + o(\rho) = A\Delta x + B\Delta y + o(\rho), \quad \rho\to 0,$$

式中，$\rho=\sqrt{(\Delta x)^2+(\Delta y)^2}$.

如果函数 $f(x, y)$在区域 D 内的所有点(x_0, y_0)的全微分都存在，则称此函数在 D 内可微分.

下面我们讨论二元函数可微与连续、可微与偏导数存在的关系，进而解决全微分的计算问题.

定理 3　若 $z=f(x, y)$在(x_0, y_0)可微，则它在(x_0, y_0)连续.

证明　要证 $f(x, y)$在(x_0, y_0)连续，就是要证

$$\lim_{(\Delta x, \Delta y)\to(0, 0)}[f(x_0+\Delta x, y_0+\Delta y) - f(x_0, y_0)] = 0.$$

已知 $z=f(x, y)$在(x_0, y_0) 可微，所以当

$$\rho = \sqrt{(\Delta x)^2+(\Delta y)^2}\to 0$$

时，有

$$\Delta z = f(x_0+\Delta x, y_0+\Delta y) - f(x_0, y_0) = A\Delta x + B\Delta y + o(\rho),$$

从而有
$$\lim_{(\Delta x,\ \Delta y)\to(0,\ 0)} \Delta z=0.$$

定理 4(必要条件)　若 $z=f(x, y)$在(x_0, y_0)可微，则它在(x_0, y_0)的各偏导数都存在，且
$$dz=f'_x(x_0, y_0)dx+f'_y(x_0, y_0)dy.$$

证明　由假设
$$\Delta z=A\Delta x+B\Delta y+o(\rho),$$
特别地，当 $\Delta y=0$ 时，上式也成立，有
$$\Delta_x z=A\Delta x+o(|\Delta x|)\quad(\Delta x\to 0),$$
所以
$$\lim_{\Delta x\to 0}\frac{\Delta_x z}{\Delta x}=\lim_{\Delta x\to 0}\left(A+\frac{o(|\Delta x|)}{\Delta x}\right)=A,$$
即
$$f'_x(x_0, y_0)=A.$$
同理得
$$f'_y(x_0, y_0)=B.$$
因此
$$dz=f'_x(x_0, y_0)\Delta x+f'_y(x_0, y_0)\Delta y.$$

特别地，当 $f(x, y)=x$ 时，因为 $f'_x(x, y)=1$，$f'_y(x, y)=0$，故有 $dx=\Delta x$. 同理，当 $f(x, y)=y$ 时，有 $dy=\Delta y$，即自变量的微分与自变量的改变量相等，因此，若 $z=f(x, y)$ 在点(x, y)可微，则有
$$dz=f'_x(x, y)dx+f'_y(x, y)dy=\frac{\partial z}{\partial x}dx+\frac{\partial z}{\partial y}dy.\tag{9.1}$$

这个定理说明在可微的前提下，用偏导数作为 dx，dy 的系数，就可以把全微分表示出来. 但给定的函数在一点是否可微却不能由这一公式确定，因为偏导数存在时函数并不一定连续，当然更不能保证全微分存在，但偏导数若具备一定条件，就可保证函数的可微性.

定理 5(函数可微的充分条件)　设函数 $z=f(x, y)$在点(x, y)某一邻域存在偏导数 $f'_x(x, y)$，$f'_y(x, y)$，且这两个偏导数都在点(x, y)连续，则函数 $z=f(x, y)$在点(x, y)可微.

证明　
$$\begin{aligned}\Delta z&=f(x+\Delta x, y+\Delta y)-f(x, y)\\&=[f(x+\Delta x, y+\Delta y)-f(x+\Delta x, y)]+[f(x+\Delta x, y)-f(x, y)],\end{aligned}$$
由于 $f'_x(x, y)$及 $f'_y(x, y)$在(x, y)及其附近都存在且连续，所以当 Δx，Δy 充分小时，应用微分中值定理可得
$$\Delta z=f'_y(x+\Delta x, y+\theta_1\Delta y)\Delta y+f'_x(x+\theta_2\Delta x, y)\Delta x,$$
式中，$0<\theta_1<1$，$0<\theta_2<1$.

因为 $f'_x(x, y)$及 $f'_y(x, y)$在点(x, y)连续，所以
$$f'_y(x+\Delta x, y+\theta_1\Delta y)=f'_y(x, y)+\alpha,$$
$$f'_x(x+\theta_2\Delta x, y)=f'_x(x, y)+\beta.$$
当 $\Delta x\to 0$，$\Delta y\to 0$ 时，$\alpha\to 0$，$\beta\to 0$，
$$\Delta z=f'_x(x, y)\Delta x+f'_y(x, y)\Delta y+\beta\Delta x+\alpha\Delta y,$$
且当 $\Delta x\to 0$，$\Delta y\to 0$ 时，
$$\frac{|\beta\Delta x+\alpha\Delta y|}{\sqrt{(\Delta x)^2+(\Delta y)^2}}\leqslant\frac{|\beta\Delta x|}{\sqrt{(\Delta x)^2+(\Delta y)^2}}+\frac{|\alpha\Delta y|}{\sqrt{(\Delta x)^2+(\Delta y)^2}}$$

$$\leqslant |\beta| + |\alpha| \to 0,$$

所以
$$\beta \Delta x + \alpha \Delta y = o(\sqrt{(\Delta x)^2 + (\Delta y)^2}) = o(\rho),$$
因此
$$\Delta z = f'_x(x, y)\Delta x + f'_y(x, y)\Delta y + o(\rho).$$
根据定义，$z = f(x, y)$在点(x, y)可微.

例 15　求 $z = x^2 + y^2$ 的全微分.

解

$$\frac{\partial z}{\partial x} = 2x, \quad \frac{\partial z}{\partial y} = 2y$$

均为连续函数，所以

$$dz = 2x\,dx + 2y\,dy.$$

例 16　求 $u = xy^2z^3$ 的全微分.

解

$$\frac{\partial u}{\partial x} = y^2z^3, \quad \frac{\partial u}{\partial y} = 2xyz^3, \quad \frac{\partial u}{\partial z} = 3xy^2z^2$$

均为连续函数，所以

$$\begin{aligned} dz &= y^2z^3\,dx + 2xyz^3\,dy + 3xy^2z^2\,dz \\ &= yz^2(yz\,dx + 2xz\,dy + 3xy\,dz). \end{aligned}$$

2. 全微分在近似计算中的应用

由以上讨论可知，若函数 $z = f(x, y)$在点(x_0, y_0)可微，则函数的全增量可以表示为

$$\begin{aligned} \Delta z &= f(x_0 + \Delta x, y_0 + \Delta y) - f(x_0, y_0) \\ &= f'_x(x_0, y_0)\Delta x + f'_y(x_0, y_0)\Delta y, \end{aligned} \tag{9.2}$$

或

$$f(x_0 + \Delta x, y_0 + \Delta y) = f(x_0, y_0) + f'_x(x_0, y_0)\Delta x + f'_y(x_0, y_0)\Delta y. \tag{9.3}$$

式(9.2)、(9.3)可以用来计算 Δz 和 $f(x_0 + \Delta x, y_0 + \Delta y)$的近似值，式(9.2)还可以用来估计误差.

(1)计算函数的近似值.

例 17　设有厚度为 0.1 cm，内高为 20 cm，内半径为 4 cm 的无盖圆桶，如图 9.7、图 9.8 所示，求其外壳体积的近似值.

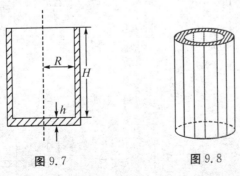

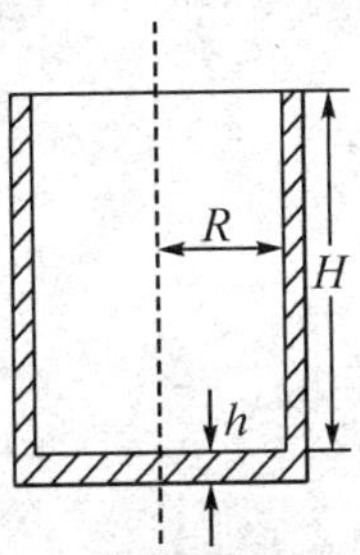

图 9.7

图 9.8

解　记圆桶外壳厚度为 h，内高为 H，内半径为 R，则外壳体积为

$$V = \pi(R + h)^2(H + h) - \pi R^2 H.$$

因此，该体积 V 就是函数

$$z=\pi R^2 H$$

在 $R=4$，$H=20$ 处，当 $\Delta R=h=0.1$，$\Delta H=h=0.1$ 时的全增量 Δz. 所以

$$\begin{aligned}V=\Delta z\doteq \mathrm{d}z&=\left.\frac{\partial z}{\partial R}\right|_{(4,\ 20)}\Delta R+\left.\frac{\partial z}{\partial H}\right|_{(4,\ 20)}\Delta H\\&=2\pi RH\big|_{(4,\ 20)}\times 0.1+\pi R^2\big|_{(4,\ 20)}\times 0.1\\&=160\pi\times 0.1+16\pi\times 0.1=17.6\pi\doteq 55.3.\end{aligned}$$

故所求外壳的近似体积为 $V=55.3(\mathrm{cm}^3)$.

例 18　计算 $\ln(\sqrt[3]{1.03}+\sqrt[4]{0.98}-1)$的近似值.

解　取二元函数 $f(x,\ y)=\ln(\sqrt[3]{x}+\sqrt[4]{y}-1)$.

令 $x_0=1$，$\Delta x=0.03$；$y_0=1$，$\Delta y=-0.02$. 于是由式(9.3)可得

$$\begin{aligned}\ln(\sqrt[3]{1.03}+\sqrt[4]{0.98}-1)&=f(x_0+\Delta x,\ y_0+\Delta y)\\&=f(x_0,\ y_0)+f'_x(x_0,\ y_0)\Delta x+f'_y(x_0,\ y_0)\Delta y,\end{aligned}$$

而

$$f(x_0,\ y_0)=f(1,\ 1)=0,$$

$$f'_x(x_0,\ y_0)=f'_x(1,\ 1)=\frac{1}{3},$$

$$f'_y(x_0,\ y_0)=f'_y(1,\ 1)=\frac{1}{4},$$

所以

$$\ln(\sqrt[3]{1.03}+\sqrt[4]{0.98}-1)=\frac{1}{3}\times 0.03-\frac{1}{4}\times 0.02=0.005.$$

(2)误差估计.

已知 x，y 的最大绝对误差(绝对误差限)是 $\Delta^* x$，$\Delta^* y$，问由 $z=f(x,\ y)$来计算 z 时，误差多大?

当 x，y 分别有误差 Δx，Δy 时，z 的误差为

$$\Delta z=f(x+\Delta x,\ y+\Delta y)-f(x,\ y)\doteq\frac{\partial z}{\partial x}\Delta x+\frac{\partial z}{\partial y}\Delta y,$$

因此

$$\begin{aligned}|\Delta z|&\approx\left|\frac{\partial z}{\partial x}\Delta x+\frac{\partial z}{\partial y}\Delta y\right|\leqslant\left|\frac{\partial z}{\partial x}\right||\Delta x|+\left|\frac{\partial z}{\partial y}\right||\Delta y|\\&\leqslant\left|\frac{\partial z}{\partial x}\right|\Delta^* x+\left|\frac{\partial z}{\partial y}\right|\Delta^* y,\end{aligned}$$

即 z 的最大绝对误差为

$$\Delta^* z=\left|\frac{\partial z}{\partial x}\right|\Delta^* x+\left|\frac{\partial z}{\partial y}\right|\Delta^* y,$$

而最大的相对误差为

$$\delta^* z=\frac{\Delta^* z}{|z|}=\left|\frac{1}{z}\frac{\partial z}{\partial x}\right|\Delta^* x+\left|\frac{1}{z}\frac{\partial z}{\partial y}\right|\Delta^* y.$$

例 19　用秒摆测重力加速度 g，测量的结果为：摆长 $l=100\pm 0.1$ cm，周期 $T=2\pm 0.004$ s，问由于 l 与 T 的误差所引起的 g 的误差是多大?

解　因 $g=\frac{4\pi^2 l}{T^2}$，所以

$$\mathrm{d}g=4\pi^2\left(\frac{\mathrm{d}l}{T^2}-\frac{2l}{T^3}\mathrm{d}T\right),$$

$$\begin{aligned}|\mathrm{d}g| &\leqslant 4\pi^2\left(\left|\frac{\mathrm{d}l}{T^2}\right|+\left|\frac{2l}{T^3}\right|\cdot|\mathrm{d}T|\right)\\ &=4\pi^2\left(\frac{0.1}{4}+\frac{200}{8}\times 0.004\right)\\ &=0.5\pi^2(\mathrm{cm/s^2}),\end{aligned}$$

即所测得的 g 的误差不超过 $0.5\pi^2\ \mathrm{cm/s^2}$.

§9.1.5　复合函数微分法

大量的实际问题常常需要计算复合函数的偏导数. 例如 $V=\frac{RT}{P}$（R 为常数），考虑变量 P，T 都随时间变化时，即 $P=P(t)$，$T=T(t)$，V 就通过中间变量 P，T 成为 t 的复合函数，即

$$V(t)=\frac{RT(t)}{P(t)},$$

求 V 对 t 的变化率，就是求复合函数的导数.

定理 6　若函数 $z=f(x,y)$ 可微，又设 $x=u(t)$，$y=v(t)$ 对 t 可导，则复合函数

$$z=f[u(t),v(t)]$$

对 t 可导，且

$$\frac{\mathrm{d}z}{\mathrm{d}t}=\frac{\partial z}{\partial x}\frac{\mathrm{d}x}{\mathrm{d}t}+\frac{\partial z}{\partial y}\frac{\mathrm{d}y}{\mathrm{d}t}.$$

证明　当 t 有一个改变量 Δt 时，$x=u(t)$，$y=v(t)$ 分别有改变量 Δx，Δy，而 Δx，Δy 对应 z 有改变量 Δz，由于 $z=f(x,y)$ 可微，则

$$\Delta z=\mathrm{d}z+o(\rho)=\frac{\partial z}{\partial x}\Delta x+\frac{\partial z}{\partial y}\Delta y+o(\rho),$$

式中，$\rho=\sqrt{(\Delta x)^2+(\Delta y)^2}$. 由此

$$\frac{\Delta z}{\Delta t}=\frac{\partial z}{\partial x}\frac{\Delta x}{\Delta t}+\frac{\partial z}{\partial y}\frac{\Delta y}{\Delta t}+\frac{o(\rho)}{\Delta t},\tag{9.4}$$

其中，$\frac{o(\rho)}{\Delta t}=\frac{o(\rho)}{\rho}\cdot\frac{\rho}{\Delta t}=\frac{o(\rho)}{\rho}\sqrt{\left(\frac{\Delta x}{\Delta t}\right)^2+\left(\frac{\Delta y}{\Delta t}\right)^2}\to 0.$

当 $\Delta t\to 0$ 时，$\frac{\Delta x}{\Delta t}$ 与 $\frac{\Delta y}{\Delta t}$ 分别取极限 $\frac{\mathrm{d}x}{\mathrm{d}t}$ 与 $\frac{\mathrm{d}y}{\mathrm{d}t}$，对式(9.4)的两端取极限 $\Delta t\to 0$，有

$$\lim_{\Delta t\to 0}\frac{\Delta z}{\Delta t}=\frac{\partial z}{\partial x}\frac{\mathrm{d}x}{\mathrm{d}t}+\frac{\partial z}{\partial y}\frac{\mathrm{d}y}{\mathrm{d}t},$$

即

$$\frac{\mathrm{d}z}{\mathrm{d}t}=\frac{\partial z}{\partial x}\frac{\mathrm{d}x}{\mathrm{d}t}+\frac{\partial z}{\partial y}\frac{\mathrm{d}y}{\mathrm{d}t}.$$

特别地，若 $x=u(t)=t$，则 $z=f(x,y)=f[t,v(t)]$，于是

$$\frac{\mathrm{d}z}{\mathrm{d}t}=\frac{\partial z}{\partial t}+\frac{\partial z}{\partial y}\frac{\mathrm{d}y}{\mathrm{d}t}.$$

例 20　$z=x^2-y^2$，$x=\sin t$，$y=\cos t$，求$\frac{\mathrm{d}z}{\mathrm{d}t}$.

解　因为自变量 t，x，y 是中间变量，z 是 t 的复合函数，且

$$\frac{\partial z}{\partial x}=2x=2\sin t,\quad \frac{\partial z}{\partial y}=-2y=-2\cos t,$$

$$\frac{\mathrm{d}x}{\mathrm{d}t}=\cos t,\quad \frac{\mathrm{d}y}{\mathrm{d}t}=-\sin t.$$

所以

$$\begin{aligned}\frac{\mathrm{d}z}{\mathrm{d}t}&=\frac{\partial z}{\partial x}\frac{\mathrm{d}x}{\mathrm{d}t}+\frac{\partial z}{\partial y}\frac{\mathrm{d}y}{\mathrm{d}t}=2\sin t\cos t+(-2\cos t)(-\sin t)\\&=4\sin t\cos t=2\sin 2t.\end{aligned}$$

实际上

$$z=x^2-y^2=-(\cos^2 t-\sin^2 t)=-\cos 2t,$$

$$\frac{\mathrm{d}z}{\mathrm{d}t}=2\sin 2t.$$

两者结果一致.

例 21　设 $w=u^2+uv+v^2$，$u=x^2$，$v=2x+1$，求$\frac{\mathrm{d}w}{\mathrm{d}x}$.

解

$$\begin{aligned}\frac{\mathrm{d}w}{\mathrm{d}x}&=\frac{\partial w}{\partial u}\frac{\mathrm{d}u}{\mathrm{d}x}+\frac{\partial w}{\partial v}\frac{\mathrm{d}v}{\mathrm{d}x}\\&=(2u+v)2x+(u+2v)2\\&=(2x^2+2x+1)2x+(x^2+4x+2)2\\&=4x^3+6x^2+10x+4.\end{aligned}$$

例 22　设 $u=\frac{y}{x}$，$y=\sqrt{1-x^2}$，求$\frac{\mathrm{d}u}{\mathrm{d}x}$.

解

$$\frac{\partial u}{\partial x}=-\frac{y}{x^2},\quad \frac{\partial u}{\partial y}=\frac{1}{x},$$

$$\frac{\mathrm{d}y}{\mathrm{d}x}=-\frac{x}{\sqrt{1-x^2}}=-\frac{x}{y},$$

$$\frac{\mathrm{d}u}{\mathrm{d}x}=\frac{\partial u}{\partial x}+\frac{\partial u}{\partial y}\frac{\mathrm{d}y}{\mathrm{d}x}=-\frac{y}{x^2}+\frac{1}{x}\left(-\frac{x}{y}\right)=-\frac{x^2+y^2}{x^2y}=-\frac{1}{x^2\sqrt{1-x^2}}.$$

当自变量是两个时，如何计算复合函数的偏导数呢?

定理 7　设函数 $x=u(s,t)$，$y=v(s,t)$的偏导数$\frac{\partial x}{\partial s}$，$\frac{\partial y}{\partial s}$，$\frac{\partial x}{\partial t}$，$\frac{\partial y}{\partial t}$在点$(s,t)$都存在，而函数 $z=f(x,y)$在对应于(s,t)的点(x,y)可微，则复合函数 $z=f[u(s,t),v(s,t)]$对于 s，t 的偏导数存在，且

$$\frac{\partial z}{\partial s}=\frac{\partial z}{\partial x}\frac{\partial x}{\partial s}+\frac{\partial z}{\partial y}\frac{\partial y}{\partial s},$$

$$\frac{\partial z}{\partial t}=\frac{\partial z}{\partial x}\frac{\partial x}{\partial t}+\frac{\partial z}{\partial y}\frac{\partial y}{\partial t}.$$

本定理证明方法与定理 6 类似，例如对 s 求偏导数时，视 t 为常量，实质上就是定理 6 的情形，只是相应地把导数符号换成偏导数符号.

求复合函数的偏导数时要注意：弄清函数的复合关系；对某个自变量求偏导数，要经过一切相关的中间变量而归结到该自变量.

例 23　求 $z=(x^2+y^2)^{xy}$ 的偏导数.

解　引进中间变量 $u=x^2+y^2$，$v=xy$，则 $z=u^v$，z 是 x，y 的复合函数.

$$\frac{\partial z}{\partial u}=vu^{v-1},\quad \frac{\partial z}{\partial v}=u^v\ln u,$$

$$\frac{\partial u}{\partial x}=2x,\quad \frac{\partial u}{\partial y}=2y,\quad \frac{\partial v}{\partial x}=y,\quad \frac{\partial v}{\partial y}=x.$$

于是由定理 7，有

$$\begin{aligned}\frac{\partial z}{\partial x}&=vu^{v-1}2x+u^v y\ln u\\&=(x^2+y^2)^{xy}\left[\frac{2x^2y}{x^2+y^2}+y\ln(x^2+y^2)\right],\\\frac{\partial z}{\partial y}&=vu^{v-1}2y+u^v x\ln u\\&=(x^2+y^2)^{xy}\left[\frac{2xy^2}{x^2+y^2}+x\ln(x^2+y^2)\right].\end{aligned}$$

例 24　若 $z=f(x,y)$，$x=r\cos\theta$，$y=r\sin\theta$，证明：

$$\left(\frac{\partial z}{\partial r}\right)^2+\left(\frac{1}{r}\frac{\partial z}{\partial\theta}\right)^2=\left(\frac{\partial z}{\partial x}\right)^2+\left(\frac{\partial z}{\partial y}\right)^2.$$

证明　因为

$$\frac{\partial z}{\partial r}=\frac{\partial z}{\partial x}\frac{\partial x}{\partial r}+\frac{\partial z}{\partial y}\frac{\partial y}{\partial r}=\frac{\partial z}{\partial x}\cos\theta+\frac{\partial z}{\partial y}\sin\theta,$$

$$\frac{\partial z}{\partial\theta}=\frac{\partial z}{\partial x}\frac{\partial x}{\partial\theta}+\frac{\partial z}{\partial y}\frac{\partial y}{\partial\theta}=-\frac{\partial z}{\partial x}r\sin\theta+\frac{\partial z}{\partial y}r\cos\theta,$$

所以

$$\begin{aligned}&\left(\frac{\partial z}{\partial r}\right)^2+\left(\frac{1}{r}\frac{\partial z}{\partial\theta}\right)^2\\&=\left(\frac{\partial z}{\partial x}\cos\theta+\frac{\partial z}{\partial y}\sin\theta\right)^2+\left(-\frac{\partial z}{\partial x}\sin\theta+\frac{\partial z}{\partial y}\cos\theta\right)^2\\&=\left(\frac{\partial z}{\partial x}\right)^2\cos^2\theta+2\frac{\partial z}{\partial x}\frac{\partial z}{\partial y}\sin\theta\cos\theta+\left(\frac{\partial z}{\partial y}\right)^2\sin^2\theta+\\&\quad\left(\frac{\partial z}{\partial x}\right)^2\sin^2\theta-2\frac{\partial z}{\partial x}\frac{\partial z}{\partial y}\sin\theta\cos\theta+\left(\frac{\partial z}{\partial y}\right)^2\cos^2\theta.\end{aligned}$$

合并同类项，并利用 $\sin^2\theta+\cos^2\theta=1$，即得

$$\left(\frac{\partial z}{\partial r}\right)^2+\left(\frac{1}{r}\frac{\partial z}{\partial\theta}\right)^2=\left(\frac{\partial z}{\partial x}\right)^2+\left(\frac{\partial z}{\partial y}\right)^2.$$

例 25　设 $z=e^u\sin v$，其中 $u=xy$，$v=x+y$，求$\frac{\partial z}{\partial x}$，$\frac{\partial z}{\partial y}$.

解
$$\frac{\partial z}{\partial x}=\frac{\partial z}{\partial u}\frac{\partial u}{\partial x}+\frac{\partial z}{\partial v}\frac{\partial v}{\partial x}=e^u y\sin v+e^u\cos v$$
$$=e^{xy}[y\sin(x+y)+\cos(x+y)],$$
$$\frac{\partial z}{\partial y}=\frac{\partial z}{\partial u}\frac{\partial u}{\partial y}+\frac{\partial z}{\partial v}\frac{\partial v}{\partial y}=e^u x\sin v+e^u\cos v$$
$$=e^{xy}[x\sin(x+y)+\cos(x+y)].$$

例 26 设 $z=f[x^2+y^2,\sin(xy)]$，其中 f 为可微函数，求 $\frac{\partial z}{\partial x}$，$\frac{\partial z}{\partial y}$.

解 本题给出的函数没有具体的表达式，这类函数称为抽象函数. 求抽象函数的偏导数，一般要先设中间变量.

令 $u=x^2+y^2$，$v=\sin(xy)$，则 $z=f(u,v)$.

由复合函数的偏导数链式法则有
$$\frac{\partial z}{\partial x}=\frac{\partial f}{\partial u}\frac{\partial u}{\partial x}+\frac{\partial f}{\partial v}\frac{\partial v}{\partial x}=2x\frac{\partial f}{\partial u}+y\cos(xy)\frac{\partial f}{\partial v}$$
$$=2xf_u+y\cos(xy)f_v,$$
$$\frac{\partial z}{\partial y}=\frac{\partial f}{\partial u}\frac{\partial u}{\partial y}+\frac{\partial f}{\partial v}\frac{\partial v}{\partial y}=2y\frac{\partial f}{\partial u}+x\cos(xy)\frac{\partial f}{\partial v}$$
$$=2yf_u+x\cos(xy)f_v.$$

例 27 设 $z=f(x^2y)$，f 为可微函数，求 $\frac{\partial z}{\partial x}$，$\frac{\partial z}{\partial y}$.

解 令 $u=x^2y$，则 $z=f(u)$，
$$\frac{\partial z}{\partial x}=f'(u)\frac{\partial u}{\partial x}=2xyf'(x^2y),$$
$$\frac{\partial z}{\partial y}=f'(u)\frac{\partial u}{\partial y}=x^2f'(x^2y).$$

例 28 设 $z=xf\left(\frac{x}{y},\frac{y}{x}\right)$，$f$ 为可微函数，求 $\frac{\partial z}{\partial x}$，$\frac{\partial z}{\partial y}$.

解 令 $u=\frac{x}{y}$，$v=\frac{y}{x}$，则 $z=xf(u,v)$，
$$\frac{\partial z}{\partial x}=f\left(\frac{x}{y},\frac{y}{x}\right)+x\left[f_u\frac{1}{y}+f_v\left(-\frac{y}{x^2}\right)\right]$$
$$=f\left(\frac{x}{y},\frac{y}{x}\right)+\frac{x}{y}f_u-\frac{y}{x}f_v,$$
$$\frac{\partial z}{\partial y}=x\left[f_u\left(-\frac{x}{y^2}\right)+f_v\frac{1}{x}\right]=-\frac{x^2}{y^2}f_u+f_v.$$

例 29 设 $z=f(x,x\cos y)$，f 为可微函数，求 $\frac{\partial z}{\partial x}$，$\frac{\partial z}{\partial y}$.

解 令 $v=x\cos y$，则 $z=f(x,v)$，
$$\frac{\partial z}{\partial x}=\frac{\partial f}{\partial x}+f_v\cos y=f_x+f_v\cos y,$$
$$\frac{\partial z}{\partial y}=f_v(-x\sin y)=-xf_v\sin y.$$

与一元函数类似，多元函数的全微分也具有微分形式的不变性．即设 $z=f(x, y)$，$x=u(s, t)$，$y=v(s, t)$，如果 x，y 在点 (s, t) 处可微，$z=f(x, y)$ 在相应点 (x, y) 处可微，则复合函数

$$z=f[u(s, t), v(s, t)]$$

在点 (s, t) 处可微，且

$$\mathrm{d}z=\frac{\partial z}{\partial x}\mathrm{d}x+\frac{\partial x}{\partial y}\mathrm{d}y.$$

即：不论 x，y 是自变量还是中间变量，全微分都有相同的形式，因为

$$\begin{aligned}\mathrm{d}z&=\frac{\partial z}{\partial s}\mathrm{d}s+\frac{\partial z}{\partial t}\mathrm{d}t=\left(\frac{\partial z}{\partial x}\frac{\partial x}{\partial s}+\frac{\partial z}{\partial y}\frac{\partial y}{\partial s}\right)\mathrm{d}s+\left(\frac{\partial z}{\partial x}\frac{\partial x}{\partial t}+\frac{\partial z}{\partial y}\frac{\partial y}{\partial t}\right)\mathrm{d}t\\&=\frac{\partial z}{\partial x}\left(\frac{\partial x}{\partial s}\mathrm{d}s+\frac{\partial x}{\partial t}\mathrm{d}t\right)+\frac{\partial z}{\partial y}\left(\frac{\partial y}{\partial s}\mathrm{d}s+\frac{\partial y}{\partial t}\mathrm{d}t\right)=\frac{\partial z}{\partial x}\mathrm{d}x+\frac{\partial z}{\partial y}\mathrm{d}y.\end{aligned}$$

计算复合函数的高价偏导数，只要重复运用前面的运算法则即可．

如果 $z=f(x, y)$，$x=u(s, t)$，$y=v(s, t)$，具有连续的二阶偏导数，即

$$\frac{\partial z}{\partial s}=\frac{\partial z}{\partial x}\frac{\partial x}{\partial s}+\frac{\partial z}{\partial y}\frac{\partial y}{\partial s},$$

则

$$\begin{aligned}\frac{\partial^2 z}{\partial s^2}&=\frac{\partial}{\partial s}\left(\frac{\partial z}{\partial s}\right)=\frac{\partial}{\partial s}\left(\frac{\partial z}{\partial x}\frac{\partial x}{\partial s}+\frac{\partial z}{\partial y}\frac{\partial y}{\partial s}\right)\\&=\frac{\partial}{\partial s}\left(\frac{\partial z}{\partial x}\right)\frac{\partial x}{\partial s}+\frac{\partial z}{\partial x}\frac{\partial^2 x}{\partial s^2}+\frac{\partial}{\partial s}\left(\frac{\partial z}{\partial y}\right)\frac{\partial y}{\partial s}+\frac{\partial z}{\partial y}\frac{\partial^2 y}{\partial s^2}.\end{aligned}$$

注意到 $\frac{\partial z}{\partial x}$，$\frac{\partial z}{\partial y}$ 仍然是 x，y 的函数，因此

$$\frac{\partial}{\partial s}\left(\frac{\partial z}{\partial x}\right)=\frac{\partial^2 z}{\partial x^2}\frac{\partial x}{\partial s}+\frac{\partial^2 z}{\partial x\partial y}\frac{\partial y}{\partial s},$$

$$\frac{\partial}{\partial s}\left(\frac{\partial z}{\partial y}\right)=\frac{\partial^2 z}{\partial y\partial x}\frac{\partial x}{\partial s}+\frac{\partial^2 z}{\partial y^2}\frac{\partial y}{\partial s},$$

代入前式，又假设

$$\frac{\partial^2 z}{\partial x\partial y}=\frac{\partial^2 z}{\partial y\partial x},$$

即得

$$\frac{\partial^2 z}{\partial s^2}=\frac{\partial^2 z}{\partial x^2}\left(\frac{\partial x}{\partial s}\right)^2+2\frac{\partial^2 z}{\partial x\partial y}\frac{\partial x}{\partial s}\frac{\partial y}{\partial s}+\frac{\partial^2 z}{\partial y^2}\left(\frac{\partial y}{\partial s}\right)^2+\frac{\partial z}{\partial x}\frac{\partial^2 x}{\partial s^2}+\frac{\partial z}{\partial y}\frac{\partial^2 y}{\partial s^2}.$$

同理可得

$$\frac{\partial^2 z}{\partial t^2}=\frac{\partial^2 z}{\partial x^2}\left(\frac{\partial x}{\partial t}\right)^2+2\frac{\partial^2 z}{\partial x\partial y}\frac{\partial x}{\partial t}\frac{\partial y}{\partial t}+\frac{\partial^2 z}{\partial y^2}\left(\frac{\partial y}{\partial t}\right)^2+\frac{\partial z}{\partial x}\frac{\partial^2 x}{\partial t^2}+\frac{\partial z}{\partial y}\frac{\partial^2 y}{\partial t^2}.$$

$$\frac{\partial^2 z}{\partial t\partial s}=\frac{\partial^2 z}{\partial x^2}\frac{\partial x}{\partial t}\frac{\partial x}{\partial s}+\frac{\partial^2 z}{\partial x\partial y}\frac{\partial y}{\partial t}\frac{\partial x}{\partial s}+\frac{\partial^2 z}{\partial y\partial x}\frac{\partial y}{\partial s}\frac{\partial x}{\partial t}+\frac{\partial^2 z}{\partial y^2}\frac{\partial y}{\partial t}\frac{\partial y}{\partial s}+\frac{\partial z}{\partial x}\frac{\partial^2 x}{\partial s\partial t}+\frac{\partial z}{\partial y}\frac{\partial^2 y}{\partial s\partial t}.$$

例 30　设 $v=xy+u$，$u=u(x, y)$，求 v'_x，v'_y，v''_{xx}，v''_{xy}，v''_{yy}.

解　v 既直接与 x，y 有关，也通过 u 与 x，y 有关，因此

$$v'_x=\frac{\partial v}{\partial x}=y+\frac{\partial u}{\partial x},\quad v'_y=\frac{\partial v}{\partial y}=x+\frac{\partial u}{\partial y},$$

$$v''_{xx}=\frac{\partial^2 v}{\partial x^2}=\frac{\partial^2 u}{\partial x^2},\quad v''_{xy}=\frac{\partial^2 v}{\partial y\partial x}=1+\frac{\partial^2 u}{\partial y\partial x},\quad v''_{yy}=\frac{\partial^2 v}{\partial y^2}=\frac{\partial^2 u}{\partial y^2}.$$

§9.1.6 隐函数的微分法

一元函数微分学已经涉及了隐函数的概念，并给出了由方程 $F(x,y)=0$ 所确定的隐函数的求导方法，但并不是任何方程 $F(x,y)=0$ 都能确定隐函数，如方程 $x^2+y^4+z^2+1=0$ 就不能确定任何隐函数. 因而我们首先要考虑隐函数存在性问题，进而用复合函数求导法则计算隐函数的导数.

1. 由一个方程确定的隐函数

定理 8 设函数 $F(x,y)$ 在以点 (x_0,y_0) 为中心的矩形区域 D 内满足下列条件：

(1) $F'_x(x,y)$ 与 $F'_y(x,y)$ 在 D 内连续，

(2) $F(x_0,y_0)=0$，$F'_y(x_0,y_0)\neq 0$.

则：(i)存在 $\delta>0$，在区间 $I=(x_0-\delta,x_0+\delta)$ 内存在唯一函数 $y=f(x)$，使 $F[x,f(x)]\equiv 0$，$f(x_0)=y_0$.

(ii) $y=f(x)$ 在 I 内连续.

(iii) $y=f(x)$ 在 I 内有连续导数，且 $f'(x)=-\dfrac{F'_x}{F'_y}$.

若 $F'_y(x,y)\neq 0$，则由方程 $F(x,y)=0$ 确定了 y 为 x 的函数，在方程两端对 x 求导，得

$$F'_x(x,y)+F'_y(x,y)y'=0,$$

所以

$$y'(x)=\frac{\mathrm{d}y}{\mathrm{d}x}=-\frac{F'_x(x,y)}{F'_y(x,y)}. \tag{9.5}$$

同样，如果 $F'_x(x,y)\neq 0$，也可求出由方程 $F(x,y)=0$ 所确定的函数 $x=x(y)$ 的导数，即

$$x'_y=\frac{\mathrm{d}x}{\mathrm{d}y}=-\frac{F'_y(x,y)}{F'_x(x,y)}. \tag{9.6}$$

若 $F'_z(x,y,z)\neq 0$，则由方程 $F(x,y,z)=0$ 确定了 z 为 x，y 的函数. 根据复合函数微分法，将方程分别对 x 和 y 求导，得

$$F'_x(x,y,z)+F'_z(x,y,z)z'_x=0$$

及

$$F'_y(x,y,z)+F'_z(x,y,z)z'_y=0,$$

所以

$$z'_x=-\frac{F'_x(x,y,z)}{F'_z(x,y,z)},\quad z'_y=-\frac{F'_y(x,y,z)}{F'_z(x,y,z)}. \tag{9.7}$$

例 31 求由方程

$$\frac{x^2}{a^2}+\frac{y^2}{b^2}+\frac{z^2}{c^2}=1$$

所确定的函数 z 的偏导数.

解

$$\frac{x^2}{a^2}+\frac{y^2}{b^2}+\frac{z^2}{c^2}-1=0.$$

由复合函数微分法，得

$$\frac{2x}{a^2}+\frac{2z}{c^2}z'_x=0,\quad z'_x=-\frac{c^2x}{a^2z};$$

$$\frac{2y}{b^2}+\frac{2z}{c^2}z'_y=0,\quad z'_y=-\frac{c^2y}{b^2z}.$$

定理 9　设函数 $F(x_1, x_2, \cdots, x_n, y)$在点 $P(x_1^0, x_2^0, \cdots, x_n^0, y^0)$附近满足下列条件：

(1)$F'_{x_1}, F'_{x_2}, \cdots, F'_{x_n}, F'_y$ 连续，

(2)$F(x_1^0, x_2^0, \cdots, x_n^0, y^0)=0$，$F'_y(x_1^0, x_2^0, \cdots, x_n^0, y^0)\neq 0$.

则：(i)在点 $Q(x_1^0, x_2^0, \cdots, x_n^0)$的邻域 U 内，存在唯一一个函数 $y=f(x_1, x_2, \cdots, x_n)$，使

$$F[x_1, x_2, \cdots, x_n, f(x_1, x_2, \cdots, x_n)]\equiv 0,$$

且

$$y^0=f(x_1^0, x_2^0, \cdots, x_n^0).$$

(ii)函数 $y=f(x_1, x_2, \cdots, x_n)$在 U 内连续.

(iii)函数 $y=f(x_1, x_2, \cdots, x_n)$在 U 内存在连续偏导数，且

$$\frac{\partial y}{\partial x_i}=-\frac{F'_{x_i}}{F'_y}\quad (i=1, 2, \cdots, n).$$

例 32　求由方程 $e^z-z^2-x^2-y^2=0$ 确定的隐函数 $z=z(x, y)$的偏导数$\frac{\partial z}{\partial x}$，$\frac{\partial z}{\partial y}$.

解　令

$$F(x, y, z)=e^z-x^2-y^2-z^2.$$

于是

$$F_x=-2x,\quad F_y=-2y,\quad F_z=e^z-2z,$$

$$\frac{\partial z}{\partial x}=-\frac{F_x}{F_z}=\frac{2x}{e^2-2z},\quad \frac{\partial z}{\partial y}=-\frac{F_y}{F_z}=\frac{2y}{e^z-2z}.$$

例 33　设 $f(x-y, y-z)=0$ 确定隐函数 $z=z(x, y)$，证明：

$$\frac{\partial z}{\partial x}+\frac{\partial z}{\partial y}=1.$$

证明　令

$$F(x, y, z)=f(x-y, y-z).$$

$$u=x-y,\quad v=y-z,$$

于是

$$F_x=f_u,\quad F_y=-f_u+f_v,\quad F_z=-f_v.$$

$$\frac{\partial z}{\partial x}=-\frac{F_x}{F_z}=\frac{f_u}{f_v},\quad \frac{\partial z}{\partial y}=-\frac{F_y}{F_z}=1-\frac{f_u}{f_v}.$$

故

$$\frac{\partial z}{\partial x}+\frac{\partial z}{\partial y}=\frac{f_u}{f_v}+1-\frac{f_u}{f_v}=1.$$

2. 由方程组确定的隐函数

对方程组$\begin{cases}F(x, y, u, v)=0,\\G(x, y, u, v)=0,\end{cases}$有如下的定理.

定理 10　若函数$F(x, y, u, v)$，$G(x, y, u, v)$在点$P(x_0, y_0, u_0, v_0)$的邻域D内满足下列条件：

(1)函数$F(x, y, u, v)$与$G(x, y, u, v)$的所有偏导数在D连续，

(2)$F(x_0, y_0, u_0, v_0)=0$，$G(x_0, y_0, u_0, v_0)=0$，

(3)$J=\begin{vmatrix}F'_u & F'_v\\G'_u & G'_v\end{vmatrix}_P\neq 0$.

则在点$Q(x_0, y_0)$的邻域U内存在唯一的隐函数组

$$u=u(x, y),\quad v=v(x, y),$$

它满足：

(i)$\begin{cases}F[x, y, u(x, y), v(x, y)]\equiv 0,\\G[x, y, u(x, y), v(x, y)]\equiv 0,\end{cases}$且$u_0=u(x_0, y_0)$，$v_0=v(x_0, y_0)$.

(ii)$u(x, y)$与$v(x, y)$具有连续的偏导数u'_x，u'_y，v'_x，v'_y.

$$u'_x=-\frac{1}{J}\begin{vmatrix}F'_x & F'_v\\G'_x & G'_v\end{vmatrix},\quad u'_y=-\frac{1}{J}\begin{vmatrix}F'_y & F'_v\\G'_y & G'_v\end{vmatrix},$$

$$v'_x=-\frac{1}{J}\begin{vmatrix}F'_u & F'_x\\G'_u & G'_x\end{vmatrix},\quad v'_y=-\frac{1}{J}\begin{vmatrix}F'_u & F'_y\\G'_u & G'_y\end{vmatrix}.$$

由函数关于变量的偏导数所构成的行列式，称为**雅可比行列式**. 例如定理10中行列式$\begin{vmatrix}F'_u & F'_v\\G'_u & G'_v\end{vmatrix}$就是函数$F$，$G$关于变量$u$，$v$的雅可比行列式，记为$\frac{\partial(F, G)}{\partial(u, v)}$，即

$$\frac{\partial(F, G)}{\partial(u, v)}=\begin{vmatrix}F'_u & F'_v\\G'_u & G'_v\end{vmatrix}.$$

函数行列式有下列性质：

$$\frac{\partial(F, G)}{\partial(u, v)}=\frac{\partial(F, G)}{\partial(x, y)}\frac{\partial(x, y)}{\partial(u, v)}.\tag{9.8}$$

这个性质可视为复合函数$y=f(x)$，$x=u(t)$求导公式$\frac{\mathrm{d}y}{\mathrm{d}t}=\frac{\mathrm{d}y}{\mathrm{d}x}\frac{\mathrm{d}x}{\mathrm{d}t}$的推广.

$$\frac{\partial(x, y)}{\partial(u, v)}\frac{\partial(u, v)}{\partial(x, y)}=1,\quad \frac{\partial(x, y)}{\partial(u, v)}=\frac{1}{\frac{\partial(u, v)}{\partial(x, y)}}.\tag{9.9}$$

这个性质可视为反函数导数公式$\frac{\mathrm{d}y}{\mathrm{d}x}\frac{\mathrm{d}x}{\mathrm{d}y}=1$的推广. 设方程组

$$\begin{cases}F(x, y, z)=0,\\G(x, y, z)=0\end{cases}\tag{9.10}$$

确定了y，z为x的函数，则每一个方程都可看作是x的复合函数. 式(9.10)两端对x求导，有

$$F'_x+F'_y y'+F'_z z'=0,$$

$$G'_x + G'_y y' + G'_z z' = 0.$$

当 y', z' 的系数所组成的行列式

$$J = \begin{vmatrix} F'_y & F'_z \\ G'_y & G'_z \end{vmatrix} \neq 0$$

时，从这个线性方程组可解得

$$y' = -\frac{1}{J}\begin{vmatrix} F'_x & F'_z \\ G'_x & G'_z \end{vmatrix}, \quad z' = -\frac{1}{J}\begin{vmatrix} F'_y & F'_x \\ G'_y & G'_x \end{vmatrix}.$$

因此

$$y'(x) = -\frac{\dfrac{\partial(F, G)}{\partial(x, z)}}{\dfrac{\partial(F, G)}{\partial(y, z)}}, \quad z'(x) = -\frac{\dfrac{\partial(F, G)}{\partial(y, x)}}{\dfrac{\partial(F, G)}{\partial(y, z)}}.$$

设方程组

$$\begin{cases} F(x, y, u, v) = 0, \\ G(x, y, u, v) = 0 \end{cases}$$

确定了一对函数 $u = u(x, y)$, $v = v(x, y)$. 关于该方程组对 x 求导，可以求得 u'_x, v'_x；同样，方程组对 y 求导，可求得 u'_y, v'_y.

当方程组中的方程多于两个时，要求出该方程组所确定的函数的偏导数(或导数)，解代数方程组即可.

例 34　设 x, y 为自变量，$u = u(x, y)$, $v = v(x, y)$ 为由方程组

$$\begin{cases} x^2 + y^2 - uv = 0, \\ xy - u^2 + v^2 = 0 \end{cases}$$

所确定的函数，求 $\frac{\partial u}{\partial x}$, $\frac{\partial v}{\partial x}$.

解　关于方程组对 x 求导，得

$$2x - v\frac{\partial u}{\partial x} - u\frac{\partial v}{\partial x} = 0,$$

$$y - 2u\frac{\partial u}{\partial x} + 2v\frac{\partial v}{\partial x} = 0,$$

两式联立求解，得

$$\frac{\partial u}{\partial x} = \frac{4xv + uy}{2(u^2 + v^2)}, \quad \frac{\partial v}{\partial x} = \frac{4xu - vy}{2(u^2 + v^2)}.$$

关于方程组对 y 求导，即可求得 $\frac{\partial u}{\partial y}$, $\frac{\partial v}{\partial y}$.

例 35　$x = r\cos\theta$, $y = r\sin\theta$, 求 $\frac{\partial r}{\partial x}$, $\frac{\partial \theta}{\partial x}$, $\frac{\partial r}{\partial y}$, $\frac{\partial \theta}{\partial y}$.

解法一　两式对 x 求导

$$1 = \cos\theta\frac{\partial r}{\partial x} - r\sin\theta\frac{\partial \theta}{\partial x},$$

$$0 = \sin\theta\frac{\partial r}{\partial x} + r\cos\theta\frac{\partial \theta}{\partial x},$$

联立求解，得
$$\frac{\partial r}{\partial x}=\cos\theta,\quad \frac{\partial \theta}{\partial x}=-\frac{\sin\theta}{r}.$$

两式对 y 求导

$$0=\cos\theta\frac{\partial r}{\partial y}-r\sin\theta\frac{\partial \theta}{\partial y},$$
$$1=\sin\theta\frac{\partial r}{\partial y}+r\cos\theta\frac{\partial \theta}{\partial y},$$

联立求解，得
$$\frac{\partial r}{\partial y}=\sin\theta,\quad \frac{\partial \theta}{\partial y}=\frac{\cos\theta}{r}.$$

解法二　用微分法，由 $x=r\cos\theta$，$y=r\sin\theta$，得
$$dx=\cos\theta dr-r\sin\theta d\theta,$$
$$dy=\sin\theta dr+r\cos\theta d\theta,$$

联立求解，得
$$dr=\cos\theta dx+\sin\theta dy,$$
$$d\theta=-\frac{\sin\theta}{r}dx+\frac{\cos\theta}{r}dy,$$

所以

$$\frac{\partial r}{\partial x}=\cos\theta,\quad \frac{\partial r}{\partial y}=\sin\theta,$$
$$\frac{\partial \theta}{\partial x}=-\frac{\sin\theta}{r},\quad \frac{\partial \theta}{\partial y}=\frac{\cos\theta}{r}.$$

习题 9－1

1. 求下列函数的定义域 D，并画出 D 的图形.

(1) $z=\sqrt{\dfrac{x^2+y^2-x}{2x-x^2-y^2}}$；　　(2) $z=\ln(y^2-4x+8)$；

(3) $z=\dfrac{1}{\sqrt{x+y}}+\dfrac{1}{\sqrt{x-y}}$；　　(4) $z=\arcsin\dfrac{x^2+y^2}{4}$.

2. 用不等式组表示下列曲线围成的区域 D，并画出图形.

(1) D 由 $y=\dfrac{1}{x}$，$y=x$，$x=2$ 围成；

(2) D 由 $y^2=2x$，$x-y=4$ 围成；

(3) D 由 $y=2x$，$y=2$，$y=\dfrac{8}{x}$ 围成.

3. 设圆锥的高为 h，母线长为 l，将圆锥的体积 V 表示为 h，l 的函数.

4. 灌溉水渠的横断面是一等腰梯形，梯形的腰长为 y，下底(小于上底)长为 x，渠深为 h，求水渠横断面面积的函数表示式.

5. (1) 已知 $f(x,y)=x^2-y^2$，求 $f\left(x+y,\dfrac{y}{x}\right)$；

(2) 已知 $f\left(x+y,\dfrac{y}{x}\right)=x^2-y^2$，求 $f(x,y)$.

6. 试证函数 $F(x, y)=\ln x\ln y$ 满足关系式

$$F(xy, uv)=F(x, u)+F(x, v)+F(y, u)+F(y, v).$$

7. 设 $z=f(x+y)+x-y$，当 $x=0$ 时，$z=y^2$，求函数 $f(x)$ 及 z.

8. 求下列函数的极限.

(1)$\lim\limits_{\substack{x\to 0\\ y\to 0}}\dfrac{\sin(x^2+y^2)}{x^2+y^2}$；　(2)$\lim\limits_{\substack{x\to 1\\ y\to 3}}\dfrac{xy}{\sqrt{xy+1}-1}$；

(3)$\lim\limits_{\substack{x\to 0\\ y\to 0}}(1+\sin xy)^{\frac{1}{xy}}$.

9. 证明下列函数的极限是否存在，若存在，则计算函数的极限.

(1)$\lim\limits_{\substack{x\to 0\\ y\to 0}}\dfrac{x^2y}{x^4+y^2}$；　(2)$\lim\limits_{\substack{x\to +\infty\\ y\to +\infty}}\left(\dfrac{xy}{x^2+y^2}\right)^{x^2}$.

10. 求下列函数的偏导数.

(1)$w=x^2+y^2+z^2-xyz$；　(2)$z=\ln\dfrac{y}{x}$；

(3)$z=\dfrac{x+y}{x-y}$；　(4)$z=4^{3x+4y}$；

(5)$z=e^{-x}\sin y$；　(6)$z=\sin(xy)+\cos^2(xy)$；

(7)$z=\arctan\dfrac{x+y}{1-xy}$；　(8)$u=x^{\frac{y}{z}}$；

(9)$u=\arctan(x-y)^z$；　(10)$u=\dfrac{1}{\sqrt{x^2+y^2+z^2}}$.

11. 设 $f(x, y)=\sqrt{x^4-\sin^2 y}$，求 $f_x(1, 0)$，$f_y(1, 0)$.

12. 设 $z=\ln(\sqrt{x}+\sqrt{y})$，试证：

$$x\frac{\partial z}{\partial x}+y\frac{\partial z}{\partial y}=\frac{1}{2}.$$

13. 验证函数 $u=y^{\frac{y}{x}\sin\frac{y}{x}}$ 满足方程

$$x^2\frac{\partial u}{\partial x}+xy\frac{\partial u}{\partial y}=yu\sin\frac{y}{x}.$$

14. 求下列函数的二阶偏导数.

(1)$z=x^{2y}$；

(2)$z=\sin^2(ax+by)$　(a，b 均为常数)；

(3)$z=\arctan\dfrac{y}{x}$.

15. 设 $f(x, y, z)=xy^2+yz^2+zx^2$，求 $f_{xx}(0, 0, 1)$，$f_{yz}(0, -1, 0)$及 $f_{zz}(1, 0, 2)$.

16. 设 $u=\sqrt{x^2+y^2+z^2}$，证明：$\dfrac{\partial^2 u}{\partial x^2}+\dfrac{\partial^2 u}{\partial y^2}+\dfrac{\partial^2 u}{\partial z^2}=\dfrac{2}{u}$.

17. 设 $z=\arccos\sqrt{\dfrac{x}{y}}$，验证：

$$\frac{\partial^2 z}{\partial x\partial y}=\frac{\partial^2 z}{\partial y\partial x}.$$

18. 证明：$z=\varphi(x)\psi(y)$满足方程$z\dfrac{\partial^2 z}{\partial x\partial y}=\dfrac{\partial z}{\partial x}\dfrac{\partial z}{\partial y}$($\varphi(x)$，$\psi(y)$可微).

19. 证明：$z=\ln(e^x+e^y)$满足方程

$$\frac{\partial^2 z}{\partial x^2}\frac{\partial^2 z}{\partial y^2}-\left(\frac{\partial^2 z}{\partial x\partial y}\right)^2=0.$$

20. 求下列函数的全微分.

(1)$z=x^2y^2$；　　(2)$z=\sqrt{\dfrac{x}{y}}$；

(3)$z=e^{x+2y}$；　　(4)$z=\ln(x^2+3y^2)$；

(5)$z=xy+\dfrac{x}{y}$；　　(6)$z=e^{\frac{y}{x}}$；

(7)$u=\sqrt{x^2+y^2+z^2}$；　　(8)$z=\arctan\dfrac{x+y}{1-xy}$.

21. 求函数$z=\ln\sqrt{1+x^2+y^2}$在点(1，1)处的全微分.

22. 试求函数$z=x^2y^3$当$x=2$，$y=-1$，$\Delta x=0.02$，$\Delta y=-0.01$时的全增量和全微分.

23. 试求函数$z=e^{xy}$当$x=1$，$y=1$，$\Delta x=0.15$，$\Delta y=0.1$时的全微分.

24. 利用全微分计算近似值.

(1)$\sqrt{(1.02)^3+(1.97)^3}$；

(2)$(1.04)^{2.03}$.

25. 当扇形的中心角$\alpha=60°$增加$\Delta\alpha=1°$，为了使扇形的面积仍保持不变，则应当把扇形的半径从$R=20$ cm减少多少？

26. 有一用水泥和沙砌成的无盖长方体水池，它的外形长5 m，宽4 m，高3 m，又它的四壁及底的厚度均为20 cm，试求所需水泥和沙的体积的近似值.

27. 设$z=u^2v-uv^2$，而$u=x\cos y$，$v=x\sin y$，求$\dfrac{\partial z}{\partial x}$，$\dfrac{\partial z}{\partial y}$.

28. 设$z=\dfrac{v}{u}$，$u=\ln x$，$v=e^x$，求$\dfrac{dz}{dx}$.

29. 设$u=\arctan\dfrac{s}{t}$，$s=x+y$，$t=x-y$，求$\dfrac{\partial u}{\partial x}$，$\dfrac{\partial u}{\partial y}$.

30. 设$z=\arcsin(x-y)$，而$x=3t$，$y=4t^3$，求$\dfrac{dz}{dt}$.

31. 求下列函数的一阶偏导数.

(1)$z=f(x^2-y^2, xy)$；　　(2)$u=f(\dfrac{x}{y}, \dfrac{y}{z})$；

(3)$u=f(x, xy, xyz)$；　　(4)$u=f(x^2+xy+xyz)$.

32. 设$z=xy+xF(u)$，$u=\dfrac{y}{x}$，证明：

$$x\frac{\partial z}{\partial x}+y\frac{\partial z}{\partial y}=z+xy.$$

33. 设$z=\dfrac{y}{f(x^2-y^2)}$，证明：$\dfrac{1}{x}\dfrac{\partial z}{\partial x}+\dfrac{1}{y}\dfrac{\partial z}{\partial y}=\dfrac{z}{y^2}$.

34. 函数 $z=z(x,y)$ 由 $\cos^2 x+\cos^2 y+\cos^2 z=1$ 所确定，求 $\frac{\partial z}{\partial x}$，$\frac{\partial z}{\partial y}$.

35. 函数 $z=z(x,y)$ 由方程 $e^z=xyz$ 所确定，求 $\frac{\partial z}{\partial x}$，$\frac{\partial z}{\partial y}$.

36. 函数 $z=z(x,y)$ 由方程 $x^2+y^2+z^2-4z=0$ 所确定，求 $\frac{\partial z}{\partial x}$，$\frac{\partial^2 z}{\partial x^2}$.

37. 设 $z=z(x,y)$ 由 $x+z=yf(x^2-z^2)$ 所确定，求 $z\frac{\partial z}{\partial x}+y\frac{\partial z}{\partial y}$.

38. 设 $x=x(y,z)$，$y=y(z,x)$，$z=z(x,y)$ 都是由方程 $F(x,y,z)=0$ 所确定的具有连续偏导数的函数，证明：

$$\frac{\partial x}{\partial y}\frac{\partial y}{\partial z}\frac{\partial z}{\partial x}=-1.$$

39. 证明由方程

$$f(x-az,y-bz)=0\quad (a,b\text{ 为常数})$$

所确定的函数 $z=z(x,y)$ 满足方程

$$a\frac{\partial z}{\partial x}+b\frac{\partial z}{\partial y}=1.$$

§9.2　偏导数的应用

§9.2.1　几何应用

1. 空间曲线的切线与法平面

设空间曲线 C 的参数方程为

$$\begin{cases} x=x(t), \\ y=y(t), \\ z=z(t). \end{cases}$$

$x(t)$，$y(t)$，$z(t)$ 在 $t=t_0$ 可导. 给 t 一个改变量 Δt，曲线上与 t_0 及 $t_0+\Delta t$ 对应的点分别为 $P_0(x_0,y_0,z_0)$ 及 $Q(x_0+\Delta x,y_0+\Delta y,z_0+\Delta z)$，其中，

$$x_0=x(t_0),\quad y_0=y(t_0),\quad z_0=z(t_0),$$

$$x_0+\Delta x=x(t_0+\Delta t),\quad y_0+\Delta y=y(t_0+\Delta t),\quad z_0+\Delta z=z(t_0+\Delta t).$$

曲线 C 的割线 P_0Q 的方程为

$$\frac{x-x_0}{\Delta x}=\frac{y-y_0}{\Delta y}=\frac{z-z_0}{\Delta z}.$$

当 Q 沿曲线趋于 P_0 时，割线 P_0Q 的极限位置就是曲线在点 P_0 的**切线**.

用 Δt 除割线方程的分母，并令 $\Delta t\to 0$，即得曲线在点 P_0 的**切线方程**为

$$\frac{x-x_0}{x'(t_0)}=\frac{y-y_0}{y'(t_0)}=\frac{z-z_0}{z'(t_0)}.$$

切线的方向向量称为曲线的**切向量**，向量 $\boldsymbol{T}=(x'(t_0), y'(t_0), z'(t_0))$就是曲线 C 在 P_0 点的一个切向量.

通过点 P_0 而与点 P_0 处切线垂直的平面称为曲线在该点的**法平面**，法平面方程为

$$x'(t_0)(x-x_0)+y'(t_0)(y-y_0)+z'(t_0)(z-z_0)=0.$$

它是通过点 P_0 而以 $\boldsymbol{T}$ 为法向量的平面.

例 1 求曲线 $x=t, y=t^2, z=t^3$ 在点(1, 1, 1)的切线及法平面方程.

解 $$x'_t=1,\quad y'_t=2t,\quad z'_t=3t^2.$$

对应于点(1, 1, 1)的参数 $t=1$，所以

$$x'_t\big|_{t=1}=1,\quad y'_t\big|_{t=1}=2,\quad z'_t\big|_{t=1}=3.$$

切线方程为

$$\frac{x-1}{1}=\frac{y-1}{2}=\frac{z-1}{3}.$$

法平面方程为

$$(x-1)+2(y-1)+3(z-1)=0$$

或 $$x+2y+3z=6.$$

特别地，如果曲线方程的形式为

$$y=y(x),\quad z=z(x),$$

则可把 x 作为参数，于是曲线方程为

$$x=x,\quad y=y(x),\quad z=z(x).$$

曲线在(x_0, y_0, z_0)的切线方程为

$$\frac{x-x_0}{1}=\frac{y-y_0}{y'(x_0)}=\frac{z-z_0}{z'(x_0)}.$$

法平面方程为

$$(x-x_0)+y'(x_0)(y-y_0)+z'(x_0)(z-z_0)=0.$$

若空间曲线 C 用隐函数形式表示，即设曲线 C 是两曲面的交线

$$\begin{cases}F(x, y, z)=0,\\ \Phi(x, y, z)=0.\end{cases}$$

设该方程组在点 $P_0(x_0, y_0, z_0)$的邻域满足§9.1.6 中定理 10 的条件，确定了函数

$$y=y(x),\quad z=z(x).$$

为了求$\frac{\mathrm{d}y}{\mathrm{d}x}$, $\frac{\mathrm{d}z}{\mathrm{d}x}$，将方程组对 x 求导，得

$$\begin{cases}\dfrac{\partial F}{\partial x}+\dfrac{\partial F}{\partial y}\dfrac{\mathrm{d}y}{\mathrm{d}x}+\dfrac{\partial F}{\partial z}\dfrac{\mathrm{d}z}{\mathrm{d}x}=0,\\[2ex] \dfrac{\partial \Phi}{\partial x}+\dfrac{\partial \Phi}{\partial y}\dfrac{\mathrm{d}y}{\mathrm{d}x}+\dfrac{\partial \Phi}{\partial z}\dfrac{\mathrm{d}z}{\mathrm{d}x}=0.\end{cases}$$

当$\left.\dfrac{\partial(F, \Phi)}{\partial(y, z)}\right|_{P_0}\neq 0$时，由以上两个方程解出

$$\frac{\mathrm{d}y}{\mathrm{d}x}=\frac{\dfrac{\partial(F, \Phi)}{\partial(z, x)}}{\dfrac{\partial(F, \Phi)}{\partial(y, z)}},\quad \frac{\mathrm{d}z}{\mathrm{d}x}=\frac{\dfrac{\partial(F, \Phi)}{\partial(x, y)}}{\dfrac{\partial(F, \Phi)}{\partial(y, z)}}.$$

由上述特别情形，可得曲线在点 $P_0(x_0, y_0, z_0)=P_0$ 的切线方程为

$$\frac{x-x_0}{\left.\frac{\partial(F,\Phi)}{\partial(y,z)}\right|_{P_0}}=\frac{y-y_0}{\left.\frac{\partial(F,\Phi)}{\partial(z,x)}\right|_{P_0}}=\frac{z-z_0}{\left.\frac{\partial(F,\Phi)}{\partial(x,y)}\right|_{P_0}},$$

法平面方程为

$$\left.\frac{\partial(F,\Phi)}{\partial(y,z)}\right|_{P_0}(x-x_0)+\left.\frac{\partial(F,\Phi)}{\partial(z,x)}\right|_{P_0}(y-y_0)+\left.\frac{\partial(F,\Phi)}{\partial(x,y)}\right|_{P_0}(z-z_0)=0.$$

2. 曲面的切平面与法线

定义 1　如果曲面上过点 P_0 的任一曲线 C 的切线都在同一平面上，则称这平面为曲面在点 P_0 的**切平面**. 过 P_0 而与切平面垂直的直线称为曲面在点 P_0 的**法线**.

曲面的一般方程为

$$F(x, y, z)=0, \tag{9.11}$$

设 $P_0(x_0, y_0, z_0)$为曲面上一点，函数 $F(x, y, z)$的偏导数 F'_x, F'_y, F'_z 连续，在曲面上通过 P_0 任作一曲线 C，其参数方程为

$$x=x(t),\quad y=y(t),\quad z=z(t). \tag{9.12}$$

因曲线(9.12)完全在曲面(9.11)上，所以有恒等式

$$F[x(t), y(t), z(t)]\equiv 0,$$

此式对 t 求导数，在 $t=t_0$ 处得

$$F'_x(x_0, y_0, z_0)x'_0+F'_y(x_0, y_0, z_0)y'_0+F'_z(x_0, y_0, z_0)z'_0=0. \tag{9.13}$$

式(9.13)表示矢量 $\boldsymbol{n}=\{F'_x(x_0, y_0, z_0), F'_y(x_0, y_0, z_0), F'_z(x_0, y_0, z_0)\}$与曲线(9.12)的切线的方向矢量 $\boldsymbol{s}=\{x'_0, y'_0, z'_0\}$垂直. 因为曲线(9.12)是曲面上通过 P_0 的任意一条曲线，所以，在曲面上过点 P_0 的一切曲线的切线都在同一平面上，故此平面就是曲面在点 P_0 的切平面. 该切平面通过点 $P_0(x_0, y_0, z_0)$，且以矢量 $\boldsymbol{n}=\{F'_x(x_0, y_0, z_0), F'_y(x_0, y_0, z_0), F'_z(x_0, y_0, z_0)\}$为法矢量，所以其方程为

$$F'_x(x_0, y_0, z_0)(x-x_0)+F'_y(x_0, y_0, z_0)(y-y_0)+F'_z(x_0, y_0, z_0)(z-z_0)=0. \tag{9.14}$$

因此，如果函数 $F(x, y, z)$在点 $P_0(x_0, y_0, z_0)$具有连续的偏导数，则曲面 $F(x, y, z)=0$ 在该点有切平面，它的方程是式(9.14).

通过点 P_0 而垂直于切平面(9.14)的直线称为曲面在该点的法线. 其方程为

$$\frac{x-x_0}{F'_x(x_0, y_0, z_0)}=\frac{y-y_0}{F'_y(x_0, y_0, z_0)}=\frac{z-z_0}{F'_z(x_0, y_0, z_0)}. \tag{9.15}$$

如果曲面方程为 $z=f(x, y)$，令 $F(x, y, z)=f(x, y)-z$，于是

$$F'_x=f'_x,\quad F'_y=f'_y,\quad F'_z=-1,$$

当函数 $z=f(x, y)$的偏导数 $f'_x(x, y)$, $f'_y(x, y)$在(x_0, y_0)连续时，曲面在(x_0, y_0, z_0)处的法向量为 $\boldsymbol{n}=\{f'_x(x_0, y_0), f'_y(x_0, y_0), -1)\}$，故法线方程为

$$\frac{x-x_0}{f'_x(x_0, y_0)}=\frac{y-y_0}{f'_y(x_0, y_0)}=\frac{z-z_0}{-1}.$$

切平面方程为

$$f'_x(x_0, y_0)(x-x_0)+f'_y(x_0, y_0)(y-y_0)=z-z_0.$$

注意到上式的左端正好是函数 $z=f(x,y)$ 在 (x_0,y_0) 处的全微分，而右端是切平面上点的竖坐标的增量，因此，函数 $z=f(x,y)$ 在点 (x_0,y_0) 的全微分的几何意义是曲面 $z=f(x,y)$ 在点 (x_0,y_0) 的切平面的竖坐标的增量. 设法线方向上，$\cos\gamma>0$，则法线的方向余弦为

$$\cos\alpha=\frac{-f'_x}{\sqrt{1+f'^2_x+f'^2_y}},$$

$$\cos\beta=\frac{-f'_y}{\sqrt{1+f'^2_x+f'^2_y}},$$

$$\cos\gamma=\frac{1}{\sqrt{1+f'^2_x+f'^2_y}}.$$

例 2　求球面 $x^2+y^2+z^2=14$ 在点 $(1,2,3)$ 的切平面及法线方程.

解　令 $F(x,y,z)=x^2+y^2+z^2-14$,

$$F'_x=2x,\quad F'_y=2y,\quad F'_z=2z,$$

$$F'_x(1,2,3)=2,\quad F'_y(1,2,3)=4,\quad F'_z(1,2,3)=6,$$

所以在点 $(1,2,3)$ 处此球面的切平面方程为

$$2(x-1)+4(y-2)+6(z-3)=0$$

或

$$x+2y+3z=14.$$

法线方程为

$$\frac{x-1}{2}=\frac{y-2}{4}=\frac{z-3}{6}$$

或

$$\frac{x-1}{1}=\frac{y-2}{2}=\frac{z-3}{3}.$$

§9.2.2　方向导数　梯度

前面讨论了函数 $z=f(x,y)$ 的偏导数 $\frac{\partial z}{\partial x}$，$\frac{\partial z}{\partial y}$，它们是函数沿着坐标轴方向的变化率. 本节讨论函数 $z=f(x,y)$ 沿任意确定方向的变化率，以及沿什么方向函数的变化率最大. 首先讨论多元函数在一点 P 沿着一个给定方向的方向导数概念.

1. 方向导数

设函数 $z=f(x,y)$ 在点 $P(x,y)$ 的某邻域有定义，l 是从 P 引出的一条射线. $Q(x+\Delta x,y+\Delta y)$ 是 l 上任意一点(如图 9.9 所示). 点 P 与 Q 之间的距离为 $\rho=\sqrt{(\Delta x)^2+(\Delta y)^2}$，于是函数的改变量为 $f(x+\Delta x,y+\Delta y)-f(x,y)$，它与 P，Q 两点间距离的比

$$\frac{f(x+\Delta x,y+\Delta y)-f(x,y)}{\rho}\tag{9.16}$$

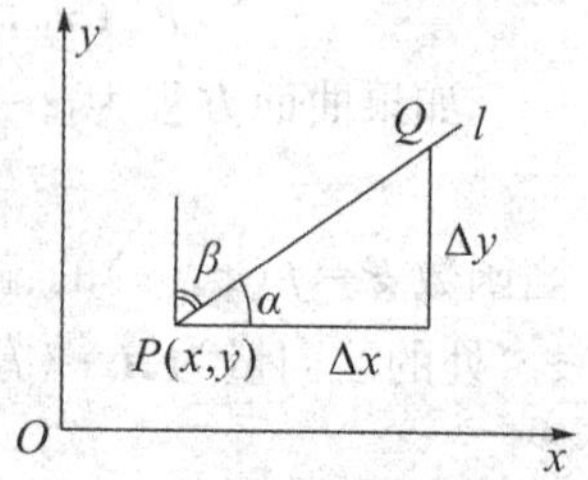

图 9.9

表示函数 $z=f(x,y)$ 在点 P 处沿 l 方向的平均变化率. 当 $\rho\to0$ 时，式(9.16)的极限为函数 $z=f(x,y)$ 在点 P 沿着方向 l 的**方向导数**，记作

$$\frac{\partial f}{\partial l}=\frac{\partial z}{\partial l}=\lim_{\rho\to 0}\frac{f(x+\Delta x,\ y+\Delta y)-f(x,\ y)}{\rho}.$$

因为 ρ 大于零，所以上式仅仅只是单侧极限.

定理 1　如果函数 $z=f(x,\ y)$ 在 $P(x,\ y)$ 可微，则函数 $z=f(x,\ y)$ 在点 P 沿任一射线 l 的方向导数都存在，且

$$\frac{\partial z}{\partial l}=\frac{\partial z}{\partial x}\cos\alpha+\frac{\partial z}{\partial y}\cos\beta, \tag{9.17}$$

式中，$\cos\alpha$，$\cos\beta$ 是方向 l 的方向余弦.

证明　因为 $z=f(x,\ y)$ 在点 P 可微，所以函数的改变量为

$$\Delta z=f(x+\Delta x,\ y+\Delta y)-f(x,\ y)=\frac{\partial z}{\partial x}\Delta x+\frac{\partial z}{\partial y}\Delta y+o(\rho), \tag{9.18}$$

对任意的 Δx，Δy 成立. 因此，在特殊的方向 l 上，式(9.18)必成立，等式两端同除以 $\rho=\sqrt{(\Delta x)^2+(\Delta y)^2}$，得

$$\frac{\Delta z}{\rho}=\frac{\partial z}{\partial x}\frac{\Delta x}{\rho}+\frac{\partial z}{\partial y}\frac{\Delta y}{\rho}+\frac{o(\rho)}{\rho}.$$

如果方向 l 的方向余弦为 $\cos\alpha$，$\cos\beta$，则

$$\Delta x=\rho\cos\alpha,\quad \Delta y=\rho\cos\beta,$$

所以

$$\frac{\Delta z}{\rho}=\frac{\partial z}{\partial x}\cos\alpha+\frac{\partial z}{\partial y}\cos\beta+\frac{o(\rho)}{\rho}.$$

令 $\rho\to 0$，得

$$\frac{\partial z}{\partial l}=\lim_{\rho\to 0}\frac{\Delta z}{\rho}=\frac{\partial z}{\partial x}\cos\alpha+\frac{\partial z}{\partial y}\cos\beta.$$

方向导数的概念和计算公式(9.17)可以推广到三元函数的情形(如图 9.10 所示). 如果函数 $u=f(x,\ y,\ z)$ 在空间一点 $P(x,\ y,\ z)$ 沿着方向 l 的方向余弦为 $\cos\alpha$，$\cos\beta$，$\cos\gamma$，则定义

$$\frac{\partial u}{\partial l}=\lim_{\rho\to 0}\frac{f(x+\Delta x,\ y+\Delta y,\ z+\Delta z)-f(x,\ y,\ z)}{\rho},$$

式中，$\rho=\sqrt{(\Delta x)^2+(\Delta y)^2+(\Delta z)^2}$，为其方向导数，且

$$\Delta x=\rho\cos\alpha,\quad \Delta y=\rho\cos\beta,\quad \Delta z=\cos\gamma.$$

当函数 $u=f(x,\ y,\ z)$ 在点 $P(x,\ y,\ z)$ 可微时，函数在点 $P(x,\ y,\ z)$ 沿方向 l 的方向导数为

$$\frac{\partial u}{\partial l}=\frac{\partial u}{\partial x}\cos\alpha+\frac{\partial u}{\partial y}\cos\beta+\frac{\partial u}{\partial z}\cos\gamma.$$

例 3　设 $f(x,\ y,\ z)=ax+by+cz$，方向 l 上的方向余弦为 $\cos\alpha$，$\cos\beta$，$\cos\gamma$，于是沿方向 l 的平均变化率为

$$\begin{aligned}\frac{\Delta f}{\rho}&=\frac{1}{\rho}(a\rho\cos\alpha+b\rho\cos\beta+c\rho\cos\gamma)\\&=a\cos\alpha+b\cos\beta+c\cos\gamma.\end{aligned}$$

所以有

$$\frac{\partial f}{\partial l}=a\cos\alpha+b\cos\beta+c\cos\gamma.$$

可见，一次函数 f 沿方向 l 的导数不因点的位置而变化，同时还可看出，函数沿不同

方向的方向导数一般是不同的.

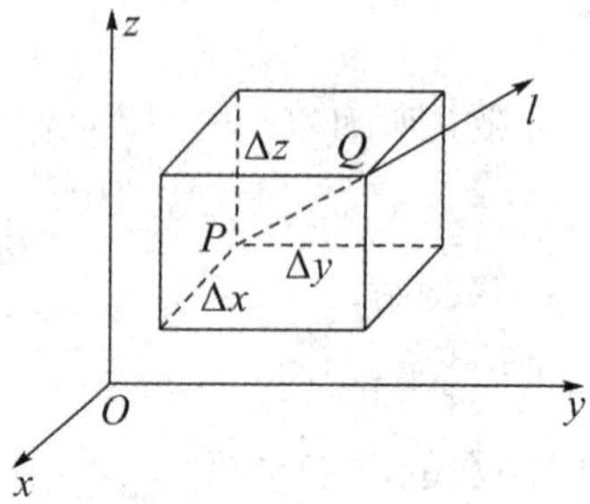

图 9.10

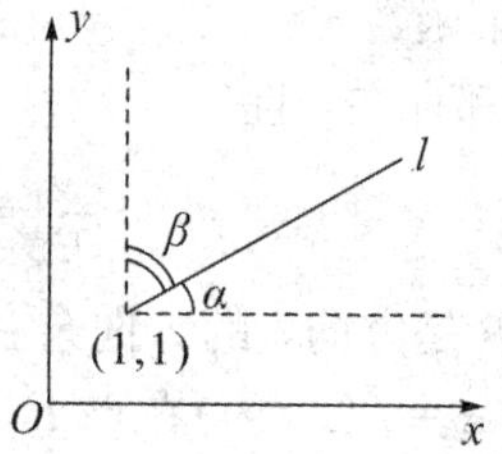

图 9.11

例 4　设函数 $z=x^2y$，l 是由点(1, 1)出发与 x 轴、y 轴的正方向所成夹角分别为 $\alpha=\frac{\pi}{6}$，$\beta=\frac{\pi}{3}$ 的一条射线(如图 9.11 所示)，求$\frac{\partial z}{\partial l}$.

解　$\left.\frac{\partial z}{\partial x}\right|_{(1,1)}=2xy\big|_{(1,1)}=2$，　$\left.\frac{\partial z}{\partial y}\right|_{(1,1)}=x^2\big|_{(1,1)}=1$.

$$\frac{\partial z}{\partial l}=\left.\frac{\partial z}{\partial x}\right|_{(1,1)}\cos\frac{\pi}{6}+\left.\frac{\partial z}{\partial y}\right|_{(1,1)}\cos\frac{\pi}{3}=2\frac{\sqrt{3}}{2}+\frac{1}{2}\doteq 2.232.$$

若 $\alpha=\frac{\pi}{4}$，$\beta=\frac{\pi}{4}$，则

$$\frac{\partial z}{\partial l}=2\cos\frac{\pi}{4}+\cos\frac{\pi}{4}=\sqrt{2}+\frac{\sqrt{2}}{2}\doteq 2.121.$$

若 $\alpha=\frac{\pi}{3}$，$\beta=\frac{\pi}{6}$，则

$$\frac{\partial z}{\partial l}=2\cos\frac{\pi}{3}+\cos\frac{\pi}{6}=1+\frac{\sqrt{3}}{2}\doteq 1.866.$$

由此可见，沿不同方向，方向导数不同.

例 5　求 $u=3x^2+2y^2+z^2$ 在点 $M_0(1, 2, -1)$ 沿 $\boldsymbol{l}=8\boldsymbol{i}-\boldsymbol{j}+4\boldsymbol{k}$ 的方向导数.

解

$$\left.\frac{\partial u}{\partial x}\right|_{M_0}=6x\big|_{M_0}=6,\quad \left.\frac{\partial u}{\partial y}\right|_{M_0}=4y\big|_{M_0}=8,\quad \left.\frac{\partial u}{\partial z}\right|_{M_0}=2z\big|_{M_0}=-2.$$

$$\cos\alpha=\frac{8}{\sqrt{8^2+(-1)^2+4^2}}=\frac{8}{9},\quad \cos\beta=-\frac{1}{9},\quad \cos\gamma=\frac{4}{9}.$$

$$\left.\frac{\partial u}{\partial l}\right|_{M_0}=\left.\frac{\partial u}{\partial x}\right|_{M_0}\cos\alpha+\left.\frac{\partial u}{\partial y}\right|_{M_0}\cos\beta+\left.\frac{\partial u}{\partial z}\right|_{M_0}\cos\gamma$$

$$=6\times\frac{8}{9}+8\times\left(-\frac{1}{9}\right)+(-2)\times\frac{4}{9}=\frac{32}{9}.$$

2. 梯度

方向导数描述了函数在一点沿某一方向的变化率，从空间或平面上一点出发，可以引无穷多条射线，因此函数在一点有无穷多个方向导数. 在实际问题的研究中，往往需要知道沿着什么方向函数的变化率最大. 例如一块长方形的金属板，四个顶点的坐标分别是(1, 1)，(5, 1)，(1, 3)，(5, 3). 在坐标原点处有一个火焰，它使金属板受热. 假定板上任

意一点处的温度与该点到原点的距离成反比. 在(3, 2)处有一只蚂蚁，问这只蚂蚁应沿什么方向爬行才能最快到达较凉快的地点？这是一个求方向导数最值问题，也是本节研究的主要问题.

设 $u(x, y, z)$是一函数，对于一个确定的常数 C，方程

$$u(x, y, z) = C$$

在几何上表示一个曲面，称为**等量面**.

设 $P(x, y, z)$是等量面上任意一点，函数 $u(x, y, z)$在 P 点有连续的偏导数，它的法线矢量为

$$\boldsymbol{g} = \left.\frac{\partial u}{\partial x}\right|_P \boldsymbol{i} + \left.\frac{\partial u}{\partial y}\right|_P \boldsymbol{j} + \left.\frac{\partial u}{\partial z}\right|_P \boldsymbol{k}, \tag{9.19}$$

式中，$\left.\frac{\partial u}{\partial x}\right|_P$，$\left.\frac{\partial u}{\partial y}\right|_P$，$\left.\frac{\partial u}{\partial z}\right|_P$ 是点 P 处三个偏导数的值.

设 l 为由 $P(x, y, z)$引出的任意一条射线，其方向余弦为 $\cos\alpha$，$\cos\beta$，$\cos\gamma$，则 $u(x, y, z)$沿 l 的方向导数为

$$\frac{\partial u}{\partial l} = \frac{\partial u}{\partial x}\cos\alpha + \frac{\partial u}{\partial y}\cos\beta + \frac{\partial u}{\partial z}\cos\gamma.$$

令 $\boldsymbol{l}_0$ 为方向 l 的单位矢量，即

$$\boldsymbol{l}_0 = \cos\alpha\boldsymbol{i} + \cos\beta\boldsymbol{j} + \cos\gamma\boldsymbol{k},$$

于是

$$\begin{aligned}\frac{\partial u}{\partial l} &= \left(\frac{\partial u}{\partial x}\boldsymbol{i} + \frac{\partial u}{\partial y}\boldsymbol{j} + \frac{\partial u}{\partial k}\boldsymbol{k}\right)\cdot(\cos\alpha\boldsymbol{i} + \cos\beta\boldsymbol{j} + \cos\gamma\boldsymbol{k})\\ &= \boldsymbol{g}\cdot\boldsymbol{l}_0 = |\boldsymbol{g}|\cos(\widehat{\boldsymbol{g}, \boldsymbol{l}_0}).\end{aligned}$$

当 $\cos(\widehat{\boldsymbol{g}, \boldsymbol{l}_0}) = 1$ 时，$\frac{\partial u}{\partial l}$有最大值. 即当 $\boldsymbol{l}_0$ 与 $\boldsymbol{g}$ 的方向一致时，$\frac{\partial u}{\partial l} = |\boldsymbol{g}|$为最大值. 也就是说，$u(x, y, z)$沿矢量 $\boldsymbol{g}$ 方向的变化率最大，其数值就是矢量 $\boldsymbol{g}$ 的模. 称矢量

$$\boldsymbol{g} = \frac{\partial u}{\partial x}\boldsymbol{i} + \frac{\partial u}{\partial y}\boldsymbol{j} + \frac{\partial u}{\partial z}\boldsymbol{k}$$

为数量函数 $u(x, y, z)$的梯度，记为 $\mathbf{grad}u$(gradient)，即

$$\mathbf{grad}u = \frac{\partial u}{\partial x}\boldsymbol{i} + \frac{\partial u}{\partial y}\boldsymbol{j} + \frac{\partial u}{\partial z}\boldsymbol{k}, \tag{9.20}$$

它的模是

$$|\mathbf{grad}u| = \sqrt{\left(\frac{\partial u}{\partial x}\right)^2 + \left(\frac{\partial u}{\partial y}\right)^2 + \left(\frac{\partial u}{\partial z}\right)^2}.$$

对比式(9.19)可知，每一点处 $\mathbf{grad}u$ 的方向与过该点的等量面上该点的法矢量相同.

梯度的性质如下：

(1)两个函数代数和的梯度等于各函数梯度的代数和，即

$$\mathbf{grad}(u_1 \pm u_2) = \mathbf{grad}u_1 \pm \mathbf{grad}u_2.$$

(2)$\mathbf{grad}(u_1u_2) = u_1\mathbf{grad}u_2 + u_2\mathbf{grad}u_1$.

因为

$$\mathbf{grad}_x(u_1u_2) = \frac{\partial(u_1u_2)}{\partial x} = u_1\frac{\partial u_2}{\partial x} + u_2\frac{\partial u_1}{\partial x},$$

$$\mathbf{grad}_y(u_1u_2)=\frac{\partial(u_1u_2)}{\partial y}=u_1\frac{\partial u_2}{\partial y}+u_2\frac{\partial u_1}{\partial y},$$

$$\mathbf{grad}_z(u_1u_2)=\frac{\partial(u_1u_2)}{\partial z}=u_1\frac{\partial u_2}{\partial z}+u_2\frac{\partial u_1}{\partial z}.$$

即等式两端的矢量在各坐标轴上的投影分别相等.

(3)$\mathbf{grad}F(u)=F'(u)\mathbf{grad}u$.

例 6　求 $\mathbf{grad}(\boldsymbol{a}\cdot\boldsymbol{r})$，其中，$\boldsymbol{a}=a_x\boldsymbol{i}+a_y\boldsymbol{j}+a_z\boldsymbol{k}$ 是一常矢量，而 $\boldsymbol{r}=x\boldsymbol{i}+y\boldsymbol{j}+z\boldsymbol{k}$ 是点的矢径.

解　因为

$$F=\boldsymbol{a}\cdot\boldsymbol{r}=xa_x+ya_y+za_z,$$

所以

$$\mathbf{grad}(\boldsymbol{a}\cdot\boldsymbol{r})=\frac{\partial F}{\partial x}\boldsymbol{i}+\frac{\partial F}{\partial y}\boldsymbol{j}+\frac{\partial F}{\partial z}\boldsymbol{k}=a_x\boldsymbol{i}+a_y\boldsymbol{j}+a_z\boldsymbol{k}=\boldsymbol{a}.$$

例 7　试求函数 $u=f(x,y,z)=xy^2+yz^3$ 在点 $P(2,-1,1)$处的梯度.

解

$$\left.\frac{\partial f}{\partial x}\right|_P=y^2\,|_P=1,$$

$$\left.\frac{\partial f}{\partial y}\right|_P=(2xy+z^3)\,|_P=-3,$$

$$\left.\frac{\partial f}{\partial z}\right|_P=3yz^2\,|_P=-3.$$

所以,所求函数的梯度为

$$\mathbf{grad}f\,|_P=\boldsymbol{i}-3\boldsymbol{j}-3\boldsymbol{k}=\{1,-3,-3\}.$$

最后回到梯度概念开始处提出的那个问题.

板上任一点(x,y)处的温度 $T(x,y)=\dfrac{k}{\sqrt{x^2+y^2}}$，$k$ 是一个比例常数，温度变化最剧烈的方向是梯度所指方向，计算

$$\mathbf{grad}T=-\frac{kx}{(x^2+y^2)^{3/2}}\boldsymbol{i}-\frac{ky}{(x^2+y^2)^{3/2}}\boldsymbol{j},$$

所以

$$\mathbf{grad}T(3,2)=\frac{-3k}{13^{3/2}}\boldsymbol{i}-\frac{2k}{13^{3/2}}\boldsymbol{j}.$$

其单位矢量$\dfrac{3}{\sqrt{13}}\boldsymbol{i}+\dfrac{2}{\sqrt{13}}\boldsymbol{j}$ 所指的方向是温度由热变冷变化最剧烈的方向(其反方向则是由冷变热). 蚂蚁虽然不懂梯度，但凭它的感觉细胞的反馈信号，它将沿这个方向逃跑.

*§9.2.3　二元函数的泰勒展式

根据一元函数的泰勒公式可以推导出二元函数的泰勒公式.

设函数 $z=f(x,y)$在点(x_0,y_0)的某一邻域 D 内连续，并且具有直到 $n+1$ 阶的连续偏导数. 再设(x_0+h,y_0+k)为 D 内任意一点，我们的问题是要把函数值 $f(x_0+h,$

y_0+k)近似地表示为 $h=x-x_0$，$k=y-y_0$ 的 n 次多项式，而由此产生的误差当 $\rho=\sqrt{h^2+k^2}\to 0$ 时是一个比 ρ^n 高阶的无穷小量，这个问题的解决依赖于一元函数的麦克劳林公式及多元复合函数微分法. 为此考虑一个变量 t 的函数，即

$$F(t)=f(x_0+ht,\ y_0+kt)\quad(0\leqslant t\leqslant 1),\tag{9.21}$$

显然 $F(0)=f(x_0,\ y_0)$，$F(1)=f(x_0+h,\ y_0+k)$，$F(t)$的麦克劳林展开式为

$$F(t)=F(0)+F'(0)t+\frac{F''(0)}{2!}t^2+\cdots+\frac{F^{(n)}(0)}{n!}t^n+\frac{F^{(n+1)}(\theta t)}{(n+1)!}t^{n+1}\quad(0<\theta<1).$$

在上式中令 $t=1$，得

$$F(1)=F(0)+F'(0)+\frac{F''(0)}{2!}+\cdots+\frac{F^{(n)}(0)}{n!}+\frac{F^{(n+1)}(\theta)}{(n+1)!}\quad(0<\theta<1).\tag{9.22}$$

根据复合函数的微分法，逐次求出 $F(t)$的各阶导数为

$$F'(t)=h\frac{\partial f}{\partial x}+k\frac{\partial f}{\partial y}=(h\frac{\partial}{\partial x}+k\frac{\partial}{\partial y})f,$$

$$F''(t)=h\frac{\partial^2 f}{\partial x^2}+2hk\frac{\partial^2 f}{\partial x\partial y}+k^2\frac{\partial^2 f}{\partial y^2}=(h\frac{\partial}{\partial x}+k\frac{\partial}{\partial y})^2 f,$$

……

$$F^{(n)}(t)=(h\frac{\partial}{\partial x}+k\frac{\partial}{\partial y})^n f=\sum_{r=0}^{n}\mathrm{C}_n^r h^r k^{n-r}\frac{\partial^n f}{\partial x^r\partial y^{n-r}},$$

$$F'(0)=\left(h\frac{\partial}{\partial x}+k\frac{\partial}{\partial y}\right)f(x_0,\ y_0),$$

$$F''(0)=\left(h\frac{\partial}{\partial x}+k\frac{\partial}{\partial y}\right)^2 f(x_0,\ y_0),$$

……

$$F^{(n)}(0)=\left(h\frac{\partial}{\partial x}+k\frac{\partial}{\partial y}\right)^n f(x_0,\ y_0),$$

$$F^{(n+1)}(\theta)=\left(h\frac{\partial}{\partial x}+k\frac{\partial}{\partial y}\right)^{n+1} f(x_0+\theta h,\ y_0+\theta k).$$

将以上各式代入(9.22)得二元函数的泰勒公式为

$$\begin{aligned}f(x_0+h,\ y_0+k)=&f(x_0,\ y_0)+(h\frac{\partial}{\partial x}+k\frac{\partial}{\partial y})f(x_0,\ y_0)+\\&\frac{1}{2!}\left(h\frac{\partial}{\partial x}+k\frac{\partial}{\partial y}\right)^2 f(x_0,\ y_0)+\cdots+\\&\frac{1}{n!}\left(h\frac{\partial}{\partial x}+k\frac{\partial}{\partial y}\right)^n f(x_0,\ y_0)+R_n,\end{aligned}\tag{9.23}$$

式中，

$$R_n=\frac{1}{(n+1)!}\left(h\frac{\partial}{\partial x}+k\frac{\partial}{\partial y}\right)^{n+1} f(x_0+\theta h,\ y_0+\theta k)\quad(0<\theta<1)$$

称为**拉格朗日形式的余项**，当 $\rho\to 0$ 时，它是比 ρ^n 高阶的无穷小量.

特别地，当 $n=0$ 时，公式(9.23)为

$$\begin{aligned}f(x_0+h,\ y_0+k)=&f(x_0,\ y_0)+hf'_x(x_0+\theta h,\ y_0+\theta k)+\\&kf'_y(x_0+\theta h,\ y_0+\theta k)\quad(0<\theta<1).\end{aligned}\tag{9.24}$$

这就是**二元函数的拉格朗日中值公式**. 由二元拉格朗日公式可知，如果偏导数 $f'_x(x,\ y)$，

$f'_y(x, y)$在某一区域内均恒等于零，则函数 $f(x, y)$在该区域内为一常数.

又当 $n=1$ 时，公式(9.23)为

$$f(x_0+h, y_0+k)=f(x_0, y_0)+hf'_x(x_0, y_0)+kf'_y(x_0, y_0)+\frac{1}{2!}[h^2f''_{xx}(x_0+\theta h, y_0+\theta k)+2hkf''_{xy}(x_0+\theta h, y_0+\theta k)+k^2f''_{yy}(x_0+\theta h, y_0+\theta k)]\quad(0<\theta<1).\tag{9.25}$$

这个公式可应用于证明多元函数极值问题的相关定理.

例 8 设 $f(x, y)=e^{x+y}$，试在(0, 0)按泰勒公式展开此式.

解 $x_0=0$，$y_0=0$，$h=x$，$k=y$.

因$\dfrac{\partial^n f}{\partial x^r\partial y^{n-r}}=e^{x+y}$，即 $f(x, y)$的各阶导数均为 e^{x+y}，所以

$$\left(\frac{\partial^n f}{\partial x^r\partial y^{n-r}}\right)_{(0,0)}=1,$$

故有

$$e^{x+y}=1+(x+y)+\frac{1}{2!}(x+y)^2+\cdots+\frac{1}{n!}(x+y)^n+R_n,$$

式中，

$$R_n=\frac{1}{(n+1)!}(x+y)^{n+1}e^{\theta x+\theta y}\quad(0<\theta<1).$$

§9.2.4 二元函数的极值

1. 利用偏导数求二元函数的极值

在实际问题中往往会遇到计算多元函数的最大值、最小值问题. 与一元函数类似，多元函数的最值问题与极值问题有密切联系，因而首先要研究多元函数的极值，我们将以二元函数为主要对象进行讨论.

如果函数 $f(x, y)$在点 $P_0(x_0, y_0)$的某邻域内恒有

$$f(x, y)\geqslant f(x_0, y_0),$$

则称 $f(x, y)$在 $P_0(x_0, y_0)$取得**极小值**，$P_0(x_0, y_0)$为极小值点，极小值为 $f(x_0, y_0)$.

如果在 P_0 某邻域内恒有

$$f(x, y)\leqslant f(x_0, y_0),$$

则称 $f(x, y)$在 $P_0(x_0, y_0)$取得**极大值**，$P_0(x_0, y_0)$为极大值点，极大值为 $f(x_0, y_0)$. 函数的极大值、极小值统称**极值**，使函数达到极值的点 $P_0(x_0, y_0)$称为**极值点**.

与一元函数类似，多元函数的极值也是一个局部概念，即函数在某邻域内的最大值或最小值.

例如，函数 $z=1-x^2-y^2$(如图 9.12 所示)在(0, 0)处值为 1，而在(0, 0)某邻域内函数值恒小于 1，故在点(0, 0)处函数取极大值，其值为 1. 又如，函数 $z=\sqrt{x^2+y^2}$(如图 9.13 所示)在点(0, 0)处值为 0，而在(0, 0)某邻域内函数值恒大于 0，因此函数在(0, 0)取极小值，其值为 0.

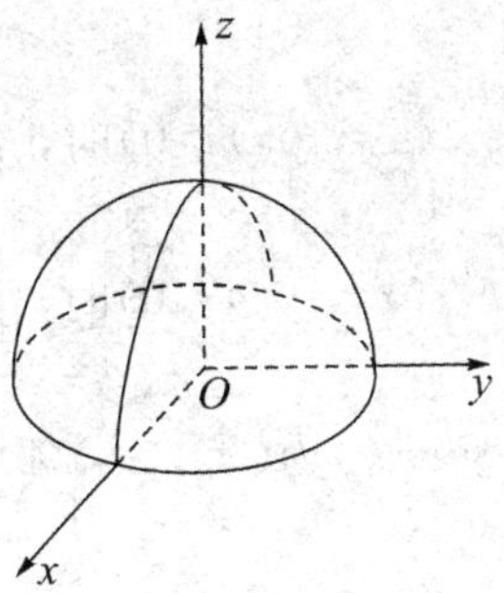

图 9.12

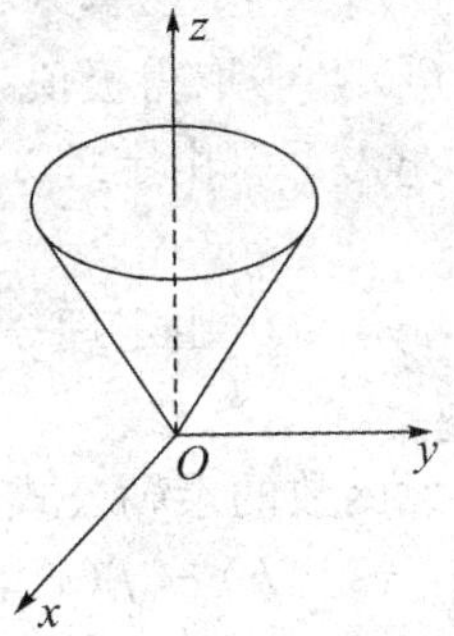

图 9.13

下面讨论计算极值的一般方法.

求二元函数的极值问题，可以利用一元函数的方法，如果 $f(x, y)$ 在 $P_0(x_0, y_0)$ 取得极值，则 $z=f(x, y_0)$ 在 $x=x_0$ 处也取得极值，于是利用一元函数的结果，在 P_0 处应该有

$$\frac{\partial f}{\partial x}=0.$$

同样，也应有 $\frac{\partial f}{\partial y}=0$. 于是有下面的定理.

定理 2(极值存在的必要条件)　如果函数 $z=f(x, y)$ 的偏导数 $f'_x(x, y)$，$f'_y(x, y)$ 在点 (x_0, y_0) 处都存在，且在 $P(x_0, y_0)$ 处取得极值，则必有 $f'_x(x_0, y_0)=0$，$f'_y(x_0, y_0)=0$.

证明　若点 $P_0(x_0, y_0)$ 是 $z=f(x, y)$ 的极值点，则当 y 保持常数 y_0 时，一元函数 $z=f(x, y_0)$ 在 $x=x_0$ 处必取得极值，根据一元函数极值存在的必要条件，有

$$f_x(x_0, y_0)=0.$$

同理有

$$f_y(x_0, y_0)=0.$$

从几何上看，曲面 $z=f(x, y)$ 上在点 $M_0(x_0, y_0, z_0)$ 的切平面为

$$z-z_0=f_x(x_0, y_0)(x-x_0)+f_y(x_0, y_0)(y-y_0).$$

若在点 $P(x_0, y_0)$ 函数有极值，则切平面为 $z-z_0=0$，即在 $M_0(x_0, y_0, z_0)$ 处有平行于 xOy 面的切平面.

使 $f_x(x_0, y_0)=0$，$f_y(x_0, y_0)=0$ 同时成立的点 (x_0, y_0) 称为函数 $z=f(x, y)$ 的驻点，定理 2 告诉我们，对于可微函数，使函数取得极值的点必是驻点，但反过来驻点却不一定是极值点.

例如，$z=xy$ 在原点处的值为 0，且 $z'_x=y$，$z'_y=x$ 皆在原点为 0，但在原点的任一邻域内 z 既可以取得正值，又可以取得负值，故函数在原点不取极值. 因此两个偏导数为零只是极值存在的必要条件.

定理 3(极值存在的充分条件)　设函数 $z=f(x, y)$ 在点 (x_0, y_0) 的某邻域内有连续的二阶偏导数，且

(1) $f'_x(x_0, y_0)=0$，$f'_y(x_0, y_0)=0$，

(2)$[f''_{xy}(x_0, y_0)]^2 - f''_{xx}(x_0, y_0)f''_{yy}(x_0, y_0) < 0$,
则在该点函数 $z=f(x, y)$取得极值，且

(1)当 $f''_{xx}(x_0, y_0)>0$(由定理 3 知此时必有 $f''_{yy}(x_0, y_0)>0$)时，$f(x, y)$在点(x_0, y_0)处取得极小值.

(2)当 $f''_{xx}(x_0, y_0)<0$(由定理 3 知此时必有 $f'_{yy}(x_0, y_0)<0$)时，$f(x, y)$在点(x_0, y_0)处取得极大值.

证明 根据二元函数的泰勒公式，若(x_0+h, y_0+k)为(x_0, y_0)邻域中任意一点，则

$$\begin{aligned}&f(x_0+h, y_0+k)-f(x_0, y_0)\\&=f'_x(x_0, y_0)h+f'_y(x_0, y_0)k+\frac{1}{2!}[f''_{xx}(x_0+\theta h, y_0+\theta k)h^2+\\&\quad 2f''_{xy}(x_0+\theta h, y_0+\theta k)hk+f''_{yy}(x_0+\theta h, y_0+\theta k)k^2]\quad(0<\theta<1).\end{aligned}$$

因为 $f'_x(x_0, y_0)=0$，$f'_y(x_0, y_0)=0$，且 $f(x, y)$的一切二阶偏导数都连续，故

$$\begin{aligned}f''_{xx}(x_0+\theta h, y_0+\theta k)&=f''_{xx}(x_0, y_0)+\varepsilon_1,\\f''_{xy}(x_0+\theta h, y_0+\theta k)&=f''_{xy}(x_0, y_0)+\varepsilon_2,\\f''_{yy}(x_0+\theta h, y_0+\theta k)&=f''_{yy}(x_0, y_0)+\varepsilon_3,\end{aligned}$$

当 $h\to 0$，$k\to 0$ 时，ε_1，ε_2，ε_3 都趋于零，因而

$$\begin{aligned}&f(x_0+h, y_0+k)-f(x_0, y_0)\\&=\frac{1}{2}[f''_{xx}(x_0, y_0)h^2+2f''_{xy}(x_0, y_0)hk+f''_{yy}(x_0, y_0)k^2]+\\&\quad\frac{1}{2}(\varepsilon_1h^2+2\varepsilon_2hk+\varepsilon_3k^2),\end{aligned}\tag{9.26}$$

$\frac{1}{2}(\varepsilon_1h^2+2\varepsilon_2hk+\varepsilon_3k^2)$与$\frac{1}{2}[f''_{xx}(x_0, y_0)h^2+2f''_{xy}(x_0, y_0)hk+f''_{yy}(x_0, y_0)k^2]$比较是一个高阶无穷小(当 $h\to 0$，$k\to 0$ 时)，因此当 h，k 的绝对值充分小时，$f(x_0+h, y_0+k)-f(x_0, y_0)$的符号只取决于

$$P=f''_{xx}(x_0, y_0)h^2+2f''_{xy}(x_0, y_0)hk+f''_{yy}(x_0, y_0)k^2$$

的符号. 令

$$A=f''_{xx}(x_0, y_0),\quad B=f''_{xy}(x_0, y_0),\quad C=f''_{yy}(x_0, y_0),$$

则

$$P=Ah^2+2Bhk+Ck^2.\tag{9.27}$$

因此定理中的假设条件(9.27)就是 $B^2-AC<0$，因此 A，C 均不能为 0，且 A，C 必定同号，将式(9.27)写为

$$\begin{aligned}P&=\frac{1}{A}[A^2h^2+2ABhk+ACk^2]\\&=\frac{1}{A}[(Ah+Bk)^2+(AC-B^2)k^2]\\&=\frac{1}{C}[(Bh+Ck)^2+h^2(AC-B^2)].\end{aligned}\tag{9.28}$$

无论 h，k 取什么值(但不同时为 0)，式(9.28)右端的方括号内始终是正数，因此式(9.28)中 P 与 A(或 C)同号，当 h，k 的绝对值足够小时，式(9.26)左端差值 $f(x_0+h, y_0+k)-f(x_0, y_0)$的符号也必定与 A(或 C)同号，这即证明了：

(1)当 $A=f''_{xx}(x_0, y_0)>0$(或 $C=f''_{yy}(x_0, y_0)>0$)时，

$$f(x_0+h, y_0+k)>f(x_0, y_0).$$

故函数 $f(x, y)$ 在点 (x_0, y_0) 达到极小值 $f(x_0, y_0)$.

(2)当 $A=f''_{xx}(x_0, y_0)<0$(或 $C=f''_{yy}(x_0, y_0)<0$)时，

$$f(x_0+h, y_0+k)<f(x_0, y_0),$$

故函数 $f(x, y)$ 在点 (x_0, y_0) 达到极大值 $f(x_0, y_0)$.

同时有：

(1)当 $B^2-AC>0$ 时，$f(x, y)$ 在点 (x_0, y_0) 不取极值.

(2)当 $B^2-AC=0$ 时，$f(x, y)$ 在 (x_0, y_0) 可能取极值，也可能不取极值.

综上所述，二元函数极值的问题，可以归纳成以下几个步骤：

(1)求偏导数 $f'_x(x, y)$，$f'_y(x, y)$.

(2)解方程组

$$f'_x(x, y)=0,\quad f'_y(x, y)=0,$$

得驻点.

(3)对每一驻点 (x_0, y_0) 求出二阶偏导数的值：

$$A=f''_{xx}(x_0, y_0),\quad B=f''_{xy}(x_0, y_0),\quad C=f''_{yy}(x_0, y_0).$$

(4)确定 B^2-AC 的符号，当

$B^2-AC<0$ 而 $\begin{cases} A>0\text{ 时，} f(x_0, y_0)\text{为极小值，} \\ A<0\text{ 时，} f(x_0, y_0)\text{为极大值；} \end{cases}$

$B^2-AC>0$ 时，$f(x_0, y_0)$ 不是极值；

$B^2-AC=0$ 时，$f(x_0, y_0)$ 是否取极值，不能决定.

如果根据应用问题的实际背景可以判断函数有极值，而驻点唯一，则可直接计算.

与一元函数类似，多元函数在偏导数不存在的点也可能有极值. 例如，函数

$$z=\begin{cases} x, & x\geqslant 0, \\ -x, & x<0 \end{cases}$$

是与 y 轴相交的两个平面. 显然，凡是 $x=0$ 的点都是函数的极小点.

当 $x>0$ 时，$\frac{\partial z}{\partial x}=1$；当 $x<0$ 时，$\frac{\partial z}{\partial x}=-1$. 因此在 $x=0$ 时偏导数不存在.

例 9　求函数 $z=x^2-xy+y^2-2x+y$ 的极值.

解　解方程组

$$\begin{cases} \frac{\partial z}{\partial x}=2x-y-2=0, \\ \frac{\partial z}{\partial y}=-x+2y+1=0, \end{cases}$$

得驻点 $x=1$, $y=0$. 在点 $(1, 0)$ 求得

$$A=\frac{\partial^2 z}{\partial x^2}=2,\quad B=\frac{\partial^2 z}{\partial x\partial y}=-1,\quad C=\frac{\partial^2 z}{\partial y^2}=2,$$

因

$$B^2-AC=1-4=-3<0,$$

而

$$A=2>0,$$

根据定理 3，函数在点 $(1, 0)$ 取极小值，极小值为 -1.

例 10 确定函数 $f(x, y)=x^3-y^3+3x^2+3y^2-9x$ 的极值点.

解 解方程组

$$\begin{cases} f'_x(x, y) = 3x^2+6x-9=0, \\ f'_y(x, y) = -3y^2+6y=0, \end{cases}$$

求得四个驻点(1, 0), (1, 2), (−3, 0), (−3, 2). 又求出二阶导数

$$f''_{xx}=6x+6, \quad f''_{xy}=0, \quad f''_{yy}=-6y+6,$$

在点(1, 0), $B^2-AC=-12\times6<0$, $A=12>0$, 故函数在点(1, 0)取极小值, 其值为 $f(1, 0)=-5$.

在点(1, 2), $B^2-AC=12\times6>0$, 由定理 3, 函数在点(1, 2)不取极值.

在点(−3, 0), $B^2-AC=12\times6>0$, 由定理 3, 函数在点(−3, 0)不取极值.

在点(−3, 2), $B^2-AC=-12\times6<0$, $A=-12<0$, 由定理 3, 函数在点(−3, 2)取极大值 $f(-3, 2)=31$.

与一元函数类似, 也可求二元函数的最大值和最小值.

设函数 $z=f(x, y)$在闭区域上连续, 则 $f(x, y)$在 D 上必然取得它的最大值与最小值. 具体计算方法是: 将 $f(x, y)$在 D 内的所有极值及 $f(x, y)$在 D 的边界上的最大值及最小值作比较, 取其中最大的与最小的, 即为所要求的.

例 11 将一长度为 a 之细杆分为三段, 试问如何分才能使三段长度之乘积为最大.

解 令 x 表示第一段之长, y 表示第二段之长, 则第三段之长为 $a-x-y$. 三段长度之乘积为

$$z=f(x, y)=xy(a-x-y).$$

解方程组

$$\begin{cases} f'_x(x, y) = ay-2xy-y^2=0, \\ f'_y(x, y) = ax-x^2-2xy=0, \end{cases}$$

得四个驻点(0, 0), $(\frac{a}{3}, \frac{a}{3})$, $(0, a)$及$(a, 0)$. $(0, a)$及$(a, 0)$不合题意, 舍去. 又

$$f''_{xx}(x, y)=-2y, \quad f''_{xy}(x, y)=a-2x-2y, \quad f''_{yy}(x, y)=-2x.$$

在点(0, 0), $B^2-AC=a^2-0=a^2>0$, 根据定理 3, 函数在点(0, 0)不取极值.

在点$\left(\frac{a}{3}, \frac{a}{3}\right)$, $B^2-AC=\left(-\frac{a}{3}\right)^2-\left(-\frac{2}{3}a\right)\left(-\frac{2}{3}a\right)=-\frac{a^2}{3}<0$, 根据定理 3, 函数在点$(\frac{a}{3}, \frac{a}{3})$取极大值 $f(\frac{a}{3}, \frac{a}{3})=\frac{a^3}{27}$.

即将细杆三等分时, 三段长之乘积为最大.

2. 条件极值——拉格朗日乘数法

在研究极值问题时, 对于函数的自变量, 除了限制在函数的定义域内以外, 没有其他附加条件, 这样的极值称为无条件极值. 但是在一些实际问题中, 函数的极值问题还需要对自变量附加约束条件. 约束条件往往需要函数的自变量间满足一定的关系式. 例如, 求闭区域 D 上连续函数 $f(x, y)$在其定义域边界 $\varphi(x, y)$上的极值, 边界曲线就是对自变量 x, y 的约束条件, 对自变量附加约束条件的极值问题称为条件极值.

例如, 求表面积为 a^2 而体积最大的长方体. 若用 x, y, z 分别表示长方体的长、宽、

高，V 表示其体积，则该问题实际上就是在附加条件

$$2xy + 2yz + 2zx = a^2$$

的限制下，求函数

$$V = xyz$$

的最大值.

又如，求由原点到曲线 $\varphi(x, y)=0$ 的最短距离. 这个问题是要求距离

$$d = \sqrt{x^2 + y^2}$$

的最小值，也就是要求出曲线上的点(x, y)，使 d 为最小. 这里 x，y 要受条件 $\varphi(x, y)=0$ 的约束. 换言之，点(x, y)必须限制在曲线 $\varphi(x, y)=0$ 上. 这类问题叫作求**条件极值**，而前面讨论的极值称为**无条件极值**.

条件极值的问题理论上可以化为无条件极值问题来解决. 如果目标函数为 $z=f(x, y)$，约束条件为 $\varphi(x, y)=0$，可由 $\varphi(x, y)=0$ 解出 $y=\psi(x)$，带入 $z=f(x, y)$，再用一元函数求极值的方法计算. 但有时 $\varphi(x, y)=0$ 解不出 $y=\psi(x)$的表达式，拉格朗日乘数法可以求解条件极值问题.

条件极值的计算方法：

(1)求函数 $z=f(x, y)$在条件 $\varphi(x, y)=0$ 限制下的极值.

设函数 $f(x, y)$，$\varphi(x, y)$在(x_0, y_0)附近具有连续偏导数，且 $\varphi'_z(x, y)$，$\varphi'_y(x, y)$不同时为 0(如 $\varphi'_y(x, y)\neq 0$)，将 y 视为由隐函数方程 $\varphi(x, y)=0$ 确定的 x 的函数 $y=\psi(x)$，于是二元函数的条件极值问题就化为一元函数 $z=f[x, \psi(x)]$的无条件极值问题，因此在极值点处必须满足一元函数极值存在的必要条件：

$$\frac{dz}{dx} = 0,$$

而

$$\frac{dz}{dx} = f'_x(x, y) + f'_y(x, y)\frac{dy}{dx},$$

又

$$\frac{dy}{dx} = -\frac{\varphi'_x(x, y)}{\varphi'_y(x, y)},$$

所以

$$\frac{dz}{dx} = f'_x(x, y) - \frac{\varphi'_x(x, y)}{\varphi'_y(x, y)}f'_y(x, y).$$

极值点的坐标必须满足方程

$$f'_x(x, y) - \frac{\varphi'_x(x, y)}{\varphi'_y(x, y)}f'_y(x, y) = 0,$$

或

$$f'_x(x, y)\varphi'_y(x, y) - f'_y(x, y)\varphi'_x(x, y) = 0 \tag{9.29}$$

和

$$\varphi(x, y) = 0. \tag{9.30}$$

将方程(9.29)、(9.30)联立解出(x, y)，即得可能的极值点.

再设 λ 为任意常数，二元函数

$$F(x, y) \equiv f(x, y) + \lambda\varphi(x, y)$$

求偏导，得

$$\begin{cases} F'_x(x, y) \equiv f'_x(x, y) + \lambda\varphi'_x(x, y), \\ F'_y(x, y) \equiv f'_y(x, y) + \lambda\varphi'_y(x, y). \end{cases}$$

令

$$F'_x(x, y) = 0, \quad F'_y(x, y) = 0,$$

得无条件极值的必要条件为

$$\begin{cases} f'_x(x, y) + \lambda\varphi'_x(x, y) = 0, \\ f'_y(x, y) + \lambda\varphi'_y(x, y) = 0. \end{cases}$$

上式中消去λ，得到与(9.29)相同的结果. 从而有：

拉格朗日乘数法 为了求函数$f(x, y)$在条件$\varphi(x, y)=0$限制下的极值，可用一常数λ乘$\varphi(x, y)$后与$f(x, y)$相加，得**拉格朗日函数**

$$F(x, y) = f(x, y) + \lambda\varphi(x, y).$$

写出$F(x, y)$无条件极值的必要条件为

$$\begin{cases} F'_x(x, y) = 0, \\ F'_y(x, y) = 0, \end{cases}$$

即

$$\begin{cases} f'_x(x, y) + \lambda\varphi'_x(x, y) = 0, \\ f'_y(x, y) + \lambda\varphi'_y(x, y) = 0, \end{cases} \tag{9.31}$$

将方程组(9.31)与方程(9.30)联立消去λ解出x，y，这样的x，y就是驻点的坐标. 至于是否为极值点，在实际问题中往往可以根据物理和几何背景得出结论.

以上所讲的方法叫作**拉格朗日乘数法**，λ叫作**拉格朗日乘数**.

(2)在两个条件$G(x, y, z)=0$，$H(x, y, z)=0$的限制下，求函数$F(x, y, z)$的极值.

用常数λ，μ分别去乘G和H，作出拉格朗日函数

$$L(x, y, z) = F(x, y, z) + \lambda G(x, y, z) + \mu H(x, y, z).$$

写出无条件时取极值的必要条件：

$$\begin{cases} L'_x(x, y, z) = 0, \\ L'_y(x, y, z) = 0, \\ L'_z(x, y, z) = 0. \end{cases} \tag{9.32}$$

这三个方程与限制条件$G(x, y, z)=0$，$H(x, y, z)=0$联立消去λ，μ，解出x，y，z，它们即是驻点的坐标.

(3)求n元函数$f(x_1, x_2, \cdots, x_n)$在$m(m<n)$个附加条件$\varphi_1(x_1, x_2, \cdots, x_n)=0$，$\varphi_2(x_1, x_2, \cdots, x_n)=0$，…，$\varphi_m(x_1, x_2, \cdots, x_n)=0$下的极值.

用常数λ_1，λ_2，…，λ_m依次乘φ_1，φ_2，…，φ_m，作出拉格朗日函数

$$L(x_1, x_2, \cdots, x_n) = f + \lambda_1\varphi_1 + \lambda_2\varphi_2 + \cdots + \lambda_m\varphi_m,$$

写出$L(x_1, x_2, \cdots, x_n)$在无附加条件时取极值的必要条件：

$$\begin{cases}\dfrac{\partial L}{\partial x_1}=\dfrac{\partial f}{\partial x_1}+\lambda_1\dfrac{\partial \varphi_1}{\partial x_1}+\lambda_2\dfrac{\partial \varphi_2}{\partial x_1}+\cdots+\lambda_m\dfrac{\partial \varphi_m}{\partial x_1}=0,\\ \dfrac{\partial L}{\partial x_2}=\dfrac{\partial f}{\partial x_2}+\lambda_1\dfrac{\partial \varphi_1}{\partial x_2}+\lambda_2\dfrac{\partial \varphi_2}{\partial x_2}+\cdots+\lambda_m\dfrac{\partial \varphi_m}{\partial x_2}=0,\\ \cdots\cdots\\ \dfrac{\partial L}{\partial x_n}=\dfrac{\partial f}{\partial x_n}+\lambda_1\dfrac{\partial \varphi_1}{\partial x_n}+\lambda_2\dfrac{\partial \varphi_2}{\partial x_n}+\cdots+\lambda_m\dfrac{\partial \varphi_m}{\partial x_n}=0.\end{cases}\tag{9.33}$$

将方程组(9.33)中的 n 个方程与附加条件联立，消去 $\lambda_1, \lambda_2, \cdots, \lambda_m$，解出 $x_1, x_2, \cdots, x_n$. 它们即是驻点的坐标.

例 12　求表面积为 a^2 而体积最大的长方体.

解　设长方体三棱的长分别为 x, y, z，则体积为

$$f(x, y, z)=xyz.$$

约束条件为

$$\varphi(x, y, z)=2xy+2yz+2zx-a^2=0.$$

令函数

$$F(x, y, z)=xyz+\lambda(2xy+2yz+2zx-a^2)$$

的一阶偏导数为 0，得

$$\begin{cases}yz+2\lambda(y+z)=0,\\ xz+2\lambda(z+x)=0,\\ xy+2\lambda(x+y)=0,\end{cases}$$

与

$$2xy+2yz+2zx-a^2=0$$

联立求解：由前三式得 $x=y=z$，代入约束条件得

$$x=y=z=\frac{a}{\sqrt{6}}.$$

即当三棱的长度相等时，长方体体积最大.

例 13　试分已知的正数 a 为三个正数 x, y, z 之和，使

$$f(x, y, z)=x^\alpha y^\beta z^\gamma$$

为最大，这里 α, β, γ 是三个已知的正数(如图 9.14 所示).

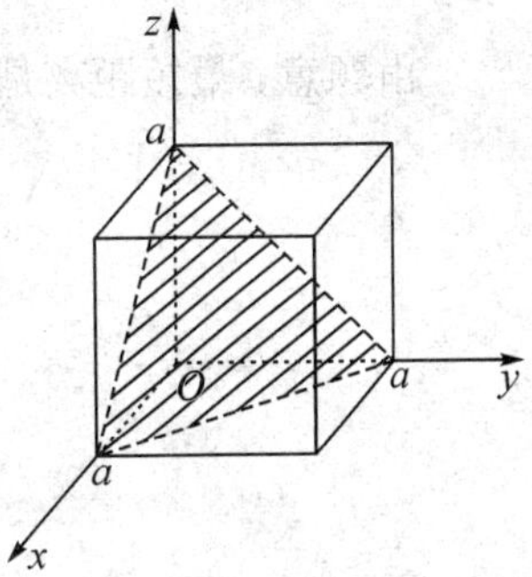

图 9.14

解　现在的约束条件是

$$x+y+z=a(x\geqslant 0, y\geqslant 0, z\geqslant 0).$$

由此条件所确定的点集是平面 $x+y+z=a$ 位于第一卦限中的部分，即图中有阴影的三角形，它是一个闭集，而 $f(x, y, z)$是连续的，故必在其上的某点达到最大值(最小值为 0).

作拉格朗日函数

$$L(x, y, z)=x^\alpha y^\beta z^\gamma-\lambda(x+y+z-a).$$

令偏导数为 0，得

$$\begin{cases}\alpha x^{\alpha-1}y^\beta z^\gamma-\lambda=0,\\ \beta x^\alpha y^{\beta-1}z^\gamma-\lambda=0,\\ \gamma x^\alpha y^\beta z^{\gamma-1}-\lambda=0.\end{cases}$$

解之得

$$\frac{x}{\alpha}=\frac{y}{\beta}=\frac{z}{\gamma}.$$

代入约束条件

$$x+y+z-a=0,$$

得

$$x=\frac{a\alpha}{\alpha+\beta+\gamma},\quad y=\frac{a\beta}{\alpha+\beta+\gamma},\quad z=\frac{a\gamma}{\alpha+\beta+\gamma}.$$

即当 x, y, z 与 α, β, γ 之间的关系如上式时, $x^{\alpha}y^{\beta}z^{\gamma}$ 的值最大.

例 14 求抛物线 $y=x^2$ 到直线 $x-y-2=0$ 之间的最短距离.

解 设抛物线上的点为(x, y), 它到直线 $x-y-2=0$ 的距离为 $d=\dfrac{|x-y-2|}{\sqrt{2}}$. 问题化为求 $f(x, y)=2d^2=(x-y-2)^2$ 在条件 $\varphi(x, y)=y-x^2=0$ 下的最小值问题.

令拉格朗日函数为

$$F(x, y, \lambda)=(x-y-2)^2+\lambda(y-x^2),$$

令 $F(x, y, \lambda)$偏导数为零, 即

$$\begin{cases}F'_x=2(x-y-2)-2\lambda x=0,\\ F'_y=-2(x-y-2)+\lambda=0,\\ F'_\lambda=y-x^2=0,\end{cases}$$

解之得

$$x=\frac{1}{2},\quad y=\frac{1}{4}.$$

由题意, 最短距离是存在的, 故在抛物线上点$\left(\frac{1}{2}, \frac{1}{4}\right)$到直线的距离最短, 即

$$d=\frac{\left|\frac{1}{2}-\frac{1}{4}-2\right|}{\sqrt{2}}=\frac{7}{4\sqrt{2}}.$$

习题 9—2

1. 求曲线 $x=t^2$, $y=1-t$, $z=t^3$ 在点(1, 0, 1)处的切线与法平面方程.

2. 求曲线 $x=t-\sin t$, $y=1-\cos t$, $z=4\sin\frac{t}{2}$在点$\left(\frac{\pi}{2}-1, 1, 2\sqrt{2}\right)$处的切线与法平面方程.

3. 求曲线 $x=t$, $y=t^2$, $z=t^3$ 上的点, 使在该点的切线平行于已知平面 $x+2y+z=4$.

4. 求曲面 $e^z-z+xy=3$ 在点(2, 1, 0)处的切平面及法线方程.

5. 求曲面 $z=2x^2+4y^2$ 在点(2, 1, 12)处的切平面及法线方程.

6. 求椭球面 $x^2+2y^2+3z^2=21$ 上平行于平面 $x+4y+6z=0$ 的切平面方程.

7. 在椭球面$\frac{x^2}{a^2}+\frac{y^2}{b^2}+\frac{z^2}{c^2}=1$ 上什么点处, 椭球面的法线与坐标轴成等角?

8. 试证曲面$\sqrt{x}+\sqrt{y}+\sqrt{z}=\sqrt{a}\,(a>0)$上任意点处的切平面在各坐标轴上的截距之和等于$a$.

9. 在曲面$z=xy$上求一点，使该点处的切平面平行于平面$x+3y+z+9=0$.

10. 证明曲面$x+2y-\ln z+4=0$和$x^2-xy-8x+z+5=0$在点(2，−3，1)处相切(即有公共切平面).

11. 求下列函数的极值.

(1)$z=x^3+3xy^2-15x+y^3-15y$；

(2)$z=1-(x^2+y^2)^{2/3}$；

(3)$z=e^{2x}(x+y^2+2y)$.

12. 求函数$u=x^2+xy+y^2+x-y+1$在$y=x+2$，$x=0$，$y=0$所围成的闭区域上的最大值和最小值.

13. 求函数$f(x，y)=x^2-y^2$在圆域$x^2+y^2\leqslant 4$上的最大值与最小值.

14. 在椭圆$x^2+4y^2=4$上求一点，使其到直线$2x+3y-6=0$的距离为最近.

15. 求内接于椭球面$\dfrac{x^2}{a^2}+\dfrac{y^2}{b^2}+\dfrac{z^2}{c^2}=1$，且体积最大的长方体.

16. 经过点(1，1，1)的所有平面中，哪一个平面与坐标面在第一卦限所围的立体的体积最小？并求此最小体积.

17. 横断面为半圆形的柱形张口浴盆，表面积为S，怎样才能使此盆有最大容积？

18. 求$u=x^2-xy+y^2$在(1，1)处沿向量$\boldsymbol{l}=\{\cos\alpha，\sin\alpha\}$的方向导数，并求：

(1)在什么方向上方向导数有最大值；

(2)在什么方向上方向导数有最小值；

(3)在什么方向上方向导数是零；

(4)u的梯度.

19. 求$u=xyz$在点$P(1，1，1)$处的梯度以及沿$\boldsymbol{l}=\{2，-1，3\}$的方向导数.

20. 求函数$u=x^2+2y^2+3z^2+xy+3x-2y$在$O(0，0，0)$及$A(1，1，1)$处的梯度及其大小.

总复习题九

1. 设$z=f\left(\dfrac{y^2}{x}\right)$，计算$2\dfrac{\partial z}{\partial x}+\dfrac{y}{x}\dfrac{\partial z}{\partial y}$.

2. 设$z=(x^2+y^2)e^{-\arctan\frac{y}{x}}$，求$dz$.

3. 设$z=e^{xy}\arctan(x+y)$，求$\dfrac{\partial z}{\partial x}$，$\dfrac{\partial z}{\partial y}$.

4. 设$z=\dfrac{u}{y}+e^{-ux}+f(u)$，而中间变量$u$满足关系式$xe^{-ux}-f'(u)=\dfrac{1}{y}$，其中$u(x，y)$和$f(u)$均为可微函数，试求：使等式$\dfrac{\partial z}{\partial x}=\dfrac{\partial z}{\partial y}$成立的$u(x，y)$.

5. 常量a，b取何值时，变换$\xi=x+ay$，$\eta=x+by$可将方程$\dfrac{\partial^2 u}{\partial x^2}+4\dfrac{\partial^2 u}{\partial x\partial y}+3\dfrac{\partial^2 u}{\partial y^2}$

$=0$ 化简为$\frac{\partial^2 u}{\partial\xi\partial\eta}=0$.

6. 求内接于椭球面$\frac{x^2}{a^2}+\frac{y^2}{b^2}+\frac{z^2}{c^2}=1$，且体积最大的长方体.

7. 求曲面 $3x^2+y^2-z^2=3z$ 在点$M(1,1,1)$处的切平面和法线方程.

8. 设 $z=x\varphi(xy,y^2)$，其中 φ 具有二阶连续偏导数，求$\frac{\partial^2 z}{\partial x\partial y}$.

9. 设 $z=x\arctan(xy)$,求 $z_x\big|_{(1,1)}$，$z_y\big|_{(1,1)}$，$\mathbf{grad}z\big|_{(1,1)}$.

10. 求函数 $z=xe^{2y}$ 在点$P(1,0)$沿从 P 到点$Q(2,-1)$方向的方向导数.

11. 设$z=z(x,y)$是由 $x^2-6xy+10y^2-2yz-z^2+18=0$ 确定的函数，求 $z=z(x,y)$的极值点和极值.

12. 设$u=f(x,y,z)$，而 $y=\varphi(x,t)$，$t=\psi(x,z)$，求$\frac{\partial u}{\partial x}$.

13. 设$f(x,y)=\begin{cases}(x^2+y^2)\sin\frac{1}{x^2+y^2}, & (x,y)\neq(0,0),\\ 0, & (x,y)=(0,0).\end{cases}$试求 $f''_{xy}(0,0)$，$f''_{yx}(0,0)$.

14. 设 $z=z(x,y)$是由方程 $ax^2+by^2+cz^2=1$ 所确定的隐函数，求$\frac{\partial^2 z}{\partial x^2}$，$\frac{\partial^2 z}{\partial x\partial y}$，$\frac{\partial^2 z}{\partial y^2}$.

15. 设 f，g 均可微，$z=f(xy,\ln x+g(xy))$，求 $x\frac{\partial z}{\partial x}-y\frac{\partial z}{\partial y}$.

第 10 章　重积分

我们知道，定积分是一元函数在区间上某种确定形式的和的极限. 本书第 10 章和第 11 章是多元函数积分学的内容，将这种和式的极限的概念和方法推广到定义在平面或空间区域、曲线及曲面上多元函数的情形，得到重积分、曲线积分及曲面积分. 本章介绍重积分的概念、计算方法和技巧以及它们的应用.

§10.1　二重积分的概念与性质

§10.1.1　二重积分的概念

1. 曲顶柱体的体积

观察图 10.1 这类空间立体图形，它们的底面是一片有界平面区域，侧面是与底面垂直的柱面，顶面是位于底面之上包含在柱面内的一张曲面(如图 10.1(b)所示)，侧面可能收缩成一条闭曲线)，称为曲顶柱体. 为了方便，通常建立如图10.2所示的空间直角坐标系，曲顶柱体的底面位于 xOy 面上的闭区域 D，侧面是以 D 的边界曲线为准线而母线平行于 z 轴的柱面，它的顶面是曲面 $z=f(x, y)$，这里 $f(x, y)\geqslant 0$ 且在 D 上连续.

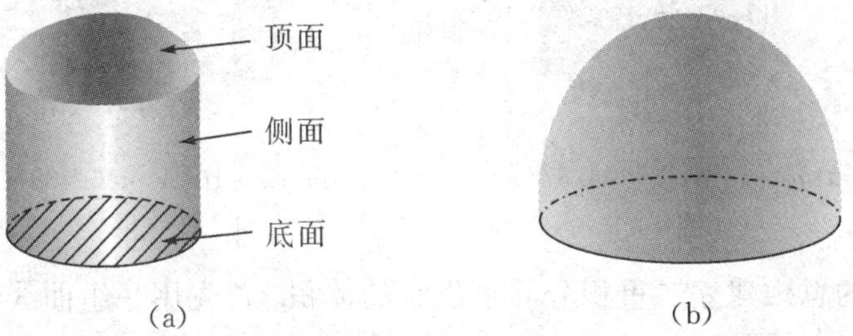

图 10.1

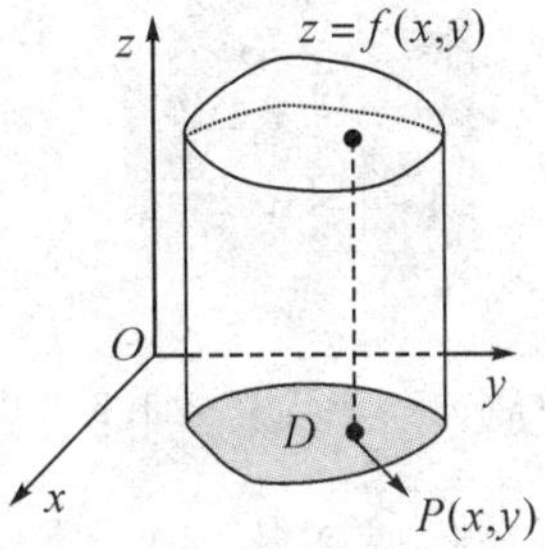

图 10.2

平顶柱体的高是不变的，平顶柱体的体积＝底面面积×高. 但对于曲顶柱体，当点 $P(x, y)$在区域 D 上变动时，高度 $f(x, y)$是变化的，因此不能直接用这个公式来计算它的体积.

例 1 计算以二元函数 $z=16-x^2-2y^2$ 表示的曲面为顶面，底面 $D=[0,2;0,2]$的曲顶柱体 Ω 的体积(如图 10.3 所示).

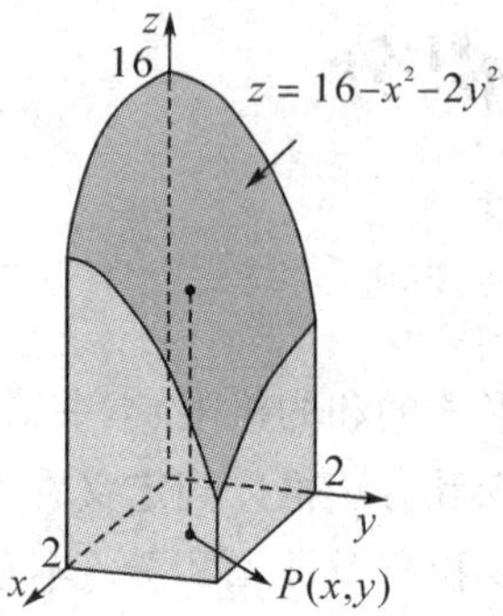

图 10.3

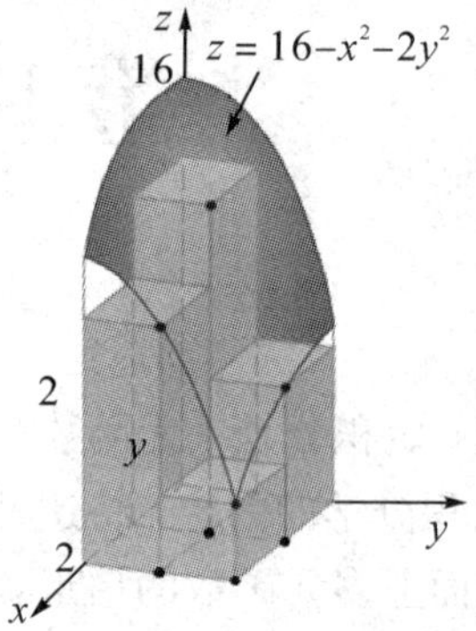

图 10.4

解 把曲顶柱体 Ω 分成 4 个小曲顶柱体，它们的底面是边长为 1 的正方形. 用底面正方形右上端点对应的函数值为高作 4 个长方体，如图 10.4 所示. 这 4 个长方体的体积近似地认为是曲顶柱体 Ω 的体积，即

$$
\begin{aligned}
V &\approx \sum_{i=1}^{2}\sum_{j=1}^{2} f(x_i, y_j)\Delta A \\
&= f(1,1)\Delta A + f(1,2)\Delta A + f(2,1)\Delta A + f(2,2)\Delta A \\
&= 13\times 1 + 7\times 1 + 10\times 1 + 4\times 1 = 34.
\end{aligned}
$$

练习 以每个底面正方形的中点对应的函数值为高，计算 4 个长方体的总体积.

为了得到更接近的或误差更小的体积值，我们把分割加细. 图 10.5 表明了当把曲顶柱体 Ω 分成 16、64 和 256 个小曲顶柱体时，按底面正方形右上端点对应的函数值为高作长方体的总体积. 下一节我们将计算得到它体积的精确值为 48.

(a)$m=n=4$, $V\approx 41.5$　　(b)$m=n=8$, $V\approx 44.875$　　(c)$m=n=16$, $V\approx 46.46875$

图 10.5

一般地，我们用“元素法”的思想建立二重积分并求出它的体积. 首先用一组曲线网把 D 分成 n 个小闭区域(如图 10.6 所示)

$$\Delta\sigma_1, \Delta\sigma_2, \cdots, \Delta\sigma_n,$$

把闭区域上任两点间距离的最大值称为该区域的直径. 为了方便，每个 $\Delta\sigma_i$ 的面积也记作 $\Delta\sigma_i(1\leqslant i\leqslant n)$. 分别以这些小闭区域的边界曲线为准线，作母线平行于 z 轴的柱面，这些柱面把原来的曲顶柱体分为 n 个细曲顶柱体. 当这些小区域的直径很小时，由于 $f(x, y)$

连续，则 $f(x, y)$ 在每一个小区域上变化也很小，因此把每一个细曲顶柱体近似看作平顶柱体. 在每个 $\Delta\sigma_i$ 中任取一点 (ξ_i, η_i)，以 $f(\xi_i, \eta_i)$ 为高而底为 $\Delta\sigma_i$ 的平顶柱体的体积为

$$f(\xi_i, \eta_i)\Delta\sigma_i \quad (i = 1, 2, \cdots, n).$$

所有 n 个平顶柱体体积之和为

$$\sum_{i=1}^{n} f(\xi_i, \eta_i)\Delta\sigma_i$$

可以认为是整个曲顶柱体体积的近似值. 为求得曲顶柱体体积的精确值，将分割加密，使这些小区域的直径中最大值(记作 λ)趋于零，取上述和的极限，该极限则为曲顶柱体体积 V，即

$$V = \lim_{\lambda \to 0} \sum_{i=1}^{n} f(\xi_i, \eta_i)\Delta\sigma_i.$$

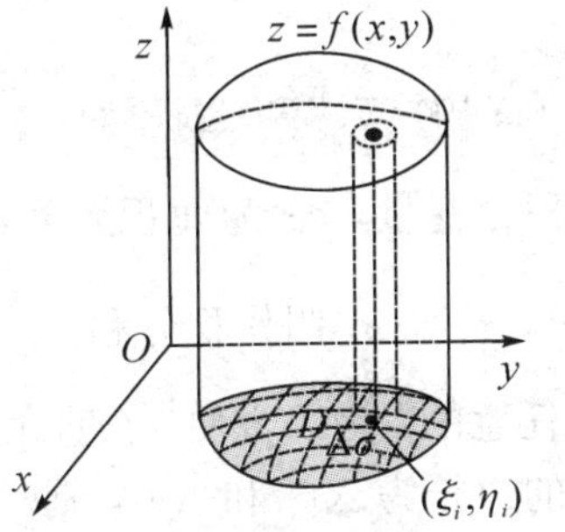

图 10.6

2. 平面薄片的质量

设有一平面薄片占有 xOy 面上的闭区域 D，它在点 (x, y) 处的面密度为 $\rho(x, y)$，这里 $\rho(x, y) > 0$ 且在 D 上连续. 现在计算该薄片的质量 M.

如果薄片是均匀的，即面密度为常数，则

薄片的质量 = 面密度 × 面积.

当薄片的面密度不均匀时，就不能直接用上面的公式来计算它的质量.

如图 10.7 所示，用一组曲线网把 D 分成 n 块小薄片

$$\Delta\sigma_1, \Delta\sigma_2, \cdots, \Delta\sigma_n,$$

当这些小薄片的直径很小时，由于 $\rho(x, y)$ 连续，则 $\rho(x, y)$ 在每一块小薄片上变化很小，因此把每个小块近似地看作均匀薄片. 在每个 $\Delta\sigma_i$ 中任取一点 (ξ_i, η_i)，用这一点的面密度 $\rho(\xi_i, \eta_i)$ 代替整个小薄片的面密度，则该小薄片的质量 ΔM_i 为

$$\Delta M_i \approx \rho(\xi_i, \eta_i)\Delta\sigma_i \quad (i = 1,2,\cdots,n).$$

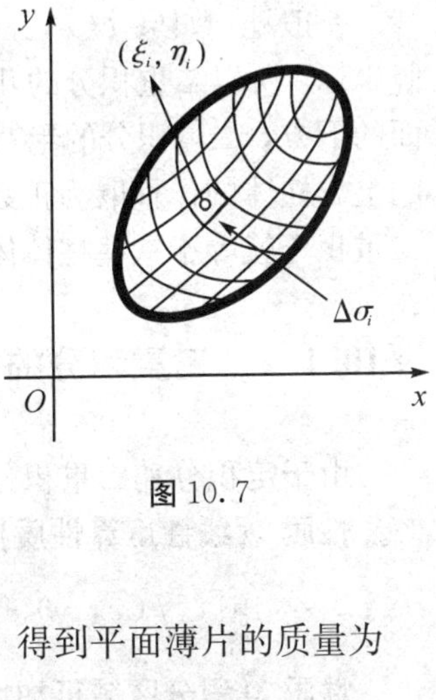

图 10.7

各小块质量的和作为平面薄片的质量的近似值，即

$$M \approx \sum_{i=1}^{n} \rho(\xi_i, \eta_i)\Delta\sigma_i.$$

将分割加细(记 λ 是这 n 个小区域的直径中的最大值)，取极限，得到平面薄片的质量为

$$M=\lim_{\lambda\to 0}\sum_{i=1}^{n}\rho(\xi_i, \eta_i)\Delta\sigma_i.$$

上面两个问题的实际意义虽然不同，但所求的量都可归结为同一形式的和的极限. 我们一般地研究这种极限问题，并给出二重积分的定义.

定义 1 设 $f(x, y)$是平面有界闭区域 D 上的有界函数. 将闭区域 D 任意分成 n 个小闭区域$\Delta\sigma_1$，$\Delta\sigma_2$，…，$\Delta\sigma_n$，其中$\Delta\sigma_i$表示第 i 个小区域，也表示它的面积. 在每个$\Delta\sigma_i$上任取一点(ξ_i, η_i)，作和

$$\sum_{i=1}^{n}f(\xi_i, \eta_i)\Delta\sigma_i.$$

如果当各小闭区域的直径中的最大值 λ 趋于零时，这和的极限总存在且相等，则称此极限为函数$f(x, y)$在闭区域 D 上的二重积分，记作$\iint\limits_D f(x, y)\mathrm{d}\sigma$，即

$$\iint\limits_D f(x, y)\mathrm{d}\sigma=\lim_{\lambda\to 0}\sum_{i=1}^{n}f(\xi_i, \eta_i)\Delta\sigma_i. \tag{10.1}$$

式中，D 为积分区域，x，y 为积分变量，$\mathrm{d}\sigma$ 为面积元素，$f(x, y)$称为被积函数，$f(x, y)\mathrm{d}\sigma$ 叫作被积表达式，$\sum\limits_{i=1}^{n}f(\xi_i, \eta_i)\Delta\sigma_i$ 叫作积分和.

定义中闭区域 D 的划分是任意的，为了方便，在直角坐标系下常用平行于坐标轴的直线网来划分. 设矩形闭区域$\Delta\sigma_i$的边长为 Δx_i 和 Δy_i，则

$$\Delta\sigma_i=\Delta x_i\cdot\Delta y_i.$$

因此在直角坐标系下，我们把面积元素 $\mathrm{d}\sigma$ 记作 $\mathrm{d}x\mathrm{d}y$，相应地，二重积分记作

$$\iint\limits_D f(x, y)\mathrm{d}x\mathrm{d}y.$$

式中，$\mathrm{d}x\mathrm{d}y$ 叫作直角坐标系下的面积元素.

这里我们要指出，当 $f(x, y)$在闭区域 D 上连续时，式(10.1)右端的积分和的极限是存在的，即连续函数 $f(x, y)$在 D 上的二重积分必定存在. 下面我们总假定函数 $f(x, y)$在闭区域 D 上连续，所以 $f(x, y)$在 D 上的二重积分都是存在的.

一般地，如果 $f(x, y)\geqslant 0$，被积函数 $f(x, y)$可解释为曲顶柱体的在点(x, y)处的竖坐标，所以二重积分的几何意义就是柱体的体积. 如果 $f(x, y)$是负的，柱体就在 xOy 面的下方，二重积分的绝对值仍等于柱体的体积，但二重积分的值是负的. 如果把 xOy 面的上方柱体的体积取为正数，xOy 面的下方柱体的体积取为负数，则 $f(x, y)$在 D 上的二重积分就等于这些柱体体积的代数和.

§10.1.2 二重积分的性质

由于定积分和二重积分都是某种确定形式的和的极限，它们有类似的性质.

性质 1(线性运算性质) 设 c_1，c_2为常数，则

$$\iint\limits_D[c_1f(x, y)+c_2g(x, y)]\mathrm{d}\sigma=c_1\iint\limits_D f(x, y)\mathrm{d}\sigma+c_2\iint\limits_D g(x, y)\mathrm{d}\sigma.$$

性质 2(积分区域可加性) 如果闭区域 D 被有限条曲线分为有限个部分闭区域，则在

D 上的二重积分等于在各部分闭区域上的二重积分的和.

例如，D 分为两个闭区域 D_1 与 D_2，则

$$\iint_D f(x, y)\mathrm{d}\sigma = \iint_{D_1} f(x, y)\mathrm{d}\sigma + \iint_{D_2} f(x, y)\mathrm{d}\sigma.$$

性质 3　如果在 D 上有 $f(x, y)=1$，σ 为 D 的面积，则

$$\sigma = \iint_D 1 \cdot \mathrm{d}\sigma = \iint_D \mathrm{d}\sigma.$$

性质 4(单调性)　如果在 D 上，总有 $f(x, y) \leqslant g(x, y)$，则有

$$\iint_D f(x, y)\mathrm{d}\sigma \leqslant \iint_D g(x, y)\mathrm{d}\sigma.$$

特别地，由于 $-|f(x, y)| \leqslant f(x, y) \leqslant |f(x, y)|$，则

$$\left|\iint_D f(x, y)\mathrm{d}\sigma\right| \leqslant \iint_D |f(x, y)|\mathrm{d}\sigma.$$

性质 5(估值不等式)　设 M，m 分别是 $f(x, y)$ 在闭区域 D 上的最大值和最小值，σ 为 D 的面积，则有

$$m\sigma \leqslant \iint_D f(x, y)\mathrm{d}\sigma \leqslant M\sigma.$$

由上面的不等式可以得到

$$m \leqslant \frac{1}{\sigma}\iint_D f(x, y)\mathrm{d}\sigma \leqslant M,$$

这表明，数值 $\frac{1}{\sigma}\iint_D f(x, y)\mathrm{d}\sigma$ 是介于被积函数 $f(x, y)$ 在闭区域 D 上的最大值和最小值之间. 根据闭区域上连续函数的介值定理，有下面的性质.

性质 6(二重积分的中值定理)　设函数 $f(x, y)$ 在闭区域 D 上连续，σ 为 D 的面积，则在 D 上至少存在一点 (ξ, η)，使得

$$\iint_D f(x, y)\mathrm{d}\sigma = f(\xi, \eta)\sigma.$$

例 2　不作计算，估计 $I = \iint_D \mathrm{e}^{x^2+y^2}\mathrm{d}\sigma$ 的值，其中 D：$\frac{x^2}{a^2} + \frac{y^2}{b^2} = 1$，$0 < b < a$.

解　在闭区域 D 上，$0 \leqslant x^2 + y^2 \leqslant a^2$，则 $1 = \mathrm{e}^0 \leqslant \mathrm{e}^{x^2+y^2} \leqslant \mathrm{e}^{a^2}$. 由性质 5 可得

$$\sigma \leqslant \iint_D \mathrm{e}^{(x^2+y^2)}\mathrm{d}\sigma \leqslant \sigma \cdot \mathrm{e}^{a^2}.$$

因为区域 D 的面积 $\sigma = ab\pi$，所以

$$ab\pi \leqslant \iint_D \mathrm{e}^{x^2+y^2}\mathrm{d}\sigma \leqslant ab\pi\mathrm{e}^{a^2}.$$

例 3　比较积分 $\iint_D \ln(x+y)\mathrm{d}\sigma$ 与 $\iint_D [\ln(x+y)]^2\mathrm{d}\sigma$ 的大小，其中 D 是三角形闭区域，它的三个顶点分别为 $(1, 0)$，$(1, 1)$，$(2, 0)$.

解　如图 10.8 所示，三角形斜边的直线方程为

$$x + y = 2.$$

在区域 D 中，$1\leqslant x+y\leqslant 2<\mathrm{e}$，则 $0<\ln(x+y)<1$ 和 $\ln(x+y)>[\ln(x+y)]^2$，因此

$$\iint_D \ln(x+y)\mathrm{d}\sigma > \iint_D [\ln(x+y)]^2\mathrm{d}\sigma.$$

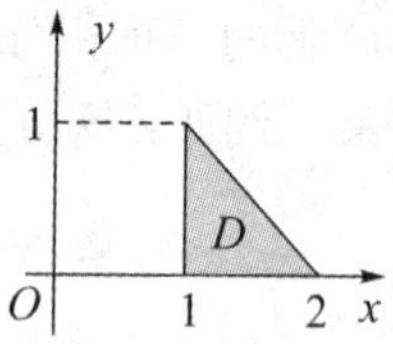

图 10.8

例 4　设 $z=4+\sin^2 x+y^2$，求 $\lim\limits_{r\to 0}\dfrac{1}{\pi r^2}\iint\limits_{D_r}\mathrm{e}^z\mathrm{d}x\mathrm{d}y$，其中 D_r：$x^2+y^2\leqslant r^2$.

需注意的是，二重积分 $\iint\limits_{D_r}\mathrm{e}^z\mathrm{d}x\mathrm{d}y$ 的值与 r 有关，可以看作一种积分限函数，直接计算较困难；虽然该极限是"$\dfrac{0}{0}$"的不定型，但用 L'hospital 法则计算也困难. 因此，我们用中值定理来解决.

解　因为 $\mathrm{e}^z=\mathrm{e}^{4+\sin^2 x+y^2}$ 在闭区域 D_r：$x^2+y^2\leqslant r^2$ 上连续，则存在 D_r 内一点 $P(\xi,\eta)$，使得

$$\iint_{D_r}\mathrm{e}^z\mathrm{d}x\mathrm{d}y=\pi r^2\mathrm{e}^{4+\sin^2\xi+\eta^2}.$$

当 $r\to 0$ 时，有 $P(\xi,\eta)\to O(0,0)$，因此

$$\lim_{r\to 0}\frac{1}{\pi r^2}\iint_{D_r}\mathrm{e}^z\mathrm{d}x\mathrm{d}y=\mathrm{e}^4.$$

习题 10−1

1. 设 $I_i=\iint\limits_{D_i}(x^2+y^2)^3\mathrm{d}\sigma$，其中 $D_1=\{(x,y)\mid -1\leqslant x\leqslant 1,-2\leqslant y\leqslant 2\}$，$D_2=\{(x,y)\mid 0\leqslant x\leqslant 1,0\leqslant y\leqslant 2\}$. 试利用二重积分的几何意义说明 I_1 与 I_2 之间的关系.

2. 利用二重积分定义证明.

(1) $\iint\limits_D \mathrm{d}\sigma=\sigma$，其中 σ 为 D 的面积；

(2) $\iint\limits_D kf(x,y)\mathrm{d}\sigma=k\iint\limits_D f(x,y)\mathrm{d}\sigma$，其中 k 为常数；

(3) $\iint\limits_D f(x,y)\mathrm{d}\sigma=\iint\limits_{D_1} f(x,y)\mathrm{d}\sigma+\iint\limits_{D_2} f(x,y)\mathrm{d}\sigma$，其中 $D=D_1\cup D_2$，D_1，D_2 为两个无公共内点的闭区域.

3. 根据二重积分的性质，比较下列积分的大小.

(1) $\iint\limits_D (x+y)^2\mathrm{d}\sigma$ 与 $\iint\limits_D (x+y)^3\mathrm{d}\sigma$，其中积分区域 D 是由 x 轴、y 轴与直线 $x+y=1$ 所围成；

(2) $\iint\limits_D (x+y)^2\mathrm{d}\sigma$ 与 $\iint\limits_D (x+y)^3\mathrm{d}\sigma$，其中积分区域 D 是由圆周 $(x-2)^2+(y-1)^2=2$

所围成；

(3) $\iint\limits_D \ln(x+y)\mathrm{d}\sigma$ 与 $\iint\limits_D [\ln(x+y)]^2\mathrm{d}\sigma$，其中 D 是三角形闭区域，三顶点分别为(1,0)，(1,1)，(2,0)；

(4) $\iint\limits_D \ln(x+y)\mathrm{d}\sigma$ 与 $\iint\limits_D [\ln(x+y)]^2\mathrm{d}\sigma$，其中 $D=\{(x,y)\mid 3\leqslant x\leqslant 5, 0\leqslant y\leqslant 1\}$.

4. 利用二重积分的几何意义画图并计算 $\iint\limits_D \sqrt{1-x^2-y^2}\,\mathrm{d}x\mathrm{d}y$，其中 $D: x^2+y^2\leqslant 1$.

5. 设 $f(x, y)$ 在 $\mathbf{R}^2$ 上连续且 $f(0, 0)=1$，求 $I=\lim\limits_{\rho\to 0^+}\dfrac{1}{\pi\rho^2}\iint\limits_{x^2+y^2=\rho^2} f(x, y)\mathrm{d}x\mathrm{d}y$.

6. 设 $f(x, y)$ 是 $D: x^2+y^2\leqslant a^2$ 上连续函数，且

$$f(x, y)=\sqrt{a^2-x^2-y^2}+\iint\limits_D f(u, v)\mathrm{d}u\mathrm{d}v,$$

求 $f(x, y)$.

7. 估计二重积分：$I=\iint\limits_{|x|+|y|\leqslant 1}\dfrac{\mathrm{d}\sigma}{1+\cos^2 x+\cos^3 y}$.

8. 图 10.9 表示某地区在一段时间内的降雨量(单位：mm). 将它分割成 4×4 个小区域，并取每个小区域中点的降雨量作为这个小区域的降雨量，计算该地区在这段时间内的平均降雨量.

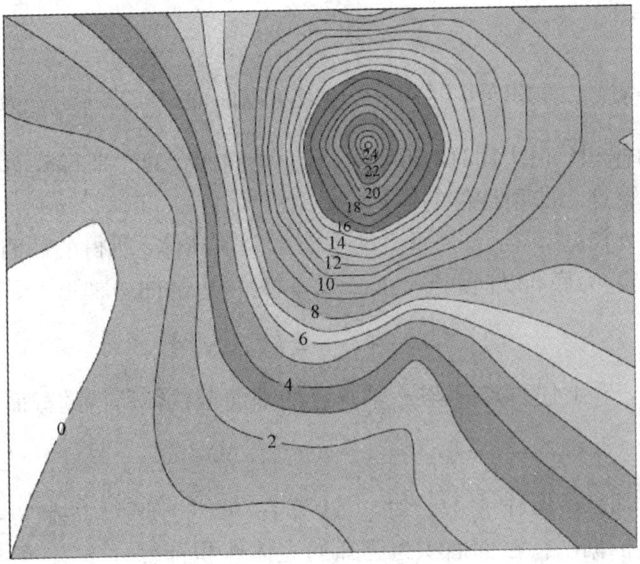

图 10.9

§ 10.2　二重积分的计算

按照积分的定义直接计算式(10.1)右端和式的极限，即使是对应一元函数的定积分也是非常困难的，但微积分基本积分公式提供了方便计算定积分的方法. 本节把二重积分转

化为两次定积分(累次积分)来计算.

§10.2.1 利用直角坐标计算二重积分

我们知道，平面上一片矩形区域 D（如图 10.10 所示)可表示为

$$D=[a,b]\times[c,d]=\{(x,y)\mid a\leqslant x\leqslant b, c\leqslant y\leqslant d\}.$$

相应地，我们把图 10.11 的平面区域 D 表示为

$$D=\{(x,y)\mid a\leqslant x\leqslant b, \varphi_1(x)\leqslant y\leqslant\varphi_2(x)\},$$

式中，φ_1 和 φ_2 是区间$[a,b]$上的连续函数. 这种区域称为 X－型区域，它的特点是穿过区域 D 内部且平行于 y 轴的直线与 D 的边界至多有两个交点.

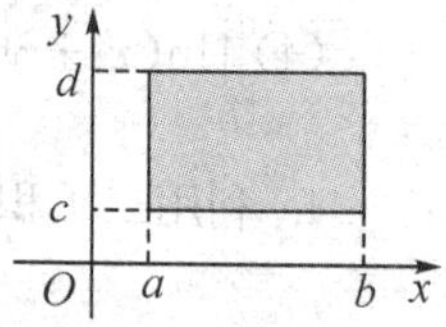

图 10.10

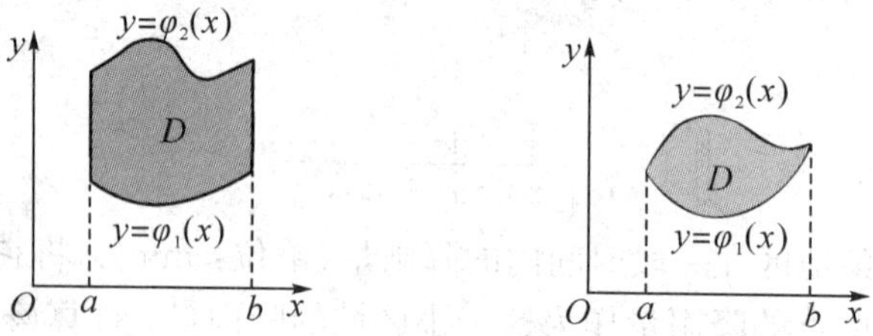

(a) (b)

图 10.11

从几何意义来看，二重积分$\iint\limits_D f(x,y)\mathrm{d}\sigma$表示以曲面$z=f(x,y)$为顶面，以区域$D$为底面的曲顶柱体的体积(如图 10.12 所示). 下面我们用计算“平行截面面积已知的立体的体积”的方法来计算这个曲顶柱体的体积.

任取 $x_0\in[a,b]$，过 x_0 与 x 轴垂直的平面截曲顶柱体，所得的截面记为 $A(x_0)$：以区间$[\varphi_1(x_0),\varphi_2(x_0)]$为底、以曲线 $z=f(x_0,y)$为顶边的曲边梯形，则这个截面的面积为

$$A(x_0)=\int_{\varphi_1(x_0)}^{\varphi_2(x_0)}f(x_0,y)\mathrm{d}y.$$

一般地，过区间$[a,b]$上任一点 x 与 x 轴垂直的平面截柱体所得的截面 $A(x)$ 的面积为

$$A(x)=\int_{\varphi_1(x)}^{\varphi_2(x)}f(x,y)\mathrm{d}y.$$

在这个定积分中，把 x 当作常数，对 y 计算在$[\varphi_1(x),\varphi_2(x)]$上的积分. 根据平行截面面积为已知的立体体积计算方法，再对 x 计算在$[a,b]$上的定积分，得曲顶柱体体积为

$$V=\int_a^b A(x)\mathrm{d}x.$$

即

$$V=\iint\limits_D f(x,y)\mathrm{d}\sigma=\int_a^b\left[\int_{\varphi_1(x)}^{\varphi_2(x)}f(x,y)\mathrm{d}y\right]\mathrm{d}x.$$

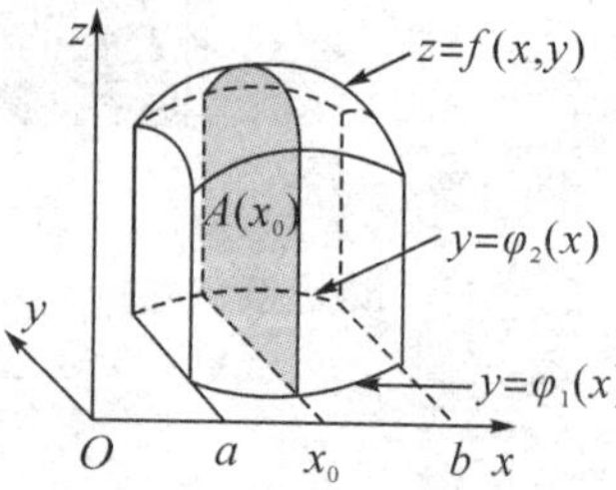

图 10.12

这种方法称为先对 y，后对 x 的二次积分，也常记作

$$\iint_D f(x, y)\mathrm{d}\sigma = \int_a^b \mathrm{d}x \int_{\varphi_1(x)}^{\varphi_2(x)} f(x, y)\mathrm{d}y.$$

类似地，把图 10.13 的平面区域 D 称为 Y－型区域，表示为

$$D = \{(x, y) \mid c \leqslant y \leqslant d, \psi_1(y) \leqslant x \leqslant \psi_2(y)\}.$$

式中，ψ_1 和 ψ_2 是区间$[c, d]$上的连续函数. 它的特点是穿过区域 D 内部且平行于 x 轴的直线与 D 的边界至多有两个交点.

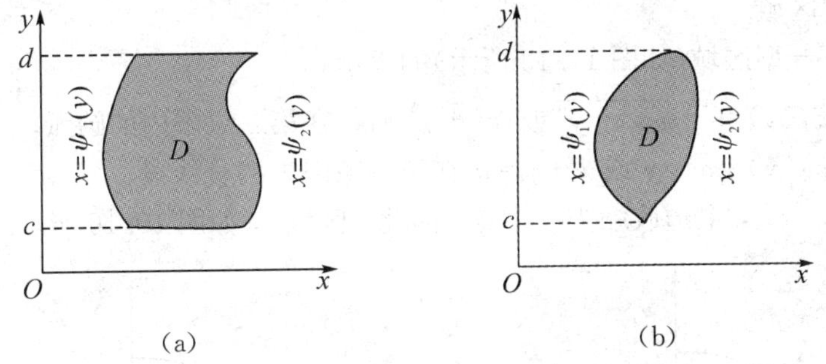

图 10.13

同 X－型区域上计算二重积分类似，在 Y－型区域上我们把二重积分转化为先对 x，后对 y 的两次积分，即

$$\iint_D f(x, y)\mathrm{d}\sigma = \int_c^d \mathrm{d}y \int_{\psi_1(y)}^{\psi_2(y)} f(x, y)\mathrm{d}x.$$

如果积分区域既是 X－型区域，又是 Y－型区域(如图 10.14 所示)，那么

$$D = \{(x, y) \mid a \leqslant x \leqslant b, \varphi_1(x) \leqslant y \leqslant \varphi_2(x)\}$$
$$= \{(x, y) \mid c \leqslant y \leqslant d, \psi_1(y) \leqslant x \leqslant \psi_2(y)\}.$$

则

$$\int_a^b \mathrm{d}x \int_{\varphi_1(x)}^{\varphi_2(x)} f(x, y)\mathrm{d}y = \int_c^d \mathrm{d}y \int_{\psi_1(y)}^{\psi_2(y)} f(x, y)\mathrm{d}x.$$

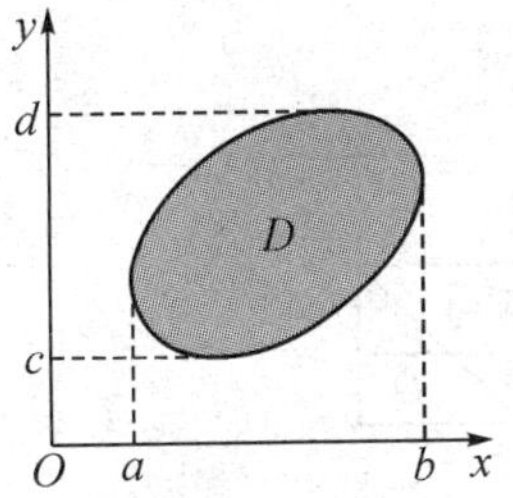

图 10.14

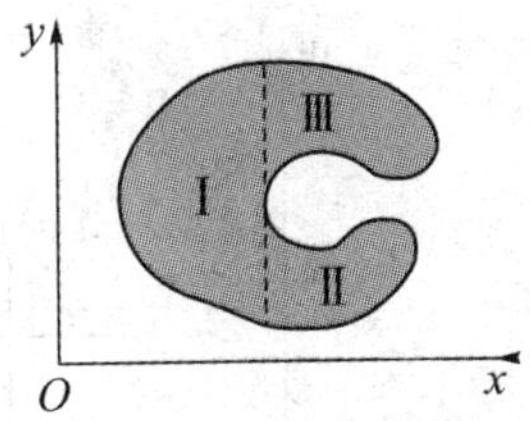

图 10.15

上式表明，为了方便地计算二重积分，我们可以根据区域的形状和被积函数的可积性恰当地选择积分次序.

如果区域 D 是一般的平面有界区域，我们可以把它分割成若干个 X－型区域或 Y－型区域，分别计算每个区域上的二重积分，再根据二重积分的性质 2，它们的和就是在这个区域 D 上的二重积分. 例如如图 10.15 所示的积分区域，有

$$\iint_D f(x,y)\mathrm{d}\sigma=\iint_{D_Ⅰ} f(x,y)\mathrm{d}\sigma+\iint_{D_Ⅱ} f(x,y)\mathrm{d}\sigma+\iint_{D_Ⅲ} f(x,y)\mathrm{d}\sigma.$$

将二重积分转化为两次积分，关键是确定积分限. 通常先画出积分区域的图形，根据区域的类型(X－型区域或 Y－型区域)确定积分变量 x 和 y 变化范围，得到表示区域的不等式组.

例 1 画出 Y－型区域 $D=\{(x,y)\mid -\sqrt{a^2-y^2}\leqslant x\leqslant a-y,\ 0\leqslant y\leqslant a\}$ 的图形,并将其表示为 X－型区域.

解 按照 Y－型区域(如图 10.13 所示)的表示，

左边：$x=\varphi_1(y)=-\sqrt{a^2-y^2}$ 或 $x^2+y^2=a^2$ 在第二象限内的圆弧，

右边：$x=\varphi_2(y)=a-y$ 或 $x+y=a$ 在第一象限内的直线段，

底边为$[-a,a]$，上边收缩为一个点. 因此，区域 D 如图 10.16 所示.

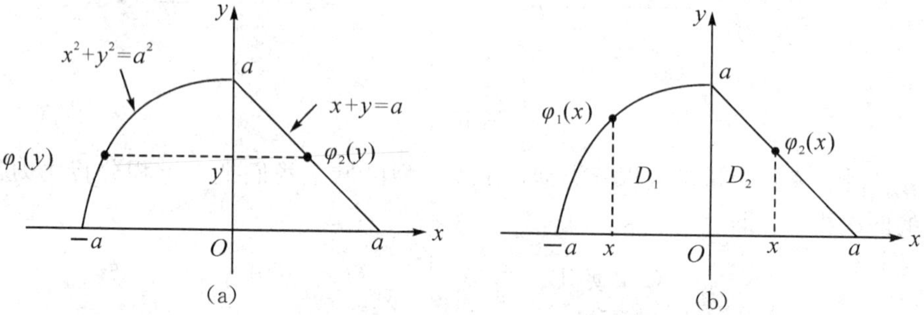

图 10.16

该区域 D 也可看作一个 X－型区域，但其上边由圆弧和直线段组成，因而我们把区域 D 分成两个小区域 $D=D_1+D_2$，其中 $D_1=\{(x,y)\mid -a\leqslant x\leqslant 0,\ 0\leqslant y\leqslant\sqrt{a^2-x^2}\}$，$D_2=\{(x,y)\mid 0\leqslant x\leqslant a,\ 0\leqslant y\leqslant a-x\}$.

例 2 计算$\iint_D xy\mathrm{d}\sigma$，其中 D 是由直线 $y=1$，$x=2$ 及 $y=x$ 所围成的闭区域.

解 画出区域 D 的图形(如图 10.17 所示).

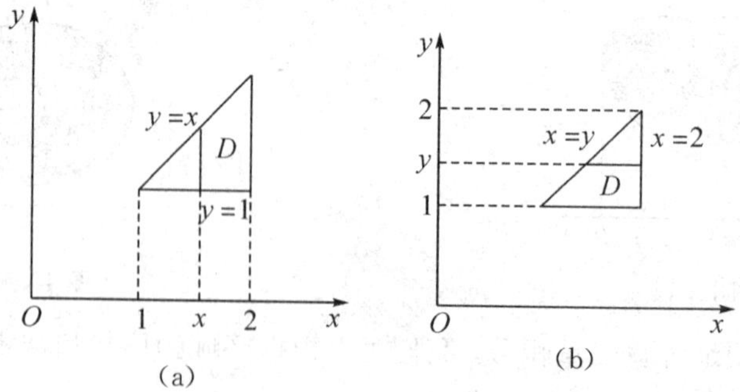

图 10.17

解法一 如图 10.17(a)所示,可把 D 看成是 X－型区域：$1\leqslant x\leqslant 2$，$1\leqslant y\leqslant x$. 于是

$$\iint_D xy\mathrm{d}\sigma=\int_1^2\mathrm{d}x\int_1^x xy\mathrm{d}y$$

$$= \int_1^2 \left[x \cdot \frac{y^2}{2} \right]_1^x \mathrm{d}x = \frac{1}{2}\int_1^2 (x^3 - x)\mathrm{d}x$$

$$= \frac{1}{2}\left[\frac{x^4}{4} - \frac{x^2}{2} \right]_1^2 = \frac{9}{8}.$$

解法二　如图 10.17(b)所示，可把 D 看成是 Y－型区域：$1 \leqslant y \leqslant 2$，$y \leqslant x \leqslant 2$. 于是

$$\iint_D xy\,\mathrm{d}\sigma = \int_1^2 \mathrm{d}y \int_y^2 xy\,\mathrm{d}x = \int_1^2 \left[y \cdot \frac{x^2}{2} \right]_y^2 \mathrm{d}y = \int_1^2 \left(2y - \frac{y^3}{2} \right) \mathrm{d}y$$

$$= \left[y^2 - \frac{y^4}{8} \right]_1^2 = \frac{9}{8}.$$

练习　计算 $\iint_D (16 - x^2 - 2y^2)\mathrm{d}\sigma$，其中 D：$[0, 2] \times [0, 2]$.

例 3　计算 $\iint_D y\sqrt{1 + x^2 - y^2}\,\mathrm{d}\sigma$，其中 D 是由直线 $y = 1$，$x = -1$ 及 $y = x$ 所围成的闭区域.

解　画出区域 D(如图 10.18 所示)，可把 D 看成是 X－型区域：$-1 \leqslant x \leqslant 1$，$x \leqslant y \leqslant 1$. 于是

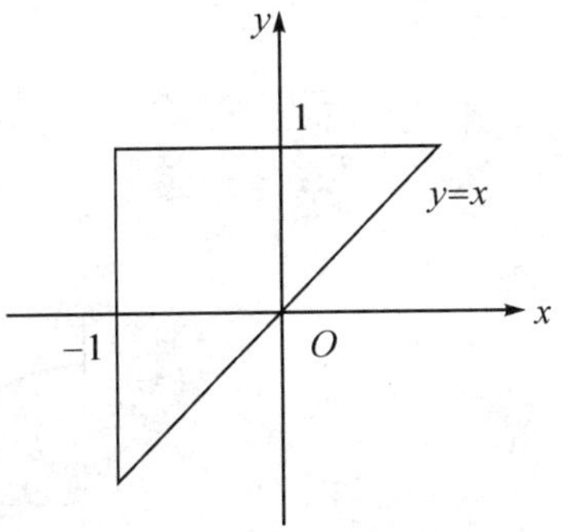

图 10.18

$$\iint_D y\sqrt{1 + x^2 - y^2}\,\mathrm{d}\sigma = \int_{-1}^1 \mathrm{d}x \int_x^1 y\sqrt{1 + x^2 - y^2}\,\mathrm{d}y$$

$$= -\frac{1}{3}\int_{-1}^1 \left[(1 + x^2 - y^2)^{\frac{3}{2}} \right]_x^1 \mathrm{d}x$$

$$= -\frac{1}{3}\int_{-1}^1 (|x|^3 - 1)\mathrm{d}x$$

$$= -\frac{2}{3}\int_0^1 (x^3 - 1)\mathrm{d}x = \frac{1}{2}.$$

也可把 D 看成是 Y－型区域：$-1 \leqslant y \leqslant 1$，$-1 \leqslant x < y$. 于是

$$\iint_D y\sqrt{1 + x^2 - y^2}\,\mathrm{d}\sigma = \int_{-1}^1 y\,\mathrm{d}y \int_{-1}^y \sqrt{1 + x^2 - y^2}\,\mathrm{d}x = \frac{1}{2}.$$

例 4　计算 $\iint_D xy\,\mathrm{d}\sigma$，其中 D 是由直线 $y = x - 2$ 及抛物线 $y^2 = x$ 所围成的闭区域.

解　积分区域可以表示为 $D = D_1 + D_2$(如图 10.19 所示)，其中

D_1：$0 \leqslant x \leqslant 1$，$-\sqrt{x} \leqslant y \leqslant \sqrt{x}$；　D_2：$1 \leqslant x \leqslant 4$，$2 \leqslant y \leqslant \sqrt{x}$.

于是

$$\iint_D xy\,d\sigma = \int_0^1 dx \int_{-\sqrt{x}}^{\sqrt{x}} xy\,dy + \int_1^4 dx \int_{x-2}^{\sqrt{x}} xy\,dy = 5\,\frac{5}{8}.$$

积分区域也可以表示为 D：$-1 \leqslant y \leqslant 2$，$y^2 \leqslant x \leqslant y+2$(如图 10.20 所示). 于是

$$\iint_D xy\,d\sigma = \int_{-1}^2 dy \int_{y^2}^{y+2} xy\,dx = \frac{1}{2}\int_{-1}^2 [y\,(y+2)^2 - y^5]dy = 5\,\frac{5}{8}.$$

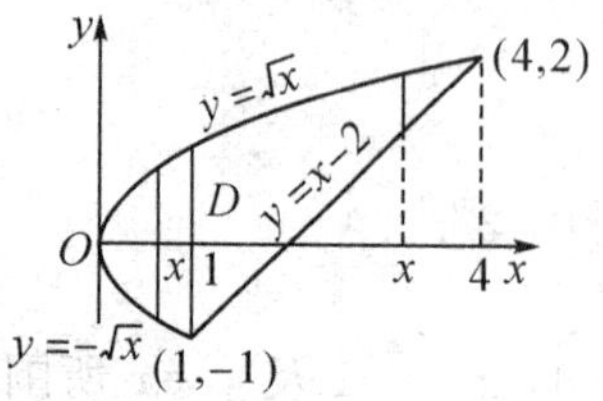

图 10.19

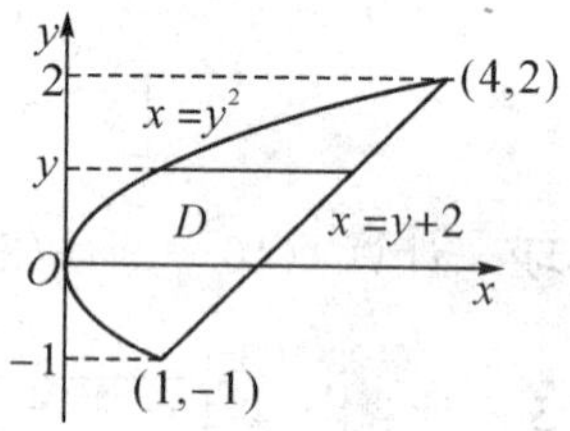

图 10.20

例 5　求两个底圆半径都等于 R 的直交圆柱面所围成的立体的体积.

解　设两个圆柱面(如图 10.21 所示)的方程分别为

$$x^2 + y^2 = R^2,\quad x^2 + z^2 = R^2.$$

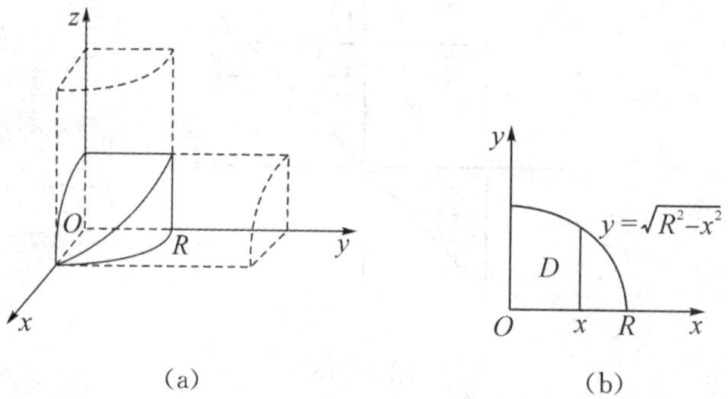

图 10.21

利用立体关于坐标平面的对称性，只要算出它在第一卦限部分的体积 V_1，再乘以 8 即可. 第一卦限部分是以 $D=\{(x,\ y)\mid 0 \leqslant y \leqslant \sqrt{R^2-x^2},\ 0 \leqslant x \leqslant R\}$为底，以 $z=\sqrt{R^2-x^2}$ 为顶的曲顶柱体. 于是

$$\begin{aligned} V &= 8\iint_D \sqrt{R^2-x^2}\,d\sigma \\ &= 8\int_0^R dx \int_0^{\sqrt{R^2-x^2}} \sqrt{R^2-x^2}\,dy \\ &= 8\int_0^R (R^2-x^2)dx = \frac{16}{3}R^3. \end{aligned}$$

如果一个二元函数 $F(x,\ y)$在区域 D 上可表示为 $F(x,\ y)=f(x)g(y)$，则称这个函数在 D 上变量可分离. 当 D 是矩形闭区域 $G=\{(x,\ y)\mid a \leqslant x \leqslant b,\ c \leqslant y \leqslant d\}$时，则

$$\iint_G F(x,\ y)dxdy = \int_a^b f(x)dx \int_c^d g(y)dy,$$

即将二重积分化为两个定积分的乘积.

例 6　已知$\int_0^1 f(x)\mathrm{d}x=1$，求$I=\int_0^1\mathrm{d}x\int_x^1 f(x)f(y)\mathrm{d}y$.

解　如图 10.22 所示，二重积分的积分区域 $D_1=\{(x,y)\mid 0\leqslant x\leqslant 1, x\leqslant y\leqslant 1\}$. 由于改变积分变量不影响积分的值，我们交换积分变量，有

$$I=\int_0^1\mathrm{d}x\int_x^1 f(x)f(y)\mathrm{d}y=\int_0^1\mathrm{d}y\int_y^1 f(y)f(x)\mathrm{d}x.$$

右边的二次积分刚好是被积函数在区域 $D_2=\{(x,y)\mid 0\leqslant y\leqslant 1, y\leqslant x\leqslant 1\}$上的积分.

交换积分次序，得

$$\int_0^1\mathrm{d}y\int_y^1 f(x)f(y)\mathrm{d}x=\int_0^1\mathrm{d}x\int_0^x f(x)f(y)\mathrm{d}y.$$

D_1+D_2 为正方形区域，因此有

$$\begin{aligned}I&=\frac{1}{2}\left[\int_0^1\mathrm{d}x\int_x^1 f(x)f(y)\mathrm{d}y+\int_0^1\mathrm{d}x\int_0^x f(x)f(y)\mathrm{d}y\right]\\&=\frac{1}{2}\int_0^1\mathrm{d}x\int_0^1 f(x)f(y)\mathrm{d}y=\frac{1}{2}\int_0^1 f(x)\mathrm{d}x\int_0^1 f(y)\mathrm{d}y=\frac{1}{2}.\end{aligned}$$

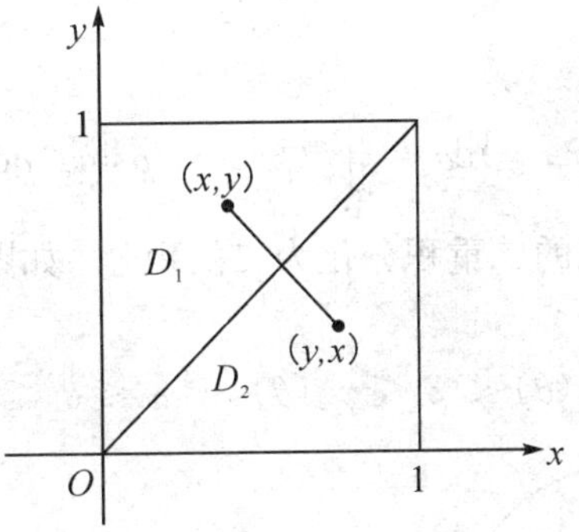

图 10.22

§10.2.2　利用极坐标计算二重积分

如果二重积分的积分区域 D 的边界曲线用极坐标方程表示，且被积函数用极坐标变量(ρ,θ)表达也较简单，这时我们就可以考虑利用极坐标来计算二重积分. 按二重积分的定义

$$\iint_D f(x,y)\mathrm{d}\sigma=\lim_{\lambda\to 0}\sum_{i=1}^n f(\xi_i,\eta_i)\Delta\sigma_i$$

来探讨这个和的极限在极坐标系中的形式.

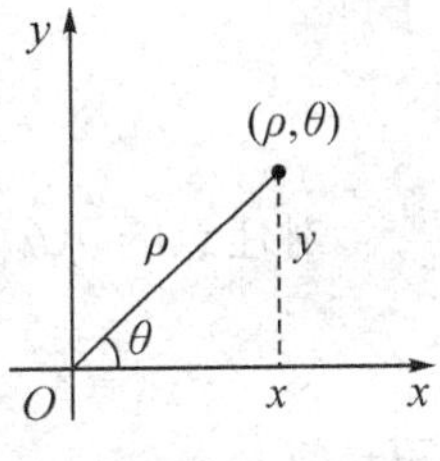

图 10.23

以直角坐标系的原点为极点，x 轴为极轴建立极坐标系(如图 10.23 所示)，则

$$x=\rho\cos\theta,\quad y=\rho\sin\theta.$$

当极坐标变量为常数时，$\theta=$常数，表示从极点 O 出发的一条射线；$\rho=$常数，表示圆心在 O 点、半径为 ρ 的圆周.

以极点 O 出发的一族射线及以极点为中心的一族同心圆构成的网将区域 D 分为 n 个小闭区域，第 i 个小闭区域的面积为

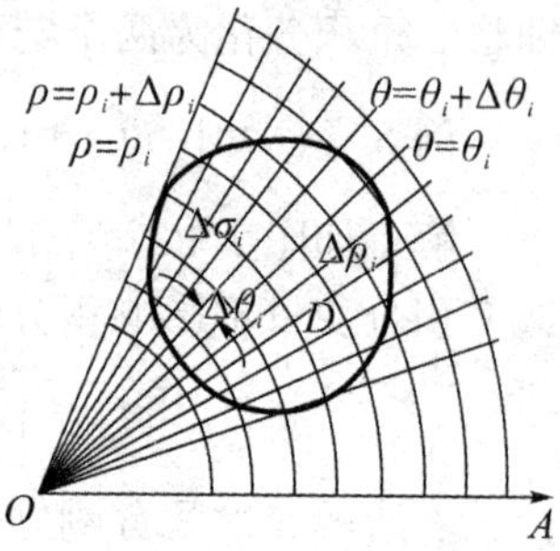

图 10.24

$$\begin{aligned}\Delta\sigma_i &= \frac{1}{2}(\rho_i+\Delta\rho_i)^2\Delta\theta_i - \frac{1}{2}\rho_i^2\Delta\theta_i \\ &= \frac{1}{2}(2\rho_i+\Delta\rho_i)\Delta\rho_i\Delta\theta_i \\ &= \frac{\rho_i+(\rho_i+\Delta\rho_i)}{2}\Delta\rho_i\Delta\theta_i \\ &\approx \rho_i\Delta\rho_i\Delta\theta_i,\end{aligned}$$

这里忽略了更高阶部分 $\frac{1}{2}\rho_i\Delta\rho_i^2\Delta\theta_i$. 事实上，我们可以把 $\Delta\sigma_i$ 近似看作矩形，相邻两条边分别是 $\Delta\rho_i$ 和 $\rho_i\Delta\theta_i$，因此 $\Delta\sigma\approx\rho_i\Delta\rho_i\Delta\theta_i$.

在 $\Delta\sigma_i$ 内取点 (ρ_i, θ_i)，设其直角坐标为 (ξ_i, η_i)，则有 $\xi_i=\rho_i\cos\theta_i$，$\eta_i=\rho_i\sin\theta_i$. 于是

$$\lim_{\lambda\to 0}\sum_{i=1}^{n}f(\xi_i, \eta_i)\Delta\sigma_i = \lim_{\lambda\to 0}\sum_{i=1}^{n}f(\rho_i\cos\theta_i, \rho_i\sin\theta_i)\rho_i\Delta\rho_i\Delta\theta_i,$$

即

$$\iint_D f(x, y)\mathrm{d}\sigma = \iint_D f(\rho\cos\theta, \rho\sin\theta)\rho\mathrm{d}\rho\mathrm{d}\theta.$$

同样地，我们把上式右端的二重积分化为二次积分. 如图 10.25 所示，积分区域 D 可表示为

$$\varphi_1(\theta)\leqslant\rho\leqslant\varphi_2(\theta),\quad \alpha\leqslant\theta\leqslant\beta.$$

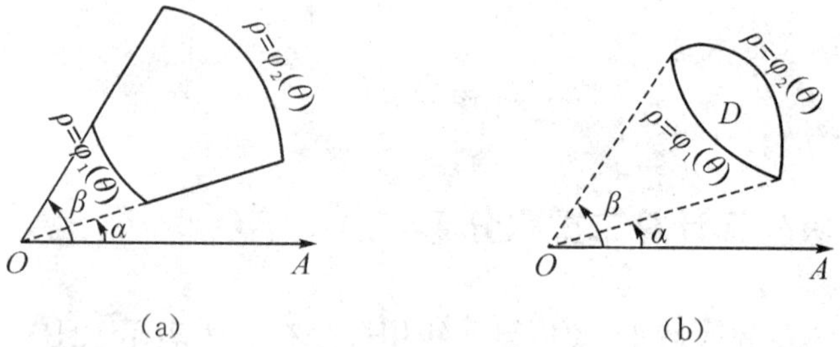

图 10.25

对任意的 $\theta(\theta\in[\alpha, \beta])$，先计算(如图 10.26 所示)

$$A(\theta) = \int_{\varphi_1(\theta)}^{\varphi_2(\theta)} f(\rho\cos\theta, \rho\sin\theta)\rho\mathrm{d}\rho,$$

再计算

$$\int_\alpha^\beta A(\theta)\mathrm{d}\theta = \int_\alpha^\beta\left[\int_{\varphi_1(\theta)}^{\varphi_2(\theta)} f(\rho\cos\theta, \rho\sin\theta)\rho\mathrm{d}\rho\right]\mathrm{d}\theta,$$

即

$$\iint_D f(\rho\cos\theta, \rho\sin\theta)\rho\mathrm{d}\rho\mathrm{d}\theta = \int_\alpha^\beta\mathrm{d}\theta\int_{\varphi_1(\theta)}^{\varphi_2(\theta)} f(\rho\cos\theta, \rho\sin\theta)\rho\mathrm{d}\rho.$$

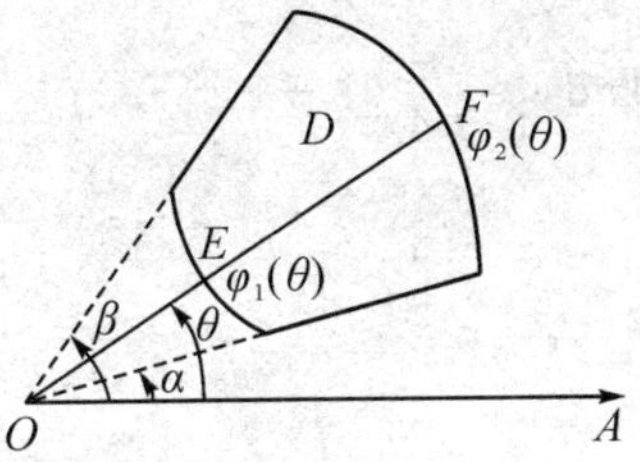

图 10.26

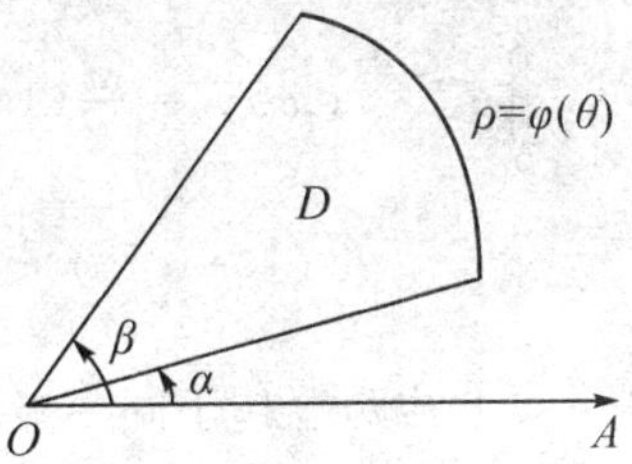

图 10.27

特别地，如图 10.27 所示，积分区域 D 可表示为

$$0 \leqslant \rho \leqslant \varphi(\theta), \quad \alpha \leqslant \theta \leqslant \beta.$$

类似地，二重积分化为

$$\iint_D f(\rho\cos\theta, \rho\sin\theta)\rho d\rho d\theta = \int_\alpha^\beta d\theta \int_0^{\varphi(\theta)} f(\rho\cos\theta, \rho\sin\theta)\rho d\rho.$$

如图 10.28 所示，积分区域 D 可表示为

$$0 \leqslant \rho \leqslant \varphi(\theta), \quad 0 \leqslant \theta \leqslant 2\pi.$$

类似地，二重积分化为

$$\iint_D f(\rho\cos\theta, \rho\sin\theta)\rho d\rho d\theta$$
$$= \int_0^{2\pi} d\theta \int_0^{\varphi(\theta)} f(\rho\cos\theta, \rho\sin\theta)\rho d\rho.$$

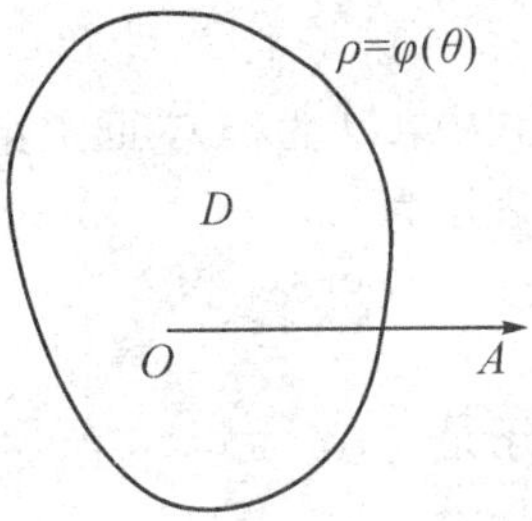

图 10.28

例 7　计算$\iint_D e^{-x^2-y^2} dxdy$，其中 D 是由中心在原点、半径为 a 的圆周所围成的闭区域.

解　在极坐标系中，闭区域 D 可表示为：$0 \leqslant \rho \leqslant a$，$0 \leqslant \theta \leqslant 2\pi$. 于是

$$\iint_D e^{-x^2-y^2} dxdy = \iint_D e^{-\rho^2} \rho d\rho d\theta$$
$$= \int_0^{2\pi} \left[\int_0^a e^{-\rho^2} \rho d\rho\right] d\theta = \int_0^{2\pi} \left[-\frac{1}{2} e^{-\rho^2}\right]_0^a d\theta$$
$$= \frac{1}{2}(1 - e^{-a^2}) \int_0^{2\pi} d\theta = \pi(1 - e^{-a^2}).$$

例 8　计算广义积分$\int_0^{+\infty} e^{-x^2} dx$.

解　设 $D_1 = \{(x, y) \mid x^2 + y^2 \leqslant R^2, x \geqslant 0, y \geqslant 0\}$,

$D_2 = \{(x, y) \mid x^2 + y^2 \leqslant 2R^2, x \geqslant 0, y \geqslant 0\}$,

$S = \{(x, y) \mid 0 \leqslant x \leqslant R, 0 \leqslant y \leqslant R\}$.

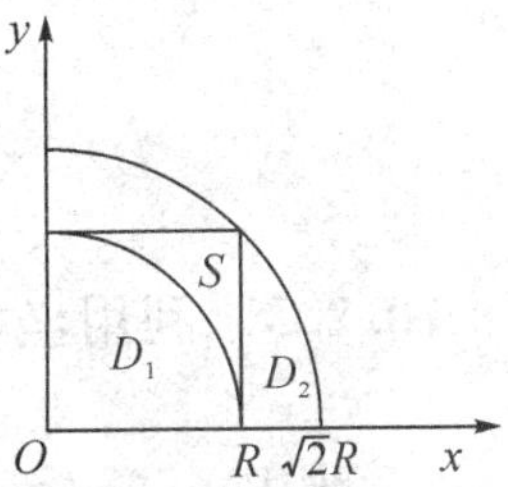

图 10.29

如图 10.29 所示，显然 $D_1 \subset S \subset D_2$. 由于 $e^{-x^2-y^2} > 0$，从而在这些闭区域上的二重积分满足不等式

$$\iint_{D_1} e^{-x^2-y^2} dxdy < \iint_S e^{-x^2-y^2} dxdy < \iint_{D_2} e^{-x^2-y^2} dxdy.$$

因为$\iint_S e^{-x^2-y^2} dxdy = \int_0^R e^{-x^2} dx \cdot \int_0^R e^{-y^2} dy = (\int_0^R e^{-x^2} dx)^2$，应

用例 7 的结果，有

$$\iint_{D_1} e^{-x^2-y^2}\mathrm{d}x\mathrm{d}y = \frac{\pi}{4}(1-e^{-R^2}), \quad \iint_{D_2} e^{-x^2-y^2}\mathrm{d}x\mathrm{d}y = \frac{\pi}{4}(1-e^{-2R^2}),$$

因此
$$\frac{\pi}{4}(1-e^{-R^2}) < \left(\int_0^R e^{-x^2}\mathrm{d}x\right)^2 < \frac{\pi}{4}(1-e^{-2R^2}).$$

令 $R\to+\infty$，上式两端趋于同一极限$\frac{\pi}{4}$，从而

$$\int_0^{+\infty} e^{-x^2}\mathrm{d}x = \frac{\sqrt{\pi}}{2}.$$

例 9 求球体 $x^2+y^2+z^2\leqslant 4a^2$ 被圆柱面 $x^2+y^2=2ax$ 所截得的(含在圆柱面内的部分)立体的体积.

解 如图 10.30 所示，由对称性立体体积为第一卦限部分的 4 倍，即

$$V = 4\iint_D \sqrt{4a^2-x^2-y^2}\,\mathrm{d}x\mathrm{d}y,$$

式中，D 为 xOy 面上半圆周 $y=\sqrt{2ax-x^2}$ 及 x 轴所围成的闭区域. 在极坐标系中，D 可表示为

$$0\leqslant\rho\leqslant 2a\cos\theta,\quad 0\leqslant\theta\leqslant\frac{\pi}{2}.$$

于是

$$V = 4\iint_D \sqrt{4a^2-\rho^2}\,\rho\mathrm{d}\rho\mathrm{d}\theta = 4\int_0^{\frac{\pi}{2}}\mathrm{d}\theta\int_0^{2a\cos\theta}\sqrt{4a^2-\rho^2}\,\rho\mathrm{d}\rho$$
$$= \frac{32}{3}a^2\int_0^{\frac{\pi}{2}}(1-\sin^3\theta)\mathrm{d}\theta = \frac{32}{3}a^2\left(\frac{\pi}{2}-\frac{2}{3}\right).$$

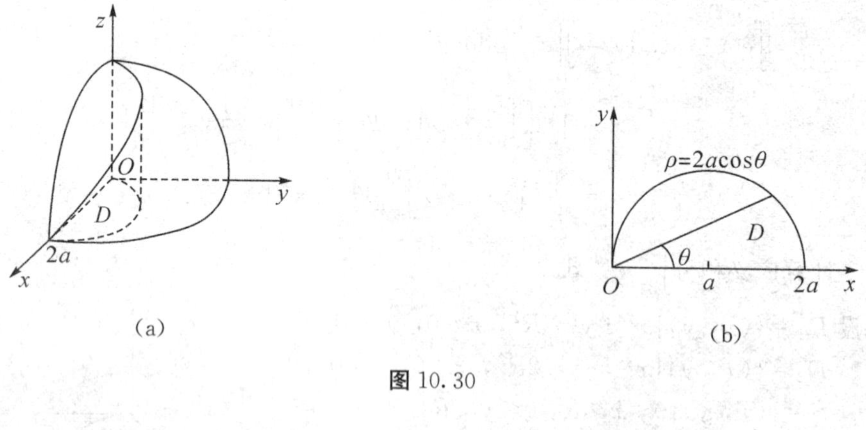

图 10.30

§10.2.3 利用坐标变换计算二重积分

定理 1 设 $f(x, y)$ 在 xOy 平面上的闭区域 D 上连续，变换

$$T: x = x(u, v),\ y = y(u, v)$$

将 uOv 平面上的闭区域 D' 变为 xOy 平面上的 D，且满足

(1) $x(u, v)$，$y(u, v)$ 在 D' 上具有一阶连续偏导数，

(2) 在 D' 上雅可比式为

$$J(u,v)=\frac{\partial(x,y)}{\partial(u,v)}\neq 0,$$

(3) 变换 $T:D'\to D$ 是一对一的，

则有

$$\iint_D f(x,y)\mathrm{d}x\mathrm{d}y=\iint_{D'} f[x(u,v),y(u,v)]\,|J(u,v)|\,\mathrm{d}u\mathrm{d}v.$$

这里我们指出，如果雅比式 $J(u,v)$ 只在 D' 内个别点上，或一条曲线上为 0，而在其他点上不为 0，那么换元公式仍成立.

在变换为极坐标 $x=\rho\cos\theta$，$y=\rho\sin\theta$ 的特殊情形下，雅可比式为

$$J=\begin{vmatrix}\dfrac{\partial x}{\partial\rho} & \dfrac{\partial x}{\partial\theta}\\ \dfrac{\partial y}{\partial\rho} & \dfrac{\partial y}{\partial\theta}\end{vmatrix}=\begin{vmatrix}\cos\theta & -\rho\sin\theta\\ \sin\theta & \rho\cos\theta\end{vmatrix}=\rho,$$

它仅在 $\rho=0$ 处为零，故不论闭区域 D' 是否含有极点，换元公式仍成立. 即有

$$\iint_D f(x,y)\mathrm{d}x\mathrm{d}y=\iint_{D'} f(\rho\cos\theta,\rho\sin\theta)\rho\mathrm{d}\rho\mathrm{d}\theta,$$

这里 D' 是 D 在直角坐标平面 $\rho O\theta$ 上的对应区域.

例 10　计算 $\iint\limits_D \mathrm{e}^{\frac{y-x}{y+x}}\mathrm{d}x\mathrm{d}y$，其中 D 是由 x 轴、y 轴和直线 $x+y=2$ 所围成的闭区域.

解　令 $u=y-x$，$v=y+x$，则 $x=\dfrac{v-u}{2}$，$y=\dfrac{v+u}{2}$.

作变换 $x=\dfrac{v-u}{2}$，$y=\dfrac{v+u}{2}$，则 xOy 平面上的闭区域 D 和它在 uOv 平面上的对应区域 D' 如图 10.31 所示.

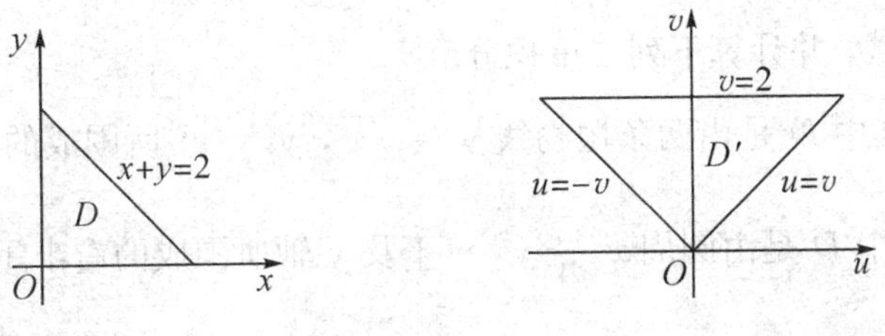

(a)　　(b)

图 10.31

雅可比式为

$$J=\frac{\partial(x,y)}{\partial(u,v)}=\begin{vmatrix}-\dfrac{1}{2} & \dfrac{1}{2}\\ \dfrac{1}{2} & \dfrac{1}{2}\end{vmatrix}=-\frac{1}{2},$$

所以

$$\iint_D \mathrm{e}^{\frac{y-x}{y+x}}\mathrm{d}x\mathrm{d}y=\iint_{D'} \mathrm{e}^{\frac{u}{v}}\left|-\frac{1}{2}\right|\mathrm{d}u\mathrm{d}v$$

$$= \frac{1}{2}\int_0^2 \mathrm{d}v \int_{-v}^{v} \mathrm{e}^{\frac{u}{v}} \mathrm{d}u$$

$$= \frac{1}{2}\int_0^2 (\mathrm{e} - \mathrm{e}^{-1}) v \mathrm{d}v = \mathrm{e} - \mathrm{e}^{-1}.$$

例 11 计算$\iint\limits_D \sqrt{1-\frac{x^2}{a^2}-\frac{y^2}{b^2}}\mathrm{d}x\mathrm{d}y$，其中 D 为椭圆$\frac{x^2}{a^2}+\frac{y^2}{b^2}=1$ 所围成的闭区域.

解 作广义极坐标变换

$$\begin{cases} x = a\rho\cos\theta, \\ y = b\rho\sin\theta, \end{cases}$$

式中，$a>0$，$b>0$，$\rho \geqslant 0$，$0 \leqslant \theta \leqslant 2\pi$. 在这变换下，与 D 对应的闭区域为 $D' = \{(\rho, \theta) \mid 0 \leqslant \rho \leqslant 1, 0 \leqslant \theta \leqslant 2\pi\}$，雅可比式为

$$J = \frac{\partial(x, y)}{\partial(\rho, \theta)} = ab\rho.$$

J 在 D' 内仅当 $\rho = 0$ 处为零，故换元公式仍成立，从而有

$$\iint\limits_D \sqrt{1-\frac{x^2}{a^2}-\frac{y^2}{b^2}}\mathrm{d}x\mathrm{d}y = \iint\limits_{D'} \sqrt{1-\rho^2}\, ab\rho \mathrm{d}\rho \mathrm{d}\theta = \frac{2}{3}\pi ab.$$

习题 10—2

1. 改换下列二次积分的积分次序.

(1)$\int_0^1 \mathrm{d}y \int_0^y f(x, y)\mathrm{d}x$；　　(2)$\int_0^2 \mathrm{d}y \int_{y^2}^{2y} f(x, y)\mathrm{d}x$；

(3)$\int_0^1 \mathrm{d}y \int_{-\sqrt{1-y^2}}^{\sqrt{1-y^2}} f(x, y)\mathrm{d}x$；　　(4)$\int_1^2 \mathrm{d}x \int_{2-x}^{\sqrt{2x-x^2}} f(x, y)\mathrm{d}y$.

2. 画出积分区域，并计算下列二重积分.

(1)$\iint\limits_D x\sqrt{y}\,\mathrm{d}\sigma$，其中 D 是由两条抛物线 $y = \sqrt{x}$，$y = x^2$ 所围成的闭区域；

(2)$\iint\limits_D xy^2\mathrm{d}\sigma$，其中 D 是由圆周 $x^2 + y^2 = 4$ 及 y 轴所围成的右半闭区域；

(3)$\iint\limits_D \mathrm{e}^{x+y}\mathrm{d}\sigma$，其中 $D = \{(x, y) \mid |x| + |y| \leqslant 1\}$；

(4)$\iint\limits_D (x^2 + y^2 - x)\mathrm{d}\sigma$，其中 D 是由直线 $y = 2$，$y = x$ 及 $y = 2x$ 所围成的闭区域.

3. 设 $f(x)$ 在$[a, b]$上连续，证明：$\left[\int_a^b f(x)\mathrm{d}x\right]^2 \leqslant (b-a)\int_a^b f^2(x)\mathrm{d}x$.

4. 化二重积分

$$I = \iint\limits_D f(x, y)\mathrm{d}\sigma$$

为二次积分(分别列出对两个变量先后次序不同的两个二次积分)，其中积分区域 D 如下：

(1)由直线 $y = x$ 及抛物线 $y^2 = 4x$ 所围成的闭区域；

(2) 由 x 轴及半圆周 $x^2+y^2=r^2(y\geqslant 0)$ 所围成的闭区域；

(3) 由直线 $y=x$，$x=2$ 及双曲线 $y=\dfrac{1}{x}(x>0)$ 所围成的闭区域；

(4) 环形闭区域 $\{(x,y)\mid 1\leqslant x^2+y^2\leqslant 4\}$.

5. 设 $f(x,y)$ 在 D 上连接，其中 D 是由直线 $y=x$，$y=a$ 及 $x=b(b>a)$ 所围成的闭区域，证明：

$$\int_a^b \mathrm{d}x\int_a^x f(x,y)\mathrm{d}y=\int_a^b \mathrm{d}y\int_y^b f(x,y)\mathrm{d}x.$$

6. 作图并计算 $z=xy$，$x+y+z=1$，$z=0$ 所围成的闭区域的体积.

7. 设平面薄片所占的闭区域 D 由直线 $x+y=2$，$y=x$ 和 x 轴所围成，它的面密度 $\mu(x,y)=x^2+y^2$，求该薄片的质量.

8. 计算由四个平面 $x=0$，$y=0$，$x=1$，$y=1$ 所围成的柱体被平面 $z=0$ 及 $2x+3y+z=6$ 截得的立体的体积.

9. 求由平面 $x=0$，$y=0$，$x+y=1$ 所围成的柱体被平面 $z=0$ 及抛物面 $x^2+y^2=6-z$ 截得的立体的体积.

10. 求由曲线 $z=x^2+2y^2$ 及 $z=6-2x^2-y^2$ 所围成的立体的体积.

11. 画出积分区域，把积分 $\iint\limits_D f(x,y)\mathrm{d}x\mathrm{d}y$ 表示为极坐标形式的二次积分，其中积分区域 D 如下：

(1) $\{(x,y)\mid x^2+y^2\leqslant a^2\}(a>0)$；

(2) $\{(x,y)\mid x^2+y^2\leqslant 2x\}$；

(3) $\{(x,y)\mid a^2\leqslant x^2+y^2\leqslant b^2\}$，其中 $0<a<b$；

(4) $\{(x,y)\mid 0\leqslant y\leqslant 1-x,0\leqslant x\leqslant 1\}$.

12. 化下列二次积分为极坐标形式的二次积分.

(1) $\int_0^1 \mathrm{d}x\int_0^1 f(x,y)\mathrm{d}y$；　(2) $\int_0^2 \mathrm{d}x\int_x^{\sqrt{3}x} f(\sqrt{x^2+y^2})\mathrm{d}y$；

(3) $\int_0^1 \mathrm{d}x\int_{1-x}^{\sqrt{1-x^2}} f(x,y)\mathrm{d}y$；　(4) $\int_0^1 \mathrm{d}x\int_0^{x^2} f(x,y)\mathrm{d}y$.

13. 把下列积分化为极坐标形式，并计算积分值.

(1) $\int_0^{2a} \mathrm{d}x\int_0^{\sqrt{2ax-x^2}} (x^2+y^2)\mathrm{d}y$；　(2) $\int_0^a \mathrm{d}x\int_0^x \sqrt{x^2+y^2}\,\mathrm{d}y$；

(3) $\int_0^1 \mathrm{d}x\int_{x^2}^x (x^2+y^2)^{-\frac{1}{2}}\mathrm{d}y$；　(4) $\int_0^a \mathrm{d}y\int_0^{\sqrt{a^2-y^2}} (x^2+y^2)\mathrm{d}x$.

14. 利用极坐标计算下列各题.

(1) $\iint\limits_D \mathrm{e}^{x^2+y^2}\mathrm{d}\sigma$，其中 D 是由圆周 $x^2+y^2=4$ 所围成的闭区域；

(2) $\iint\limits_D \ln(1+x^2+y^2)\mathrm{d}\sigma$，其中 D 是由圆周 $x^2+y^2=1$ 及坐标轴所围成的在第一象限内的闭区域；

(3) $\iint\limits_D \arctan\dfrac{y}{x}\mathrm{d}\sigma$，其中 D 是由圆周 $x^2+y^2=4$，$x^2+y^2=1$ 及直线 $y=0$，$y=x$

所围成的在第一象限内的闭区域.

15. 设平面薄片所占的闭区域 D 由螺线 $\rho = 2\theta$ 上一段弧 $\left(0 \leqslant \theta \leqslant \frac{\pi}{2}\right)$ 与直线 $\theta = \frac{\pi}{2}$ 所围成，它的面密度为 $\mu(x, y) = x^2 + y^2$，求这薄片的质量(如图 10.32 所示).

16. 求由平面 $y = 0$，$y = kx(k > 0)$，$z = 0$ 以及球心在原点、半径为 R 的上半球面所围成的在第一卦限内的立体的体积(如图 10.33 所示).

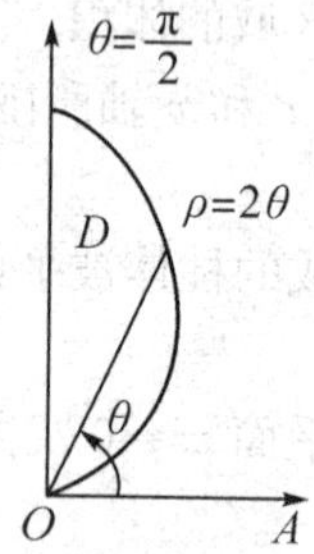

图 10.32

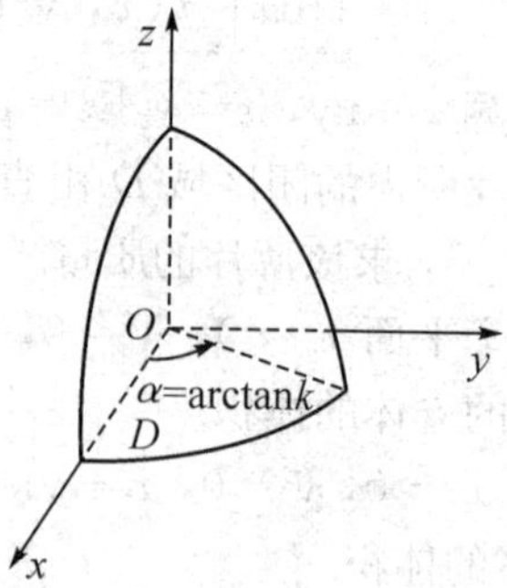

图 10.33

17. 计算以 xOy 面上的圆周 $x^2 + y^2 = ax$ 围成的闭区域为底，而以曲面 $z = x^2 + y^2$ 为顶的曲顶柱体的体积.

*18. 作适当的变换，计算下列二重积分.

(1) $\iint\limits_D (x-y)^2 \sin^2(x+y) \mathrm{d}x\mathrm{d}y$，其中 D 是平行四边形闭区域，它的四个顶点是 $(\pi, 0)$，$(2\pi, \pi)$，$(\pi, 2\pi)$ 和 $(0, \pi)$；

(2) $\iint\limits_D x^2 y^2 \mathrm{d}x\mathrm{d}y$，其中 D 是由两条双曲线 $xy = 1$ 和 $xy = 2$，直线 $y = x$ 和 $y = 4x$ 所围成的在第一象限内的闭区域；

(3) $\iint\limits_D \mathrm{e}^{\frac{y}{x+y}} \mathrm{d}x\mathrm{d}y$，其中 D 是由 x 轴、y 轴和直线 $x + y = 1$ 所围成的闭区域；

(4) $\iint\limits_D \left(\frac{x^2}{a^2} + \frac{y^2}{b^2}\right) \mathrm{d}x\mathrm{d}y$，其中 $D = \{(x, y) \mid \frac{x^2}{a^2} + \frac{y^2}{b^2} \leqslant 1\}$.

*19. 选取适当的变换，证明下列等式.

(1) $\iint\limits_D f(x+y) \mathrm{d}x\mathrm{d}y = \int_{-1}^{1} f(u) \mathrm{d}u$，其中闭区域 $D = \{(x, y) \mid |x| + |y| \leqslant 1\}$；

(2) $\iint\limits_D f(ax+by+c) \mathrm{d}x\mathrm{d}y = 2\int_{-1}^{1} \sqrt{1-u^2} f(u\sqrt{a^2+b^2} + c) \mathrm{d}u$，其中 $D = \{(x, y) \mid x^2 + y^2 \leqslant 1\}$，且 $a^2 + b^2 \neq 0$.

§10.3　三重积分

§10.3.1　三重积分的概念

定义1　设$f(x, y, z)$是空间有界闭区域Ω上的有界函数. 将Ω任意分成n个小闭区域

$$\Delta v_1, \Delta v_2, \cdots, \Delta v_n,$$

其中，Δv_i表示第i个小闭区域，也表示它的体积. 在每个Δv_i上任取一点(ξ_i, η_i, ζ_i)，作乘积$f(\xi_i, \eta_i, \zeta_i)\Delta v_i(i=1, 2, \cdots, n)$并作和$\sum\limits_{i=1}^{n} f(\xi_i, \eta_i, \zeta_i)\Delta v_i$. 如果当各小闭区域的直径中的最大值$\lambda$趋于0时，这和的极限总存在，则称此极限为函数$f(x, y, z)$在闭区域$\Omega$上的三重积分，记作$\iiint\limits_{\Omega} f(x, y, z)\mathrm{d}v$. 即

$$\iiint\limits_{\Omega} f(x, y, z)\mathrm{d}v = \lim_{\lambda \to 0} \sum_{i=1}^{n} f(\xi_i, \eta_i, \zeta_i)\Delta v_i,$$

式中，x，y，z为积分变量，Ω为积分区域，$f(x, y, z)$称为被积函数，$f(x, y, z)\mathrm{d}v$称为被积表达式，$\mathrm{d}v$称为体积元素.

在直角坐标系中，如果用平行于坐标面的平面来划分Ω，则$\Delta v_i = \Delta x_i \Delta y_i \Delta z_i$，因此也把体积元素记为$\mathrm{d}v = \mathrm{d}x\mathrm{d}y\mathrm{d}z$，三重积分记作

$$\iiint\limits_{\Omega} f(x, y, z)\mathrm{d}v = \iiint\limits_{\Omega} f(x, y, z)\mathrm{d}x\mathrm{d}y\mathrm{d}z.$$

当函数$f(x, y, z)$在闭区域Ω上连续时，极限$\lim\limits_{\lambda \to 0} \sum\limits_{i=1}^{n} f(\xi_i, \eta_i, \zeta_i)\Delta v_i$是存在的，因此$f(x, y, z)$在$\Omega$上的三重积分是存在的，以后总假定$f(x, y, z)$在$\Omega$上是连续的. 同时，三重积分的性质与二重积分类似，这里不再一一列举.

设一个物体占有空间闭区域Ω，连续函数$f(x, y, z)$表示空间物体在点(x, y, z)的密度. 按三重积分的定义，空间物体的质量为

$$M = \iiint\limits_{\Omega} f(x, y, z)\mathrm{d}x\mathrm{d}y\mathrm{d}z.$$

§10.3.2　三重积分的计算

计算三重积分的基本方法是将它化为三次积分来计算.

1. 利用直角坐标计算三重积分

直柱体的一部分空间闭区域Ω如图10.34所示. 把Ω投影到xOy坐标面的平面区域D_{xy}，则侧面是以区域D_{xy}的边界为准线且母线平行于z轴的直柱面. 设闭区域Ω的底面

S_1和顶面S_2分别是连续函数$z=z_1(x, y)$和$z=z_2(x, y)$在区域D_{xy}上确定的曲面，其中$z_1(x, y)\leqslant z_2(x, y)$. 在$D_{xy}$上任一点$(x, y)$作与$xOy$坐标面垂直的直线一定从底面$S_1$上的点$(x, y, z_1(x, y))$进入$\Omega$，并从顶面$S_2$上的点$(x, y, z_2(x, y))$出来. 因此，闭区域$\Omega$可表示为

$$\Omega=\{(x, y, z)\,|\,z_1(x, y)\leqslant z\leqslant z_2(x, y),\ (x, y)\in D_{xy}\}.$$

如果D_{xy}是xOy面上的X－型区域，则Ω可表示为

$$z_1(x, y)\leqslant z\leqslant z_2(x, y),\quad y_1(x)\leqslant y\leqslant y_2(x),\quad a\leqslant x\leqslant b.$$

我们把这种区域叫作XY－型区域.

例 1 设空间闭区域Ω是由曲面$x^2+y^2-2z=0$和$z=4-\sqrt{x^2+y^2}$围成.

解 如图10.34所示，把这个闭区域看作XY－型区域，其侧面收缩成一个闭区域. 考虑

$$\begin{cases}x^2+y^2-2z=0,\\ z=4-\sqrt{x^2+y^2},\end{cases}$$

为了得到过以曲面交线C为准线，母线平行于z轴(即垂直于xOy面)的投影柱面，我们消去z，得

$$x^2+y^2=4.$$

则交线C在xOy面上的投影为圆周$\begin{cases}x^2+y^2=4,\\ z=0,\end{cases}$它所围成的区域$D_{xy}$就是$\Omega$在$xOy$面上的投影区域. 所以

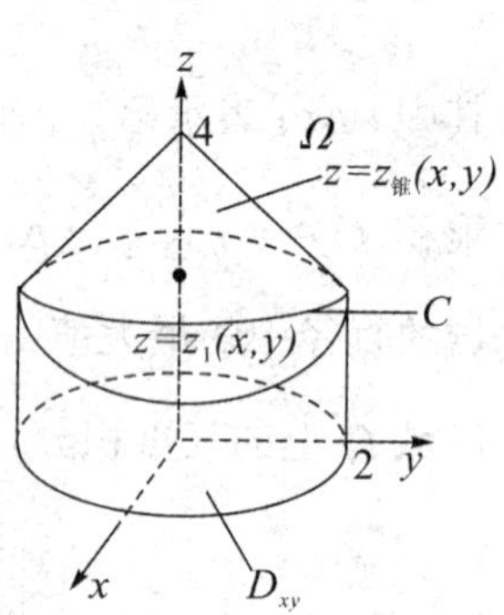

图 10.34

$$\begin{aligned}\Omega&=\{(x, y, z)\,|\,\sqrt{x^2+y^2}\leqslant z\leqslant 4-\sqrt{x^2+y^2},\ (x, y)\in D_{xy}\}\\&=\{(x, y, z)\,|\,\sqrt{x^2+y^2}\leqslant z\leqslant 4-\sqrt{x^2+y^2},\ -\sqrt{4-x^2}\leqslant y\leqslant\sqrt{4-x^2},\ -2\leqslant x\leqslant 2\}.\end{aligned}$$

练习 1 把例1中闭区域Ω向yOz面作投影.

当我们计算空间物体的质量时，想象把空间闭区域Ω“压”薄到xOy坐标面上的薄片D_{xy}(如图10.35所示)，则这个薄片上点$P(x, y)$的面密度为

$$\mu(x, y)=\int_{z_1(x, y)}^{z_2(x, y)}f(x, y, z)\mathrm{d}z.$$

再根据二重积分的物理意义，得

$$\begin{aligned}M&=\iint_{D_{xy}}\mu(x, y)\mathrm{d}\sigma\\&=\iint_{D_{xy}}\left[\int_{z_1(x, y)}^{z_2(x, y)}f(x, y, z)\mathrm{d}z\right]\mathrm{d}\sigma,\end{aligned}$$

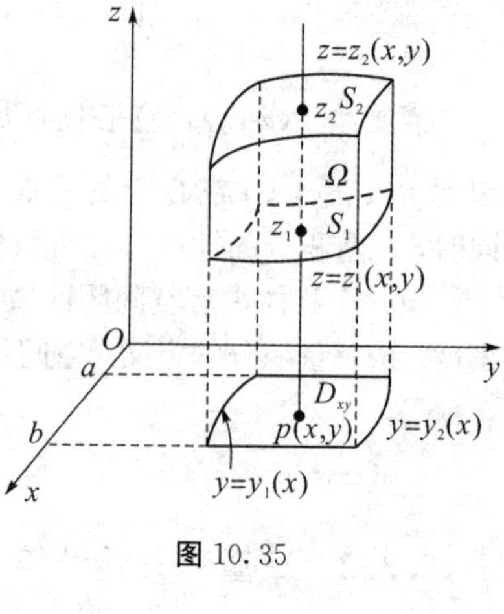

图 10.35

式中，$D_{xy}=\{(x, y)\,|\,y_1(x)\leqslant y\leqslant y_2(x),\ a\leqslant x\leqslant b\}$是闭区域$\Omega$在$xOy$面上的投影区域，这里我们先计算一个定积分再计算一个二重积分(先一后二)，得

$$M=\int_a^b\mathrm{d}x\int_{y_1(x)}^{y_2(x)}\mathrm{d}y\int_{z_1(x, y)}^{z_2(x, y)}f(x, y, z)\mathrm{d}z,$$

即

$$\iiint_{\Omega}f(x, y, z)\mathrm{d}v=\int_a^b\mathrm{d}x\int_{y_1(x)}^{y_2(x)}\mathrm{d}y\int_{z_1(x, y)}^{z_2(x, y)}f(x, y, z)\mathrm{d}z.$$

这样我们把三重积分化为先对 z，再对 y，最后对 x 的三次积分. 从这里可以看出，把重积分化为多次积分，关键是用不等式组表示出区域 Ω 的范围. 其他情形作类似的处理，不再一一详述.

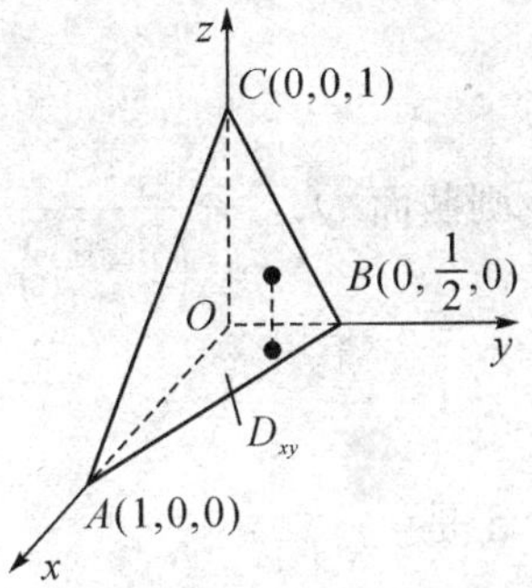

图 10.36

例 2　计算三重积分 $\iiint\limits_{\Omega} x\,\mathrm{d}x\,\mathrm{d}y\,\mathrm{d}z$，其中 Ω 为三个坐标面及平面 $x+2y+z=1$ 所围成的闭区域.

解　作图 10.36，区域 Ω 可表示为

$$0 \leqslant z \leqslant 1-x-2y,\ 0 \leqslant y \leqslant \frac{1}{2}(1-x),\ 0 \leqslant x \leqslant 1.$$

于是

$$\begin{aligned}\iiint\limits_{\Omega} x\,\mathrm{d}x\,\mathrm{d}y\,\mathrm{d}z &= \int_0^1 \mathrm{d}x \int_0^{\frac{1-x}{2}} \mathrm{d}y \int_0^{1-x-2y} x\,\mathrm{d}z \\ &= \int_0^1 x\,\mathrm{d}x \int_0^{\frac{1-x}{2}} (1-x-2y)\,\mathrm{d}y \\ &= \frac{1}{4}\int_0^1 (x-2x^2+x^3)\,\mathrm{d}x = \frac{1}{48}.\end{aligned}$$

有时，我们计算一个三重积分也可以化为先计算一个二重积分，再计算一个定积分. 设空间闭区域(如图 10.37 所示)为

$$\Omega = \{(x,\ y,\ z) \mid (x,\ y) \in D_z,\ c_1 \leqslant z \leqslant c_2\},$$

式中，D_z 是竖坐标为 z 的平面截空间闭区域 Ω 所得到的一个平面闭区域. 想象把闭区域 Ω "压"成 z 轴上一段 $[c_1,\ c_2]$ 细棒，则这个细棒上任一点 $z(\in[c_1,\ c_2])$ 的线密度为 $\mu(z) = \iint\limits_{D_z} f(x,\ y,\ z)\,\mathrm{d}x\,\mathrm{d}y$. 再根据定积分的物理意义，得

$$\iiint\limits_{\Omega} f(x,\ y,\ z)\,\mathrm{d}v = \int_{c_1}^{c_2} \mathrm{d}z \iint\limits_{D_z} f(x,\ y,\ z)\,\mathrm{d}x\,\mathrm{d}y.$$

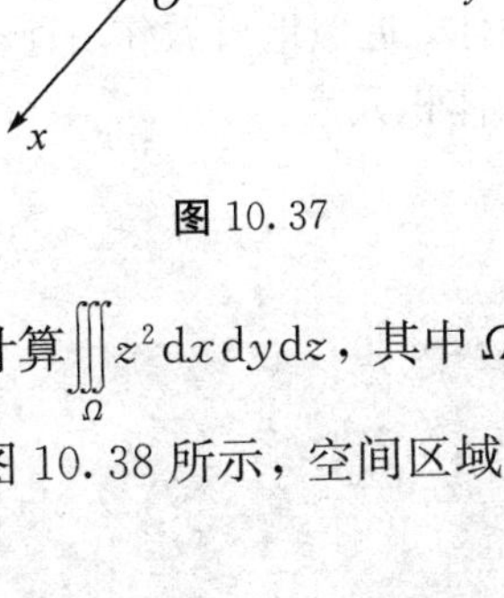

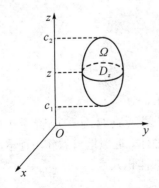

图 10.37

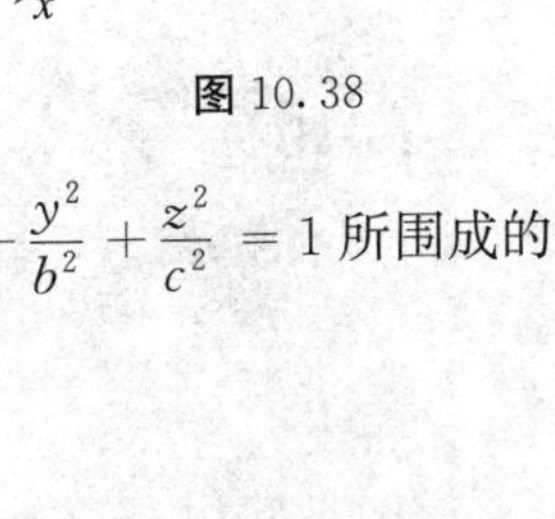

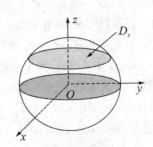

图 10.38

例 3　计算 $\iiint\limits_{\Omega} z^2\,\mathrm{d}x\,\mathrm{d}y\,\mathrm{d}z$，其中 Ω 是由椭球面 $\frac{x^2}{a^2}+\frac{y^2}{b^2}+\frac{z^2}{c^2}=1$ 所围成的闭区域.

解　如图 10.38 所示，空间区域 Ω 可表示为

$$\frac{x^2}{a^2}+\frac{y^2}{b^2}\leqslant 1-\frac{z^2}{c^2},\quad -c\leqslant z\leqslant c.$$

则截面 D_z：$\dfrac{x^2}{a^2\left(1-\dfrac{z^2}{c^2}\right)}+\dfrac{y^2}{b^2\left(1-\dfrac{z^2}{c^2}\right)}\leqslant 1$，截面面积为

$$S_{D_z}=\iint_{D_z}\mathrm{d}x\mathrm{d}y=\pi ab\left(1-\frac{z^2}{c^2}\right).$$

于是

$$\begin{aligned}\iiint_{\Omega}z^2\mathrm{d}x\mathrm{d}y\mathrm{d}z&=\int_{-c}^{c}z^2\mathrm{d}z\iint_{D_z}\mathrm{d}x\mathrm{d}y\\&=\pi ab\int_{-c}^{c}\left(1-\frac{z^2}{c^2}\right)z^2\mathrm{d}z=\frac{4}{15}\pi abc^3.\end{aligned}$$

练习 2　将三重积分 $I=\iiint_{\Omega}f(x,y,z)\mathrm{d}x\mathrm{d}y\mathrm{d}z$ 化为三次积分，其中：

(1)Ω 是由曲面 $z=1-x^2-y^2$，$z=0$ 所围成的闭区域.

(2)Ω 是双曲抛物面 $xy=z$ 及平面 $x+y-1=0$，$z=0$ 所围成的闭区域.

(3)Ω 是由曲面 $z=x^2+2y^2$ 及 $z=2-x^2$ 所围成的闭区域.

练习 3　将三重积分 $I=\iiint_{\Omega}f(x,y,z)\mathrm{d}x\mathrm{d}y\mathrm{d}z$ 化为先计算二重积分再计算定积分的形式，其中 Ω 是由曲面 $z=1-x^2-y^2$，$z=0$ 所围成的闭区域.

2. 利用柱面坐标计算三重积分

设 $M(x,y,z)$ 为空间内一点，并设点 M 在 xOy 面上的投影 P 的极坐标为 $P(\rho,\theta)$，则这样的三个数 ρ，θ，z 就叫作点 M 的柱面坐标(如图 10.39 所示)，规定 ρ，θ，z 的变化范围为

$$0\leqslant\rho<+\infty,\quad 0\leqslant\theta\leqslant 2\pi,\quad -\infty<z<+\infty.$$

相应地，直角坐标与柱面坐标的关系为

$$x=\rho\cos\theta,\quad y=\rho\sin\theta,\quad z=z.$$

三组坐标面分别为

$\rho=$常数，表示以 z 轴为中心轴的圆柱面；

$\theta=$常数，表示过 z 轴的半平面；

$z=$常数，表示平行于 xOy 面的平面.

练习 4　用柱面坐标表示例 1 中的空间闭区域 Ω.

用 $\rho=$常数、$\theta=$常数和 $z=$常数三组坐标面将闭区域 Ω 分割成若干小闭区域. 图 10.40 表示其中一个小闭区域，它是一个高为 $\mathrm{d}z$ 的柱体，近似地可看作一个长方体，相邻的三条棱分别为 $\mathrm{d}\rho$，$\rho\mathrm{d}\theta$，$\mathrm{d}z$. 因此，柱面坐标系中的体积元素为

$$\mathrm{d}v=\rho\mathrm{d}\rho\mathrm{d}\theta\mathrm{d}z.$$

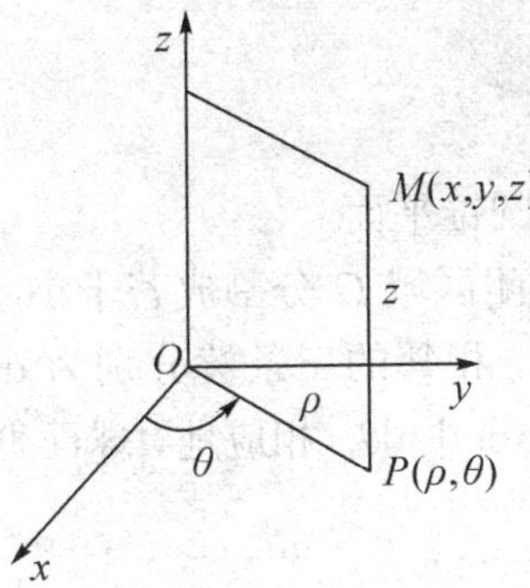

图 10.39

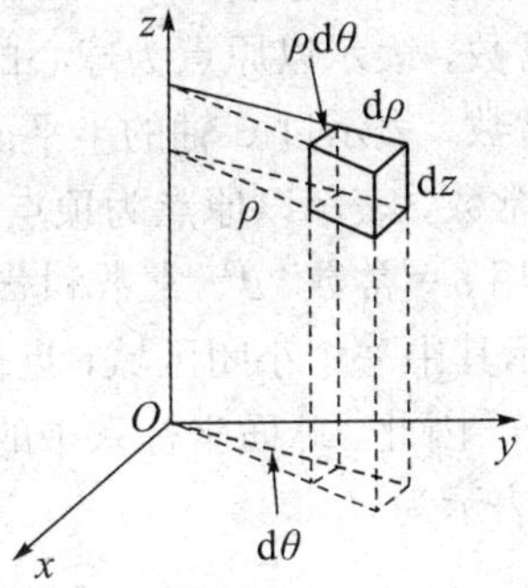

图 10.40

相应地，柱面坐标系中的三重积分为

$$\iiint_{\Omega} f(x,\ y,\ z)\mathrm{d}x\mathrm{d}y\mathrm{d}z = \iiint_{\Omega} f(\rho\cos\theta,\ \rho\sin\theta,\ z)\rho\mathrm{d}\rho\mathrm{d}\theta\mathrm{d}z.$$

例 4　利用柱面坐标计算三重积分$\iiint_{\Omega} z\mathrm{d}x\mathrm{d}y\mathrm{d}z$，其中 Ω 是由曲面 $z = x^2 + y^2$ 与平面 $z = 4$ 所围成的闭区域.

解　闭区域 Ω 可表示为

$$\rho^2 \leqslant z \leqslant 4,\quad 0 \leqslant \rho \leqslant 2,\quad 0 \leqslant \theta \leqslant 2\pi.$$

于是

$$\begin{aligned}\iiint_{\Omega} z\mathrm{d}x\mathrm{d}y\mathrm{d}z &= \iiint_{\Omega} z\rho\mathrm{d}\rho\mathrm{d}\theta\mathrm{d}z \\ &= \int_0^{2\pi}\mathrm{d}\theta\int_0^2\rho\mathrm{d}\rho\int_{\rho^2}^4 z\mathrm{d}z = \frac{1}{2}\int_0^{2\pi}\mathrm{d}\theta\int_0^2\rho(16-\rho^4)\mathrm{d}\rho \\ &= \frac{1}{2}\cdot 2\pi\left[8\rho^2 - \frac{1}{6}\rho^6\right]_0^2 = \frac{64}{3}\pi.\end{aligned}$$

练习 5　计算 $I = \iiint_{\Omega}(x^2 + y^2)\mathrm{d}x\mathrm{d}y\mathrm{d}z$，其中 Ω 是曲线 $y^2 = 2z$，$x = 0$ 绕 Oz 轴旋转一周而成的曲面与两平面 $z = 2$，$z = 8$ 所围的立体.

3. 利用球面坐标计算三重积分

设 $M(x,\ y,\ z)$ 为空间内一点，在 xOy 面上投影为 P（如图 10.41 所示），则点 M 也可用这样三个有次序的数 r，φ，θ 来确定，其中 r 为原点 O 与点 M 间的距离，φ 为$\overrightarrow{OM}$与 z 轴正向所夹的角，θ 为从正 z 轴来看自 x 轴按逆时针方向转到有向线段$\overrightarrow{OP}$的角，这样的三个数 r，φ，θ 叫作点 M 的球面坐标，它们的变化范围为

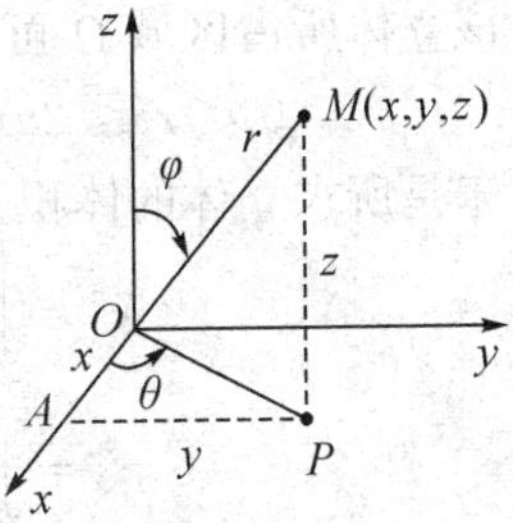

图 10.41

$$0 \leqslant r < +\infty,\quad 0 \leqslant \varphi < \pi,\quad 0 \leqslant \theta \leqslant 2\pi.$$

相应地，点 M 的直角坐标与球面坐标的关系为

$$\begin{cases} x = r\sin\varphi\cos\theta, \\ y = r\sin\varphi\sin\theta, \\ z = r\cos\varphi. \end{cases}$$

三组坐标面分别为

ρ=常数，表示以原点为球心的球面；

θ=常数，表示过 z 轴的半平面；

φ =常数，表示以原点为顶点、以 z 轴为中心轴的圆锥平面.

我们用 ρ=常数、θ=常数和 φ=常数三组坐标面将闭区域 Ω 分割成若干小闭区域. 图 10.42 表示其中一个小闭区域，近似地看作一个长方体，相邻的三条棱分别为 $\mathrm{d}r$，$r\mathrm{d}\varphi$ 以及 $r\sin\varphi\mathrm{d}\theta$. 因此，球面坐标系中的体积元素 $\mathrm{d}v=r^2\sin\varphi\mathrm{d}r\mathrm{d}\varphi\mathrm{d}\theta$. 相应地，球面坐标系中的三重积分表示为

$$\iiint_{\Omega} f(x, y, z)\mathrm{d}v = \iiint_{\Omega} f(r\sin\varphi\cos\theta, r\sin\varphi\sin\theta, r\cos\varphi) r^2\sin\varphi\mathrm{d}r\mathrm{d}\varphi\mathrm{d}\theta.$$

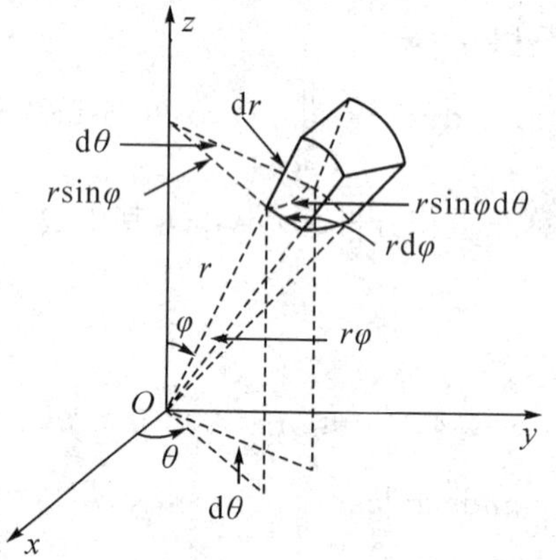

图 10.42

练习 6　用球面坐标表示例 1 中的闭区域 Ω.

例 5　求半径为 a 的球面与半顶角为 α 的内接锥面所围成的立体的体积.

解　如图 10.43 所示，球面的方程为

$$x^2 + y^2 + (z - a)^2 = a^2,$$

在球面坐标下此球面的方程为

$$r^2 = 2ar\cos\varphi,$$

该立体所占区域 Ω 可表示为

$$0 \leqslant r \leqslant 2a\cos\varphi,\quad 0 \leqslant \varphi \leqslant \alpha,\quad 0 \leqslant \theta \leqslant 2\pi.$$

于是所求立体的体积为

$$\begin{aligned} V &= \iiint_{\Omega} \mathrm{d}x\mathrm{d}y\mathrm{d}z = \iiint_{\Omega} r^2\sin\varphi\mathrm{d}r\mathrm{d}\varphi\mathrm{d}\theta \\ &= \int_0^{2\pi}\mathrm{d}\theta\int_0^{\alpha}\mathrm{d}\varphi\int_0^{2a\cos\varphi} r^2\sin\varphi\mathrm{d}r \\ &= 2\pi\int_0^{\alpha}\sin\varphi\mathrm{d}\varphi\int_0^{2a\cos\varphi} r^2\mathrm{d}r \\ &= \frac{16\pi a^3}{3}\int_0^{\alpha}\cos^3\varphi\sin\varphi\mathrm{d}\varphi \\ &= \frac{4\pi a^3}{3}(1-\cos^4 a). \end{aligned}$$

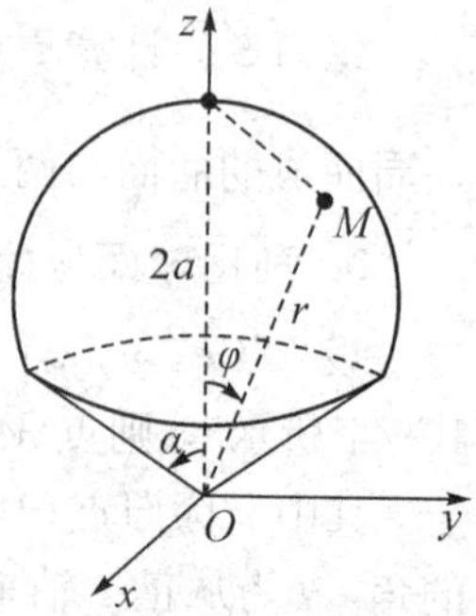

图 10.43

一般地，若积分区域 Ω 关于 xOy 平面对称，且被积函数 $f(x, y, z)$ 是关于 z 的奇函数，则三重积分为 0；若被积函数 $f(x, y, z)$ 是关于 z 的偶函数，则三重积分为 Ω 在 xOy 平面上方的半个闭区域的三重积分的 2 倍.

例 6　利用对称性简化计算 $\iiint\limits_{\Omega}\frac{z\ln(x^2+y^2+z^2+1)}{x^2+y^2+z^2+1}\mathrm{d}x\mathrm{d}y\mathrm{d}z$，其中积分区域 $\Omega=\{(x, y, z)\mid x^2+y^2+z^2\leqslant 1\}$.

解　积分区域 Ω 关于三个坐标面都对称，且被积函数是 z 的奇函数，所以

$$\iiint\limits_{\Omega}\frac{z\ln(x^2+y^2+z^2+1)}{x^2+y^2+z^2+1}\mathrm{d}x\mathrm{d}y\mathrm{d}z=0.$$

例 7　计算三重积分 $\iiint\limits_{\Omega}(x+y+z)^2\mathrm{d}x\mathrm{d}y\mathrm{d}z$，其中 Ω 是由抛物面 $z=x^2+y^2$ 和球面 $x^2+y^2+z^2=2$ 所围成的空间闭区域.

解　因为 $(x+y+z)^2=x^2+y^2+z^2+2(xy+yz+zx)$，其中 $xy+yz$ 是关于 y 的奇函数，且 Ω 关于 zOx 面对称，所以 $\iiint\limits_{\Omega}(xy+yz)\mathrm{d}v=0$. 同理，$zx$ 是关于 x 的奇函数，其中 xz 是关于 x 的奇函数，且 Ω 关于 yOz 面对称，所以 $\iiint\limits_{\Omega}xz\mathrm{d}v=0$. 因此

$$\iiint\limits_{\Omega}(x+y+z)^2\mathrm{d}x\mathrm{d}y\mathrm{d}z=\iiint\limits_{\Omega}(2x^2+z^2)\mathrm{d}x\mathrm{d}y\mathrm{d}z.$$

在柱面坐标下，Ω 表示为

$$0\leqslant\theta\leqslant 2\pi,\quad 0\leqslant r\leqslant 1,\quad r^2\leqslant z\leqslant\sqrt{2-r^2},$$

投影区域为 D_{xy}：$x^2+y^2\leqslant 1$. 所以

$$I=\int_0^{2\pi}\mathrm{d}\theta\int_0^1\mathrm{d}r\int_{r^2}^{\sqrt{2-r^2}}r(2r^2\cos^2\theta+z^2)\mathrm{d}z=\frac{\pi}{60}(90\sqrt{2}-89).$$

习题 10－3

1. 化三重积分 $I=\iiint\limits_{\Omega}f(x, y, z)\mathrm{d}x\mathrm{d}y\mathrm{d}z$ 为三次积分，其中积分区域 Ω 分别如下：

(1) 由双曲抛物面 $xy=z$ 及平面 $x+y-1=0$，$z=0$ 所围成的闭区域；

(2) 由曲面 $z=x^2+y^2$ 及平面 $z=1$ 所围成的闭区域；

(3) 由曲面 $z=x^2+2y^2$ 及 $z=2-x^2$ 所围成的闭区域；

(4) 由曲面 $cz=xy(c>0)$，$\frac{x^2}{a^2}+\frac{y^2}{b^2}=1$，$z=0$ 所围成的在第一卦限内的闭区域.

2. 设有一物体，占有空间闭区域 $\Omega=\{(x, y, z)\mid 0\leqslant x\leqslant 1, 0\leqslant y\leqslant 1, 0\leqslant z\leqslant 1\}$，在点 (x, y, z) 处的密度为 $\rho(x, y, z)=x+y+z$，计算该物体的质量.

3. 如果三重积分 $\iiint\limits_{\Omega}f(x, y, z)\mathrm{d}x\mathrm{d}y\mathrm{d}z$ 的被积函数 $f(x, y, z)$ 是三个函数 $f_1(x)$，$f_2(y)$，$f_3(z)$ 的乘积，即 $f(x, y, z)=f_1(x)\cdot f_2(y)\cdot f_3(z)$，积分区域 $\Omega=\{(x, y, z)\mid a\leqslant x\leqslant b, c\leqslant y\leqslant d, l\leqslant z\leqslant m\}$，证明这个三重积分等于三个单积分的乘积，即

$$\iiint\limits_{\Omega} f_1(x)f_2(y)f_3(z)\mathrm{d}x\mathrm{d}y\mathrm{d}z = \int_a^b f_1(x)\mathrm{d}x\int_c^d f_2(y)\mathrm{d}y\int_l^m f_3(z)\mathrm{d}z.$$

4. 计算 $\iiint\limits_{\Omega} xy^2z^3\mathrm{d}x\mathrm{d}y\mathrm{d}z$，其中 Ω 是由曲面 $z=xy$ 与平面 $y=x$，$x=1$ 和 $z=0$ 所围成的闭区域.

5. 计算 $\iiint\limits_{\Omega} \dfrac{\mathrm{d}x\mathrm{d}y\mathrm{d}z}{(1+x+y+z)^3}$，其中 Ω 为平面 $x=0$，$y=0$，$z=0$，$x+y+z=1$ 所围成的四面体.

6. 计算 $\iiint\limits_{\Omega} xyz\mathrm{d}x\mathrm{d}y\mathrm{d}z$，其中 Ω 为球面 $x^2+y^2+z^2=1$ 及三个坐标面所围成的第一卦限内的闭区域.

7. 计算 $\iiint\limits_{\Omega} xz\mathrm{d}x\mathrm{d}y\mathrm{d}z$，其中 Ω 是由平面 $z=0$，$z=y$，$y=1$ 以及抛物柱面 $y=x^2$ 所围成的闭区域.

8. 计算 $\iiint\limits_{\Omega} z\mathrm{d}x\mathrm{d}y\mathrm{d}z$，其中 Ω 是由锥面 $z=\dfrac{h}{R}\sqrt{x^2+y^2}$ 与平面 $z=h(R>0,h>0)$ 所围成的闭区域.

9. 利用柱面坐标计算下列三重积分.

(1) $\iiint\limits_{\Omega} z\mathrm{d}v$，其中 Ω 是由曲面 $z=\sqrt{2-x^2-y^2}$ 及 $z=x^2+y^2$ 所围成的闭区域；

(2) $\iiint\limits_{\Omega} (x^2+y^2)\mathrm{d}v$，其中 Ω 是由曲面 $x^2+y^2=2z$ 及平面 $z=2$ 所围成的闭区域.

10. 利用球面坐标计算下列三重积分.

(1) $\iiint\limits_{\Omega} (x^2+y^2+z^2)\mathrm{d}v$，其中 Ω 是由球面 $x^2+y^2+z^2=1$ 所围成的闭区域；

(2) $\iiint\limits_{\Omega} z\mathrm{d}v$，其中闭区域 Ω 由不等式 $x^2+y^2+(z-a)^2\leqslant a^2$，$x^2+y^2\leqslant z^2$ 所确定.

11. 选用适当的坐标计算下列三重积分.

(1) $\iiint\limits_{\Omega} xy\mathrm{d}v$，其中 Ω 为柱面 $x^2+y^2=1$ 及平面 $z=1$，$z=0$，$x=0$，$y=0$ 所围成的第一卦限内的闭区域；

*(2) $\iiint\limits_{\Omega} \sqrt{x^2+y^2+z^2}\mathrm{d}v$，其中 Ω 是由球面 $x^2+y^2+z^2=z$ 所围成的闭区域；

(3) $\iiint\limits_{\Omega} (x^2+y^2)\mathrm{d}v$，其中 Ω 是由曲面 $4z^2=25(x^2+y^2)$ 及平面 $z=5$ 所围成的闭区域；

*(4) $\iiint\limits_{\Omega} (x^2+y^2)\mathrm{d}v$，其中闭区域 Ω 由不等式 $0<a\leqslant\sqrt{x^2+y^2+z^2}\leqslant A$，$z\geqslant 0$ 所确定.

12. 利用三重积分计算下列由曲面所围成的立体的体积.

(1) $z=6-x^2-y^2$ 及 $z=\sqrt{x^2+y^2}$；

*(2) $x^2+y^2+z^2=2az(a>0)$ 及 $x^2+y^2=z^2$（含有 z 轴的部分）；

(3) $z=\sqrt{x^2+y^2}$ 及 $z=x^2+y^2$；

(4) $z=\sqrt{5-x^2-y^2}$ 及 $x^2+y^2=4z$.

*13. 求球体 $r\leqslant a$ 位于锥面 $\varphi=\frac{\pi}{3}$ 和 $\varphi=\frac{2}{3}\pi$ 之间的部分的体积.

14. 求上、下分别为球面 $x^2+y^2+z^2=2$ 和抛物面 $z=x^2+y^2$ 所围立体的体积.

*15. 球心在原点、半径为 R 的球体，在其上任意一点的密度的大小与这点到球心的距离成正比，求这球体的质量.

§10.4 含参变量的积分

在《高等数学(上册)》中，我们讨论了积分限函数 $\int_a^x f(t)\mathrm{d}t$ 的性质，这节讨论含参变量的积分. 设 $f(x,y)$ 是矩形区域 $R=[a,b;c,d]$ 上的连续函数，对给定的 $x_0\in[a,b]$，$f(x_0,y)$ 是关于变量 y 在 $[c,d]$ 上的一元连续函数，因此，

$$\int_c^d f(x_0,y)\mathrm{d}y$$

存在，且这个积分的值依赖于 x_0. 当 x_0 变化时，这个积分确定了一个定义在 $[a,b]$ 上关于 x 的函数. 记为

$$\varphi(x)=\int_c^d f(x,y)\mathrm{d}y, \tag{10.2}$$

式中，$a\leqslant x\leqslant b$. 由于 x 在积分过程中看作常量，通常称为参变量，相应的积分式(10.2)右端叫作含参变量的积分.

例 1 计算 $\varphi(x)=\int_0^1 \mathrm{e}^{xy}\mathrm{d}y$，并讨论 $\varphi(x)$ 的连续性.

解 把 x 看作常数，则当 $x=0$ 时，$\varphi(0)=1$；当 $x\neq 0$ 时，

$$\varphi(x)=\int_0^1 \mathrm{e}^{xy}\mathrm{d}y=\frac{1}{x}\int_0^1 \mathrm{e}^{xy}\mathrm{d}(xy)=\frac{1}{x}\mathrm{e}^{xy}\Big|_0^1=\frac{1}{x}(\mathrm{e}^x-1).$$

因为

$$\lim_{x\to 0}\varphi(x)=\lim_{x\to 0}\frac{\mathrm{e}^x-1}{x}=1=\varphi(0),$$

所以 $\varphi(x)$ 在 $(-\infty,\infty)$ 上连续.

下面讨论含参变量积分(10.2)的一些性质.

定理 1 如果 $f(x,y)$ 在 $[a,b;c,d]$ 上连续，那么 $\varphi(x)=\int_c^d f(x,y)\mathrm{d}y$ 在 $[a,b]$ 上连续.

证明 设 x 和 $x+\Delta x$ 是 $[a,b]$ 上任两点，则

$$\begin{aligned}\Delta\varphi(x)&=\varphi(x+\Delta x)-\varphi(x)\\&=\int_c^d[f(x+\Delta x,y)-f(x,y)]\mathrm{d}y.\end{aligned}$$

由于 $f(x,y)$ 在闭区域 $D=[a,b;c,d]$ 上连续，从而一致连续. 因此对任意 $\varepsilon>0$，存

在$\delta>0$,使得对任两点$P_1(x_1, y_1)$,$P_2(x_2, y_2)$,只要满足$|P_1P_2|=\sqrt{(x_2-x_1)^2+(y_2-y_1)^2}<\delta$,就有

$$|f(x_2, y_2)-f(x_1, y_1)|<\varepsilon.$$

特别地,当$|\Delta x|<\delta$时,有

$$|f(x+\Delta x, y)-f(x, y)|<\varepsilon.$$

因此

$$\begin{aligned}|\Delta\varphi(x)| &= \left|\int_c^d[f(x+\Delta x, y)-f(x, y)]\mathrm{d}y\right| \\ &\leqslant \int_c^d|f(x+\Delta x, y)-f(x, y)|\mathrm{d}y<\varepsilon(d-c).\end{aligned}$$

所以$\varphi(x)$在$[a, b]$上连续.

既然$\varphi(x)$在$[a, b]$上连续,那么它在$[a, b]$上可积,即

$$\begin{aligned}\int_a^b\varphi(x)\mathrm{d}x &= \int_a^b\left[\int_c^d f(x, y)\mathrm{d}y\right]\mathrm{d}x=\int_a^b\mathrm{d}x\int_c^d f(x, y)\mathrm{d}y \\ &= \iint_D f(x, y)\mathrm{d}x\mathrm{d}y=\int_c^d\mathrm{d}y\int_a^b f(x, y)\mathrm{d}x.\end{aligned}$$

因此有下面的定理.

定理 2　如果$f(x, y)$在$D=[a, b; c, d]$上连续,则

$$\int_a^b\mathrm{d}x\int_c^d f(x, y)\mathrm{d}y=\int_c^d\mathrm{d}y\int_a^b f(x, y)\mathrm{d}x.$$

下面考虑含参变量积分(10.2)确定的函数$\varphi(x)$的可微性.

定理 3　如果$f(x, y)$及偏导数$\dfrac{\partial f}{\partial x}(x, y)$都在$D=[a, b; c, d]$上连续,则$\varphi(x)=\int_c^d f(x, y)\mathrm{d}y$在$[a, b]$上可导,且

$$\varphi'(x)=\frac{\mathrm{d}}{\mathrm{d}x}\int_c^d f(x, y)\mathrm{d}y=\int_c^d\frac{\partial}{\partial x}f(x, y)\mathrm{d}y.$$

在一些实际问题中,不仅被积函数含有参变量,而且积分限也依赖于这个参变量,即

$$\varphi(x)=\int_{\alpha(x)}^{\beta(x)}f(x, y)\mathrm{d}y.$$

定理 4　如果$f(x, y)$在$D=[a, b; c, d]$上连续,$\alpha(x)$,$\beta(x)$在$[a, b]$上连续,且$c\leqslant\alpha(x)$,$\beta(x)\leqslant d$,则$\varphi(x)=\int_{\alpha(x)}^{\beta(x)}f(x, y)\mathrm{d}y$在$[a, b]$上连续.

进一步,如果$\dfrac{\partial f}{\partial x}$在$D$上连续,$\alpha(x)$,$\beta(x)$在$[a, b]$上可导,则$\varphi(x)$在$[a, b]$上可导,且

$$\begin{aligned}\varphi'(x) &= \frac{\mathrm{d}}{\mathrm{d}x}\int_{\alpha(x)}^{\beta(x)}f(x, y)\mathrm{d}y \\ &= f[x, \beta(x)]\beta'(x)-f[x, \alpha(x)]\alpha'(x)+\int_{\alpha(x)}^{\beta(x)}\frac{\partial f}{\partial x}(x, y)\mathrm{d}y.\end{aligned}$$

例 2　设$\varphi(x)=\int_x^{x^2}\dfrac{\sin(xy)}{y}\mathrm{d}y$,求$\varphi'(x)$.

$$\varphi'(x)=\frac{\sin x^3}{x^2}\cdot 2x-\frac{\sin x^2}{x}\cdot 1+\int_x^{x^2}\cos(xy)\mathrm{d}y$$

$$= \frac{1}{x}(3\sin x^3 - 2\sin x^2).$$

例3　计算定积分 $I = \int_0^1 \frac{\ln(1+x)}{1+x^2}\mathrm{d}x$.

解　考虑含参变量 α 的积分所确定的函数

$$\varphi(\alpha) = \int_0^1 \frac{\ln(1+\alpha x)}{1+x^2}\mathrm{d}x.$$

显然 $\varphi(0)=0$，$\varphi(1)=I$，根据定理4，得

$$\begin{aligned}\varphi'(\alpha) &= \int_0^1 \frac{x}{(1+\alpha x)(1+x^2)}\mathrm{d}x \\ &= \int_0^1 \frac{1}{1+\alpha^2}\left(\frac{-\alpha}{1+\alpha x} + \frac{\alpha + x}{1+x^2}\right)\mathrm{d}x \\ &= \frac{1}{1+\alpha^2}\left[\frac{1}{2}\ln 2 + \frac{\pi}{4}\alpha - \ln(1+\alpha)\right].\end{aligned}$$

上式在[0，1]上对 α 积分，得

$$\begin{aligned}I &= \varphi(1) - \varphi(0) = \int_0^1 \varphi'(\alpha)\mathrm{d}\alpha \\ &= \int_0^1 \frac{1}{1+\alpha^2}\left[\frac{1}{2}\ln 2 + \frac{\pi}{4}\alpha - \ln(1+\alpha)\right]\mathrm{d}\alpha \\ &= \frac{\pi}{4}\ln 2 - I\,.\end{aligned}$$

所以

$$I = \frac{\pi}{8}\ln 2.$$

习题 10－4

1. 求下列含参变量的积分所确定的函数的极限.

(1) $\lim\limits_{x\to 0}\int_x^{1+x}(1+x^2+y^2)\mathrm{d}y$.　　(2) $\lim\limits_{x\to 0}\int_0^2 y^2\cos(xy)\mathrm{d}y$.

2. 求下列函数的导数.

(1) $\varphi(x) = \int_{\sin x}^{\cos x}(y^2\sin x - y^3)\mathrm{d}y$；　　(2) $\varphi(x) = \int_0^x \frac{\ln(1+xy)}{y}\mathrm{d}y$；

(3) $\varphi(x) = \int_{x^2}^{x^3}\arctan\frac{y}{x}\mathrm{d}y$；　　(4) $\varphi(x) = \int_x^{x^2} \mathrm{e}^{-xy^2}\mathrm{d}x$.

3. 设 $F(x) = \int_0^x (x+y)f(y)\mathrm{d}y$，其中 $f(y)$ 为可导函数. 求 $F''(x)$.

4. 计算.

(1) $I = \int_0^{\frac{\pi}{2}} \ln\frac{1+a\cos x}{1-a\cos x}\cdot\frac{\mathrm{d}x}{\cos x}$　$(|a|<1)$；

(2) $I = \int_0^{\frac{\pi}{2}} \ln(\cos^2 x + a^2\sin^2 x)\mathrm{d}x$　$(a>0)$；

(3) $I = \int_0^1 \frac{\arctan x}{x}\frac{\mathrm{d}x}{\sqrt{1-x^2}}$；

(4) $I=\int_0^1 \sin(\ln \frac{1}{x})\frac{x^b-x^a}{\ln x}\mathrm{d}x \quad (0<a<b).$

§10.5　重积分的应用

许多求总量的问题可以用定积分或重积分的元素法来处理. 以二重积分为例，要计算的某个量U对于平面闭区域D具有可加性，即当闭区域D分成许多小闭区域时所求量U相应地分成许多部分量，并且U等于部分量之和. 在闭区域D内任取包含点$P(x,y)$的一个直径很小的闭区域$\mathrm{d}\sigma$，相应的部分量可近似地表示为$f(x,y)\mathrm{d}\sigma$的形式，则称$f(x,y)\mathrm{d}\sigma$为所求量U的元素，记为$\mathrm{d}U$，以它为被积表达式，在闭区域D上积分就是所求量的积分表达式，即

$$U=\iint_D f(x,y)\mathrm{d}\sigma.$$

§10.5.1　曲面的面积

先讨论空间平面Π中有界闭区域的面积及其在xOy面上投影面的面积的关系. 设平面Π与xOy面的夹角为θ $\left(0\leqslant\theta\leqslant\frac{\pi}{2}\right)$，即平面$\Pi$方向向上的法向量与$z$轴单位向量$\boldsymbol{k}$的夹角为$\theta$. 为了方便，取平面$\Pi$上一个矩形区域$A$，其边界与$x$轴或$y$轴平行(如图10.44所示)，则矩形区域$A$的面积为

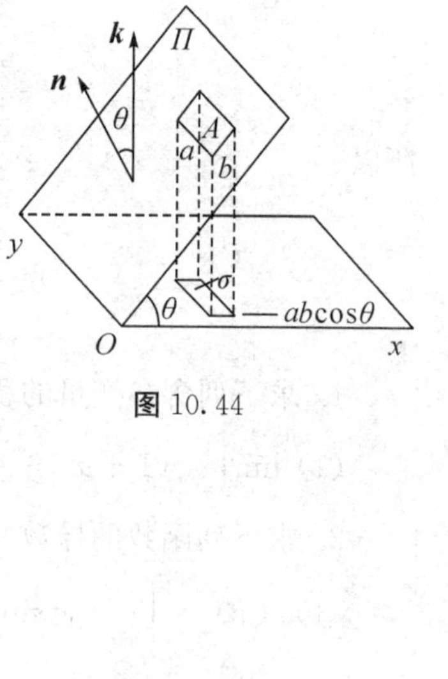

图 10.44

$$A=ab,$$

在xOy面上投影面的面积为

$$\sigma=ab\cos\theta.$$

即

$$A=\frac{\sigma}{\cos\theta}$$

或

$$\sigma=A\cos\theta.$$

由相似性，对任意的区域A，这种关系也成立.

下面讨论空间曲面的情形. 设曲面S由一阶连续可导函数$z=f(x,y)$确定，在xOy面上的投影区域为D，求曲面的面积S.

在区域D内任取一点$P(x,y)$，并在区域D内取一包含点$P(x,y)$的小闭区域$\mathrm{d}\sigma$，其面积记为$\mathrm{d}\sigma$. 在曲面S上点$M(x,y,f(x,y))$处作曲面S的切平面T，再作以小区域$\mathrm{d}\sigma$的边界曲线为准线且母线平行于z轴的柱面(如图10.45所示). 将含于柱面内的小块切平面的面积记为$\mathrm{d}A$，相应的小块曲面的面积记为$\mathrm{d}S$，则

$$\lim_{\lambda\to 0}\frac{\mathrm{d}S}{\mathrm{d}A}=1,$$

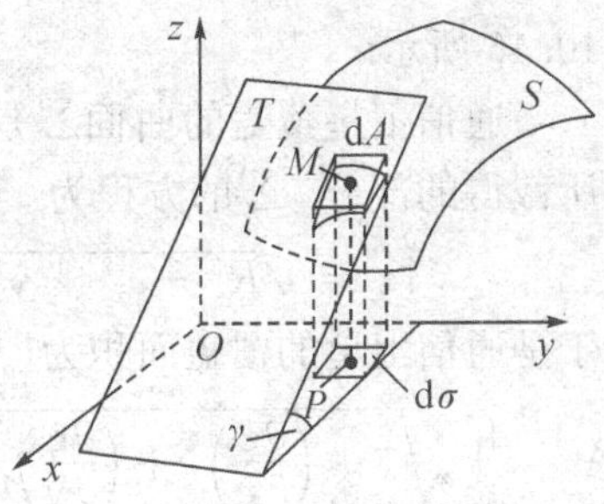

图 10.45

式中，λ 是 $\mathrm{d}\sigma$ 的直径. 注意到曲面 S 在点 $P(x, y)$ 方向向上的法向量为

$$\boldsymbol{n}=(-f_x, -f_y, 1),$$

与单位向量 $\boldsymbol{k}$ 的夹角的余弦为

$$\cos\theta=\frac{\boldsymbol{n}\cdot\boldsymbol{k}}{|\boldsymbol{n}||\boldsymbol{k}|}=\frac{1}{\sqrt{1+f_x^2(x, y)+f_y^2(x, y)}}.$$

所以有

$$\mathrm{d}A=\frac{\mathrm{d}\sigma}{\cos\theta}=\sqrt{1+f_x^2(x, y)+f_y^2(x, y)}\,\mathrm{d}\sigma,$$

这就是曲面 S 的面积元素. 于是曲面 S 的面积为

$$A=\iint_D\sqrt{1+f_x^2(x, y)+f_y^2(x, y)}\,\mathrm{d}\sigma.$$

若曲面方程为 $x=g(y, z)$ 或 $y=h(z, x)$，则曲面的面积为

$$A=\iint_{D_{yz}}\sqrt{1+g_y^2(y, z)+g_z^2(y, z)}\,\mathrm{d}y\mathrm{d}z$$

或

$$A=\iint_{D_{zx}}\sqrt{1+h_z^2(z, x)+h_x^2(z, x)}\,\mathrm{d}z\mathrm{d}x,$$

式中，D_{yz} 是曲面在 yOz 面上的投影区域，D_{zx} 是曲面在 zOx 面上的投影区域.

例 1　求半径为 R 的球体表面积.

解　上半球面方程为 $z=\sqrt{R^2-x^2-y^2}$，$x^2+y^2\leqslant R^2$. 求导，得

$$f_x=\frac{-x}{\sqrt{R^2-x^2-y^2}},\quad f_y=\frac{-y}{\sqrt{R^2-x^2-y^2}}.$$

因为 z 对 x 和对 y 的偏导数在 D：$x^2+y^2\leqslant R^2$ 上无界，所以上半球面面积不能直接求出. 因此先求在区域 D_1：$x^2+y^2\leqslant a^2(a<R)$ 上的部分球面面积，然后取极限，即

$$\begin{aligned}A&=\iint_D\sqrt{1+f_x^2(x, y)+f_y^2(x, y)}\,\mathrm{d}\sigma\\&=\iint_{x^2+y^2\leqslant a^2}\frac{R}{\sqrt{R^2-x^2-y^2}}\mathrm{d}x\mathrm{d}y\\&=R\int_0^{2\pi}\mathrm{d}\theta\int_0^a\frac{r\mathrm{d}r}{\sqrt{R^2-r^2}}=2\pi R(R-\sqrt{R^2-a^2}).\end{aligned}$$

于是上半球面面积为

$$\lim_{a\to R}2\pi R(R-\sqrt{R^2-a^2})=2\pi R^2.$$

整个球面面积为

$$A=2A_1=4\pi R^2.$$

例 2　设有一颗地球同步轨道通信卫星，距地面的高度为 $h=36\ 000$ km，运行的角速度与地球自转的角速度相同. 试计算该通信卫星的覆盖面积与地球表面积的比值(地球半径 $R=6\ 400$ km).

解　取地心为坐标原点，地心到通信卫星中心的连线为 z 轴，建立坐标系，如图

10.46 所示.

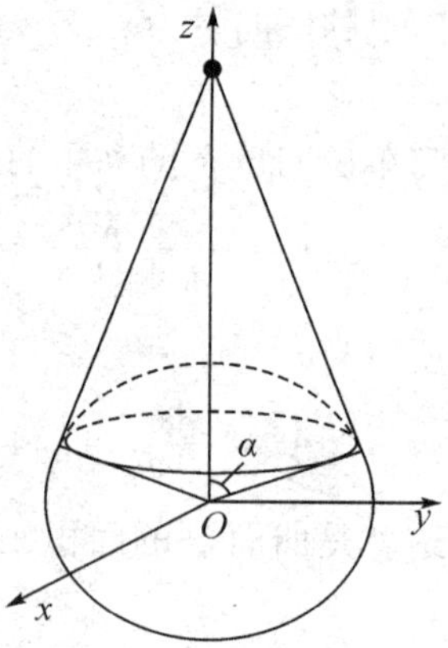

图 10.46

通信卫星覆盖的曲面Σ是上半球面被半顶角为 α 的圆锥面所截得的部分. Σ的方程为

$$z=\sqrt{R^2-x^2-y^2},\quad x^2+y^2\leqslant R^2\sin^2\alpha.$$

于是通信卫星的覆盖面积为

$$A=\iint_{D_{xy}}\sqrt{1+\left(\frac{\partial z}{\partial x}\right)^2+\left(\frac{\partial z}{\partial y}\right)^2}\,\mathrm{d}x\mathrm{d}y=\iint_{D_{xy}}\frac{R}{\sqrt{R^2-x^2-y^2}}\mathrm{d}x\mathrm{d}y.$$

式中，$D_{xy}: x^2+y^2\leqslant R^2\sin^2\alpha$ 是曲面Σ在 xOy 面上的投影区域.

利用极坐标，得

$$\begin{aligned}A&=\int_0^{2\pi}\mathrm{d}\theta\int_0^{R\sin\alpha}\frac{R}{\sqrt{R^2-\rho^2}}\rho\mathrm{d}\rho\\&=2\pi R\int_0^{R\sin\alpha}\frac{\rho}{\sqrt{R^2-\rho^2}}\mathrm{d}\rho=2\pi R^2(1-\cos\alpha).\end{aligned}$$

由于 $\cos\alpha=\dfrac{R}{R+h}$，代入上式得

$$A=2\pi R^2\left(1-\frac{R}{R+h}\right)=2\pi R^2\frac{h}{R+h}.$$

由此得这颗通信卫星的覆盖面积与地球表面积之比为

$$\frac{A}{4\pi R^2}=\frac{h}{2(R+h)}=\frac{36\times10^6}{2(36+6.4)\times10^6}\approx 42.5\%.$$

由以上结果可知，卫星覆盖了全球$\dfrac{1}{3}$以上的面积，故使用三颗相隔$\dfrac{2}{3}\pi$角度的通信卫星就可以覆盖几乎地球全部表面.

§10.5.2 质心

设有一平面薄片，占有 xOy 面上的闭区域 D，在点 $P(x, y)$处的面密度为 $\mu(x, y)$，假定 $\mu(x, y)$在 D 上连续. 现在要求该薄片的质心坐标.

在闭区域 D 上任取一点 $P(x, y)$，及包含点 $P(x, y)$的直径很小的闭区域 $\mathrm{d}\sigma$(其面积也记为 $\mathrm{d}\sigma$)，则平面薄片对 x 轴和对 y 轴的力矩(仅考虑大小)元素分别为

$$\mathrm{d}M_x=y\mu(x, y)\mathrm{d}\sigma,\quad \mathrm{d}M_y=x\mu(x, y)\mathrm{d}\sigma.$$

平面薄片对 x 轴和对 y 轴的力矩分别为

$$M_x=\iint_D y\mu(x, y)\mathrm{d}\sigma,\quad M_y=\iint_D x\mu(x, y)\mathrm{d}\sigma.$$

设平面薄片的质心坐标为$(\bar{x}, \bar{y})$，平面薄片的质量为 M，则有

$$\bar{x}\cdot M=M_y,\quad \bar{y}\cdot M=M_x.$$

于是

$$\bar{x}=\frac{M_y}{M}=\frac{\iint_D x\mu(x, y)\mathrm{d}\sigma}{\iint_D \mu(x, y)\mathrm{d}\sigma},\quad \bar{y}=\frac{M_x}{M}=\frac{\iint_D y\mu(x, y)\mathrm{d}\sigma}{\iint_D \mu(x, y)\mathrm{d}\sigma}.$$

如果平面薄片是均匀的，即面密度是常数，则平面薄片的质心(称为形心)的公式为

$$\bar{x}=\frac{\iint\limits_{D}x\,\mathrm{d}\sigma}{\iint\limits_{D}\mathrm{d}\sigma},\quad \bar{y}=\frac{\iint\limits_{D}y\,\mathrm{d}\sigma}{\iint\limits_{D}\mathrm{d}\sigma}.$$

例 3　求位于两圆 $\rho=2\sin\theta$ 和 $\rho=4\sin\theta$ 之间的均匀薄片的质心.

解　因为闭区域 D 对称于 y 轴，所以质心 $C(\bar{x},\bar{y})$ 必位于 y 轴上，于是 $\bar{x}=0$，如图 10.47 所示. 因为

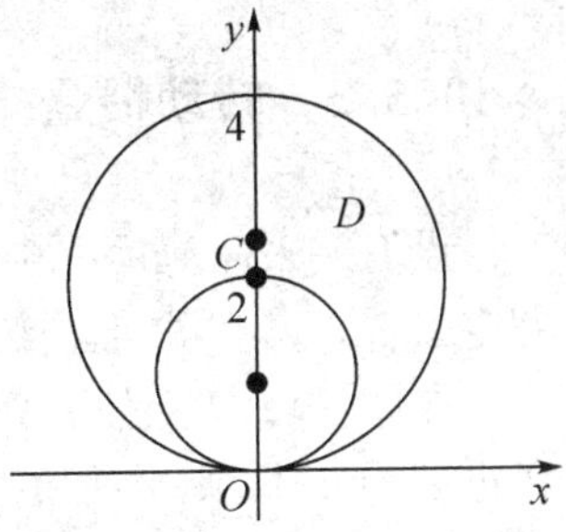

图 10.47

$$\iint\limits_{D}y\,\mathrm{d}\sigma=\iint\limits_{D}\rho^{2}\sin\theta\,\mathrm{d}\rho\,\mathrm{d}\theta=\int_{0}^{\pi}\sin\theta\,\mathrm{d}\theta\int_{2\sin\theta}^{4\sin\theta}\rho^{2}\,\mathrm{d}\rho=7\pi,$$

$$\iint\limits_{D}\mathrm{d}\sigma=\pi\cdot 2^{2}-\pi\cdot 1^{2}=3\pi,$$

所以

$$\bar{y}=\frac{\iint\limits_{D}y\,\mathrm{d}\sigma}{\iint\limits_{D}\mathrm{d}\sigma}=\frac{7\pi}{3\pi}=\frac{7}{3}.$$

所求质心是 $C\left(0,\frac{7}{3}\right)$.

类似地，占有空间闭区域 Ω、在点 (x,y,z) 处的密度为连续函数 $\rho(x,y,z)$ 的物体的质心坐标是

$$\bar{x}=\frac{1}{M}\iiint\limits_{\Omega}x\rho(x,y,z)\,\mathrm{d}v,\quad \bar{y}=\frac{1}{M}\iiint\limits_{\Omega}y\rho(x,y,z)\,\mathrm{d}v,\quad \bar{z}=\frac{1}{M}\iiint\limits_{\Omega}z\rho(x,y,z)\,\mathrm{d}v,$$

式中，$M=\iiint\limits_{\Omega}\rho(x,y,z)\,\mathrm{d}v$.

例 4　求均匀半球体的质心.

解　取半球体的对称轴为 z 轴，原点取在球心上，又设球半径为 a，则半球体所占空间闭区可表示为

$$\Omega=\{(x,y,z)\mid x^{2}+y^{2}+z^{2}\leqslant a^{2},\ z\geqslant 0\}.$$

显然，质心在 z 轴上，故 $\bar{x}=\bar{y}=0$.

(用球面坐标来计算)因为 Ω：$0\leqslant r\leqslant a$，$0\leqslant\varphi\leqslant\frac{\pi}{2}$，$0\leqslant\theta\leqslant 2\pi$，所以

$$\iiint\limits_{\Omega}\mathrm{d}v=\int_{0}^{\frac{\pi}{2}}\mathrm{d}\varphi\int_{0}^{2\pi}\mathrm{d}\theta\int_{0}^{a}r^{2}\sin\varphi\,\mathrm{d}r=\int_{0}^{\frac{\pi}{2}}\sin\varphi\,\mathrm{d}\varphi\int_{0}^{2\pi}\mathrm{d}\theta\int_{0}^{a}r^{2}\,\mathrm{d}r=\frac{2\pi a^{3}}{3},$$

$$\begin{aligned}\iiint\limits_{\Omega}z\,\mathrm{d}v&=\int_{0}^{\frac{\pi}{2}}\mathrm{d}\varphi\int_{0}^{2\pi}\mathrm{d}\theta\int_{0}^{a}r\cos\varphi\cdot r^{2}\sin\varphi\,\mathrm{d}r\\&=\frac{1}{2}\int_{0}^{\frac{\pi}{2}}\sin 2\varphi\,\mathrm{d}\varphi\int_{0}^{2\pi}\mathrm{d}\theta\int_{0}^{a}r^{3}\,\mathrm{d}r=\frac{1}{2}\cdot 2\pi\cdot\frac{a^{4}}{4}.\end{aligned}$$

因此

$$\bar{z}=\frac{\iiint\limits_{\Omega} z\rho \mathrm{d}v}{\iiint\limits_{\Omega} \rho \mathrm{d}v}=\frac{\iiint\limits_{\Omega} z \mathrm{d}v}{\iiint\limits_{\Omega} \mathrm{d}v}=\frac{3a}{8}.$$

即质心为$\left(0,\ 0,\ \frac{3a}{8}\right)$.

§10.5.3 转动惯量

设有一平面薄片，占有 xOy 面上的闭区域 D，在点 $P(x,\ y)$处的面密度为 $\mu(x,\ y)$，假定 $\mu(x,\ y)$在 D 上连续. 现在要求该薄片对于 x 轴的转动惯量和 y 轴的转动惯量.

在闭区域 D 上任取一点 $P(x,\ y)$，及包含点 $P(x,\ y)$的一直径很小的闭区域 $\mathrm{d}\sigma$(其面积也记为 $\mathrm{d}\sigma$)，则平面薄片对于 x 轴的转动惯量和 y 轴的转动惯量的元素分别为

$$\mathrm{d}I_x=y^2\mu(x,\ y)\mathrm{d}\sigma,\quad \mathrm{d}I_y=x^2\mu(x,\ y)\mathrm{d}\sigma.$$

整片平面薄片对于 x 轴的转动惯量和 y 轴的转动惯量分别为

$$I_x=\iint\limits_{D} y^2\mu(x,\ y)\mathrm{d}\sigma,\quad I_y=\iint\limits_{D} x^2\mu(x,\ y)\mathrm{d}\sigma.$$

例 5 求半径为 a 的均匀半圆薄片(面密度为常量 μ)对其直径边的转动惯量.

解 取坐标系如图 10.48 所示，则薄片所占闭区域 D 可表示为

$$D=\{(x,\ y)\mid x^2+y^2\leqslant a^2,\ y\geqslant 0\}.$$

而所求转动惯量即半圆薄片对于 x 轴的转动惯量 I_x 为

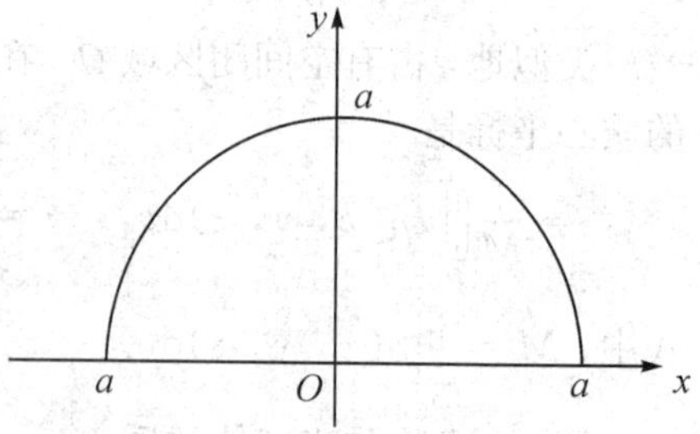

图 10.48

$$\begin{aligned}I_x&=\iint\limits_{D}\mu y^2\mathrm{d}\sigma=\mu\iint\limits_{D}\rho^2\sin^2\theta\cdot\rho\mathrm{d}\rho\mathrm{d}\theta\\&=\mu\int_0^{\pi}\sin^2\theta\mathrm{d}\theta\int_0^a\rho^3\mathrm{d}\rho=\mu\cdot\frac{a^4}{4}\int_0^{\pi}\sin^2\theta\mathrm{d}\theta\\&=\frac{1}{4}\mu a^4\cdot\frac{\pi}{2}=\frac{1}{4}Ma^2,\end{aligned}$$

式中，$M=\frac{1}{2}\pi a^2\mu$ 为半圆薄片的质量.

类似地，占有空间有界闭区域 Ω、在点$(x,\ y,\ z)$处的密度为 $\rho(x,\ y,\ z)$的物体对于 x 轴、y 轴、z 轴的转动惯量为

$$I_x=\iiint\limits_{\Omega}(y^2+z^2)\rho(x,\ y,\ z)\mathrm{d}v,$$

$$I_y=\iiint\limits_{\Omega}(z^2+x^2)\rho(x,\ y,\ z)\mathrm{d}v,$$

$$I_z=\iiint\limits_{\Omega}(x^2+y^2)\rho(x,\ y,\ z)\mathrm{d}v.$$

例 6 求密度为 ρ 的均匀球体对于过球心的一条轴 l 的转动惯量.

解 取球心为坐标原点，z 轴与轴 l 重合，又设球的半径为 a，则球体所占空间闭区域

为

$$\Omega = \{(x, y, z) \mid x^2 + y^2 + z^2 \leqslant a^2\}.$$

所求转动惯量即球体对于 z 轴的转动惯量 I_z 为

$$\begin{aligned}
I_z &= \iiint_{\Omega} (x^2 + y^2)\rho \mathrm{d}v \\
&= \rho \iiint_{\Omega} (r^2 \sin^2\varphi \cos^2\theta + r^2 \sin^2\varphi \sin^2\theta) r^2 \sin\varphi \mathrm{d}r \mathrm{d}\varphi \mathrm{d}\theta \\
&= \rho \iiint_{\Omega} r^4 \sin^3\varphi \mathrm{d}r \mathrm{d}\varphi \mathrm{d}\theta = \rho \int_0^{2\pi} \mathrm{d}\theta \int_0^{\pi} \sin^3\varphi \mathrm{d}\varphi \int_0^a r^4 \mathrm{d}r \\
&= \frac{8}{15}\pi a^5 \rho = \frac{2}{5} a^2 M,
\end{aligned}$$

式中，$M = \frac{4}{3}\pi a^3 \rho$ 为球体的质量.

§10.5.4　引力

我们讨论空间一物体对于物体外一点 $P_0(x_0, y_0, z_0)$ 处的单位质量的质点的引力问题. 设物体占有空间有界闭区域 Ω，它在点 (x, y, z) 处的密度为 $\rho(x, y, z)$，并假定 $\rho(x, y, z)$ 在 Ω 上连续.

在物体内任取一点 (x, y, z) 及包含该点的一直径很小的闭区域 $\mathrm{d}v$（其体积也记为 $\mathrm{d}v$）. 把这一小块物体的质量 $\rho\mathrm{d}v$ 近似地看作集中在点 (x, y, z) 处. 这一小块物体对位于 $P_0(x_0, y_0, z_0)$ 处的单位质量的质点的引力近似地为

$$\begin{aligned}
\mathrm{d}\boldsymbol{F} &= (\mathrm{d}F_x, \mathrm{d}F_y, \mathrm{d}F_z) \\
&= \left(G\frac{\rho(x, y, z)(x - x_0)}{r^3}\mathrm{d}v, G\frac{\rho(x, y, z)(y - y_0)}{r^3}\mathrm{d}v, G\frac{\rho(x, y, z)(z - z_0)}{r^3}\mathrm{d}v\right),
\end{aligned}$$

式中，$r = \sqrt{(x - x_0)^2 + (y - y_0)^2 + (z - z_0)^2}$，$\mathrm{d}F_x$，$\mathrm{d}F_y$，$\mathrm{d}F_z$ 为引力元素 $\mathrm{d}\boldsymbol{F}$ 在三个坐标轴上的分量，G 为引力常数. 将 $\mathrm{d}F_x$，$\mathrm{d}F_y$，$\mathrm{d}F_z$ 在 Ω 上分别积分，即可得 F_x，F_y，F_z，从而得 $\boldsymbol{F} = (F_x, F_y, F_z)$.

例 7　设半径为 R 的匀质球占有空间闭区域 $\Omega = \{(x, y, z) \mid x^2 + y^2 + z^2 \leqslant R^2\}$. 求它对于位于点 $M_0(0, 0, a)$ $(a > R)$ 处的单位质量的质点的引力.

解　设球的密度为 ρ_0，由球体的对称性及质量分布的均匀性知 $F_x = F_y = 0$，所求引力沿 z 轴的分量为

$$\begin{aligned}
F_z &= \iiint_{\Omega} G\rho_0 \frac{z - a}{[x^2 + y^2 + (z - a)^2]^{3/2}} \mathrm{d}v \\
&= G\rho_0 \int_{-R}^{R} (z - a)\mathrm{d}z \iint_{x^2 + y^2 \leqslant R^2 - z^2} \frac{\mathrm{d}x\mathrm{d}y}{[x^2 + y^2 + (z - a)^2]^{3/2}} \\
&= G\rho_0 \int_{-R}^{R} (z - a)\mathrm{d}z \int_0^{2\pi} \mathrm{d}\theta \int_0^{\sqrt{R^2 - z^2}} \frac{\rho \mathrm{d}\rho}{[\rho^2 + (z - a)^2]^{3/2}} \\
&= 2\pi G\rho_0 \int_{-R}^{R} (z - a)\left(\frac{1}{a - z} - \frac{1}{\sqrt{R^2 - 2az + a^2}}\right)\mathrm{d}z
\end{aligned}$$

$$= 2\pi G\rho_0\left[-2R + \frac{1}{a}\int_{-R}^{R}(z-a)\,\mathrm{d}\sqrt{R^2-2az+a^2}\right]$$
$$= 2G\pi\rho_0\left(-2R+2R-\frac{2R^3}{3a^2}\right)$$
$$= -G\cdot\frac{4\pi R^3}{3}\rho_0\cdot\frac{1}{a^2} = -G\frac{M}{a^2},$$

式中，$M=\dfrac{4\pi R^3}{3}\rho_0$ 为球的质量.

上述结果表明，匀质球对球外一质点的引力如同球的质量集中于球心时两质点间的引力.

习题 10－5

1. 求球面 $x^2+y^2+z^2=a^2$ 含在圆柱面 $x^2+y^2=ax$ 内部的那部分面积.

2. 求锥面 $z=\sqrt{x^2+y^2}$ 被柱面 $z^2=2x$ 所割下部分的曲面面积.

3. 求底圆半径相等的两个直交圆柱面 $x^2+y^2=R^2$ 及 $x^2+z^2=R^2$ 所围立体的表面积.

4. 设薄片所占的闭区域 D 如下，求均匀薄片的质心.

(1)D 由 $y=\sqrt{2px}$，$x=x_0$，$y=0$ 所围成；

(2)D 是半椭圆形闭区域$\left\{(x,y)\mid \dfrac{x^2}{a^2}+\dfrac{y^2}{b^2}\leqslant 1,\ y\geqslant 0\right\}$；

(3)D 是介于两个圆 $\rho=a\cos\theta$，$\rho=b\cos\theta\,(0<a<b)$ 之间的闭区域.

5. 设平面薄片所占的闭区域 D 由抛物线 $y=x^2$ 及直线 $y=x$ 所围成，它在点(x,y)处的面密度 $\mu(x,y)=x^2y$，求该薄片的质心.

6. 设有一等腰直角三角形薄片，腰长为 a，各点处的面密度等于该点到直角顶点的距离的平方，求这薄片的质心.

7. 利用三重积分计算下列由曲面所围立体的质心(设密度 $\rho=1$).

(1)$z^2=x^2+y^2$，$z=1$；

*(2)$z=\sqrt{A^2-x^2-y^2}$，$z=\sqrt{a^2-x^2-y^2}\,(A>a>0)$，$z=0$；

(3)$z=x^2+y^2$，$x+y=a$，$x=0$，$y=0$，$z=0$.

*8. 设球体占有闭区域 $\Omega=\{(x,y,z)\mid x^2+y^2+z^2\leqslant 2Rz\}$，它在内部各点处的密度的大小等于该点到坐标原点的距离的平方. 试求该球体的质心.

9. 设均匀薄片(面密度为常数 1) 所占闭区域 D 如下，求指定的转动惯量.

(1)$D=\left\{(x,y)\mid \dfrac{x^2}{a^2}+\dfrac{y^2}{b^2}\leqslant 1\right\}$，求 I_y；

(2)D 由抛物线 $y^2=\dfrac{9}{2}x$ 与直线 $x=2$ 所围成，求 I_x 和 I_y；

(3)D 为矩形闭区域$\{(x,y)\mid 0\leqslant x\leqslant a,\ 0\leqslant y\leqslant b\}$，求 I_x 和 I_y.

10. 已知均匀矩形板(面密度为常量 μ) 的长和宽分别为 b 和 h，计算此矩形板对于通过其形心且分别与一边平行的两轴的转动惯量.

11. 一均匀物体(密度 ρ 为常量) 占有的闭区域 Ω 由曲面 $z=x^2+y^2$ 和平面 $z=0$，$|x|=a$，$|y|=a$ 所围成.

(1) 求物体的体积；

(2) 求物体的质心；

(3) 求物体关于 z 轴的转动惯量.

12. 求半径为 a、高为 h 的均匀圆柱体对于过中心而平行母线的轴的转动惯量(设密度 $\rho = 1$).

13. 设面密度为常量 μ 的匀质半圆环形薄片占有闭区域 $D = \{(x, y, 0) \mid R_1 \leqslant \sqrt{x^2 + y^2} \leqslant R_2, x \geqslant 0\}$，求它对位于 z 轴上点 $M_0(0, 0, a)(a > 0)$ 处单位质量的质点的引力 $\boldsymbol{F}$.

14. 设均匀柱体密度为 ρ，占有闭区域 $\Omega = \{(x, y, z) \mid x^2 + y^2 \leqslant R^2, 0 \leqslant z \leqslant h\}$，求它对于位于点 $M_0(0, 0, a)(a > h)$ 处的单位质量的质点的引力.

总复习题十

1. 填空题.

(1) 设 $f(x, y)$ 为闭区域 D：$x^2 + y^2 \leqslant 1$ 上连续函数，且 $f(x, y) = \sqrt{1 - x^2 - y^2} + \iint\limits_D f(u, v)\mathrm{d}u\mathrm{d}v$，则 $f(x, y) =$ ____________；

(2) 设有平面闭区域 $D = \{(x, y) \mid -a \leqslant x \leqslant a, x \leqslant y \leqslant a\}$，$D_1 = \{(x, y) \mid 0 \leqslant x \leqslant a, x \leqslant y \leqslant a\}$，则 $\iint\limits_D (xy + \cos x \sin y)\mathrm{d}x\mathrm{d}y =$ __________；

(3) 设 $f(x)$ 为连续函数，$F(t) = \int_0^1 \mathrm{d}y \int_y^t f(x)\mathrm{d}x$，则 $F'(2) =$ ________.

2. 计算下列二重积分.

(1) $\iint\limits_D (1 + x)\sin y \mathrm{d}\sigma$，其中 D 是顶点分别为 $(0, 0)$，$(1, 0)$，$(1, 2)$ 和 $(0, 1)$ 的梯形闭区域；

(2) $\iint\limits_D (x^2 - y^2)\mathrm{d}\sigma$，其中 $D = \{(x, y) \mid 0 \leqslant y \leqslant \sin x, 0 \leqslant x \leqslant \pi\}$；

(3) $\iint\limits_D \sqrt{R^2 - x^2 - y^2}\mathrm{d}\sigma$，其中 D 是圆周 $x^2 + y^2 = R^2$ 所围成的闭区域；

(4) $\iint\limits_D (y^2 + 3x - 6y + 9)\mathrm{d}\sigma$，其中 $D = \{(x, y) \mid x^2 + y^2 \leqslant R^2\}$.

3. 交换下列二次积分的次序.

(1) $\int_0^4 \mathrm{d}y \int_{-\sqrt{4-y}}^{\frac{1}{2}(y-4)} f(x, y)\mathrm{d}x$；

(2) $\int_0^1 \mathrm{d}y \int_0^{2y} f(x, y)\mathrm{d}x + \int_1^3 \mathrm{d}y \int_0^{3-y} f(x, y)\mathrm{d}x$；

(3) $\int_0^1 \mathrm{d}x \int_{\sqrt{x}}^{1+\sqrt{1-x^2}} f(x, y)\mathrm{d}y$.

4. 证明：

$$\int_0^a \mathrm{d}y\int_0^y \mathrm{e}^{m(a-x)} f(x)\mathrm{d}x = \int_0^a (a-x)\mathrm{e}^{m(a-x)} f(x)\mathrm{d}x.$$

5. 求 $I=\iint\limits_D x[1+yf(x^2+y^2)]\mathrm{d}x\mathrm{d}y$，其中 D 是由 $y=x^3$，$y=1$，$x=-1$ 所围成的闭区域，f 是连续函数.

6. 计算 $I=\iiint\limits_\Omega \sin(x^2+y^2+z^2)^{\frac{3}{2}}\mathrm{d}x\mathrm{d}y\mathrm{d}z$，其中 Ω 是由 $z=\sqrt{3(x^2+y^2)}$ 及 $z=\sqrt{R^2-x^2-y^2}\,(R>0)$ 所围成的立体.

7. 把积分 $\iiint\limits_\Omega f(x,y,z)\mathrm{d}x\mathrm{d}y\mathrm{d}z$ 化为三次积分，其中积分区域 Ω 是由曲面 $z=x^2+y^2$，$y=x^2$ 及平面 $y=1$，$z=0$ 所围成的闭区域.

8. 计算下列三重积分.

(1) $\iiint\limits_\Omega z^2\mathrm{d}x\mathrm{d}y\mathrm{d}z$，其中 Ω 是两个球：$x^2+y^2+z^2\leqslant R^2$ 和 $x^2+y^2+z^2\leqslant 2Rz\,(R>0)$ 的公共部分；

(2) $\iiint\limits_\Omega \dfrac{z\ln(x^2+y^2+z^2+1)}{x^2+y^2+z^2+1}\mathrm{d}v$，其中 Ω 是由球面 $x^2+y^2+z^2=1$ 所围成的闭区域；

(3) $\iiint\limits_\Omega (y^2+z^2)\mathrm{d}v$，其中 Ω 是由 xOy 平面上曲线 $y^2=2x$ 绕 x 轴旋转而成的曲面与平面 $x=5$ 所围成的闭区域.

9. 设有一半径为 R 的空球，另有一半径为 r 的变球与空球相割，如果变球的球心在空球的表面上，问 r 等于多少时，含在空球内的变球的表面积最大?并求出最大表面积的值.

10. 求平面 $\dfrac{x}{a}+\dfrac{y}{b}+\dfrac{z}{c}=1$ 被三坐标面所割出的有限部分的面积.

11. 在均匀的半径为 R 的半圆形薄片的直径上，要接上一个一边与直径等长的同样材料的均匀矩形薄片，为了使整个均匀薄片的质心恰好落在圆心上，问接上去的均匀矩形薄片另一边的长度应是多少?

12. 求由抛物线 $y=x^2$ 及直线 $y=1$ 所围成的均匀薄片(面密度为常数 μ)对于直线 $y=-1$ 的转动惯量.

13. 设在 xOy 面上有一质量为 M 的匀质半圆形薄片，占有平面闭区域 $D=\{(x,y)\mid x^2+y^2\leqslant R^2, y\geqslant 0\}$，过圆心 O 垂直于薄片的直线上有一质量为 m 的质点 P，$OP=a$. 求半圆形薄片对质点 P 的引力.

14. 求质量分布均匀的半个旋转椭球体 $\Omega=\{(x,y,z)\mid \dfrac{x^2+y^2}{a^2}+\dfrac{z^2}{b^2}\leqslant 1, z\geqslant 0\}$ 的质心.

第 11 章　曲线积分与曲面积分

§11.1　对弧长的曲线积分

§11.1.1　对弧长的曲线积分的概念与性质

我们知道，直线段构件的质量可用定积分来计算，本节将讨论计算曲线形构件质量的问题. 假设一个曲线形构件位于 xOy 面内的一段曲线弧 L 上，端点是 A 点和 B 点(如图 11.1 所示).

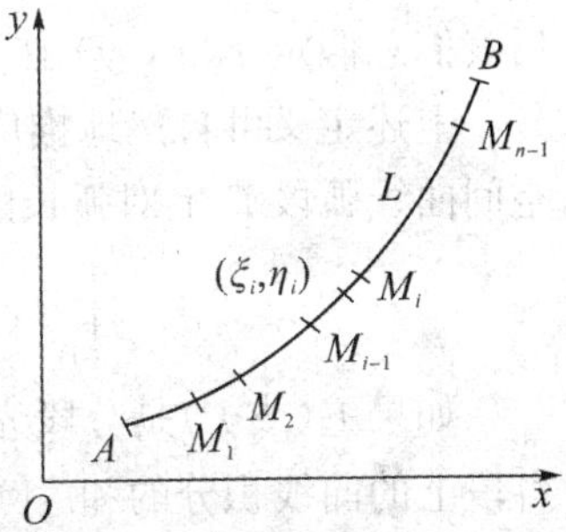

图 11.1

如果构件 $\widehat{AB}$ 是均匀的，即这个构件的线密度为常数，则

构件的质量 = 线密度 × 弧长.

如果这个构件的材料或粗细不均匀，我们认为这个构件在点 (x, y) 处线密度 $\mu(x, y)$ 是变化的，它的质量就不能直接用上面的公式来计算. 下面我们用"元素法"的方法讨论它的质量.

首先，用曲线 L 上的点 $M_1, M_2, \cdots, M_{n-1}$ 把 L 分成 n 个小曲线段：

$$\Delta s_1 = \widehat{AM_1}, \cdots, \Delta s_i = \widehat{M_{i-1}M_i}, \cdots, \Delta s_n = \widehat{M_{n-1}B},$$

也用 Δs_i 表示弧长. 当线密度是连续变化时，只要每个小曲线段很短，可以近似地认为线密度是不变的. 用第 i 小曲线段上任一点 (ξ_i, η_i) 处的线密度代替这小曲线段上其他各点的线密度，则第 i 小段质量的近似值为

$$\Delta M_i \approx \mu(\xi_i, \eta_i)\Delta s_i;$$

于是，整个曲线形构件的质量近似为

$$M \approx \sum_{i=1}^{n}\mu(\xi_i, \eta_i)\Delta s_i;$$

令 $\lambda = \max\{\Delta s_1, \Delta s_2, \cdots, \Delta s_n\}$. 为了计算曲线形构件质量的精确值，考虑当 $\lambda \to 0$ 上式右端和的极限，即

$$M = \lim_{\lambda \to 0}\sum_{i=1}^{n}\mu(\xi_i, \eta_i)\Delta s_i.$$

这种和式的极限在研究其他问题时也会遇到. 现在引入下面的定义.

定义 1　设 L 为 xOy 面内的一条光滑曲线弧，函数 $f(x, y)$ 在 L 上有界. 在 L 上任意插入一个点列 $M_1, M_2, \cdots, M_{n-1}$，把 L 分成 n 个小段. 设第 i 个小段的长度为 Δs_i，又 (ξ_i, η_i) 为第 i 个小段上任意取定的一点，作乘积 $f(\xi_i, \eta_i)\Delta s_i (i=1, 2, \cdots, n)$，并求和 $\sum_{i=1}^{n} f(\xi_i, \eta_i)\Delta s_i$，如果当各小弧段的长度的最大值 $\lambda \to 0$，这个和式的极限总存在，则称此极限为函数 $f(x, y)$ 在曲线弧 L 上对弧长的曲线积分或第一类曲线积分，记作 $\int_L f(x, y)\mathrm{d}s$，即

$$\int_L f(x, y)\mathrm{d}s = \lim_{\lambda \to 0} \sum_{i=1}^{n} f(\xi_i, \eta_i)\Delta s_i,$$

式中，$f(x, y)$叫作被积函数，L 叫作积分弧段，$\mathrm{d}s$ 叫作弧长元素.

根据对弧长的曲线积分的定义，曲线形构件的质量就是曲线积分$\int_L \mu(x, y)\mathrm{d}s$ 的值，其中 $\mu(x, y)$ 为线密度.

当 $f(x, y)$ 在光滑曲线弧 L 上连续时，对弧长的曲线积分$\int_L f(x, y)\mathrm{d}s$ 是存在的. 以后我们总假定 $f(x, y)$ 在 L 上是连续的.

上述定义可自然地推广到积分弧段为空间曲线弧段 Γ 的情形，即函数 $f(x, y, z)$ 在空间曲线弧段 Γ 上对弧长的曲线积分为

$$\int_\Gamma f(x, y, z)\mathrm{d}s = \lim_{\lambda \to 0} \sum_{i=1}^{n} f(\xi_i, \eta_i, \zeta_i)\Delta s_i.$$

如果 L(或 Γ)是分段光滑的，则规定函数在 L(或 Γ)上的曲线积分等于函数在光滑的各段上的曲线积分的和. 例如设 L 可分成两段光滑曲线弧 L_1 及 L_2，则

$$\int_{L_1+L_2} f(x, y)\mathrm{d}s = \int_{L_1} f(x, y)\mathrm{d}s + \int_{L_2} f(x, y)\mathrm{d}s.$$

如果 L 是闭曲线，那么函数 $f(x, y)$在闭曲线 L 上对弧长的曲线积分，习惯上记作

$$\oint_L f(x, y)\mathrm{d}s.$$

弧长的曲线积分有下面的性质.

性质 1　设 c_1, c_2为常数，则

$$\int_L [c_1 f(x, y) + c_2 g(x, y)]\mathrm{d}s = c_1\int_L f(x, y)\mathrm{d}s + c_2\int_L g(x, y)\mathrm{d}s.$$

性质 2　若积分弧段 L 可分成两段光滑曲线弧 L_1和 L_2，则

$$\int_L f(x, y)\mathrm{d}s = \int_{L_1} f(x, y)\mathrm{d}s + \int_{L_2} f(x, y)\mathrm{d}s.$$

性质 3　设在 L 上 $f(x, y) \leqslant g(x, y)$，则

$$\int_L f(x, y)\mathrm{d}s \leqslant \int_L g(x, y)\mathrm{d}s.$$

特别地，有

$$\left|\int_L f(x, y)\mathrm{d}s\right| \leqslant \int_L |f(x, y)|\mathrm{d}s.$$

§11.1.2　对弧长的曲线积分的计算法

我们把对弧长的曲线积分转化为定积分来计算. 将平面上的光滑曲线 L 投影到 x 轴上区间 $[a, b]$（区间 $[a, b]$ 上的点与曲线 L 上的点一一对应，否则就分段计算），不妨设 L 是一阶连续可导函数 $y=y(x)$ 在 $[a, b]$ 上表示的曲线. 在 $[a, b]$ 上任取一段 dx，对应曲线 L 的一段弧长 ds（如图 11.2 所示），则

$$ds = \sqrt{1+y'^2(x)}\,dx.$$

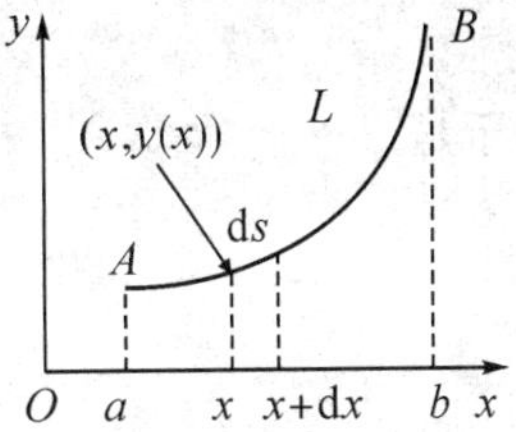

图 11.2

注意到曲线 L 上的点 $(x, y)=(x, y(x))$，因此

$$\int_L \mu(x, y)ds = \int_a^b \mu[x, y(x)]\sqrt{1+y'^2(x)}\,dx.$$

若曲线 L 的方程为 $x=x(y)$，其中 $c \leqslant y \leqslant d$，则

$$\int_L \mu(x, y)ds = \int_c^d \mu[x(y), y]\sqrt{1+x'^2(y)}\,dy.$$

上面的公式表明，右端定积分的积分区间恰是曲线 L 在坐标轴上的投影区间（定积分的下限一定要小于上限）；又因为曲线积分的被积变量限制在 L 上，所以要把曲线 L 的函数代入被积函数；最后把曲线弧长元素 ds 替换为对坐标变量元素. 这种方法称为"一投，二代，三换".

一般地，设曲线 L 的参数方程为 $x=\varphi(t)$，$y=\psi(t)$（$\alpha \leqslant t \leqslant \beta$），其中 $\varphi(t)$，$\psi(t)$ 在 $[\alpha, \beta]$ 上具有一阶连续导数，则弧长元素为

$$ds = \sqrt{\varphi'^2(t)+\psi'^2(t)}\,dt,$$

曲线的质量为

$$\int_L \mu(x, y)ds = \int_\alpha^\beta \mu[\varphi(t), \psi(t)]\sqrt{\varphi'^2(t)+\psi'^2(t)}\,dt.$$

定理 1　设 $f(x, y)$ 在曲线弧 L 上有定义且连续，L 的参数方程为

$$x=\varphi(t), \quad y=\psi(t)\ (\alpha \leqslant t \leqslant \beta),$$

式中，$\varphi(t)$，$\psi(t)$ 在 $[\alpha, \beta]$ 上具有一阶连续导数，且 $\varphi'^2(t)+\psi'^2(t) \neq 0$，则曲线积分 $\int_L f(x, y)ds$ 存在，且

$$\int_L f(x, y)ds = \int_\alpha^\beta f[\varphi(t), \psi(t)]\sqrt{\varphi'^2(t)+\psi'^2(t)}\,dt.$$

定理中定积分的下限 α 一定要小于上限 β. 类似地，我们推广到空间曲线弧段 Γ 上对弧长的曲线积分. 设曲线 Γ 的方程为

$$x=\varphi(t), \quad y=\psi(t), \quad z=\omega(t) \quad (\alpha \leqslant t \leqslant \beta),$$

式中，$\varphi(t)$，$\psi(t)$ 和 $\omega(t)$ 在 $[\alpha, \beta]$ 上具有一阶连续导数，则

$$\int_\Gamma f(x, y, z)ds = \int_\alpha^\beta f[\varphi(t), \psi(t), \omega(t)]\sqrt{\varphi'^2(t)+\psi'^2(t)+\omega'^2(t)}\,dt.$$

例 1　计算 $\int_L \sqrt{y}\,ds$，其中 L 是抛物线 $y=x^2$ 上点 $O(0, 0)$ 与点 $B(1, 1)$ 之间的弧段.

解　曲线的方程为 $y=x^2$（$0 \leqslant x \leqslant 1$），如图 11.3 所示. 因此

$$\int_L \sqrt{y}\,\mathrm{d}s = \int_0^1 \sqrt{x^2}\sqrt{1+(x^2)'^2}\,\mathrm{d}x$$
$$= \int_0^1 x\sqrt{1+4x^2}\,\mathrm{d}x = \frac{1}{12}(5\sqrt{5}-1).$$

例 2　计算半径为 R、中心角为 2α 的圆弧 L 对于它的对称轴的转动惯量 I(设线密度为 $\mu=1$).

解　取坐标系如图 11.4 所示，则 $I=\int_L y^2\mathrm{d}s$. 曲线 L 的参数方程为

$$x=R\cos\theta,\quad y=R\sin\theta\quad(-\alpha\leqslant\theta<\alpha).$$

于是

$$I=\int_L y^2\mathrm{d}s=\int_{-\alpha}^{\alpha}R^2\sin^2\theta\sqrt{(-R\sin\theta)^2+(R\cos\theta)^2}\,\mathrm{d}\theta$$
$$=R^3\int_{-\alpha}^{\alpha}\sin^2\theta\mathrm{d}\theta=R^3(\alpha-\sin\alpha\cos\alpha).$$

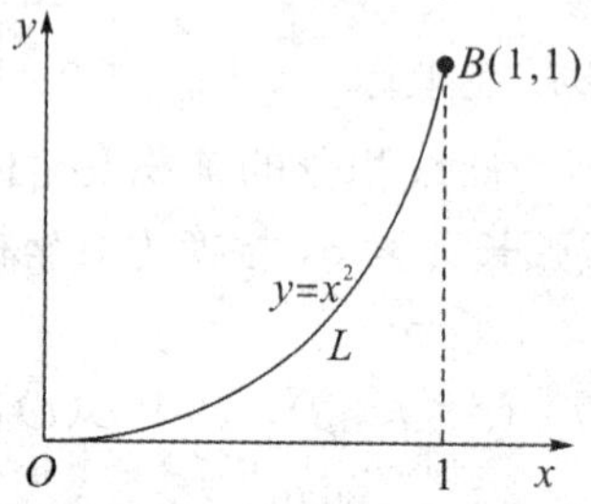

图 11.3

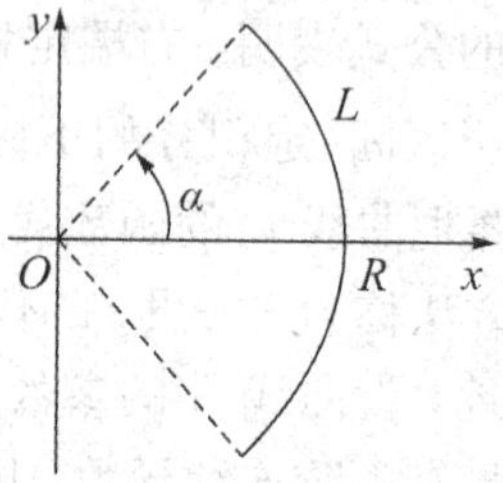

图 11.4

用曲线积分解决实际问题的步骤如下：

(1)建立曲线积分.

(2)写出曲线的参数方程(或直角坐标方程)，确定参数的变化范围.

(3)将曲线积分化为定积分.

(4)计算定积分.

例 3　计算曲线积分 $\int_\Gamma(x^2+y^2+z^2)\mathrm{d}s$，其中 Γ 为螺旋线 $x=a\cos t$，$y=a\sin t$，$z=kt$ 上相应于 t 从 0 到达 2π 的一段弧.

解　在曲线 Γ 上有

$$x^2+y^2+z^2=(a\cos t)^2+(a\sin t)^2+(kt)^2=a^2+k^2t^2,$$

并且

$$\mathrm{d}s=\sqrt{(-a\sin t)^2+(a\cos t)^2+k^2}\,\mathrm{d}t=\sqrt{a^2+k^2}\,\mathrm{d}t,$$

于是

$$\int_\Gamma(x^2+y^2+z^2)\mathrm{d}s=\int_0^{2\pi}(a^2+k^2t^2)\sqrt{a^2+k^2}\,\mathrm{d}t$$
$$=\frac{2}{3}\pi\sqrt{a^2+k^2}(3a^2+4\pi^2k^2).$$

例 4　求 $I=\int_\Gamma x^2\mathrm{d}s$，其中 Γ 为圆周 $x^2+y^2+z^2=a^2$，$x+y+z=0$.

解　由对称性，知$\int_{\Gamma}x^2\mathrm{d}s=\int_{\Gamma}y^2\mathrm{d}s=\int_{\Gamma}z^2\mathrm{d}s$. 因此

$$I=\frac{1}{3}\int_{\Gamma}(x^2+y^2+z^2)\mathrm{d}s$$

$$=\frac{a^2}{3}\int_{\Gamma}\mathrm{d}s=\frac{2\pi a^3}{3}.$$

最后一步是因为$\int_{\Gamma}\mathrm{d}s$ 表示球面大圆周长，所以有$\int_{\Gamma}\mathrm{d}s=2\pi a$.

习题 11－1

1. 设在 xOy 面内有一分布着质量的曲线弧 L，在点 (x, y) 处它的线密度为 $\mu(x, y)$. 用对弧长的曲线积分分别表达：

(1) 这曲线弧对 x 轴、y 轴的转动惯量 I_x，I_y；

(2) 这曲线弧的质心坐标 $\bar{x}$，$\bar{y}$.

2. 计算下列对弧长的曲线积分.

(1)$\oint_L(x^2+y^2)^n\mathrm{d}s$，其中 L 为圆周 $x=a\cos t$，$y=a\sin t(0\leqslant t\leqslant 2\pi)$；

(2)$\int_L(x+y)\mathrm{d}s$，其中 L 为连接 $(1, 0)$ 及 $(0, 1)$ 两点的直线段；

(3)$\oint_L x\mathrm{d}s$，其中 L 为由直线 $y=x$ 及抛物线 $y=x^2$ 所围成的区域的整个边界；

(4)$\oint_L \mathrm{e}^{\sqrt{x^2+y^2}}\mathrm{d}s$，其中 L 为圆周 $x^2=y^2=a^2$，直线 $y=x$ 及 x 轴在第一象限内所围成的扇形的整个边界；

(5)$\int_{\Gamma}\frac{1}{x^2+y^2+z^2}\mathrm{d}s$，其中 Γ 为曲线 $x=\mathrm{e}^t\cos t$，$y=\mathrm{e}^t\sin t$，$z=\mathrm{e}^t$ 上相应于 t 从 0 变到 2 的这段弧；

(6)$\int_{\Gamma}x^2yz\mathrm{d}s$，其中 Γ 为折线 $ABCD$，这里 A，B，C，D 依次为点 $(0, 0, 0)$，$(0, 0, 2)$，$(1, 0, 2)$，$(1, 3, 2)$；

(7)$\int_L y^2\mathrm{d}s$，其中 L 为摆线的一拱 $x=a(t-\sin t)$，$y=a(1-\cos t)(0\leqslant t\leqslant 2\pi)$；

(8)$\int_L(x^2+y^2)\mathrm{d}s$，其中 L 为曲线 $x=a(\cos t+t\sin t)$，$y=a(\sin t-t\cos t)\ (0\leqslant t\leqslant 2\pi)$.

3. 求半径为 1，中心角为 α 的均匀圆弧的质心.

4. 设螺旋形弹簧的方程为 $x=a\cos t$，$y=a\sin t$，$z=2t$，其中 $0\leqslant t\leqslant 2\pi$，它的线密度 $\rho(x, y, z)=x^2+y^2+z^2$. 求：

(1)关于 z 轴的转动惯量；

(2)它的质心.

§11.2 对坐标的曲线积分

§11.2.1 对坐标的曲线积分的概念与性质

1. 变力沿曲线所做的功

设一个质点在 xOy 面内在变力 $\boldsymbol{F}(x, y)$的作用下从点 A 沿光滑有向曲线弧段 L 移动到点 B(如图 11.5 所示),试求变力 $\boldsymbol{F}(x, y)$所做的功.

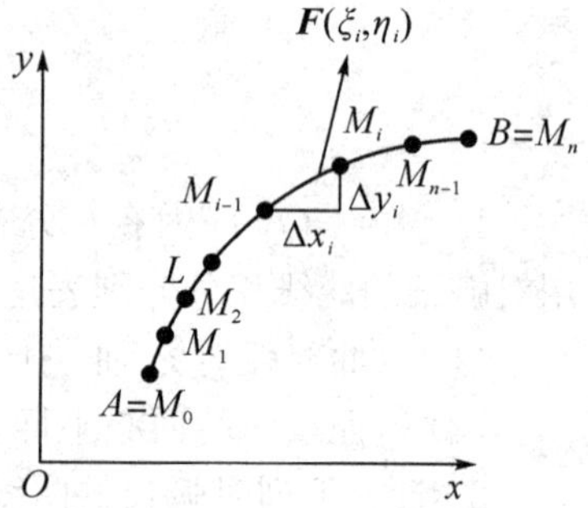

图 11.5

我们知道,如果力 $\boldsymbol{F}$ 是恒力,则质点沿着直线从点 A 移动到点 B 所做的功为

$$W=|\boldsymbol{F}|\,|AB|\cos\theta=\boldsymbol{F}\cdot\overrightarrow{AB},$$

式中,θ 是力 $\boldsymbol{F}$ 和$\overrightarrow{AB}$的夹角. 当力 $\boldsymbol{F}$ 是变力时所做的功就不能直接用上面的公式计算,下面我们用"元素法"来讨论变力沿曲线做功的问题.

首先,用有向弧段 L 的任一个点列

$$A=M_0(x_0, y_0),\ M_1(x_1, y_1),\ \cdots,\ M_i(x_i, y_i),\cdots,M_n(x_n, y_n)=B,$$

把 L 分成 n 个有向小弧段:

$$\overset{\frown}{M_0M_1},\cdots,\overset{\frown}{M_{i-1}M_i},\cdots,\overset{\frown}{M_{n-1}M_n}.$$

由于每个有向小弧段$\overset{\frown}{M_{i-1}M_i}$光滑且很短,可用有向直线段$\overrightarrow{M_{i-1}M_i}$代替,即

$$\overset{\frown}{M_{i-1}M_i}\approx\overrightarrow{M_{i-1}M_i}.$$

同时,当力 $\boldsymbol{F}$ 是连续变化时,只要这些小弧段很短,可以近似地认为力 $\boldsymbol{F}$ 是不变的. 用第 i 小弧段上任一点(ξ_i, η_i)处的力 $\boldsymbol{F}(\xi_i, \eta_i)$代替这小弧段上其他各点的力,因此,第 i 小弧段所做的功的近似值为

$$\Delta W_i\approx\boldsymbol{F}(\xi_i, \eta_i)\cdot\overrightarrow{M_{i-1}M_i}.$$

于是,整个弧段所做的功的近似值为

$$W\approx\sum_{i=1}^{n}\boldsymbol{F}(\xi_i, \eta_i)\cdot\overrightarrow{\Delta S_i},$$

式中,$\overrightarrow{\Delta S_i}=\overrightarrow{M_{i-1}M_i}$. 令 λ 为各小弧段长度的最大值,为了计算整个弧段所做的功的精确值,考虑当 $\lambda\to0$ 上式右端和的极限,得

$$W=\lim_{\lambda\to0}\sum_{i=1}^{n}\boldsymbol{F}(\xi_i, \eta_i)\cdot\overrightarrow{\Delta S_i}.$$

因此,变力 $\boldsymbol{F}(x, y)$所做的功可用第一型曲线积分计算,即

$$W=\int_L\boldsymbol{F}(x, y)\cdot\mathrm{d}S=\int_L|\boldsymbol{F}(x, y)|\cos\theta\mathrm{d}s,$$

式中,$\mathrm{d}s$ 表示 $\mathrm{d}S$ 的弧长,θ 是L 上任一点处力和位移的夹角. 然而计算夹角 θ 较麻烦,特别是为了揭示物理现象的内在规律,人们更喜欢用向量分解的方式来处理. 将任一点

(ξ_i, η_i)处的力和位移沿着坐标方向分解为

$$\boldsymbol{F}(\xi_i, \eta_i) = P(\xi_i, \eta_i)\boldsymbol{i} + Q(\xi_i, \eta_i)\boldsymbol{j},$$

$$\overrightarrow{\Delta S_i} = \Delta x_i \boldsymbol{i} + \Delta y_i \boldsymbol{j},$$

式中，$\Delta x_i = x_i - x_{i-1}$，$\Delta y_i = y_i - y_{i-1}$. 相应地，有

$$\Delta W_i = P(\xi_i, \eta_i)\Delta x + Q(\xi_i, \eta_i)\Delta y,$$

变力 $\boldsymbol{F}(x, y)$沿 x 轴与 y 轴所做的功的精确值分别为

$$W_x = \lim_{\lambda \to 0} \sum_{i=1}^{n} P(\xi_i, \eta_i)\Delta x,$$

$$W_y = \lim_{\lambda \to 0} \sum_{i=1}^{n} Q(\xi_i, \eta_i)\Delta y,$$

式中，λ 是各小弧段长度的最大值. 变力 $\boldsymbol{F}(x, y)$所做的功的精确值为

$$W = W_x + W_y = \lim_{\lambda \to 0} \sum_{i=1}^{n} P(\xi_i, \eta_i)\Delta x + Q(\xi_i, \eta_i)\Delta y.$$

2. 对坐标的曲线积分的定义

定义 1　设函数 $P(x, y)$，$Q(x, y)$在有向光滑曲线 L 上有界. 沿 L 方向在 L 上任意插入一个点列

$$A = M_0(x_0, y_0), M_1(x_1, y_1), \cdots, M_i(x_i, y_i), \cdots, M_n(x_n, y_n) = B,$$

把 L 分成 n 个有向小弧段 $\overset{\frown}{M_{i-1}M_i}$ $(i = 1, 2, \cdots, n)$. 设 $\Delta x_i = x_i - x_{i-1}$，$\Delta y_i = y_i - y_{i-1}$，取 $\overset{\frown}{M_{i-1}M_i}$ 上任一点(ξ_i, η_i)，λ 为各小弧段长度的最大值. 如果极限 $\lim\limits_{\lambda \to 0}\sum\limits_{i=1}^{n} P(\xi_i, \eta_i)\Delta x_i$ 总存在，则称此极限为函数 $P(x, y)$ 在有向曲线 L 上对坐标 x 的曲线积分，记作 $\int_L P(x, y)\mathrm{d}x$；如果 $\lim\limits_{\lambda \to 0}\sum\limits_{i=1}^{n} Q(\xi_i, \eta_i)\Delta y_i$ 总存在，则称此极限为函数 $Q(x, y)$ 在有向曲线 L 上对坐标 y 的曲线积分，记作 $\int_L Q(x, y)\mathrm{d}y$. 即

$$\int_L P(x, y)\mathrm{d}x = \lim_{\lambda \to 0}\sum_{i=1}^{n} P(\xi_i, \eta_i)\Delta x_i,$$

$$\int_L Q(x, y)\mathrm{d}y = \lim_{\lambda \to 0}\sum_{i=1}^{n} Q(\xi_i, \eta_i)\Delta y_i.$$

这两种积分称为对坐标的曲线积分，也称为第二类曲线积分. 变力 $\boldsymbol{F}(x, y)$沿光滑曲线弧段 L 所做的功表示成组合形式为

$$W = \int_L P(x, y)\mathrm{d}x + Q(x, y)\mathrm{d}y.$$

下面讨论两类曲线积分之间的联系. 设有向曲线弧 L 上点(x, y)处单位切向量 $\boldsymbol{T} = (\cos t, \sin t)$，则 $\mathrm{d}x = \cos t\,\mathrm{d}s$，$\mathrm{d}y = \sin t\,\mathrm{d}s$. 由平面曲线定义，得

$$\begin{aligned}\int_L P\mathrm{d}x + Q\mathrm{d}y &= \int_L (P\cos t + Q\sin t)\mathrm{d}s \\ &= \int_L (P, Q)\cdot(\cos t, \sin t)\mathrm{d}s \\ &= \int_L \boldsymbol{F}\cdot\mathrm{d}\boldsymbol{S} = \int_L \boldsymbol{F}_t\,\mathrm{d}s,\end{aligned}$$

式中，$\boldsymbol{F}=(P, Q)$，$\mathrm{d}\boldsymbol{S}=\boldsymbol{T}\mathrm{d}s=(\mathrm{d}x, \mathrm{d}y)$，$\boldsymbol{F}_t$ 是 $\boldsymbol{F}$ 在切向量 $\boldsymbol{T}$ 上的投影.

该定义可推广到空间内一条光滑有向曲线 Γ 的情形：

$$\int_L P(x, y, z)\mathrm{d}x=\lim_{\lambda\to 0}\sum_{i=1}^{n}P(\xi_i, \eta_i, \zeta_i)\Delta x_i,$$

$$\int_L Q(x, y, z)\mathrm{d}y=\lim_{\lambda\to 0}\sum_{i=1}^{n}Q(\xi_i, \eta_i, \zeta_i)\Delta y_i,$$

$$\int_L R(x, y, z)\mathrm{d}z=\lim_{\lambda\to 0}\sum_{i=1}^{n}R(\xi_i, \eta_i, \zeta_i)\Delta z_i.$$

同样地，变力 $\boldsymbol{F}(x, y, z)$ 沿光滑曲线弧段 Γ 所做的功表示成组合形式为

$$W=\int_\Gamma P(x, y, z)\mathrm{d}x+Q(x, y, z)\mathrm{d}y+R(x, y, z)\mathrm{d}z.$$

令 $\boldsymbol{F}=(P, Q, R)$，$\boldsymbol{T}=(\cos\alpha, \cos\beta, \cos\gamma)$ 为有向曲线弧 Γ 上点 (x, y, z) 处单位切向量，$\mathrm{d}\boldsymbol{S}=\boldsymbol{T}\mathrm{d}s=(\mathrm{d}x, \mathrm{d}y, \mathrm{d}z)$，$\boldsymbol{F}_t$ 是 $\boldsymbol{F}$ 在向量 $\boldsymbol{T}$ 上的投影，则

$$\begin{aligned}\int_\Gamma P\mathrm{d}x+Q\mathrm{d}y+R\mathrm{d}z&=\int_\Gamma(P\cos\alpha+Q\cos\beta+R\cos\gamma)\mathrm{d}s\\&=\int_\Gamma(P, Q, R)\cdot(\cos\alpha, \cos\beta, \cos\gamma)\mathrm{d}s\\&=\int_\Gamma\boldsymbol{F}\cdot\mathrm{d}\boldsymbol{S}=\int_\Gamma\boldsymbol{F}_t\mathrm{d}s.\end{aligned}$$

对坐标的曲线积分的性质如下：

(1)如果把 L 分成 L_1 和 L_2，则

$$\int_L P\mathrm{d}x+Q\mathrm{d}y=\int_{L_1}P\mathrm{d}x+Q\mathrm{d}y+\int_{L_2}P\mathrm{d}x+Q\mathrm{d}y.$$

(2)设 L 是有向曲线弧，$-L$ 是与 L 方向相反的有向曲线弧，则

$$\int_{-L}P(x, y)\mathrm{d}x+Q(x, y)\mathrm{d}y=-\int_L P(x, y)\mathrm{d}x+Q(x, y)\mathrm{d}y.$$

§11.2.2　对坐标的曲线积分的计算

对坐标的曲线积分可以用定积分来计算. 设有向弧段 L 位于一阶连续可导函数 $y=y(x)$ 确定的曲线上，不妨将 L 投影到 x 轴，L 的起点和终点分别对应 x 轴上的 a 点和 b 点. 在 a 点和 b 点之间任取两点 x 与 $x+\mathrm{d}x$，对应 L 上弧长元素 $\mathrm{d}s$，近似地看成有向直线元素(如图 11.6 所示)，即

$$\mathrm{d}s=\mathrm{d}x\boldsymbol{i}+\mathrm{d}y\boldsymbol{j}=(\mathrm{d}x, \mathrm{d}y)=(1, y'(x))\mathrm{d}x,$$

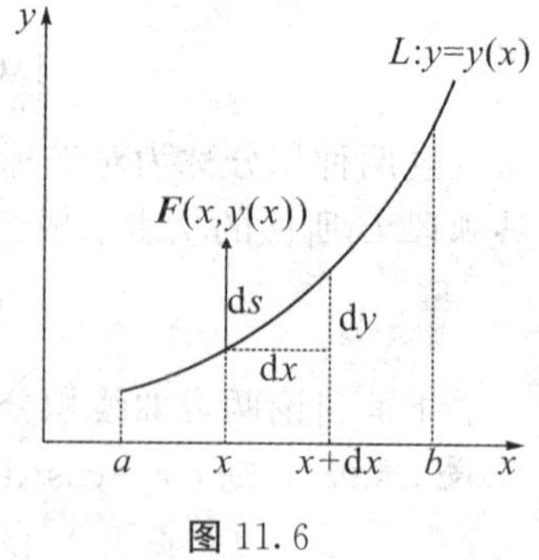

图 11.6

因为

$$P(x, y)\mathrm{d}x+Q(x, y)\mathrm{d}y=(P(x, y), Q(x, y))\cdot(\mathrm{d}x, \mathrm{d}y),$$

所以

$$\int_L P(x, y)\mathrm{d}x+Q(x, y)\mathrm{d}y=\int_a^b\{P(x, y(x))+Q(x, y(x))y'(x)\}\mathrm{d}x.$$

以上公式表明，右端定积分的积分区间是曲线 L 在 x 轴的投影区间，且下限对应起

点，上限对应终点；又因为被积变量限制在曲线 L 上，所以要把 L 的函数代入被积函数；最后，要把微元 $\mathrm{d}y$ 替换为 $\mathrm{d}x$. 这种方法仍称为“一投，二代，三换”.

如果将 L 投影到 y 轴，L 的起点和终点分别对应 y 轴上的 c 点和 d 点，则

$$\int_L P(x, y)\mathrm{d}x + Q(x, y)\mathrm{d}y = \int_c^d \{P(x(y), y)x'(y) + Q(x(y), y)\}\mathrm{d}y.$$

一般地，对由参数方程确定的有向弧段，可类似地计算.

定理 1　设 $P(x, y)$，$Q(x, y)$是定义在光滑有向曲线

$$L: x = \varphi(t),\ y = \psi(t)$$

上的连续函数，当参数 t 单调地由 α 变到 β 时，动点从 L 的起点 A 沿 L 运动到终点 B，则

$$\int_L P(x, y)\mathrm{d}x + Q(x, y)\mathrm{d}y = \int_\alpha^\beta \{P(\varphi(t), \psi(t))\varphi'(t) + Q(\varphi(t), \psi(t))\psi'(t)\}\mathrm{d}t.$$

注意：上式右端定积分中下限 α 对应于 L 的起点，上限 β 对应于 L 的终点，α 不一定小于 β.

对于空间曲线的情形，若空间曲线 Γ 由参数方程

$$x = \varphi(t),\quad y = \psi(t),\quad z = \omega(t)$$

给出，则

$$\int_\Gamma P(x, y, z)\mathrm{d}x + Q(x, y, z)\mathrm{d}y + R(x, y, z)\mathrm{d}z$$

$$= \int_\alpha^\beta \{P(\varphi(t), \psi(t), \omega(t))\varphi'(t) + Q(\varphi(t), \psi(t), \omega(t))\psi'(t) + R(\varphi(t), \psi(t), \omega(t))\omega'(t)\}\mathrm{d}t,$$

式中，α 对应于 Γ 的起点，β 对应于 Γ 的终点.

例 1　计算 $\int_L xy\,\mathrm{d}x$，其中 L 为抛物线 $y^2 = x$ 上从点 $A(1, -1)$ 到点 $B(1, 1)$ 的一段弧.

解法一　以 x 为参数. 如图 11.7 所示，L 分为 AO 和 OB 两部分：AO 的方程为 $y = -\sqrt{x}$，x 从 1 变到 0；OB 的方程为 $y = \sqrt{x}$，x 从 0 变到 1. 因此

$$\int_L xy\,\mathrm{d}x = \int_{AO} xy\,\mathrm{d}x + \int_{OB} xy\,\mathrm{d}x$$

$$= \int_1^0 x(-\sqrt{x})\mathrm{d}x + \int_0^1 x\sqrt{x}\,\mathrm{d}x$$

$$= 2\int_0^1 x^{\frac{3}{2}}\mathrm{d}x = \frac{4}{5}.$$

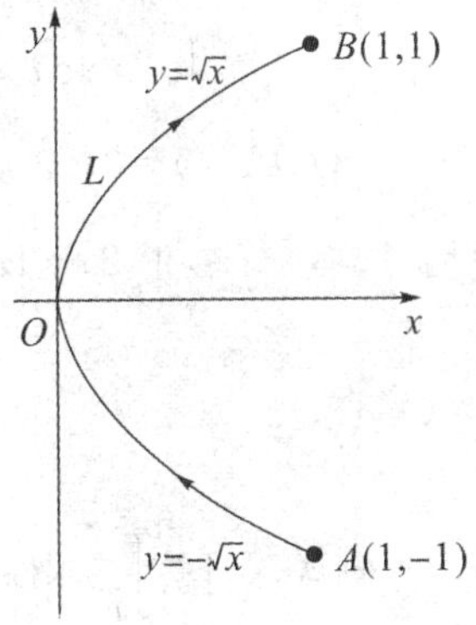

图 11.7

解法二　以 y 为积分变量. L 的方程为 $x = y^2$，y 从 -1 变到 1. 因此

$$\int_L xy\,\mathrm{d}x = \int_{-1}^1 y^2 y(y^2)'\mathrm{d}y = 2\int_{-1}^1 y^4\mathrm{d}y = \frac{4}{5}.$$

例 2　计算 $\int_L y^2\mathrm{d}x$.

(1)L 为按逆时针方向绕行的上半圆周 $x^2 + y^2 = a^2$；

(2)从点 $A(a, 0)$沿 x 轴到点 $B(-a, 0)$的直线段.

解　(1)如图 11.8 所示，L 的参数方程为 $x = a\cos\theta$，$y = a\sin\theta$，θ 从 0 变到 π. 因此

$$\int_L y^2 \mathrm{d}x = \int_0^{\pi} a^2 \sin^2\theta(-a\sin\theta)\mathrm{d}\theta$$

$$= a^3 \int_0^{\pi} (1-\cos^2\theta)\mathrm{d}\cos\theta = -\frac{4}{3}a^3.$$

(2) L 的方程为 $y=0$，x 从 a 变到 $-a$. 因此

$$\int_L y^2 \mathrm{d}x = \int_a^{-a} 0\mathrm{d}x = 0.$$

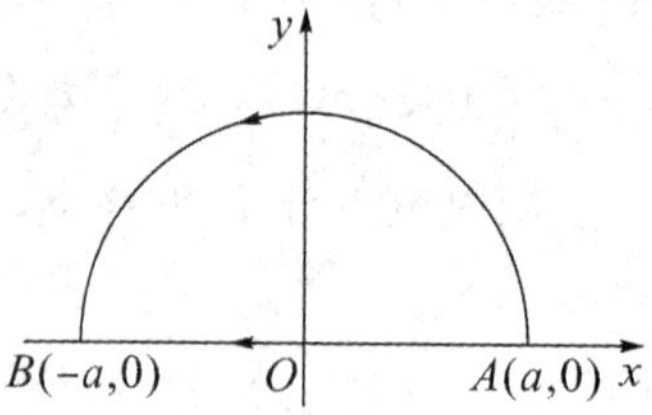

图 11.8

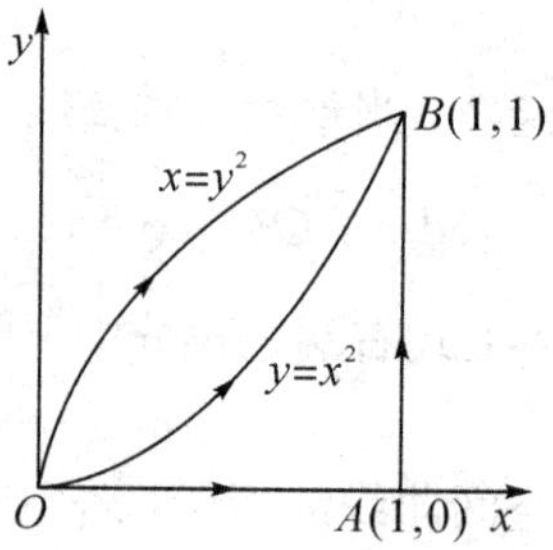

图 11.9

例 3 计算 $\int_L 2xy\mathrm{d}x + x^2\mathrm{d}y$.

(1) 抛物线 $y = x^2$ 上从 $O(0, 0)$ 到 $B(1, 1)$ 的一段弧；

(2) 抛物线 $x = y^2$ 上从 $O(0, 0)$ 到 $B(1, 1)$ 的一段弧；

(3) 从 $O(0, 0)$ 到 $A(1, 0)$，再到 $B(1, 1)$ 的有向折线 OAB.

解 (1)如图 11.9 所示，L：$y=x^2$，x 从 0 变到 1. 所以

$$\int_L 2xy\mathrm{d}x + x^2\mathrm{d}y = \int_0^1 (2x\cdot x^2 + x^2\cdot 2x)\mathrm{d}x = 4\int_0^1 x^3\mathrm{d}x = 1.$$

(2)L：$x=y^2$，y 从 0 变到 1. 所以

$$\int_L 2xy\mathrm{d}x + x^2\mathrm{d}y = \int_0^1 (2y^2\cdot y\cdot 2y + y^4)\mathrm{d}y = 5\int_0^1 y^4\mathrm{d}y = 1.$$

(3)OA：$y=0$，x 从 0 变到 1；AB：$x=1$，y 从 0 变到 1. 所以

$$\int_L 2xy\mathrm{d}x + x^2\mathrm{d}y = \int_{OA} 2xy\mathrm{d}x + x^2\mathrm{d}y + \int_{AB} 2xy\mathrm{d}x + x^2\mathrm{d}y$$

$$= \int_0^1 (2x\cdot 0 + x^2\cdot 0)\mathrm{d}x + \int_0^1 (2y\cdot 0 + 1)\mathrm{d}y$$

$$= 0 + 1 = 1.$$

例 4 计算 $\int_\Gamma x^3\mathrm{d}x + 3zy^2\mathrm{d}y - x^2y\mathrm{d}z$，其中 Γ 是从点 $A(3, 2, 1)$ 到点 $B(0, 0, 0)$ 的直线段 AB.

解 直线 AB 的参数方程为 $x=3t$，$y=2t$，$x=t$，t 从 1 变到 0. 所以

$$I = \int_1^0 [(3t)^3\cdot 3 + 3t\,(2t)^2\cdot 2 - (3t)^2\cdot 2t]\mathrm{d}t = 87\int_1^0 t^3\mathrm{d}t = -\frac{87}{4}.$$

例 5 设一个质点在力 $\boldsymbol{F}$ 的作用下从点 $A(a, 0)$ 沿椭圆 $\frac{x^2}{a^2}+\frac{y^2}{b^2}=1$ 按逆时针方向移动到点 $B(0, b)$，$\boldsymbol{F}$ 的大小与质点到原点的距离成正比，方向恒指向原点. 求力 $\boldsymbol{F}$ 所做的功 W.

解　椭圆的参数方程为 $x=a\cos t$，$y=b\sin t$，t 从 0 变到 $\frac{\pi}{2}$. 所以

$$\boldsymbol{r}=\overrightarrow{OM}=x\boldsymbol{i}+y\boldsymbol{j},\quad \boldsymbol{F}=k\,|\boldsymbol{r}|\left(-\frac{\boldsymbol{r}}{|\boldsymbol{r}|}\right)=-k(x\boldsymbol{i}+y\boldsymbol{j}),$$

式中，$k>0$，是比例常数. 于是

$$\begin{aligned} W &= \int_{\widehat{AB}} -kx\mathrm{d}x-ky\mathrm{d}y=-k\int_{\widehat{AB}} x\mathrm{d}x+y\mathrm{d}x \\ &=-k\int_0^{\frac{\pi}{2}}(-a^2\cos t\sin t+b^2\sin t\cos t)\mathrm{d}t \\ &=k(a^2-b^2)\int_0^{\frac{\pi}{2}}\sin t\cos t\mathrm{d}t=\frac{k}{2}(a^2-b^2). \end{aligned}$$

习题 11－2

1. 设 L 为 xOy 面内直线 $x=a$ 上的一段，证明：

$$\int_L P(x,y)\mathrm{d}x=0.$$

2. 设 L 为 xOy 面内 x 轴上从点$(a,0)$到点$(b,0)$的一段直线，证明：

$$\int_L P(x,y)\mathrm{d}x=\int_a^b P(x,0)\mathrm{d}x.$$

3. 计算下列对坐标的曲线积分.

(1)$\int_L(x^2-y^2)\mathrm{d}x$，其中 L 是抛物线 $y=x^2$ 上从点$(0,0)$到点$(2,4)$的一段弧；

(2)$\oint_L xy\mathrm{d}x$，其中 L 为圆周$(x-a)^2+y^2=a^2(a>0)$及 x 轴所围成的在第一象限内的区域的整个边界(按逆时针方向绕行)；

(3)$\int_L y\mathrm{d}x+x\mathrm{d}y$，其中 L 为圆周 $x=R\cos t$，$y=R\sin t$ 上对应 t 从 0 到 $\frac{\pi}{2}$ 的一段弧；

(4)$\oint_L\frac{(x+y)\mathrm{d}x-(x-y)\mathrm{d}y}{x^2+y^2}$，其中 L 为圆周 $x^2+y^2=a^2$(按逆时针方向绕行)；

(5)$\int_\Gamma x^2\mathrm{d}x+z\mathrm{d}y-y\mathrm{d}z$，其中 Γ 为曲线 $x=k\theta$，$y=a\cos\theta$，$z=a\sin\theta$ 上对应 θ 从 0 到 π 的一段弧；

(6)$\int_\Gamma x\mathrm{d}x+y\mathrm{d}y+(x+y-1)\mathrm{d}z$，其中 Γ 是从点$(1,1,1)$到点$(2,3,4)$的一段直线；

(7)$\oint_\Gamma \mathrm{d}x-\mathrm{d}y+y\mathrm{d}z$，其中 Γ 为有向闭折线 $ABCA$，这里的 A，B，C 依次为点$(1,0,0)$，$(0,1,0)$，$(0,0,1)$；

(8)$\int_\Gamma(x^2-2xy)\mathrm{d}x+(y^2-2xy)\mathrm{d}y$，其中 L 是抛物线 $y=x^2$ 上从点$(-1,1)$到点$(1,1)$的一段弧.

4. 计算$\int_L(x+y)\mathrm{d}x+(y-x)\mathrm{d}y$，其中 L 是：

(1)抛物线 $y^2=x$ 上从点(1, 1)到点(4, 2)的一段弧;

(2)从点(1, 1)到点(4, 2)的直线段;

(3)先沿直线从点(1, 1)到点(1, 2), 然后再沿直线到点(4, 2)的折线;

(4)曲线 $x=2t^2+t+1$, $y=t^2+1$ 上从点(1, 1)到点(4, 2)的一段弧.

5. 一力场由沿横轴正方向的恒力 $\boldsymbol{F}$ 所构成. 试求当一质量为 m 的质点沿圆周 $x^2+y^2=R^2$ 按逆时针方向移过位于第一象限的那一段弧时场力所做的功.

6. 设 z 轴与重力的方向一致, 求质量为 m 的质点从位置(x_1, y_1, z_1)沿直线移到(x_2, y_2, z_2)时重力所做的功.

7. 把对坐标的曲线积分$\int_L P(x, y)\mathrm{d}x + Q(x, y)\mathrm{d}y$ 化成对弧长的曲线积分, 其中 L 是:

(1)在 xOy 面内沿直线从点(0, 0)到点(1, 1);

(2)沿抛物线 $y=x^2$ 从点(0, 0)到点(1, 1);

(3)沿上半圆周 $x^2+y^2=2x$ 从点(0, 0)到点(1, 1).

8. 设 Γ 为曲线 $x=t$, $y=t^2$, $z=t^3$ 上相应于 t 从 0 变到 1 的曲线弧. 把对坐标的曲线积分$\int_\Gamma P\mathrm{d}x + Q\mathrm{d}y + R\mathrm{d}z$ 化成对弧长的曲线积分.

§11.3　格林公式及其应用

在一元函数积分学中, 牛顿-莱布尼茨公式

$$\int_a^b F'(x)\mathrm{d}x = F(b) - F(a),$$

表示 $F'(x)$在区间$[a, b]$上的积分可通过它的原函数 $F(x)$在这个区间端点上的值来计算. 下面将要介绍的格林(Green)公式告诉我们, 在平面闭区域 D 上的二重积分可通过沿闭区域 D 边界曲线 L 上的曲线积分来计算.

§11.3.1　格林公式

先介绍平面单连通区域的概念. 设 D 为平面区域, 如果 D 内任一闭曲线所围的部分都属于 D, 则称 D 为平面单连通区域, 否则称为复连通区域. 通俗地说, 平面单连通区域就是不含有"洞"的区域, 复连通区域就是含有"洞"的区域. 例如, 平面上圆形区域$\{(x, y) | x^2+y^2 \leqslant 1\}$是单连通区域, 圆形区域$\{(x, y) | 1 \leqslant x^2+y^2 \leqslant 4\}$, $\{(x, y) | 0 < x^2+y^2 < 4\}$都是复连通区域.

图 11.10

对平面区域 D 的边界曲线∂D, 我们规定它的正向如下: 当观察者沿∂D 的这个方向行走时, D 内在他近处的那一部分总在他的左边. 例如, 区域 D 是由两条闭曲线 L 和 l 围成的(如图 11.10 所示), L 的正向是逆时针方向, l 的正向是顺时针方向.

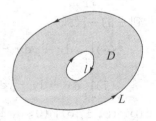

定理 1　设闭区域 D 由分段光滑的曲线 L 围成，函数 $P(x,y)$ 及 $Q(x,y)$ 在 D 上具有一阶连续偏导数，则有

$$\iint_D \left(\frac{\partial Q}{\partial x}-\frac{\partial P}{\partial y}\right)\mathrm{d}x\mathrm{d}y=\oint_L P\mathrm{d}x+Q\mathrm{d}y,$$

式中，L 是 D 的取正向的边界曲线. 该公式称为**格林公式**.

证明　按平面区域 D 的形状分三种情形证明. 先假设穿过平面单连通区域 D 内部且平行于坐标轴的直线与 D 的边界 L 的交点恰为两点，即区域 D 既是 X－型，又是 Y－型区域：

$$\begin{aligned}D&=\{(x,y)\mid a\leqslant x\leqslant b,\ \varphi_1(x)\leqslant y\leqslant\varphi_2(x)\}\\&=\{(x,y)\mid c\leqslant y\leqslant d,\ \psi_1(y)\leqslant x\leqslant\psi_2(y)\}.\end{aligned}$$

如图 11.11 所示，其中 A，B，C，E 是它的端点.

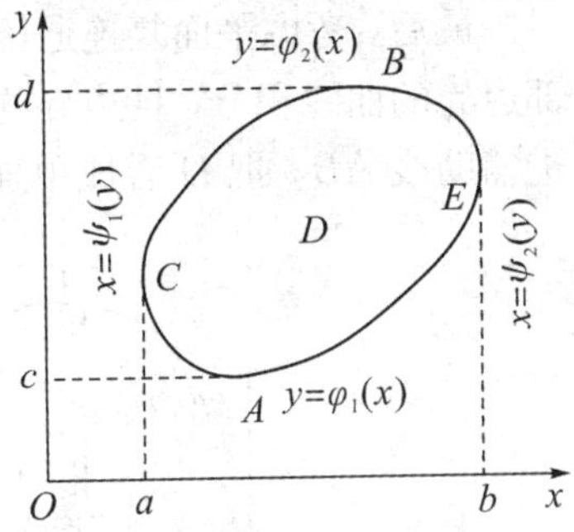

图 11.11

因为 $\dfrac{\partial P}{\partial y}$ 连续，把区域 D 看成 X－型区域，由二重积分的计算法有

$$\begin{aligned}\iint_D \frac{\partial P}{\partial y}\mathrm{d}x\mathrm{d}y&=\int_a^b\left[\int_{\varphi_1(x)}^{\varphi_2(x)}\frac{\partial P(x,y)}{\partial y}\mathrm{d}y\right]\mathrm{d}x\\&=\int_a^b[P(x,\varphi_2(x))-P(x,\varphi_1(x))]\mathrm{d}x.\end{aligned}$$

另一方面，由对坐标的曲线积分的性质及计算法有

$$\begin{aligned}\oint_L P\mathrm{d}x&=\int_{L_1}P\mathrm{d}x+\int_{L_2}P\mathrm{d}x\\&=\int_a^b P(x,\varphi_1(x))\mathrm{d}x+\int_b^a P(x,\varphi_2(x))\mathrm{d}x\\&=\int_a^b[P(x,\varphi_1(x))-P(x,\varphi_2(x))]\mathrm{d}x.\end{aligned}$$

因此

$$-\iint_D \frac{\partial P}{\partial y}\mathrm{d}x\mathrm{d}y=\oint_L P\mathrm{d}x.$$

把区域 D 看成 Y－型区域，类似地可证

$$\iint_D \frac{\partial Q}{\partial x}\mathrm{d}x\mathrm{d}y=\oint_L Q\mathrm{d}x.$$

由于 D 既是 X－型区域，又是 Y－型区域，所以以上两式同时成立，两式合并即得

$$\iint_D \left(\frac{\partial Q}{\partial x}-\frac{\partial P}{\partial y}\right)\mathrm{d}x\mathrm{d}y=\oint_L P\mathrm{d}x+Q\mathrm{d}y.$$

其次，考虑一般的平面单连通区域 D. 我们可在 D 内引入一条或几条辅助曲线把 D 分成有限个既是 X－型又是 Y－型的小区域. 例如，如图 11.12 所示闭区域 D，引进辅助线 ABC，把 D 分成 D_1，D_2，D_3 三个部分，得

$$\iint_{D_1}\left(\frac{\partial Q}{\partial x}-\frac{\partial P}{\partial y}\right)\mathrm{d}x\mathrm{d}y=\oint_{\overset{\frown}{MCBAM}}P\mathrm{d}x+Q\mathrm{d}y,$$

$$\iint_{D_2}\left(\frac{\partial Q}{\partial x}-\frac{\partial P}{\partial y}\right)\mathrm{d}x\mathrm{d}y=\oint_{\overset{\frown}{ABPA}}P\mathrm{d}x+P\mathrm{d}y,$$

$$\iint_{D_3}\left(\frac{\partial Q}{\partial x}-\frac{\partial P}{\partial y}\right)\mathrm{d}x\mathrm{d}y=\oint_{\overset{\frown}{BCNB}}P\mathrm{d}x+Q\mathrm{d}y.$$

把这三个等式相加，注意沿辅助曲线来回方向相反的曲线积分相互抵消，得

$$\iint_{D}\left(\frac{\partial Q}{\partial x}-\frac{\partial P}{\partial y}\right)\mathrm{d}x\mathrm{d}y=\oint_{L}P\mathrm{d}x+Q\mathrm{d}y.$$

最后，考虑平面复连通区域 D. 对复连通区域 D，格林公式右端应包括沿区域 D 的全部边界的曲线积分，且边界的方向对区域 D 来说都是正向. 如图 11.13 所示闭区域 D，引进辅助线 AB，把 D 看成单连通区域，格林公式也成立.

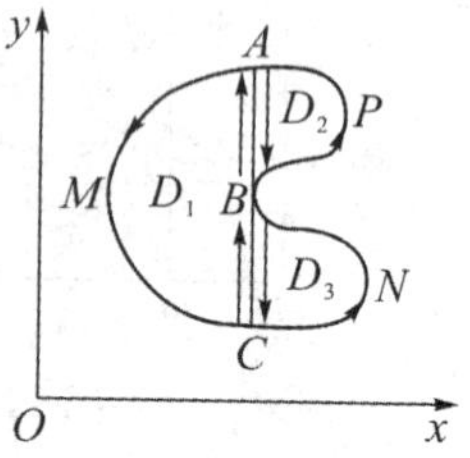

图 11.12

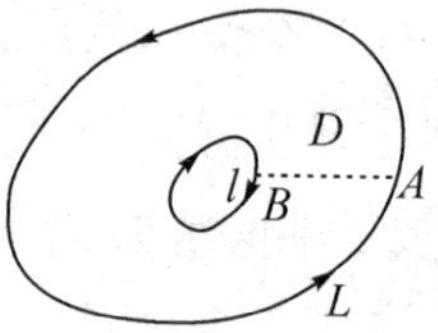

图 11.13

§11.3.2 格林公式的简单应用

我们可以用格林公式来计算一些平面图形的面积. 设区域 D 的边界曲线为 L，取 $P=-y$，$Q=x$，则由格林公式得

$$2\iint_{D}\mathrm{d}x\mathrm{d}y=\oint_{L}x\mathrm{d}y-y\mathrm{d}x \quad 或 \quad A=\iint_{D}\mathrm{d}x\mathrm{d}y=\frac{1}{2}\oint_{L}x\mathrm{d}y-y\mathrm{d}x.$$

例 1 椭圆 $x=a\cos\theta$，$y=b\sin\theta$ 所围成图形的面积 A.

解 设 D 是由椭圆 $x=a\cos\theta$，$y=b\sin\theta$ 所围成的区域.

令 $P=-\frac{1}{2}y$，$Q=\frac{1}{2}x$，则

$$\frac{\partial Q}{\partial x}-\frac{\partial P}{\partial y}=\frac{1}{2}+\frac{1}{2}=1.$$

于是由格林公式，可得

$$\begin{aligned}A&=\iint_{D}\mathrm{d}x\mathrm{d}y=\oint_{L}-\frac{1}{2}y\mathrm{d}x+\frac{1}{2}x\mathrm{d}y=\frac{1}{2}\oint_{L}-y\mathrm{d}x+x\mathrm{d}y\\&=\frac{1}{2}\int_{0}^{2\pi}(ab\sin^{2}\theta+ab\cos^{2}\theta)\mathrm{d}\theta=\frac{1}{2}ab\int_{0}^{2\pi}\mathrm{d}\theta=\pi ab.\end{aligned}$$

例 2 设 L 是任意一条分段光滑的闭曲线，证明：

$$\oint_{L}2xy\mathrm{d}x+x^{2}\mathrm{d}y=0.$$

证明 令 $P=2xy$，$Q=x^{2}$，则

$$\frac{\partial Q}{\partial x}-\frac{\partial P}{\partial y}=2x-2x=0.$$

因此，由格林公式有

$$\oint_L 2xy\mathrm{d}x + x^2\mathrm{d}y = \pm\iint_D 0\mathrm{d}x\mathrm{d}y = 0.$$

例 3　计算$\iint\limits_D \mathrm{e}^{-y^2}\mathrm{d}x\mathrm{d}y$，其中$D$是以$O(0,0)$，$A(1,1)$，$B(0,1)$为顶点的三角形闭区域(如图 11.14 所示).

解　这里$P=0$，$Q=x\mathrm{e}^{-y^2}$，则

$$\frac{\partial Q}{\partial x}-\frac{\partial P}{\partial y}=\mathrm{e}^{-y^2}.$$

因此，由格林公式有

$$\overrightarrow{AB}\iint_D \mathrm{e}^{-y^2}\mathrm{d}x\mathrm{d}y = \int_{\overrightarrow{OA}+\overrightarrow{AB}+\overrightarrow{BO}} x\mathrm{e}^{-y^2}\mathrm{d}y = \left(\int_{\overrightarrow{OA}}+\int_{\overrightarrow{AB}}+\int_{\overrightarrow{BO}}\right)x\mathrm{e}^{-y^2}\mathrm{d}y$$

$$= \int_{OA} x\mathrm{e}^{-y^2}\mathrm{d}y = \int_0^1 x\mathrm{e}^{-x^2}\mathrm{d}x = \frac{1}{2}(1-\mathrm{e}^{-1}).$$

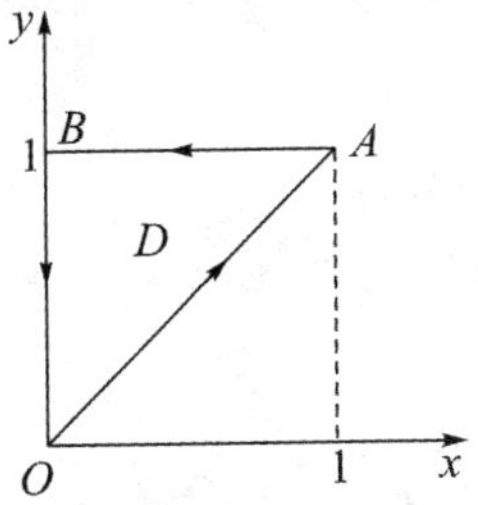

图 11.14

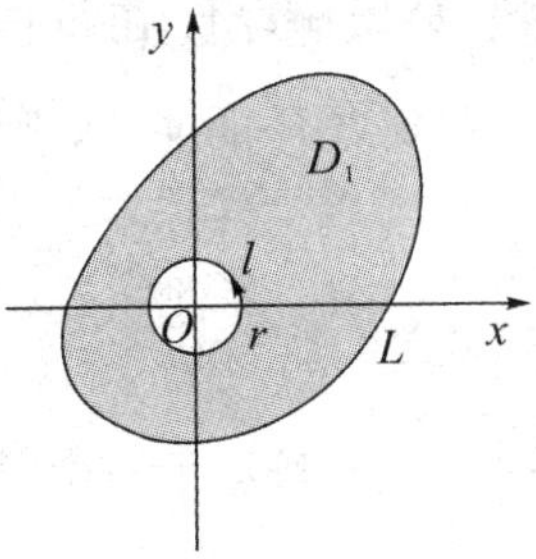

图 11.15

例 4　计算$\oint_L \frac{x\mathrm{d}y - y\mathrm{d}x}{x^2+y^2}$，其中$L$为一条无重点、分段光滑且不经过原点的连续闭曲线，$L$的方向为逆时针方向.

解　这里$P=\frac{-y}{x^2+y^2}$，$Q=\frac{x}{x^2+y^2}$. 则当$x^2+y^2\neq 0$时，有

$$\frac{\partial Q}{\partial x}=\frac{y^2-x^2}{(x^2+y^2)^2}=\frac{\partial P}{\partial y}.$$

记L所围成的闭区域为D. 当$(0,0)\notin D$时，由格林公式得

$$\oint_L \frac{x\mathrm{d}y - y\mathrm{d}x}{x^2+y^2}=0;$$

当$(0,0)\in D$时，在D内取一圆周l：$x^2+y^2=r^2(r>0)$. 由L及l围成了一个复连通区域D_1(如图 11.15 所示)，应用格林公式得

$$\oint_L \frac{x\mathrm{d}y - y\mathrm{d}x}{x^2+y^2} - \oint_l \frac{x\mathrm{d}y - y\mathrm{d}x}{x^2+y^2}=0,$$

其中l的方向取逆时针方向. 于是

$$\oint_L \frac{x\mathrm{d}y - y\mathrm{d}x}{x^2+y^2}=\oint_l \frac{x\mathrm{d}y - y\mathrm{d}x}{x^2+y^2}=\int_0^{2\pi}\frac{r^2\cos^2\theta + r^2\sin^2\theta}{r^2}\mathrm{d}\theta = 2\pi.$$

§11.3.3　平面上曲线积分与路径无关的条件

在物理学中研究场力在什么条件下所做的功与路径无关，这个问题体现在数学上就是研究曲线积分在什么条件下与路径无关.

设 D 是一个开区域，$P(x, y)$，$Q(x, y)$在区域 D 内具有一阶连续偏导数. 如果对于 D 内任意指定的两个点 A，B，以及 D 内从点 A 到点 B 的任意两条曲线 L_1，L_2，等式

$$\int_{L_1} P\mathrm{d}x + Q\mathrm{d}y = \int_{L_2} P\mathrm{d}x + Q\mathrm{d}y$$

恒成立，则称曲线积分$\int_L P\mathrm{d}x + Q\mathrm{d}y$ 在 D 内与路径无关，否则称积分与路径有关.

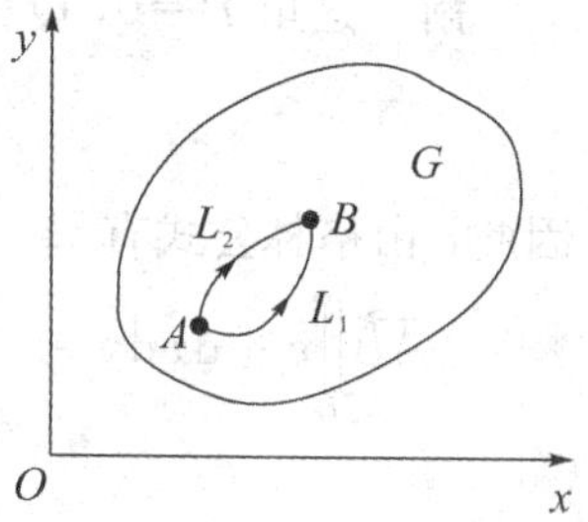

图 11.16

设曲线积分$\int_L P\mathrm{d}x + Q\mathrm{d}y$ 在 D 内与路径无关，L_1 和 L_2 是 D 内任两条从点 A 到点 B 的曲线，则

$$\int_{L_1} P\mathrm{d}x + Q\mathrm{d}y = \int_{L_2} P\mathrm{d}x + Q\mathrm{d}y.$$

因此

$$\begin{aligned}\oint_{L_1+(-L_2)} P\mathrm{d}x + Q\mathrm{d}y &= \int_{L_1} P\mathrm{d}x + Q\mathrm{d}y + \int_{-L_2} P\mathrm{d}x + Q\mathrm{d}y \\ &= \int_{L_1} P\mathrm{d}x + Q\mathrm{d}y - \int_{L_2} P\mathrm{d}x + Q\mathrm{d}y = 0.\end{aligned}$$

这表明，曲线积分$\int_L P\mathrm{d}x + Q\mathrm{d}y$ 在 D 内与路径无关相当于沿 D 内任意闭曲线 C 的曲线积分$\oint_L P\mathrm{d}x + Q\mathrm{d}y$ 等于 0.

定理 2　设开区域 D 是一个单连通域，函数 $P(x, y)$ 及 $Q(x, y)$ 在 D 内具有一阶连续偏导数，则曲线积分$\int_L P\mathrm{d}x + Q\mathrm{d}y$ 在 D 内与路径无关（或沿 D 内任意闭曲线的曲线积分为零）的充分必要条件是等式

$$\frac{\partial P}{\partial y} = \frac{\partial Q}{\partial x}$$

在 D 内恒成立.

证明　（充分性）若$\frac{\partial P}{\partial y} = \frac{\partial Q}{\partial x}$，则$\frac{\partial Q}{\partial x} - \frac{\partial P}{\partial y} = 0$. 由格林公式，对任意闭曲线 L，有

$$\oint_L P\mathrm{d}x + Q\mathrm{d}y = \iint_D \left(\frac{\partial Q}{\partial x} - \frac{\partial P}{\partial y}\right)\mathrm{d}x\mathrm{d}y = 0.$$

（必要性）设存在一点 $M_0 \in D$，使$\frac{\partial Q}{\partial x} - \frac{\partial P}{\partial y} = \eta \neq 0$. 不妨设 $\eta > 0$，则由$\frac{\partial Q}{\partial x} - \frac{\partial P}{\partial y}$的连续性，存在 M_0 的一个 D 邻域 $U(M_0, D)$，使在此邻域内有$\frac{\partial Q}{\partial x} - \frac{\partial P}{\partial y} \geqslant \frac{\eta}{2}$. 于是沿邻域 $U(M_0, D)$ 边界 l 的闭曲线积分为

$$\oint_l P\mathrm{d}x + Q\mathrm{d}y = \iint_{U(M_0,\delta)} \left(\frac{\partial Q}{\partial x} - \frac{\partial P}{\partial y}\right)\mathrm{d}x\mathrm{d}y \geqslant \frac{\eta}{2} \cdot \pi\delta^2 > 0,$$

这与闭曲线积分为零相矛盾，因此在 D 内 $\frac{\partial Q}{\partial x} - \frac{\partial P}{\partial y} = 0$.

注意定理的要求，区域 D 是单连通区域，且函数 $P(x, y)$ 及 $Q(x, y)$ 在 D 内具有一阶连续偏导数. 如果这两个条件之一不能满足，那么定理的结论不能保证成立.

例 5 计算 $\int_L 2xy\mathrm{d}x + x^2\mathrm{d}y$，其中 L 为曲线 $y = x^2$ 上从 $O(0, 0)$ 到 $B(1, 1)$ 的一段弧.

解 因为 $\frac{\partial P}{\partial y} = \frac{\partial Q}{\partial x} = 2x$ 在整个 xOy 面内都成立，所以在整个 xOy 面内，积分 $\int_L 2xy\mathrm{d}x + x^2\mathrm{d}y$ 与路径无关. 我们选择一条折线：$O(0, 0) \to A(1, 0) \to B(1, 1)$，得

$$\begin{aligned}\int_L 2xy\mathrm{d}x + x^2\mathrm{d}y &= \int_{OA} 2xy\mathrm{d}x + x^2\mathrm{d}y + \int_{AB} 2xy\mathrm{d}x + x^2\mathrm{d}y \\ &= \int_0^1 1^2\mathrm{d}y = 1.\end{aligned}$$

习惯上，把破坏函数 P，Q 及 $\frac{\partial P}{\partial y}$，$\frac{\partial Q}{\partial x}$ 连续性的点称为奇点. 考虑积分

$$\oint_L \frac{x\mathrm{d}y - y\mathrm{d}x}{x^2 + y^2},$$

其中 L 为一条无重点、分段光滑且不经过原点的连续闭曲线，L 的方向为逆时针方向. 当 $x^2 + y^2 \neq 0$ 时，$\frac{\partial Q}{\partial x} = \frac{y^2 - x^2}{(x^2 + y^2)^2} = \frac{\partial P}{\partial y}$，但 $P = \frac{-y}{x^2 + y^2}$ 和 $Q = \frac{x}{x^2 + y^2}$ 在点 $(0, 0)$ 不连续. 因此，如果 $(0, 0)$ 不在 L 所围成的区域内，则结论成立；而当 $(0, 0)$ 在 L 所围成的区域内时，结论未必成立.

§11.3.4 二元函数的全微分求积

我们知道，二元函数 $u(x, y)$ 的全微分为 $\mathrm{d}u(x, y) = u_x(x, y)\mathrm{d}x + u_y(x, y)\mathrm{d}y$. 曲线积分被积表达式 $P(x, y)\mathrm{d}x + Q(x, y)\mathrm{d}y$ 与函数的全微分有相同的结构，但它未必就是某个函数的全微分. 这里讨论函数 $P(x, y)$，$Q(x, y)$ 在什么条件下，表达式 $P(x, y)\mathrm{d}x + Q(x, y)\mathrm{d}y$ 是某个二元函数 $u(x, y)$ 的全微分，当这样的二元函数存在时把它求出来.

定理 3 设开区域 D 是一个单连通域，函数 $P(x, y)$ 及 $Q(x, y)$ 在 D 内具有一阶连续偏导数，则 $P(x, y)\mathrm{d}x + Q(x, y)\mathrm{d}y$ 在 D 内为某一函数 $u(x, y)$ 的全微分的充分必要条件是等式

$$\frac{\partial P}{\partial y} = \frac{\partial Q}{\partial x}$$

在 D 内恒成立.

证明 （必要性）假设存在某一函数 $u(x, y)$，使得

$$du = P(x, y)dx + Q(x, y)dy,$$

则有 $$\frac{\partial P}{\partial y} = \frac{\partial}{\partial y}\left(\frac{\partial u}{\partial x}\right) = \frac{\partial^2 u}{\partial x \partial y}, \quad \frac{\partial Q}{\partial x} = \frac{\partial}{\partial x}\left(\frac{\partial u}{\partial y}\right) = \frac{\partial^2 u}{\partial y \partial x}.$$

因为$\frac{\partial^2 u}{\partial x \partial y} = \frac{\partial P}{\partial y}$, $\frac{\partial^2 u}{\partial y \partial x} = \frac{\partial Q}{\partial x}$连续，所以

$$\frac{\partial^2 u}{\partial x \partial y} = \frac{\partial^2 u}{\partial y \partial x},$$

即

$$\frac{\partial P}{\partial y} = \frac{\partial Q}{\partial x}.$$

(充分性) 因为在 D 内有$\frac{\partial P}{\partial y} = \frac{\partial Q}{\partial x}$，所以积分$\int_L P(x, y)dx + Q(x, y)dy$ 在D 内与路径无关. 在 D 内从点(x_0, y_0) 到点(x, y) 的曲线积分可表示为考虑函数 $u(x, y) = \int_{(x_0, y_0)}^{(x, y)} P(x, y)dx + Q(x, y)dy$.

因为 $$u(x, y) = \int_{(x_0, y_0)}^{(x, y)} P(x, y)dx + Q(x, y)dy = \int_{y_0}^{y} Q(x_0, y)dy + \int_{x_0}^{x} P(x, y)dx,$$

所以 $$\frac{\partial u}{\partial x} = \frac{\partial}{\partial x}\int_{y_0}^{y} Q(x_0, y)dy + \frac{\partial}{\partial x}\int_{x_0}^{x} P(x, y)dx = P(x, y).$$

类似地有$\frac{\partial u}{\partial y} = Q(x, y)$，从而 $du = P(x, y)dx + Q(x, y)dy$. 即 $P(x, y)dx + Q(x, y)dy$ 是某一函数的全微分. 证毕.

当曲线积分与路径无关时，为了方便计算，可以选择折线 M_0RM 作为积分路径(如图 11.17 所示)，得

$$u(x, y) = \int_{(x_0, y_0)}^{(x, y)} P(x, y)dx + Q(x, y)dy = \int_{x_0}^{x} P(x, y_0)dx + \int_{y_0}^{y} Q(x, y)dy,$$

也可以选择折线 M_0SM 为积分路径，得

$$u(x, y) = \int_{y_0}^{y} Q(x_0, y)dy + \int_{x_0}^{x} P(x, y)dx.$$

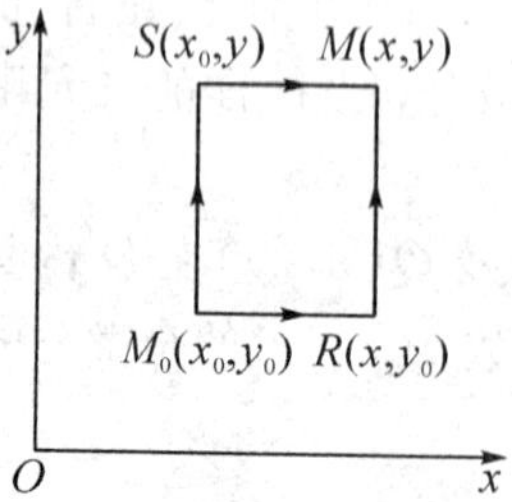

图 11.17

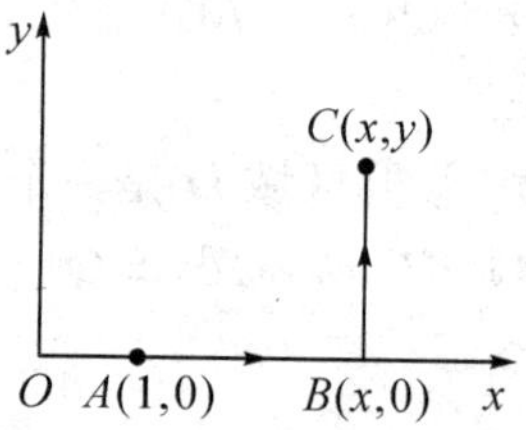

图 11.18

例 6 验证：$\frac{x dy - y dx}{x^2 + y^2}$在右半平面$(x > 0)$内是某个函数的全微分，并求出一个这样的

函数.

解　这里 $P=\frac{-y}{x^2+y^2}$，$Q=\frac{x}{x^2+y^2}$.

因为 P，Q 在右半平面内具有一阶连续偏导数，且有

$$\frac{\partial Q}{\partial x}=\frac{y^2-x^2}{(x^2+y^2)^2}=\frac{\partial P}{\partial y},$$

所以在右半平面内，$\frac{x\mathrm{d}y-y\mathrm{d}x}{x^2+y^2}$是某个函数的全微分.

如图 11.18 所示，取积分路线为从 $A(1, 0)$到 $B(x, 0)$再到 $C(x, y)$的折线，则所求函数为

$$u(x, y)=\int_{(1,0)}^{(x,y)}\frac{x\mathrm{d}y-y\mathrm{d}x}{x^2+y^2}=0+\int_0^y\frac{x\mathrm{d}y}{x^2+y^2}=\arctan\frac{y}{x}.$$

例 7　验证：在整个 xOy 面内，$xy^2\mathrm{d}x+x^2y\mathrm{d}y$ 是某个函数的全微分，并求出一个这样的函数.

解　这里 $P=xy^2$，$Q=x^2y$.

因为 P，Q 在整个 xOy 面内具有一阶连续偏导数，且有

$$\frac{\partial Q}{\partial x}=2xy=\frac{\partial P}{\partial y},$$

所以在整个 xOy 面内，$xy^2\mathrm{d}x+x^2y\mathrm{d}y$ 是某个函数的全微分.

取积分路线为从 $O(0, 0)$到 $A(x, 0)$再到 $B(x, y)$的折线，则所求函数为

$$u(x, y)=\int_{(0,0)}^{(x,y)}xy^2\mathrm{d}x+x^2y\mathrm{d}y=0+\int_0^y x^2y\mathrm{d}y=x^2\int_0^y y\mathrm{d}y=\frac{x^2y^2}{2}.$$

§11.3.5　曲线积分的基本定理

如果曲线积分$\int_L P(x, y)\mathrm{d}x+Q(x, y)\mathrm{d}y=\int_L \boldsymbol{F}\cdot\mathrm{d}\boldsymbol{s}$在区域$D$内与积分路径无关，则称向量场 $\boldsymbol{F}$ 为保守场. 下面的定理为计算保守场中曲线积分的一种方法.

定理 4(曲线积分的基本定理)　设$\boldsymbol{F}(x, y)=P(x, y)\boldsymbol{i}+Q(x, y)\boldsymbol{j}$是平面区域$G$内的一个向量场，$P(x, y)$，$Q(x, y)$ 都在 G 内连续，且存在一个数量函数 $f(x, y)$，使得 $P=f_x$，$Q=f_y$，则曲线积分$\int_L \boldsymbol{F}\cdot\mathrm{d}\boldsymbol{s}$ 在G 内与路径无关，且

$$\int_L \boldsymbol{F}\cdot\mathrm{d}\boldsymbol{s}=f(B)-f(A),$$

式中，L 是位于G 内起点为A、终点为 B 的任一分段光滑曲线.

证明　设 L 的向量方程为

$$\boldsymbol{s}=\varphi(t)\boldsymbol{i}+\psi(t)\boldsymbol{j},\quad t\in[\alpha, \beta],$$

起点 A 对应参数$t=\alpha$，终点 B 对应参数$t=\beta$.

由假设，$f_x=P$，$f_y=Q$，P，Q 连续，从而 f 可微，且

$$\frac{\mathrm{d}f}{\mathrm{d}t}=f_x\frac{\mathrm{d}x}{\mathrm{d}t}+f_y\frac{\mathrm{d}y}{\mathrm{d}t}=(f_x, f_y)\cdot\left(\frac{\mathrm{d}x}{\mathrm{d}t}, \frac{\mathrm{d}y}{\mathrm{d}t}\right)=\boldsymbol{F}\cdot\frac{\mathrm{d}\boldsymbol{s}}{\mathrm{d}t},$$

于是

$$\int_L \boldsymbol{F}\cdot \mathrm{d}\boldsymbol{s} = \int_\alpha^\beta \boldsymbol{F}\cdot \frac{\mathrm{d}\boldsymbol{s}}{\mathrm{d}t}\mathrm{d}t = \int_\alpha^\beta \frac{\mathrm{d}f}{\mathrm{d}t}\mathrm{d}t = f(\varphi(t),\psi(t))\Big|_\alpha^\beta = f(B)-f(A),$$

证毕.

定理 4 表明，对于势场 $\boldsymbol{F}$，曲线积分 $\int_L \boldsymbol{F}\cdot \mathrm{d}\boldsymbol{s}$ 的值仅依赖于它的势函数 f 在路径 L 的两端点的值，而不依赖于两点间的路径，即积分 $\int_L \boldsymbol{F}\cdot \mathrm{d}\boldsymbol{s}$ 在 G 内与路径无关，也就是说，势场是保守场.

习题 11－3

1. 在单连通区域 D 内，如果 $P(x,y)$ 和 $Q(x,y)$ 具有一阶连续偏导数，且恒有 $\frac{\partial Q}{\partial x}=\frac{\partial P}{\partial y}$，那么，

(1) 在 D 内的曲线积分 $\int_L P(x,y)\mathrm{d}x+Q(x,y)\mathrm{d}y$ 是否与路径无关?

(2) 在 D 内的闭曲线积分 $\oint_L P(x,y)\mathrm{d}x+Q(x,y)\mathrm{d}y$ 是否为零?

(3) 在 D 内 $P(x,y)\mathrm{d}x+Q(x,y)\mathrm{d}y$ 是否是某一函数 $u(x,y)$ 的全微分?

2. 在区域 D 内除 M_0 点外，如果 $P(x,y)$ 和 $Q(x,y)$ 具有一阶连续偏导数，且恒有 $\frac{\partial Q}{\partial x}=\frac{\partial P}{\partial y}$，$D_1$ 是 D 内不含 M_0 的单连通区域，那么，

(1) 在 D_1 内的曲线积分 $\int_L P(x,y)\mathrm{d}x+Q(x,y)\mathrm{d}y$ 是否与路径无关?

(2) 在 D_1 内的闭曲线积分 $\oint_L P(x,y)\mathrm{d}x+Q(x,y)\mathrm{d}y$ 是否为零?

(3) 在 D_1 内 $P(x,y)\mathrm{d}x+Q(x,y)\mathrm{d}y$ 是否是某一函数 $u(x,y)$ 的全微分?

3. 在单连通区域 D 内，如果 $P(x,y)$ 和 $Q(x,y)$ 具有一阶连续偏导数，$\frac{\partial P}{\partial y}\neq\frac{\partial Q}{\partial x}$，但 $\frac{\partial Q}{\partial x}-\frac{\partial P}{\partial y}$ 非常简单，那么，

(1)如何计算 D 内的闭曲线积分?

(2)如何计算 D 内的非闭曲线积分?

(3) 计算 $\int_L (\mathrm{e}^x\sin y-2y)\mathrm{d}x+(\mathrm{e}^x\cos y-2)\mathrm{d}y$，其中 L 为逆时针方向的上半圆周 $(x-a)^2+y^2=a^2$，$y\geqslant 0$.

4. 计算曲线积分.

(1) $\oint_L (2xy-x^2)\mathrm{d}x+(x+y^2)\mathrm{d}y$，其中 L 是由 $y=x^2$ 与 $y^2=x$ 所围区域的正向边界曲线;

(2) $\oint (x^2-2xy^3)\mathrm{d}x+(y-x^2y)\mathrm{d}y$，其中 L 是顶点分别为 $(1,0)$，$(0,1)$，$(-1,0)$，

(0, −1) 的方形区域的正向边界.

5. 计算$\oint_L \dfrac{y\mathrm{d}x - x\mathrm{d}y}{x^2 + y^2}$，其中 L 为圆角$(x-1)^2 + y^2 = 2$，L 的方向为逆时针方向.

6. 先验证下列曲线积分是否与路径无关，再求它们的值.

(1)$\int_{(1,1)}^{(2,3)} (x+y)\mathrm{d}x + (x-y)\mathrm{d}y$；

(2)$\int_{(1,2)}^{(3,4)} (6xy^2 - y^3)\mathrm{d}x + (6x^2y - 3xy^2)\mathrm{d}y$；

(3)$\int_{(1,0)}^{(2,1)} (2xy - y^4 + 6)\mathrm{d}x + (x^2 - 4xy^3)\mathrm{d}y$.

7. 利用格林公式计算.

(1)$\oint_L (2x - 3y)\mathrm{d}x + (5y + 4x - 8)\mathrm{d}y$，其中 L 为顶点在(0, 0)，(4, 0)，(0, 5) 的三角形正向边界；

(2)$\int_L (2xy^3 - y^2\cos x)\mathrm{d}x + (1 - 2y\sin x + 3x^2y^2)\mathrm{d}y$，其中 L 为曲线 $2x = \pi y^2$ 由点 (0, 0) 到$(\dfrac{\pi}{2}, 1)$ 的一段弧.

§ 11.4　对面积的曲面积分

本章 § 11.1 节介绍了曲线型构件的质量可以用曲线积分来计算，作为一个推广，这节介绍用曲面积分来计算曲面型构件的质量等问题.

§ 11.4.1　对面积的曲面积分的概念与性质

设曲面构件Σ位于空间曲面的闭区域 D 上，如果面密度是均匀的，则

$$\text{曲面构件的质量} = \text{面密度} \times \text{曲面面积}.$$

当曲面构件的密度是非均匀的，其面密度为 $\rho(x, y, z)$，它的质量就不能用上面的公式来计算. 我们仍然用"元素法"来讨论.

首先，把曲面分成 n 个小块，即ΔS_1，ΔS_2，…，ΔS_n，为了方便，也用ΔS_i代表曲面的面积. 当面密度连续地变化时，只要这些小块的直径很小，每个小块的密度近似地看成均匀的，用任一点的(ξ_i, η_i, ζ_i)的面密度 $\rho(\xi_i, \eta_i, \zeta_i)$代替这个小块的面密度，相应地这个小块质量的近似值为

$$\Delta M_i \approx \rho(\xi_i, \eta_i, \zeta_i)\Delta S_i.$$

因此，曲面构件的质量的近似值为

$$\sum_{i=1}^{n} \rho(\xi_i, \eta_i, \zeta_i)\Delta S_i.$$

当各小块曲面的直径的最大值$\lambda \to 0$ 时，取极限得曲面构件的质量的精确值为

$$M = \lim_{\lambda \to 0} \sum_{i=1}^{n} \rho(\xi_i, \eta_i, \zeta_i)\Delta S_i.$$

定义 1　设曲面Σ是光滑的，函数$f(x, y, z)$在Σ上有界. 把Σ任意分成n小块，即ΔS_1，ΔS_2，…，ΔS_n，在ΔS_i上任取一点(ξ_i, η_i, ζ_i)，如果当各小块曲面的直径的最大值$\lambda \to 0$时，极限$\lim\limits_{\lambda \to 0}\sum\limits_{i=1}^{n} f(\xi_i, \eta_i, \zeta_i)\Delta S_i$总存在，则称此极限为函数$f(x, y, z)$在曲面$\Sigma$上对面积的曲面积分或第一类曲面积分，记作$\iint\limits_{\Sigma} f(x, y, z)\mathrm{d}S$，即

$$\iint\limits_{\Sigma} f(x, y, z)\mathrm{d}S = \lim_{\lambda \to 0}\sum_{i=1}^{n} f(\xi_i, \eta_i, \zeta_i)\Delta S_i,$$

式中，$f(x, y, z)$叫作被积函数，Σ叫作积分曲面.

我们指出，当$f(x, y, z)$在光滑曲面Σ上连续时，对面积的曲面积分是存在的. 今后总假定$f(x, y, z)$在Σ上连续.

根据上述定义，面密度为连续函数$\rho(x, y, z)$的光滑曲面Σ的质量M，可表示为$\rho(x, y, z)$在Σ上对面积的曲面积分，即

$$M = \iint\limits_{\Sigma}\rho(x, y, z)\mathrm{d}S.$$

如果Σ是分片光滑的，我们规定函数在Σ上对面积的曲面积分等于函数在光滑的各片曲面上对面积的曲面积分之和. 例如，设Σ可分成两片光滑曲面Σ_1及Σ_2(记作$\Sigma = \Sigma_1 + \Sigma_2$)，则规定

$$\iint\limits_{\Sigma_1+\Sigma_2} f(x, y, z)\mathrm{d}S = \iint\limits_{\Sigma_1} f(x, y, z)\mathrm{d}S + \iint\limits_{\Sigma_2} f(x, y, z)\mathrm{d}S.$$

对面积的曲面积分的性质如下：

(1)设c_1，c_2为常数，则

$$\iint\limits_{\Sigma}[c_1 f(x, y, z) + c_2 g(x, y, z)]\mathrm{d}S = c_1\iint\limits_{\Sigma} f(x, y, z)\mathrm{d}S + c_2\iint\limits_{\Sigma} g(x, y, z)\mathrm{d}S;$$

(2)若曲面Σ可分成两片光滑曲面Σ_1及Σ_2，则

$$\iint\limits_{\Sigma} f(x, y, z)\mathrm{d}S = \iint\limits_{\Sigma_1} f(x, y, z)\mathrm{d}S + \iint\limits_{\Sigma_2} f(x, y, z)\mathrm{d}S;$$

(3)设在曲面Σ上$f(x, y, z) \leqslant g(x, y, z)$，则

$$\iint\limits_{\Sigma} f(x, y, z)\mathrm{d}S \leqslant \iint\limits_{\Sigma} g(x, y, z)\mathrm{d}S;$$

(4)$\iint\limits_{\Sigma}\mathrm{d}S = A$，其中$A$为曲面$\Sigma$的面积.

§11.4.2　对面积的曲面积分的计算

设积分曲面Σ由方程$z = z(x, y)$给出，Σ在xOy面上的投影区域为D_{xy}(如图 11.19 所示)，函数$z(x, y)$在D_{xy}上具有一阶连续偏导数，被积函数$f(x, y, z)$在Σ上连续.

在D_{xy}上任取一面积元素$\mathrm{d}\sigma = \mathrm{d}x\mathrm{d}y$，对应$\Sigma$上曲面面积元素$\mathrm{d}S$，则

$$dS=\sqrt{1+z_x^2(x,y)+z_y^2(x,y)}\,dx\,dy.$$

注意到点(x,y,z)在曲面Σ上，被积函数是$f(x,y,z)=f(x,y,z(x,y))$. 按“一投，二代，三换”，把曲面积分化为二重积分，即

$$\iint_{\Sigma} f(x,y,z)dS$$
$$=\iint_{D_{xy}} f[x,y,z(x,y)]\sqrt{1+z_x^2(x,y)+z_y^2(x,y)}\,dx\,dy.$$

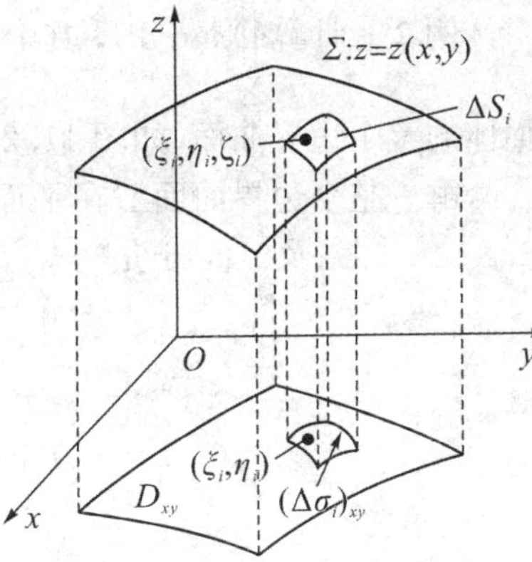

图 11.19

如果积分曲面Σ的方程为$y=y(z,x)$，D_{zx}为Σ在zOx面上的投影区域，则函数$f(x,y,z)$在Σ上对面积的曲面积分为

$$\iint_{\Sigma} f(x,y,z)dS=\iint_{D_{zx}} f[x,y(z,x),z]\sqrt{1+y_z^2(z,x)+y_x^2(z,x)}\,dz\,dx.$$

如果积分曲面Σ的方程为$x=x(y,z)$，D_{yz}为Σ在yOz面上的投影区域，则函数$f(x,y,z)$在Σ上对面积的曲面积分为

$$\iint_{\Sigma} f(x,y,z)dS=\iint_{D_{yz}} f[x(y,z),y,z]\sqrt{1+x_y^2(y,z)+x_z^2(y,z)}\,dy\,dz.$$

例 1　计算曲面积分$\iint_{\Sigma}\frac{1}{z}dS$，其中$\Sigma$是球面$x^2+y^2+z^2=a^2$被平面$z=h(0<h<a)$截出的顶部(如图 11.20 所示).

解　Σ的方程为$z=\sqrt{a^2-x^2-y^2}$，其中D_{xy}：$x^2+y^2\leqslant a^2-h^2$.

因为
$$z_x=\frac{-x}{\sqrt{a^2-x^2-y^2}},\quad z_y=\frac{-y}{\sqrt{a^2-x^2-y^2}},$$
$$dS=\sqrt{1+z_x^2+z_y^2}\,dx\,dy=\frac{a}{\sqrt{a^2-x^2-y^2}}dx\,dy,$$

所以
$$\iint_{\Sigma}\frac{1}{z}dS=\iint_{D_{xy}}\frac{a}{a^2-x^2-y^2}dx\,dy$$
$$=a\int_0^{2\pi}d\theta\int_0^{\sqrt{a^2-h^2}}\frac{r\,dr}{a^2-r^2}$$
$$=2\pi a\left[-\frac{1}{2}\ln(a^2-r^2)\right]_0^{\sqrt{a^2-h^2}}=2\pi a\ln\frac{a}{h}.$$

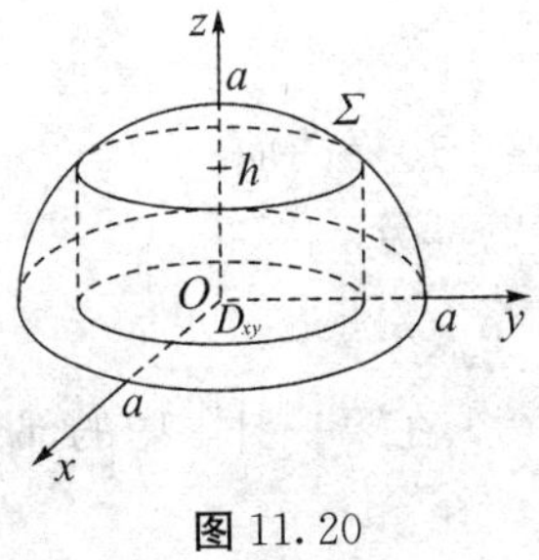

图 11.20

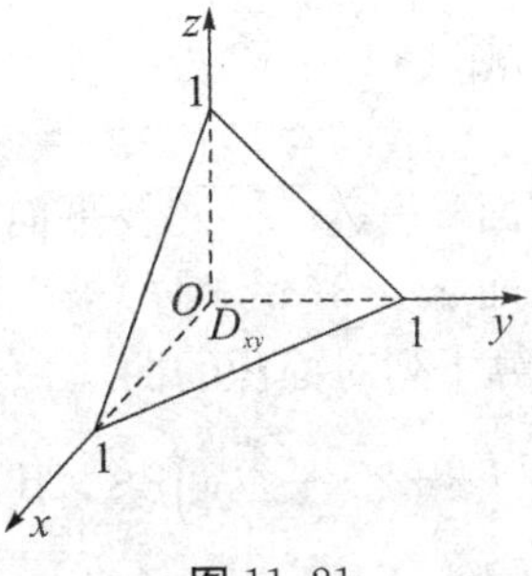

图 11.21

例 2 计算$\oiint\limits_{\Sigma} xyz\mathrm{d}S$，其中$\Sigma$是由平面 $x=0$，$y=0$，$z=0$ 及 $x+y+z=1$ 所围成的四面体的整个边界曲面(如图 11.21 所示).

解 整个边界曲面Σ在平面 $x=0$，$y=0$，$z=0$ 及 $x+y+z=1$ 上的部分依次记为Σ_1，Σ_2，Σ_3及Σ_4，于是

$$\begin{aligned}\oiint\limits_{\Sigma} xyz\mathrm{d}S &= \iint\limits_{\Sigma_1} xyz\mathrm{d}S + \iint\limits_{\Sigma_2} xyz\mathrm{d}S + \iint\limits_{\Sigma_3} xyz\mathrm{d}S + \iint\limits_{\Sigma_4} xyz\mathrm{d}S \\ &= 0+0+0+\iint\limits_{\Sigma_4} xyz\mathrm{d}S \\ &= \iint\limits_{D_{xy}} \sqrt{3}xy(1-x-y)\mathrm{d}x\mathrm{d}y \\ &= \sqrt{3}\int_0^1 x\mathrm{d}x\int_0^{1-x} y(1-x-y)\mathrm{d}y \\ &= \sqrt{3}\int_0^1 x\cdot\frac{(1-x)^3}{6}\mathrm{d}x = \frac{\sqrt{3}}{120}.\end{aligned}$$

习题 11－4

1. 设有一分布着质量的曲面Σ，在点(x, y, z)处它的面密度为$\mu(x, y, z)$，用对面积的曲面积分表示这曲面对于 x 轴的转动惯量.

2. 按对面积的曲面积分的定义证明：

$$\iint\limits_{\Sigma} f(x, y, z)\mathrm{d}S = \iint\limits_{\Sigma_1} f(x, y, z)\mathrm{d}S + \iint\limits_{\Sigma_2} f(x, y, z)\mathrm{d}S,$$

其中Σ是由Σ_1和Σ_2组成的.

3. 当Σ是 xOy 面内的一个闭区域时，曲面积分$\iint\limits_{\Sigma} f(x, y, z)\mathrm{d}S$ 与二重积分有什么关系？

4. 计算曲面积分$\iint\limits_{\Sigma} f(x, y, z)\mathrm{d}S$，其中$\Sigma$为抛物面 $z=2-(x^2+y^2)$在 xOy 面上方的部分，$f(x, y, z)$分别如下：

(1)$f(x, y, z)=1$；

(2)$f(x, y, z)=x^2+y^2$；

(3)$f(x, y, z)=3z$.

5. 计算$\iint\limits_{\Sigma}(x^2+y^2)\mathrm{d}S$，其中$\Sigma$是：

(1)锥面 $z=\sqrt{x^2+y^2}$ 及平面 $z=1$ 所围成的区域的整个边界曲面；

(2)锥面 $x^2=3(x^2+y^2)$被平面 $z=0$ 和 $z=3$ 所截得的部分.

6. 计算下列对面积的曲面积分.

(1) $\iint\limits_{\Sigma}\left(z+2x+\frac{4}{3}y\right)\mathrm{d}S$，其中$\Sigma$为平面$\frac{x}{2}+\frac{y}{3}+\frac{z}{4}=1$在第一卦限中的部分；

(2) $\iint\limits_{\Sigma}(2xy-2x^2-x+z)\mathrm{d}S$，其中$\Sigma$为平面 $2x+2y+z=6$ 在第一卦限中的部分；

(3) $\iint\limits_{\Sigma}(x+y+z)\mathrm{d}S$，其中$\Sigma$为球面 $x^2+y^2+z^2=a^2$ 上 $z\geqslant h(0<h<a)$的部分；

(4) $\iint\limits_{\Sigma}(xy+yz+zx)\mathrm{d}S$，其中$\Sigma$为锥面 $z=\sqrt{x^2+y^2}$ 被柱面 $x^2+y^2=2ax$ 所截得的有限部分.

7. 求抛物面壳 $z=\frac{1}{2}(x^2+y^2)(0\leqslant z\leqslant 1)$的质量，此壳的面密度为 $\mu=z$.

8. 求面密度为 μ_0 的均匀半球壳 $x^2+y^2+z^2=a^2(z\geqslant 0)$对于 z 轴的转动惯量.

§11.5　对坐标的曲面积分

§11.5.1　对坐标的曲面积分的概念与性质

液体流量问题：设流体流过平面上一个面积为 A 的闭区域 A，流体在这闭区域上各点处的流速是与平面的夹角为 θ 的常向量 $\boldsymbol{v}$（如图 11.22 所示)，则在单位时间内流过这闭区域流体的流量通常认为是一个有向数. 例如，若流进取正，则流出取负，流量的大小恰是一个底面积为 A、斜高为$|\boldsymbol{v}|$的斜柱体，即

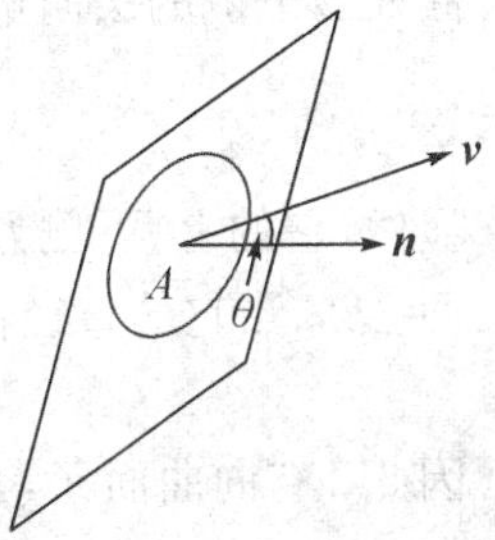

图 11.22

$$\text{斜柱体的体积} = A\,|\,\boldsymbol{v}\,|\,|\cos\theta\,|.$$

一般地，平面的法向量有两个相反的方向，我们如何来确定 θ 的大小及流量的符号呢？如果单位时间内流体的流量 Φ 为 $A\,|\boldsymbol{v}|\cos\theta$，类似地用两个向量的点积来计算，即

$$\Phi=\boldsymbol{A}\cdot\boldsymbol{v},$$

那么向量 $\boldsymbol{A}$ 怎样确定？下面我们引入有向曲面的概念.

有向平面：我们把平面上闭区域 A 向三个坐标面作投影，投影面的面积分别为 δ_{xy}，δ_{yz}，δ_{zx}，如图 11.23 所示. 设平面 A 的单位法向量 $\boldsymbol{n}^0=(\cos\alpha,\cos\beta,\cos\gamma)$，规定 A 在 xOy 面的投影面为

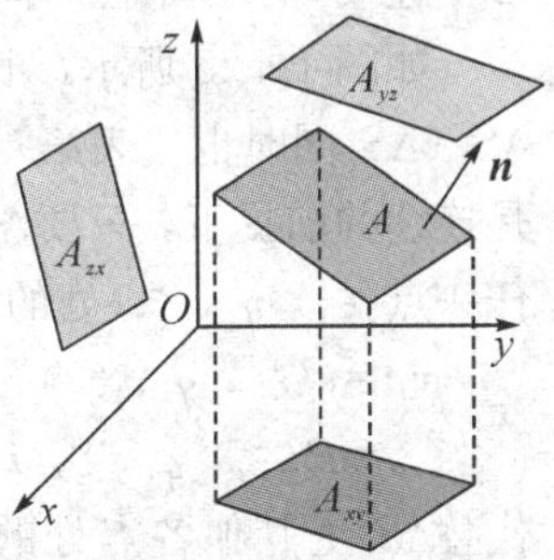

图 11.23

$$A_{xy}=|\,A\,|\cos\gamma=\begin{cases}\delta_{xy}, & \gamma\in\left[0,\dfrac{\pi}{2}\right),\\ 0, & \gamma=\dfrac{\pi}{2},\\ -\delta_{xy}, & \gamma\in\left(\dfrac{\pi}{2},\pi\right].\end{cases}$$

类似地，规定 $A_{yz}=|A|\cos\alpha$，$A_{zx}=|A|\cos\beta$，则如下的有序数组(A_{yz},A_{zx},A_{xy})记为 $\boldsymbol{A}$，即

$$\boldsymbol{A}=(A_{yz},A_{zx},A_{xy})=(|A|\cos\alpha,|A|\cos\beta,|A|\cos\gamma)=|A|\boldsymbol{n}^0,$$

也就是说，有向平面向量 $\boldsymbol{A}$ 的大小为平面的面积，方向是指定的单位法向量. 并且，投影面之间有下面的关系：

$$A_{yz}=\frac{\cos\alpha}{\cos\gamma}A_{xy},\quad A_{zx}=\frac{\cos\beta}{\cos\gamma}A_{xy}.$$

有向曲面：通常我们遇到的曲面都是双侧的. 如图 11.24 所示，由二元函数 $z=z(x,y)$，其中 $(x,y)\in D_{xy}$，表示的曲面 Σ 分为上侧与下侧. 设 $\boldsymbol{n}=(\cos\alpha,\cos\beta,\cos\gamma)$ 为曲面上的法向量，在曲面的上侧 $\cos\gamma>0$，在曲面的下侧 $\cos\gamma<0$. 闭曲面有内侧与外侧之分.

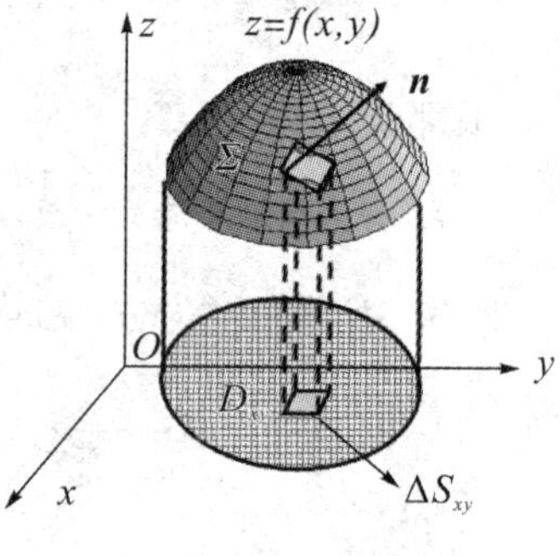

图 11.24

设 $z=z(x,y)$ 有一阶连续的偏导数. 任取 Σ 上一点 $P(x_0,y_0,z_0)$，其切平面为

$$\left.\frac{\partial z}{\partial x}\right|_{(x_0,y_0)}(x-x_0)+\left.\frac{\partial z}{\partial y}\right|_{(x_0,y_0)}(y-y_0)=z-z_0,$$

因此，曲面 Σ 上侧的法向量为

$$\boldsymbol{n}=\left(-\left.\frac{\partial z}{\partial x}\right|_{(x_0,y_0)},-\left.\frac{\partial z}{\partial y}\right|_{(x_0,y_0)},+1\right),$$

曲面 Σ 下侧的法向量为

$$\boldsymbol{n}=\left(\left.\frac{\partial z}{\partial x}\right|_{(x_0,y_0)},\left.\frac{\partial z}{\partial y}\right|_{(x_0,y_0)},-1\right).$$

显然，它的上、下侧方向由第三个分量的符号决定. 过点 $P(x_0,y_0,z_0)$ 任取一小块有向曲面 $\Delta\boldsymbol{S}$，当它的直径很小时，近似地看作一小块有向平面，即

$$\Delta\boldsymbol{S}\approx\Delta\boldsymbol{A}=|\Delta A|\boldsymbol{n}^0.$$

因此，有向曲面元素表示为

$$\mathrm{d}\boldsymbol{S}=\boldsymbol{n}^0\mathrm{d}S.$$

流向曲面一侧的流量：设稳定流动的不可压缩流体的速度场由

$$\boldsymbol{v}(x,y,z)=(P(x,y,z),Q(x,y,z),R(x,y,z))$$

给出，Σ 是速度场中的一片有向曲面，函数 $P(x,y,z)$，$Q(x,y,z)$，$R(x,y,z)$ 都在 Σ 上连续，求在单位时间内流向 Σ 指定侧的流体的质量，即流量 Φ.

如图 11.25 所示，把曲面 Σ 分成 n 小块：$\Delta S_1,\Delta S_2,\cdots,\Delta S_n$（$\Delta S_i$ 同时也代表第 i 小块曲面的面积）. 在 Σ 是光滑的和 $\boldsymbol{v}$ 是连续的前提下，只要 ΔS_i 的直径很小，我们就可以用 ΔS_i 上任一点 (ξ_i,η_i,ζ_i) 处的流速

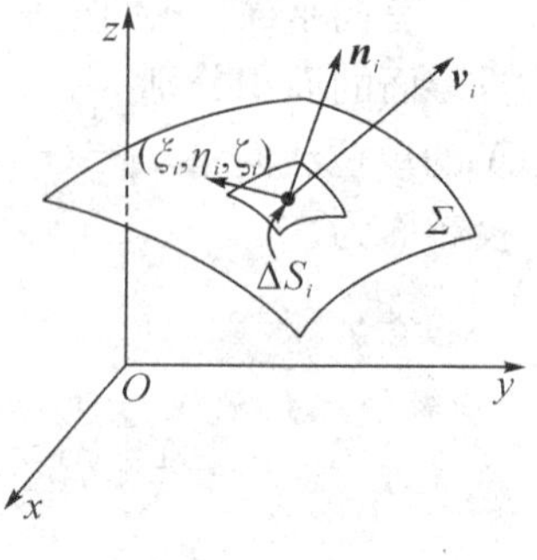

图 11.25

$$\begin{aligned}\boldsymbol{v}_i&=\boldsymbol{v}(\xi_i,\eta_i,\zeta_i)\\&=P(\xi_i,\eta_i,\zeta_i)\boldsymbol{i}+Q(\xi_i,\eta_i,\zeta_i)\boldsymbol{j}+R(\xi_i,\eta_i,\zeta_i)\boldsymbol{k}\end{aligned}$$

代替 ΔS_i 上其他各点处的流速，以该点 (ξ_i,η_i,ζ_i) 处曲面 Σ 的单位法向量

$$\boldsymbol{n}_i=\cos\alpha_i\boldsymbol{i}+\cos\beta_i\boldsymbol{j}+\cos\gamma_i\boldsymbol{k}$$

代替 ΔS_i 上其他各点处的单位法向量. 从而得到通过 ΔS_i 流向指定侧的流量的近似值为

$$\Delta\Phi_i\approx\boldsymbol{v}_i\cdot\Delta\boldsymbol{S}_i\quad(i=1,2,\cdots,n)$$

于是，通过Σ流向指定侧的流量为

$$\begin{aligned}\Phi &= \sum_{i=1}^{n} \boldsymbol{v} \cdot \Delta \boldsymbol{S}_i \\ &= \sum_{i=1}^{n} [P(\xi_i, \eta_i, \zeta_i)(\Delta S_i)_{yz} + Q(\xi_i, \eta_i, \zeta_i)(\Delta S_i)_{zx} + R(\xi_i, \eta_i, \zeta_i)(\Delta S_i)_{xy}].\end{aligned}$$

令$\lambda \to 0$并取上述和的极限，就得到流量Φ的精确值. 这样的极限还会在其他问题中遇到. 抽去它们的具体意义，就得出下列对坐标的曲面积分的概念.

定义 1　设Σ为光滑的有向曲面，函数$R(x, y, z)$在Σ上有界. 把Σ任意分成n块小曲面ΔS_i（ΔS_i同时也代表第i小块曲面的面积）. 在xOy面上的投影为$(\Delta S_i)_{xy}$，(ξ_i, η_i, ζ_i)是ΔS_i上任意取定的一点. 若当各小块曲面的直径的最大值$\lambda \to 0$时，

$$\lim_{\lambda \to 0} \sum_{i=1}^{n} R(\xi_i, \eta_i, \zeta_i)(\Delta S_i)_{xy}$$

总存在，则称此极限为函数$R(x, y, z)$在有向曲面Σ上对坐标x，y的曲面积分，记作$\iint\limits_{\Sigma} R(x, y, z)\mathrm{d}x\mathrm{d}y$，即

$$\iint\limits_{\Sigma} R(x, y, z)\mathrm{d}x\mathrm{d}y = \lim_{\lambda \to 0} \sum_{i=1}^{n} R(\xi_i, \eta_i, \zeta_i)(\Delta S_i)_{xy},$$

类似地有

$$\iint\limits_{\Sigma} P(x, y, z)\mathrm{d}y\mathrm{d}z = \lim_{\lambda \to 0} \sum_{i=1}^{n} P(\xi_i, \eta_i, \zeta_i)(\Delta S_i)_{yz},$$

$$\iint\limits_{\Sigma} Q(x, y, z)\mathrm{d}z\mathrm{d}x = \lim_{\lambda \to 0} \sum_{i=1}^{n} Q(\xi_i, \eta_i, \zeta_i)(\Delta S_i)_{zx},$$

式中，R，P，Q叫作被积函数，Σ叫作积分曲面.

以上三个曲面积分也称为第二类曲面积分. 当P，Q，R在光滑曲面Σ上连续时，它们的积分是存在的. 今后总假定P，Q，R在Σ上连续.

在应用上出现较多的是组合形式

$$\begin{aligned}&\iint\limits_{\Sigma} P(x, y, z)\mathrm{d}y\mathrm{d}z + \iint\limits_{\Sigma} Q(x, y, z)\mathrm{d}z\mathrm{d}x + \iint\limits_{\Sigma} R(x, y, z)\mathrm{d}x\mathrm{d}y \\ = &\iint\limits_{\Sigma} P(x, y, z)\mathrm{d}y\mathrm{d}z + Q(x, y, z)\mathrm{d}z\mathrm{d}x + R(x, y, z)\mathrm{d}x\mathrm{d}y.\end{aligned}$$

如果Σ是分片光滑的有向曲面，我们规定函数在Σ上对坐标的曲面积分等于函数在各片光滑曲面上对坐标的曲面积分之和.

对坐标的曲面积分具有与对坐标的曲线积分类似的一些性质. 例如：

(1) 如果把Σ分成Σ_1和Σ_2，则

$$\begin{aligned}&\iint\limits_{\Sigma} P\mathrm{d}y\mathrm{d}z + Q\mathrm{d}z\mathrm{d}x + R\mathrm{d}x\mathrm{d}y \\ = &\iint\limits_{\Sigma_1} P\mathrm{d}y\mathrm{d}z + Q\mathrm{d}z\mathrm{d}x + R\mathrm{d}x\mathrm{d}y + \iint\limits_{\Sigma_2} P\mathrm{d}y\mathrm{d}z + Q\mathrm{d}z\mathrm{d}x + R\mathrm{d}x\mathrm{d}y.\end{aligned}$$

(2)设Σ是有向曲面，$-\Sigma$表示与Σ取相反侧的有向曲面，则

$$\iint\limits_{-\Sigma} P\mathrm{d}y\mathrm{d}z + Q\mathrm{d}z\mathrm{d}x + R\mathrm{d}x\mathrm{d}y = -\iint\limits_{\Sigma} P\mathrm{d}y\mathrm{d}z + Q\mathrm{d}z\mathrm{d}x + R\mathrm{d}x\mathrm{d}y.$$

§11.5.2　对坐标的曲面积分的计算

我们取铅直水管中由方程 $z=z(x, y)$给出的有向曲面Σ，Σ在 xOy 面上的投影区域为D_{xy}，函数 $z=z(x, y)$在 D_{xy}上具有一阶连续偏导数，如图 11.26 所示. 设液体在直水管中流动的速度为

$$\boldsymbol{v} = (0, 0, R(x, y, z)),$$

这里$R(x, y, z)$在Σ上连续，单位时间内流向Σ上侧的流量为

$$\Phi = \iint\limits_{\Sigma} R(x, y, z)\mathrm{d}x\mathrm{d}y.$$

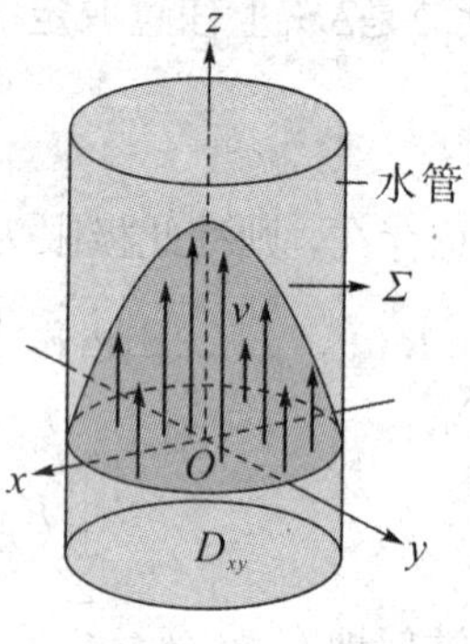

图 11.26

不难得到

$$\iint\limits_{\Sigma} R(x, y, z)\mathrm{d}x\mathrm{d}y = \pm\iint\limits_{D_{xy}} R[x, y, z(x, y)]\mathrm{d}x\mathrm{d}y,$$

当Σ取上侧时，积分前取“+”，当Σ取下侧时，积分前取“−”.

类似地，有

$$\iint\limits_{\Sigma} P(x, y, z)\mathrm{d}y\mathrm{d}z = \pm\iint\limits_{D_{yz}} P[x(y, z), y, z]\mathrm{d}y\mathrm{d}z,$$

$$\iint\limits_{\Sigma} Q(x, y, z)\mathrm{d}z\mathrm{d}x = \pm\iint\limits_{D_{xz}} Q[x, y(x, z), z]\mathrm{d}z\mathrm{d}x.$$

例 1　计算曲面积分$\iint\limits_{\Sigma} x^2\mathrm{d}y\mathrm{d}z + y^2\mathrm{d}z\mathrm{d}x + z^2\mathrm{d}x\mathrm{d}y$，其中$\Sigma$是长方体 Ω 的整个表面的外侧，$\Omega=\{(x, y, z)\ |0\leqslant x\leqslant a, 0\leqslant y\leqslant b, 0\leqslant z\leqslant c\}$.

解　把 Ω 的上、下面分别记为Σ_1和Σ_2，前、后面分别记为Σ_3和Σ_4，左、右面分别记为Σ_5和Σ_6.

Σ_1：$z=c\ (0\leqslant x\leqslant a, 0\leqslant y\leqslant b)$的上侧.

Σ_2：$z=0\ (0\leqslant x\leqslant a, 0\leqslant y\leqslant b)$的下侧.

Σ_3：$x=a\ (0\leqslant y\leqslant b, 0\leqslant z\leqslant c)$的前侧.

Σ_4：$x=0\ (0\leqslant y\leqslant b, 0\leqslant z\leqslant c)$的后侧.

Σ_5：$y=0\ (0\leqslant x\leqslant a, 0\leqslant z\leqslant c)$的左侧.

Σ_6：$y=b\ (0\leqslant x\leqslant a, 0\leqslant z\leqslant c)$的右侧.

除Σ_3，Σ_4外，其余四片曲面在 yOz 面上的投影为零，因此

$$\iint\limits_{\Sigma} x^2\mathrm{d}y\mathrm{d}z = \iint\limits_{\Sigma_3} x^2\mathrm{d}y\mathrm{d}z + \iint\limits_{\Sigma_4} x^2\mathrm{d}y\mathrm{d}z = \iint\limits_{D_{yz}} a^2\mathrm{d}y\mathrm{d}z - \iint\limits_{D_{yz}} 0\mathrm{d}y\mathrm{d}z = a^2bc.$$

类似地可得

$$\iint\limits_{\Sigma} y^2\mathrm{d}z\mathrm{d}x = b^2ac,\quad \iint\limits_{\Sigma} z^2\mathrm{d}x\mathrm{d}y = c^2ab.$$

于是所求曲面积分为$(a+b+c)abc$.

例 2　计算曲面积分$\iint\limits_{\Sigma} xyz\,\mathrm{d}x\mathrm{d}y$，其中$\Sigma$是球面$x^2+y^2+z^2=1$外侧在$x\geqslant 0$，$y\geqslant 0$的部分.

解　把有向曲面Σ分成以下两部分：

$$\Sigma_1:\ z=\sqrt{1-x^2-y^2}\ (x\geqslant 0,\ y\geqslant 0)\text{的上侧},$$
$$\Sigma_2:\ z=-\sqrt{1-x^2-y^2}\ (x\geqslant 0,\ y\geqslant 0)\text{的下侧}.$$

Σ_1和Σ_2在xOy面上的投影区域都是D_{xy}：$x^2+y^2\leqslant 1(x\geqslant 0,\ y\geqslant 0)$. 于是

$$\begin{aligned}\iint\limits_{\Sigma} xyz\,\mathrm{d}x\mathrm{d}y &= \iint\limits_{\Sigma_1} xyz\,\mathrm{d}x\mathrm{d}y + \iint\limits_{\Sigma_2} xyz\,\mathrm{d}x\mathrm{d}y\\ &= \iint\limits_{D_{xy}} xy\sqrt{1-x^2-y^2}\,\mathrm{d}x\mathrm{d}y - \iint\limits_{D_{xy}} xy(-\sqrt{1-x^2-y^2})\,\mathrm{d}x\mathrm{d}y\\ &= 2\iint\limits_{D_{xy}} xy\sqrt{1-x^2-y^2}\,\mathrm{d}x\mathrm{d}y\\ &= 2\int_0^{\frac{\pi}{2}}\mathrm{d}\theta\int_0^1 r^2\sin\theta\cos\theta\sqrt{1-r^2}\,r\mathrm{d}r=\frac{2}{15}.\end{aligned}$$

§11.5.3　两类曲面积分之间的联系

设有向曲面Σ由方程$z=z(x,\ y)$给出，$\boldsymbol{n}^0=(\cos\alpha,\ \cos\beta,\ \cos\gamma)$为曲面上任一点处的法向量，$\Sigma$在$xOy$面上的投影区域为$D_{xy}$，函数$z=z(x,\ y)$在$D_{xy}$上具有一阶连续偏导数，被积函数$P$，$Q$，$R$在$\Sigma$上连续. 下面讨论将组合形式

$$\Phi=\iint\limits_{\Sigma} P(x,\ y,\ z)\mathrm{d}y\mathrm{d}z+Q(x,\ y,\ z)\mathrm{d}z\mathrm{d}x+R(x,\ y,\ z)\mathrm{d}x\mathrm{d}y$$

直接化为二重积分计算.

根据对坐标的曲面积分的定义，上式的被积表达式表示成向量的形式为

$$(P,\ Q,\ R)\cdot\mathrm{d}\boldsymbol{S}=P(x,\ y,\ z)\mathrm{d}y\mathrm{d}z+Q(x,\ y,\ z)\mathrm{d}z\mathrm{d}x+R(x,\ y,\ z)\mathrm{d}x\mathrm{d}y,$$

因此，将对坐标的曲面积分化为对面积的曲面积分，即

$$\Phi=\iint\limits_{\Sigma}(P,\ Q,\ R)\cdot\mathrm{d}\boldsymbol{S}=\iint\limits_{\Sigma}(P,\ Q,\ R)\cdot\boldsymbol{n}^0\mathrm{d}S=\iint\limits_{\Sigma}(P,\ Q,\ R)\cdot\frac{\boldsymbol{n}}{|\boldsymbol{n}|}\mathrm{d}S.$$

如果取上侧法向量

$$\boldsymbol{n}=(-z_x,\ -z_y,\ 1),$$

按对面积的曲面积分计算法，得

$$\begin{aligned}\Phi&=\pm\iint\limits_{D_{xy}}(P,\ Q,\ R)\cdot(-z_x,\ -z_y,\ 1)\frac{1+z_x^2+z_x^2}{1+z_x^2+z_x^2}\mathrm{d}x\mathrm{d}y\\ &\pm\iint\limits_{D_{xy}}(-Pz_x-Qz_y+R)\mathrm{d}x\mathrm{d}y,\end{aligned}$$

如果Σ为上侧，上式取“+”，否则取“−”.

例 3　计算曲面积分$\iint\limits_{\Sigma}(z^2+x)\mathrm{d}y\mathrm{d}z-z\mathrm{d}x\mathrm{d}y$，其中$\Sigma$是曲面$z=\frac{1}{2}(x^2+y^2)$介于平面$z=0$及$z=2$之间的部分的下侧.

解　因为$z_x=x$，$z_y=y$，所以

$$
\begin{aligned}
&\iint\limits_{\Sigma}(z^2+x)\mathrm{d}y\mathrm{d}z-z\mathrm{d}x\mathrm{d}y\\
=&-\iint\limits_{D_{xy}}[(z^2+x)x-z]\mathrm{d}x\mathrm{d}y\\
=&-\iint\limits_{x^2+y^2\leqslant 4}\left\{\left[\frac{1}{4}(x^2+y^2)^2+x\right]x-\frac{1}{2}(x^2+y^2)\right\}\mathrm{d}x\mathrm{d}y\\
=&\iint\limits_{x^2+y^2\leqslant 4}\left[x^2+\frac{1}{2}(x^2+y^2)\right]\mathrm{d}x\mathrm{d}y\\
=&\int_0^{2\pi}\mathrm{d}\theta\int_0^2\left(r^2\cos^2\theta+\frac{1}{2}r^2\right)r\mathrm{d}r=8\pi.
\end{aligned}
$$

习题 11－5

1. 当Σ为xOy内的一个闭区域时，曲面积分$\iint\limits_{\Sigma}R(x,y,z)\mathrm{d}x\mathrm{d}y$与二重积分有什么关系？

2. 计算下面曲面积分.

(1)$\iint\limits_{\Sigma}x^2y^2z\mathrm{d}x\mathrm{d}y$，其中$\Sigma$是球面$x^2+y^2+z^2=R^2$的下半部分的下侧；

(2)$\iint\limits_{\Sigma}z\mathrm{d}x\mathrm{d}y+x\mathrm{d}y\mathrm{d}z+y\mathrm{d}z\mathrm{d}x$，其中$\Sigma$是柱面$x^2+y^2=1$被平面$z=0$及$z=3$所截得的在第一卦限内的部分的前侧；

(3)$\iint\limits_{\Sigma}[f(x,y,z)+x]\mathrm{d}y\mathrm{d}z+[2f(x,y,z)+y]\mathrm{d}z\mathrm{d}x+[f(x,y,z)+z]\mathrm{d}x\mathrm{d}y$，其中$f(x,y,z)$为连续函数，$\Sigma$是平面$x-y+z=1$在第四卦限部分的上侧；

(4)$\oiint\limits_{\Sigma}xz\mathrm{d}x\mathrm{d}y+xy\mathrm{d}y\mathrm{d}z+yz\mathrm{d}z\mathrm{d}x$，其中$\Sigma$是平面$x=0$，$y=0$，$z=0$，$x+y+z=1$所围成的空间区域的整个边界曲面的外侧.

3. 把对坐标的曲面积分$\iint\limits_{\Sigma}P(x,y,z)\mathrm{d}y\mathrm{d}z+Q(x,y,z)\mathrm{d}z\mathrm{d}x+R(x,y,z)\mathrm{d}x\mathrm{d}y$化为对面积的曲面积分：

(1)Σ为平面$3x+2y+2\sqrt{3}z=6$在第一卦限部分的上侧；

(2)Σ为球面$x^2+y^2+z^2=a^2$的内侧.

4. 求$\iint\limits_{\Sigma}[f(x,y,z)+x]\mathrm{d}y\mathrm{d}z+[2f(x,y,z)+y]\mathrm{d}z\mathrm{d}x+[f(x,y,z)+z]\mathrm{d}x\mathrm{d}y$，其

中 $f(x,y,z)$ 为连续函数，Σ 为平面 $x-y+z=1$ 在第四卦限部分的上侧.

§11.6　高斯公式　通量与散度

格林公式揭示了平面闭区域上的二重积分与其边界闭曲线上的曲线积分之间的关系，高斯公式则揭示了空间闭区域上的三重积分与其边界闭曲面上的曲面积分之间的关系.

§11.6.1　高斯公式

定理 1　设空间闭区域 Ω 是由光滑或分片光滑的闭曲面 Σ 所围成的，函数 $P(x, y, z)$，$Q(x, y, z)$，$R(x, y, z)$ 在 Ω 上具有一阶连续偏导数，则有

$$\iiint_{\Omega}\left(\frac{\partial P}{\partial x}+\frac{\partial Q}{\partial y}+\frac{\partial R}{\partial z}\right)\mathrm{d}v=\oiint_{\Sigma}P\,\mathrm{d}y\mathrm{d}z+Q\,\mathrm{d}z\mathrm{d}x+R\,\mathrm{d}x\mathrm{d}y,$$

这里 Σ 为闭区域 Ω 的整个边界曲面的外侧.

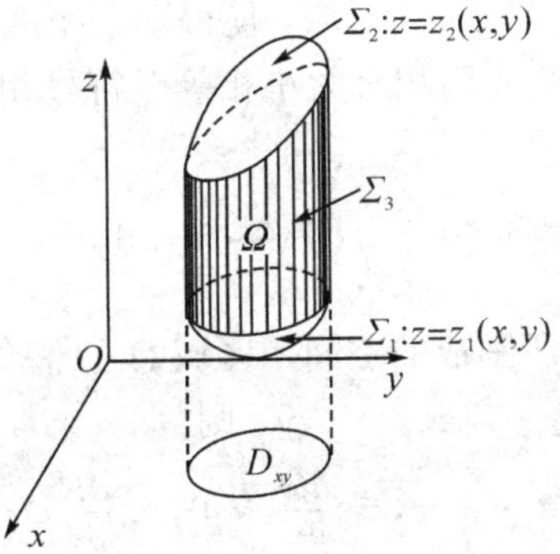

图 11.27

证明　设 Ω 是 XY－型柱体(如图 11.27 所示)，顶面为 Σ_2：$z=z_2(x, y)$，底面为 Σ_1：$z=z_1(x, y)$，侧面为柱面 Σ_3，Σ_1 取下侧，Σ_2 取上侧，Σ_3 取外侧. 根据三重积分的计算法，有

$$\begin{aligned}\iiint_{\Omega}\frac{\partial R}{\partial z}\mathrm{d}v&=\iint_{D_{xy}}\mathrm{d}x\mathrm{d}y\int_{z_1(x,y)}^{z_2(x,y)}\frac{\partial R}{\partial z}\mathrm{d}z\\&=\iint_{D_{xy}}\{R[x, y, z_2(x, y)]-R[x, y, z_1(x, y)]\}\mathrm{d}x\mathrm{d}y.\end{aligned}$$

另一方面，有

$$\iint_{\Sigma_1}R(x, y, z)\mathrm{d}x\mathrm{d}y=-\iint_{D_{xy}}R[x, y, z_1(x, y)]\mathrm{d}x\mathrm{d}y,$$

$$\iint_{\Sigma_2}R(x, y, z)\mathrm{d}x\mathrm{d}y=\iint_{D_{xy}}R[x, y, z_2(x, y)]\mathrm{d}x\mathrm{d}y,$$

$$\iint_{\Sigma_3} R(x, y, z)\mathrm{d}x\mathrm{d}y = 0,$$

以上三式相加，得

$$\oiint_{\Sigma} R(x, y, z)\mathrm{d}x\mathrm{d}y = \iint_{D_{xy}} \{R[x, y, z_2(x, y)] - R[x, y, z_1(x, y)]\}\mathrm{d}x\mathrm{d}y.$$

所以
$$\iiint_{\Omega} \frac{\partial R}{\partial z}\mathrm{d}v = \oiint_{\Sigma} R(x, y, z)\mathrm{d}x\mathrm{d}y.$$

类似地，如果 Ω 是 YZ－型柱体或 Ω 是 ZX－型柱体，则

$$\iiint_{\Omega} \frac{\partial P}{\partial x}\mathrm{d}v = \oiint_{\Sigma} P(x, y, z)\mathrm{d}y\mathrm{d}z, \qquad \iiint_{\Omega} \frac{\partial Q}{\partial y}\mathrm{d}v = \oiint_{\Sigma} Q(x, y, z)\mathrm{d}z\mathrm{d}x,$$

因此，如果穿过空间闭区域 Ω 且平行于坐标轴的直线与 Ω 的边界曲面的焦点都恰好为两个，则上面三个公式都成立，把以上三式两端分别相加，即得高斯公式为

$$\iiint_{\Omega} \left(\frac{\partial P}{\partial x} + \frac{\partial Q}{\partial y} + \frac{\partial R}{\partial z}\right)\mathrm{d}v = \oiint_{\Sigma} (P\cos\alpha + Q\cos\beta + R\cos\gamma)\mathrm{d}S.$$

如果穿过空间闭区域 Ω 且平行于坐标轴的直线与 Ω 的边界曲面的焦点不止两个，可以引入几张辅助曲面把 Ω 分为有限个闭区域，使得每个闭区域满足上面的条件，并注意到沿这些辅助曲面相反两侧的两个曲面积分大小相等但符号相反，相加时正好抵消，所以高斯公式仍然成立.

例 1 利用高斯公式计算曲面积分 $\oiint_{\Sigma} (x - y)\mathrm{d}x\mathrm{d}y + (y - z)x\mathrm{d}y\mathrm{d}z$，其中 Σ 为柱面 $x^2 + y^2 = 1$ 及平面 $z = 0$，$z = 3$ 所围成的空间闭区域 Ω 的整个边界曲面的外侧.

解 这里 $P = (y - z)x$，$Q = 0$，$R = x - y$，则

$$\frac{\partial P}{\partial x} = y - z, \quad \frac{\partial Q}{\partial y} = 0, \quad \frac{\partial R}{\partial z} = 0.$$

由高斯公式，有

$$\begin{aligned} &\oiint_{\Sigma} (x - y)\mathrm{d}x\mathrm{d}y + (y - z)x\mathrm{d}y\mathrm{d}z \\ &= \iiint_{\Omega} (y - z)\mathrm{d}x\mathrm{d}y\mathrm{d}z = \iiint_{\Omega} (\rho\sin\theta - z)\rho\mathrm{d}\rho\mathrm{d}\theta\mathrm{d}z \\ &= \int_0^{2\pi}\mathrm{d}\theta\int_0^1 \rho\mathrm{d}\rho\int_0^3 (\rho\sin\theta - z)\mathrm{d}z = -\frac{9\pi}{2}. \end{aligned}$$

例 2 计算曲面积分 $\iint_{\Sigma} (x^2\cos\alpha + y^2\cos\beta + z^2\cos\gamma)\mathrm{d}S$，其中 Σ 为锥面 $x^2 + y^2 = z^2$ 介于平面 $z = 0$ 及 $z = h$ $(h > 0)$之间的部分的下侧，$\cos\alpha$，$\cos\beta$，$\cos\gamma$ 是 Σ 上点(x, y, z)处的法向量的方向余弦.

解 设 Σ_1 为 $z = h(x^2 + y^2 \leqslant h^2)$ 的上侧，则 Σ 与 Σ_1 一起构成一个闭曲面，记它们围成的空间闭区域为 Ω，由高斯公式得

$$G = \iint_{\Sigma} (x^2\cos\alpha + y^2\cos\beta + z^2\cos\gamma)\mathrm{d}S$$

$$= 2\iint\limits_{x^2+y^2\leqslant h^2} \mathrm{d}x\mathrm{d}y\int_{\sqrt{x^2+y^2}}^{h}(x+y+z)\mathrm{d}z,$$

因为被积函数的奇偶性和积分区域的对称性，有

$$\iint\limits_{x^2+y^2\leqslant h^2} \mathrm{d}x\mathrm{d}y\int_{\sqrt{x^2+y^2}}^{h}(x+y)\mathrm{d}z = 0,$$

所以

$$G = 2\iint\limits_{x^2+y^2\leqslant h^2} \mathrm{d}x\mathrm{d}y\int_{\sqrt{x^2+y^2}}^{h} z\mathrm{d}z = \iint\limits_{x^2+y^2\leqslant h^2}(h^2-x^2-y^2)\mathrm{d}x\mathrm{d}y = \frac{1}{2}\pi h^4.$$

§11.6.2　通量与散度

下面解释高斯公式的物理意义. 设密度为 1 的稳定流动的不可压缩流体的速度场为

$$\boldsymbol{v}(x, y, z) = (P(x, y, z), Q(x, y, z), R(x, y, z)),$$

式中，P, Q, R 具有一阶连续偏导数，Σ 是场内的一片有向闭曲面，Σ 上点(x, y, z)处的单位法向量为

$$\boldsymbol{n} = (\cos\alpha, \cos\beta, \cos\gamma),$$

则单位时间内流体通过曲面Σ 向着指定侧的流量为

$$\begin{aligned}\Phi &= \oiint\limits_{\Sigma} P\mathrm{d}y\mathrm{d}z + Q\mathrm{d}z\mathrm{d}x + R\mathrm{d}x\mathrm{d}y \\ &= \oiint\limits_{\Sigma}(P\cos\alpha + Q\cos\beta + R\cos\gamma)\mathrm{d}S \\ &= \oiint\limits_{\Sigma}\boldsymbol{v}\cdot\boldsymbol{n}^0\mathrm{d}S = \oiint\limits_{\Sigma} v_n\mathrm{d}S,\end{aligned}$$

式中，$v_n = \boldsymbol{v}\cdot\boldsymbol{n}^0 = P\cos\alpha + Q\cos\beta + R\cos\gamma$ 表示速度向量 $\boldsymbol{v}$ 在有向曲面Σ 的法向量上的投影. 如果有向曲面Σ 指向外侧，那么上面公式的右端可解释为单位时间内离开闭区域 Ω 的流体的总质量. 由于液体是不可压缩且流动是稳定的，因此在流体流出 Ω 的同时，Ω 内部必须有产生流体的源头来补充同样多的流体. 所以，高斯公式左端可解释为分布在 Ω 内的源头在单位时间内所产生的流体的总质量.

高斯公式可以改写为

$$\iiint\limits_{\Omega}\left(\frac{\partial P}{\partial x}+\frac{\partial Q}{\partial y}+\frac{\partial R}{\partial z}\right)\mathrm{d}v = \oiint\limits_{\Sigma} v_n\mathrm{d}S.$$

上式两端除以体积 V，得

$$\frac{1}{V}\iiint\limits_{\Omega}\left(\frac{\partial P}{\partial x}+\frac{\partial Q}{\partial y}+\frac{\partial R}{\partial z}\right)\mathrm{d}v = \frac{1}{V}\oiint\limits_{\Sigma} v_n\mathrm{d}S,$$

其左端可解释为分布在 Ω 内的源头在单位时间内所产生的流体的平均值. 当 Ω 收缩到一点 $M(x, y, z)$时，应用积分中值定理并取极限，得

$$\frac{\partial P}{\partial x}+\frac{\partial Q}{\partial y}+\frac{\partial R}{\partial z} = \lim_{\Omega\to M}\frac{1}{V}\oiint\limits_{\Sigma} v_n\mathrm{d}S,$$

上式左端称为速度向量 $\boldsymbol{v}$ 在点 M 的散度，记为 div $\boldsymbol{v}$，即

$$\operatorname{div} \boldsymbol{v} = \frac{\partial P}{\partial x} + \frac{\partial Q}{\partial y} + \frac{\partial R}{\partial z}.$$

一般地，设某向量场由

$$\boldsymbol{A}(x, y, z) = P(x, y, z)\boldsymbol{i} + Q(x, y, z)\boldsymbol{j} + R(x, y, z)\boldsymbol{k}$$

给出，其中 P, Q, R 具有一阶连续偏导数，Σ 是场内的一片有向曲面，$\boldsymbol{n}$ 是Σ上点(x, y, z)处的单位法向量，则 $\iint\limits_{\Sigma} \boldsymbol{A} \cdot \boldsymbol{n} \mathrm{d}S$ 叫作向量场 $\boldsymbol{A}$ 通过曲面Σ向着指定侧的通量(或流量)，而$\frac{\partial P}{\partial x} + \frac{\partial Q}{\partial y} + \frac{\partial R}{\partial z}$叫作向量场 $\boldsymbol{A}$ 的散度，记作 $\operatorname{div} \boldsymbol{A}$，即

$$\operatorname{div} \boldsymbol{A} = \frac{\partial P}{\partial x} + \frac{\partial Q}{\partial y} + \frac{\partial R}{\partial z}.$$

高斯公式的另一形式为

$$\iiint\limits_{\Omega} \operatorname{div} \boldsymbol{A} \mathrm{d}v = \oiint\limits_{\Sigma} \boldsymbol{A} \cdot \boldsymbol{n} \mathrm{d}S \quad \text{或} \quad \iiint\limits_{\Omega} \operatorname{div} \boldsymbol{A} \mathrm{d}v = \oiint\limits_{\Sigma} A_n \mathrm{d}S,$$

式中，Σ 是空间闭区域 Ω 的边界曲面，而

$$A_n = \boldsymbol{A} \cdot \boldsymbol{n} = P\cos\alpha + Q\cos\beta + R\cos\gamma$$

是向量 $\boldsymbol{A}$ 在曲面Σ的外侧法向量上的投影.

习题 11－6

1. 利用高斯公式计算曲面积分.

(1) $\oiint\limits_{\Sigma} x^2 \mathrm{d}y\mathrm{d}z + y^2 \mathrm{d}z\mathrm{d}x + z^2 \mathrm{d}x\mathrm{d}y$，其中$\Sigma$为平面 $x=0$, $y=0$, $z=0$, $x=a$, $y=a$, $z=a$ 所围成的立体的表面的外侧；

*(2) $\oiint\limits_{\Sigma} x^3 \mathrm{d}y\mathrm{d}z + y^3 \mathrm{d}z\mathrm{d}x + z^3 \mathrm{d}x\mathrm{d}y$，其中$\Sigma$为球面 $x^2+y^2+z^2=a^2$ 的外侧；

*(3) $\oiint\limits_{\Sigma} xz^2 \mathrm{d}y\mathrm{d}z + (x^2 y - z^3)\mathrm{d}z\mathrm{d}x + (2xy + y^2 z)\mathrm{d}x\mathrm{d}y$，其中$\Sigma$为上半球体 $0 \leqslant z \leqslant \sqrt{a^2-x^2-y^2}$, $x^2+y^2 \leqslant a^2$ 的表面的外侧；

(4) $\oiint\limits_{\Sigma} x\mathrm{d}y\mathrm{d}z + y\mathrm{d}z\mathrm{d}x + z\mathrm{d}x\mathrm{d}y$，其中$\Sigma$是介于 $z=0$ 和 $z=3$ 之间的圆柱体 $x^2+y^2 \leqslant 9$ 的整个表面的外侧；

(5) $\oiint\limits_{\Sigma} 4xz\mathrm{d}y\mathrm{d}z - y^2\mathrm{d}z\mathrm{d}x + yz\mathrm{d}x\mathrm{d}y$，其中$\Sigma$是平面 $x=0$, $y=0$, $z=0$, $x=1$, $y=1$, $z=1$ 所围成的立方体的全表面的外侧.

*2. 求下列向量 $\boldsymbol{A}$ 穿过曲面Σ流向指定侧的通量.

(1) $\boldsymbol{A} = yz\boldsymbol{i} + xz\boldsymbol{j} + xy\boldsymbol{k}$，$\Sigma$ 为圆柱 $x^2+y^2 \leqslant a^2 (0 \leqslant z \leqslant h)$ 的全表面，流向外侧；

(2) $\boldsymbol{A} = (2x-z)\boldsymbol{i} + x^2 y\boldsymbol{j} - xz^2\boldsymbol{k}$，$\Sigma$ 为立方体 $0 \leqslant z \leqslant a$, $0 \leqslant y \leqslant a$, $0 \leqslant z \leqslant a$ 的全表面，流向外侧；

(3) $\boldsymbol{A}=(2x+3z)\boldsymbol{i}-(xz+y)\boldsymbol{j}+(y^2+2z)\boldsymbol{k}$，$\Sigma$ 是以点 $(3,-1,2)$ 为球心，半径 $R=3$ 的球面，流向外侧.

*3. 求下列向量场 $\boldsymbol{A}$ 的散度.

(1) $\boldsymbol{A}=(x^2+yz)\boldsymbol{i}+(y^2+xz)\boldsymbol{j}+(z^2+xy)\boldsymbol{k}$；

(2) $\boldsymbol{A}=e^{xy}\boldsymbol{i}+\cos(xy)\boldsymbol{j}+\cos(xz^2)\boldsymbol{k}$；

(3) $\boldsymbol{A}=y^2\boldsymbol{i}+xy\boldsymbol{j}+xz\boldsymbol{k}$.

4. 设 $u(x,y,z)$，$v(x,y,z)$ 是两个定义在闭区域 Ω 上的具有二阶连续偏导数的函数，$\dfrac{\partial u}{\partial n}$，$\dfrac{\partial v}{\partial n}$ 依次表示 $u(x,y,z)$，$v(x,y,z)$ 沿 Σ 的外法线方向的方向导数. 证明：

$$\iiint_{\Omega}(u\Delta v-v\Delta u)\mathrm{d}x\mathrm{d}y\mathrm{d}z=\oiint_{\Sigma}\left(u\frac{\partial v}{\partial n}-v\frac{\partial u}{\partial n}\right)\mathrm{d}S,$$

式中，Σ 是空间闭区域 Ω 的整个边界曲面. 这个公式叫作格林第二公式.

§11.7　斯托克斯公式　环流量与旋度

斯托克斯(Stokes)公式是格林公式的推广. 格林公式给出了在平面闭区域 D 上的二重积分与通过沿闭区域 D 边界曲线 L 上的曲线积分的关系，斯托克斯公式则给出了在空间曲面 Σ 上的曲面积分与通过沿曲面 Σ 边界曲线 L 上的曲线积分的关系.

§11.7.1　斯托克斯公式

定理 1　设 Γ 为分段光滑的空间有向闭曲线，Σ 是以 Γ 为边界的分片光滑的有向曲面，Γ 的正向与 Σ 的侧面符合右手规则，函数 $P(x,y,z)$，$Q(x,y,z)$，$R(x,y,z)$ 在曲面 Σ（连同边界）上具有一阶连续偏导数，则有

$$\iint_{\Sigma}\left(\frac{\partial R}{\partial y}-\frac{\partial Q}{\partial z}\right)\mathrm{d}y\mathrm{d}z+\left(\frac{\partial P}{\partial z}-\frac{\partial R}{\partial x}\right)\mathrm{d}z\mathrm{d}x+\left(\frac{\partial Q}{\partial x}-\frac{\partial P}{\partial y}\right)\mathrm{d}x\mathrm{d}y=\oint_{\Gamma}P\mathrm{d}x+Q\mathrm{d}y+R\mathrm{d}z.$$

为了方便记忆，斯托克斯公式可写为

$$\iint_{\Sigma}\begin{vmatrix}\mathrm{d}y\mathrm{d}z & \mathrm{d}z\mathrm{d}x & \mathrm{d}x\mathrm{d}y\\ \dfrac{\partial}{\partial x} & \dfrac{\partial}{\partial y} & \dfrac{\partial}{\partial z}\\ P & Q & R\end{vmatrix}=\oint_{\Gamma}P\mathrm{d}x+Q\mathrm{d}y+R\mathrm{d}z$$

或

$$\iint_{\Sigma}\begin{vmatrix}\cos\alpha & \cos\beta & \cos\gamma\\ \dfrac{\partial}{\partial x} & \dfrac{\partial}{\partial y} & \dfrac{\partial}{\partial z}\\ P & Q & R\end{vmatrix}\mathrm{d}S=\oint_{\Gamma}P\mathrm{d}x+Q\mathrm{d}y+R\mathrm{d}z,$$

其中 $\boldsymbol{n}=(\cos\alpha,\cos\beta,\cos\gamma)$，为有向曲面 Σ 的单位法向量.

讨论：如果 Σ 是 xOy 面上的一块平面闭区域，斯托克斯公式将变成什么？

例 1　利用斯托克斯公式计算曲线积分 $\oint_{\Gamma}z\mathrm{d}x+x\mathrm{d}y+y\mathrm{d}z$，其中 Γ 为平面 $x+y+z$

=1被三个坐标面所截成的三角形的整个边界，它的正向与这个三角形上侧的法向量之间符合右手规则.

解法一　按斯托克斯公式，有

$$\oint_\Gamma z\mathrm{d}x + x\mathrm{d}y + y\mathrm{d}z = \iint_\Sigma \mathrm{d}y\mathrm{d}z + \mathrm{d}z\mathrm{d}x + \mathrm{d}x\mathrm{d}y.$$

由于Σ的法向量的三个方向余弦都为正，又由于对称性，上式右端等于$3\iint\limits_{D_{xy}}\mathrm{d}\sigma$，其中$D_{xy}$为$xOy$面上由直线$x+y=1$及两条坐标轴围成的三角形闭区域，因此

$$\oint_\Gamma z\mathrm{d}x + x\mathrm{d}y + y\mathrm{d}z = \frac{3}{2}.$$

解法二　设Σ为闭曲线Γ所围成的三角形平面，Σ在yOz面、zOx面和xOy面上的投影区域分别为D_{yz}，D_{zx}，D_{xy}，按斯托克斯公式，有

$$\begin{aligned}\oint_\Gamma z\mathrm{d}x + x\mathrm{d}y + y\mathrm{d}z &= \iint_\Sigma \begin{vmatrix} \mathrm{d}y\mathrm{d}z & \mathrm{d}z\mathrm{d}x & \mathrm{d}x\mathrm{d}y \\ \dfrac{\partial}{\partial x} & \dfrac{\partial}{\partial y} & \dfrac{\partial}{\partial z} \\ z & x & y \end{vmatrix} \\ &= \iint_\Sigma \mathrm{d}y\mathrm{d}z + \mathrm{d}z\mathrm{d}x + \mathrm{d}x\mathrm{d}y \\ &= \iint_{D_{yz}} \mathrm{d}y\mathrm{d}z + \iint_{D_{zx}} \mathrm{d}z\mathrm{d}x + \iint_{D_{xy}} \mathrm{d}x\mathrm{d}y \\ &= 3\iint_{D_{xy}} \mathrm{d}x\mathrm{d}y = \frac{3}{2}.\end{aligned}$$

例 2　利用斯托克斯公式计算曲线积分

$$I = \oint_\Gamma (y^2 - z^2)\mathrm{d}x + (z^2 - x^2)\mathrm{d}y + (x^2 - y^2)\mathrm{d}z,$$

式中，Γ是用平面$x+y+z=\frac{3}{2}$截立方体：$0\leqslant x\leqslant 1$，$0\leqslant y\leqslant 1$，$0\leqslant z\leqslant 1$的表面所得的截痕，若从x轴的正向看去取逆时针方向.

解　取Σ为平面$x+y+z=\frac{3}{2}$的上侧被Γ所围成的部分，Σ的单位法向量$\boldsymbol{n}=\frac{1}{\sqrt{3}}(1,1,1)$，即$\cos\alpha=\cos\beta=\cos\gamma=\frac{1}{\sqrt{3}}$. 按斯托克斯公式，有

$$\begin{aligned}I &= \iint_\Sigma \begin{vmatrix} \dfrac{1}{\sqrt{3}} & \dfrac{1}{\sqrt{3}} & \dfrac{1}{\sqrt{3}} \\ \dfrac{\partial}{\partial x} & \dfrac{\partial}{\partial y} & \dfrac{\partial}{\partial z} \\ y^2 - z^2 & z^2 - x^2 & x^2 - y^2 \end{vmatrix} \mathrm{d}S = -\frac{4}{\sqrt{3}}\iint_\Sigma (x+y+z)\mathrm{d}S \\ &= -\frac{4}{\sqrt{3}}\cdot\frac{3}{2}\iint_\Sigma \mathrm{d}S = -2\sqrt{3}\iint_{D_{xy}} \sqrt{3}\,\mathrm{d}x\mathrm{d}y,\end{aligned}$$

式中，D_{xy}为Σ在xOy平面上的投影区域，于是

$$I=-6\iint_{D_{xy}}\mathrm{d}x\mathrm{d}y=-6\cdot\frac{3}{4}=-\frac{9}{2}.$$

§11.7.2　环流量与旋度

我们把向量场 $\boldsymbol{A}=(P(x,y,z),Q(x,y,z),R(x,y,z))$ 所确定的向量场

$$\left(\frac{\partial R}{\partial y}-\frac{\partial Q}{\partial z}\right)\boldsymbol{i}+\left(\frac{\partial P}{\partial z}-\frac{\partial R}{\partial x}\right)\boldsymbol{j}+\left(\frac{\partial Q}{\partial x}-\frac{\partial P}{\partial y}\right)\boldsymbol{k}$$

称为向量场 $\boldsymbol{A}$ 的旋度，记为 $\mathbf{rot}\,\boldsymbol{A}$，即

$$\mathbf{rot}\,\boldsymbol{A}=\left(\frac{\partial R}{\partial y}-\frac{\partial Q}{\partial z}\right)\boldsymbol{i}+\left(\frac{\partial P}{\partial z}-\frac{\partial R}{\partial x}\right)\boldsymbol{j}+\left(\frac{\partial Q}{\partial x}-\frac{\partial P}{\partial y}\right)\boldsymbol{k}=\begin{vmatrix}\boldsymbol{i}&\boldsymbol{j}&\boldsymbol{k}\\\dfrac{\partial}{\partial x}&\dfrac{\partial}{\partial y}&\dfrac{\partial}{\partial z}\\P&Q&R\end{vmatrix}.$$

斯托克斯公式的另一形式为

$$\oint_{\Gamma}P\mathrm{d}x+Q\mathrm{d}y+R\mathrm{d}z=\iint_{\Sigma}\mathbf{rot}\,\boldsymbol{A}\cdot\boldsymbol{n}\mathrm{d}S=\oint_{\Gamma}\boldsymbol{A}\cdot\boldsymbol{\tau}\mathrm{d}s$$

或

$$\oint_{\Gamma}P\mathrm{d}x+Q\mathrm{d}y+R\mathrm{d}z=\iint_{\Sigma}(\mathbf{rot}\,\boldsymbol{A})_n\mathrm{d}S=\oint_{\Gamma}A_{\tau}\mathrm{d}s,$$

式中，$\boldsymbol{n}$ 是曲面 Σ 上点 (x,y,z) 处的单位法向量，$\boldsymbol{\tau}$ 是 Σ 的正向边界曲线 Γ 上点 (x,y,z) 处的单位切向量.

沿有向闭曲线 Γ 的曲线积分

$$\oint_{\Gamma}P\mathrm{d}x+Q\mathrm{d}y+R\mathrm{d}z=\oint_{\Gamma}A_{\tau}\mathrm{d}s$$

叫作向量场 $\boldsymbol{A}$ 沿有向闭曲线 Γ 的环流量. 因此，斯托克斯公式表示向量场 $\boldsymbol{A}$ 沿有向闭曲线 Γ 的环流量等于向量场 $\boldsymbol{A}$ 的旋度场通过 Γ 所张的曲面 Σ 的通量.

习题 11－7

1. 试对曲面 Σ：$z=x^2+y^2$，$x^2+y^2\leqslant 1$，$P=y^2$，$Q=x$，$R=z^2$ 验证斯托克斯公式.

*2. 利用斯托克斯公式，计算下列曲线积分.

(1) $\oint_{\Gamma}y\mathrm{d}x+z\mathrm{d}y+x\mathrm{d}z$，其中 Γ 为圆周 $x^2+y^2+z^2=a^2$，$x+y+z=0$，若从 x 轴的正向看去，这圆周是取逆时针方向；

(2) $\oint_{\Gamma}(y-z)\mathrm{d}x+(z-x)\mathrm{d}y+(x-y)\mathrm{d}z$，其中 Γ 为椭圆 $x^2+y^2=a^2$，$\dfrac{x}{a}+\dfrac{z}{b}=1$ $(a>0,\ b>0)$，若从 x 轴正向看去，这椭圆是取逆时针方向；

(3) $\oint_{\Gamma}3y\mathrm{d}x-xz\mathrm{d}y+yz^2\mathrm{d}z$，其中 Γ 是圆周 $x^2+y^2=2z$，$z=2$，若从 z 轴正向看去，这圆周是取逆时针方向；

(4) $\oint_{\Gamma} 2y\mathrm{d}x + 3x\mathrm{d}y - z^2\mathrm{d}z$，其中 Γ 是圆周 $x^2+y^2+z^2=9$，$z=0$，若从 z 轴正向看去，这圆周是取逆时针方向.

*3. 利用斯托克斯公式把曲面积分 $\iint\limits_{\Sigma} \mathbf{rot}\,\boldsymbol{A}\cdot\boldsymbol{n}\mathrm{d}S$ 化为曲线积分，并计算积分值，其中 $\boldsymbol{A}$，Σ，$\boldsymbol{n}$ 分别如下：

(1) $\boldsymbol{A}=y^2\boldsymbol{i}+xy\boldsymbol{j}+xz\boldsymbol{k}$，$\Sigma$ 为上半球面 $z=\sqrt{1-x^2-y^2}$ 的上侧，$\boldsymbol{n}$ 是 Σ 的单位法向量；

(2) $\boldsymbol{A}=(y-z)\boldsymbol{i}+yz\boldsymbol{j}-xz\boldsymbol{k}$，$\Sigma$ 为立方体 $\{(x,y,z)\mid 0\leqslant x\leqslant 2,0\leqslant y\leqslant 2,0\leqslant z\leqslant 2\}$ 的表面外侧去掉 xOy 面上的那个底面，$\boldsymbol{n}$ 是 Σ 的单位法向量.

4. 求下列向量场 $\boldsymbol{A}$ 沿闭曲线 Γ（从 z 轴正向看 Γ 依逆时针方向）的环流量.

(1) $\boldsymbol{A}=-y\boldsymbol{i}+x\boldsymbol{j}+c\boldsymbol{k}$（$c$ 为常量），其中 Γ 为圆周 $x^2+y^2=1$，$z=0$；

(2) $\boldsymbol{A}=(x-z)\boldsymbol{i}+(x^3+yz)\boldsymbol{j}-3xy^2\boldsymbol{k}$，其中 Γ 为圆周 $z=2-\sqrt{x^2+y^2}$，$z=0$.

5. 证明：$\mathbf{rot}(\boldsymbol{a}+\boldsymbol{b})=\mathbf{rot}\,\boldsymbol{a}+\mathbf{rot}\,\boldsymbol{b}$.

6. 设 $u=u(x,y,z)$ 具有二阶连续偏导数，求 $\mathbf{rot}(\mathbf{grad}\,u)$.

总复习题十一

1. 填空.

(1)第二类曲线积分 $\int_{\Gamma} P\mathrm{d}x+Q\mathrm{d}y+R\mathrm{d}z$ 化成第一类曲线积分是________，其中 α，β，γ 为有向曲线弧 Γ 在点 (x,y,z) 处的________的方向角；

(2)第二类曲面积分 $\iint\limits_{\Sigma} P\mathrm{d}y\mathrm{d}z+Q\mathrm{d}z\mathrm{d}x+R\mathrm{d}x\mathrm{d}y$ 化成第一类曲面积分是________，其中 α，β，γ 为有向曲面 Σ 在点 (x,y,z) 处的________的方向角.

2. 选择下述题中给出的四个结论中一个正确的结论.

设曲面 Σ 是上半球面：$x^2+y^2+z^2=R^2(z\geqslant 0)$，曲面 Σ_1 是曲面 Σ 在第一卦限中的部分，则有________.

A. $\iint\limits_{\Sigma} x\mathrm{d}S=4\iint\limits_{\Sigma_1} x\mathrm{d}S$　　B. $\iint\limits_{\Sigma} y\mathrm{d}S=4\iint\limits_{\Sigma_1} x\mathrm{d}S$

C. $\iint\limits_{\Sigma} z\mathrm{d}S=4\iint\limits_{\Sigma_1} x\mathrm{d}S$　　D. $\iint\limits_{\Sigma} xyz\mathrm{d}S=4\iint\limits_{\Sigma_1} xyz\mathrm{d}S$

3. 计算下列曲线积分.

(1) $\oint_{L} \sqrt{x^2+y^2}\,\mathrm{d}s$，其中 L 为圆周 $x^2+y^2=ax$；

(2) $\int_{\Gamma} z\mathrm{d}s$，其中 Γ 为曲线 $x=t\cos t$，$y=t\sin t$，$z=t\,(0\leqslant t\leqslant t_0)$；

(3) $\int_{L} (2a-y)\mathrm{d}x+x\mathrm{d}y$，其中 L 为摆线 $x=a(t-\sin t)$，$y=a(1-\cos t)$ 上对应 t 从 0 到 2π 的一段弧；

(4) $\int_{\Gamma}(y^2-z^2)\mathrm{d}x+2yz\mathrm{d}y-x^2\mathrm{d}z$，其中 Γ 是曲线 $x=t$，$y=t^2$，$z=t^3$ 上由 $t_1=0$ 到 $t_2=1$ 的一段弧；

(5) $\int_{L}(\mathrm{e}^x\sin y-2y)\mathrm{d}x+(\mathrm{e}^x\cos y-2)\mathrm{d}y$，其中 L 为上半圆周 $(x-a)^2+y^2=a^2$，$y\geqslant 0$ 沿逆时针方向；

(6) $\oint_{\Gamma}xyz\mathrm{d}z$，其中 Γ 是用平面 $y=z$ 截球面 $x^2+y^2+z^2=1$ 所得的截痕，从 z 轴的正向看去，沿逆时针方向.

4. 计算下列曲面积分.

(1) $\iint\limits_{\Sigma}\frac{\mathrm{d}S}{x^2+y^2+z^2}$，其中 Σ 是介于平面 $z=0$ 及 $z=H$ 之间的圆柱面 $x^2+y^2=R^2$；

(2) $\iint\limits_{\Sigma}(y^2-z)\mathrm{d}y\mathrm{d}z+(z^2-x)\mathrm{d}z\mathrm{d}x+(x^2-y)\mathrm{d}x\mathrm{d}y$，其中 Σ 为锥面 $z=\sqrt{x^2+y^2}$ $(0\leqslant z\leqslant h)$ 的外侧；

(3) $\iint\limits_{\Sigma}x\mathrm{d}y\mathrm{d}z+y\mathrm{d}z\mathrm{d}x+z\mathrm{d}x\mathrm{d}y$，其中 Σ 为半球面 $z=\sqrt{R^2-x^2-y^2}$ 的上侧；

(4) $\iint\limits_{\Sigma}xyz\mathrm{d}x\mathrm{d}z$，其中 Σ 为球面 $x^2+y^2+z^2=1(x\geqslant 0,\ y\geqslant 0)$ 的外侧.

5. 证明：$\frac{x\mathrm{d}x+y\mathrm{d}y}{x^2+y^2}$ 在整个 xOy 平面除去 y 的负半轴及原点的区域 G 内是某个二元函数的全微分，并求出一个这样的二元函数.

6. 设在半平面 $x>0$ 内有力 $\boldsymbol{F}=-\frac{k}{\rho^3}(x\boldsymbol{i}+y\boldsymbol{j})$ 构成力场，其中 k 为常数，$\rho=\sqrt{x^2+y^2}$. 证明在此力场中场力所做的功与所取的路径无关.

7. 设函数 $f(x)$ 在 $(-\infty,+\infty)$ 内具有一阶连续导数，L 是上半平面 $(y>0)$ 内的有向分段光滑曲线，其起点为 (a,b)，终点为 (c,d). 记

$$I=\int_{L}\frac{1}{y}[1+y^2f(xy)]\mathrm{d}x+\frac{x}{y^2}[y^2f(xy)-1]\mathrm{d}x.$$

(1) 证明曲线积分 I 与路径无关；

(2) 当 $ab=cd$ 时，求 I 的值.

8. 求均匀曲面 $z=\sqrt{a^2-x^2-y^2}$ 的质心的坐标.

9. 求 $\iint\limits_{\Sigma}\frac{2}{a+y}f[(a+x)(a+y)^2]\mathrm{d}y\mathrm{d}z-\frac{1}{a+x}f[(a+x)(a+y)^2]\mathrm{d}z\mathrm{d}x+[(x^2+y^2)z+\frac{z^3}{3}]\mathrm{d}x\mathrm{d}y$，其中 Σ 为球面 $x^2+y^2+z^2=1$ 的下半部分的上侧，常数 $a>1$，f 可导.

10. 求 $\iint\limits_{\Sigma}[f(x,y,z)+x]\mathrm{d}y\mathrm{d}z+[2f(x,y,z)+y]\mathrm{d}z\mathrm{d}x+[f(x,y,z)+z]\mathrm{d}x\mathrm{d}y$，其中 $f(x,y,z)$ 为连续函数，Σ 为平面 $x-y+z=1$ 在第四卦限部分的上侧.

第 12 章　微分方程

在许多实际问题中，会遇到复杂的运动过程，表达运动规律的函数往往不能直接得到，但是根据问题所给的条件，有时可以得到含有自变量与未知函数及其导数(微分)的关系式，这样的关系式叫作微分方程. 微分方程建立后，对它进行研究，即找出未知函数，这就是解微分方程. 本章主要介绍微分方程的一些基本概念和几种常用的微分方程的解法.

§12.1　微分方程的基本概念

§12.1.1　微分方程基本概念

下面我们通过几何和物理学中的几个具体例子来阐明微分方程的基本概念.

例 1　已知曲线上任一点处的切线斜率等于这点横坐标的 2 倍，试建立曲线满足的关系式.

解　根据导数的几何意义，我们知道所求曲线应满足关系

$$\frac{\mathrm{d}y}{\mathrm{d}x}=2x. \tag{12.1}$$

例 2　质量为 m 的物体只受重力的作用而自由降落，试建立物体所经过的路程 s 与时间 t 的关系.

解　把物体降落的铅垂线取作 s 轴，其指向朝下(朝向地心). 设物体在时刻 t 的位置为 $s=s(t)$. 物体受重力 $F=mg$ 的作用而自由下落，物体下落运动的加速度 $a=\frac{\mathrm{d}^2 s}{\mathrm{d}t^2}$.

由牛顿第二定律 $F=ma$，得物体在下落过程中满足的关系式为

$$m\frac{\mathrm{d}^2 s}{\mathrm{d}t^2}=mg$$

或

$$\frac{\mathrm{d}^2 s}{\mathrm{d}t^2}=g. \tag{12.2}$$

上述例子中的方程都是微分方程.

一般来说，凡表示未知函数与未知函数的导数(微分)以及自变量之间的关系式，叫作**微分方程**；如果未知函数是一元函数，则相应的微分方程称为**常微分方程**，而倘若未知函数是多元函数，相应的微分方程则称为**偏微分方程**. 本章我们只研究常微分方程.

微分方程中出现的未知函数的最高阶导数的阶数，叫作**微分方程的阶**.

如方程(12.1)是一阶微分方程，方程(12.2)是二阶微分方程.

如果把某个函数以及它的导数代入微分方程，能使该方程成为恒等式，则这个函数称为**微分方程的解**，或者说，满足微分方程的函数称为微分方程的解.

几何上，微分方程的解称为**微分方程的积分曲线**.

如例 1 中 $y=x^2+C$ 是

$$\frac{\mathrm{d}y}{\mathrm{d}x}=2x$$

的解.

例 2 中 $s=\frac{1}{2}gt^2+C_1t+C_2$ 是

$$\frac{\mathrm{d}^2s}{\mathrm{d}t^2}=g$$

的解.

这两个解中包含的任意常数的个数，分别与对应的微分方程的阶数相同. 我们把这样的解称为**微分方程的通解**.

根据具体问题的需要，有时需确定通解中的任意常数. 设微分方程的未知函数为 $y=y(x)$.

如果微分方程是一阶的，通常用来确定任意常数的条件为

$$x=x_0,\quad y=y_0,$$

或写成

$$y\big|_{x=x_0}=y_0.$$

式中，x_0，y_0 都是给定的值.

如果微分方程是二阶的，通常用来确定任意常数的条件为

$$x=x_0,\quad y=y_0,\quad y'=y_0',$$

或写成

$$y\big|_{x=x_0}=y_0,\quad y'\big|_{x=x_0}=y_0'.$$

式中，x_0，y_0，y_0'都是给定的值. 这样的条件叫作**初值条件**.

求微分方程的一个解，使得它满足预先给定的初值条件，我们称这样的问题为**微分方程的初值问题**.

通解中的任意常数确定后，所得出的解叫作**微分方程的特解**.

例 3　图 12.1 是由电阻 R 及电容 E 串联成的闭合电路，微分方程 $RE\frac{\mathrm{d}u}{\mathrm{d}t}+u=u_e$ 描述了电容器充放电时电容上电压降 u 变化率与外加电压降 u_e 的关系，当电容器放电，电压 u 逐渐变低到零时，相应的微分方程为 $RE\frac{\mathrm{d}u}{\mathrm{d}t}+u=0$. 验证函数 $u=C\mathrm{e}^{-\frac{t}{RE}}$ 为充电方程

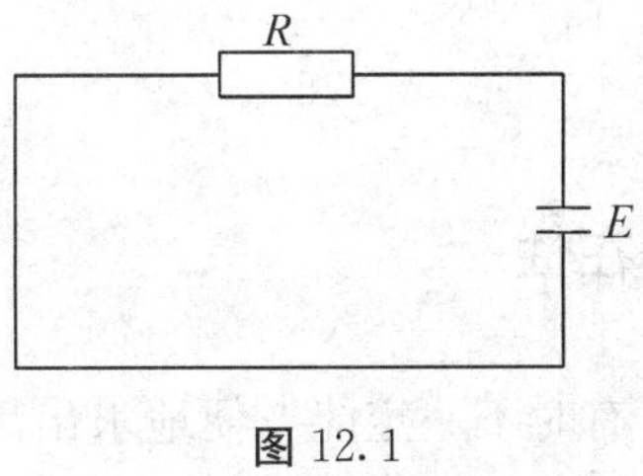

图 12.1

$RE\dfrac{du}{dt}+u=0$ 的通解；$u=u_e+Ce^{-\frac{t}{RE}}$ 是充电方程 $RE\dfrac{du}{dt}+u=u_e$ 的通解.

解　由题设条件 $u=Ce^{-\frac{t}{RE}}$，有

$$\frac{du}{dt}=-\frac{C}{RE}e^{-\frac{t}{RE}},$$

将 $\dfrac{du}{dt}$ 和 u 的表达式代入方程 $RE\dfrac{du}{dt}+u$，得

$$-Ce^{-\frac{t}{RE}}+Ce^{-\frac{t}{RE}}=0,$$

故 $u=Ce^{-\frac{t}{RE}}$ 为充电方程 $RE\dfrac{du}{dt}+u=0$ 的通解.

由题设条件 $u=u_e+Ce^{-\frac{t}{RE}}$，有

$$\frac{du}{dt}=-\frac{C}{RE}e^{-\frac{t}{RE}},$$

将 $\dfrac{du}{dt}$ 和 u 的表达式代入方程 $RE\dfrac{du}{dt}+u$，得

$$-Ce^{-\frac{t}{RE}}+Ce^{-\frac{t}{RE}}+u_e=u_e,$$

故 $u=u_e+Ce^{-\frac{t}{RE}}$ 为充电方程 $RE\dfrac{du}{dt}+u=u_e$ 的通解.

例 4　验证：函数 $x=C_1\cos kt+C_2\sin kt$ 是微分方程 $\dfrac{d^2x}{dt^2}+k^2x=0$ 的解. 并求满足初始条件 $x|_{t=0}=A$，$\left.\dfrac{dx}{dt}\right|_{t=0}=0$ 的特解.

解　由题设条件

$$\frac{dx}{dt}=-kC_1\sin kt+kC_2\cos kt,$$

$$\frac{d^2x}{dt^2}=-k^2C_1\cos kt-k^2C_2\sin kt,$$

将 $\dfrac{d^2x}{dt^2}$ 和 x 的表达式代入原方程，得

$$-k^2(C_1\cos kt+C_2\sin kt)+k^2(C_1\cos kt+C_2\sin kt)\equiv 0.$$

故 $x=C_1\cos kt+C_2\sin kt$ 是原方程的通解.

将初值条件 $x|_{t=0}=A$ 代入通解，得

$$C_1=A,$$

将初值条件 $\left.\dfrac{dx}{dt}\right|_{t=0}=0$ 代入通解，得

$$C_2=0,$$

所求特解为

$$x=A\cos kt.$$

§12.1.2　微分方程解的存在性

形如 $y'=f(x,y)$ 的方程，有时不一定能方便地求出满足初值条件的解，但我们能否

断定它有满足初值条件的解存在呢？如果知道方程的解存在，它的解又是否唯一呢？

已知一阶微分方程 $y'=f(x, y)$ 和初值条件 (x_0, y_0)，是否存在唯一的特解 $y=y(x)$，使 $y(x_0)=y_0$. 下面介绍的定理可回答此问题.

定理 1　对于微分方程

$$\frac{dy}{dx}=f(x, y)$$

和初值条件

$$y(x_0)=y_0,$$

如果 $f(x, y)$ 在矩形区域 $D: |x-x_0|\leqslant a, |y-y_0|\leqslant b$ 内连续，存在常数 $L>0$，使得对于 y 适合利普希茨条件

$$|f(x, y_1)-f(x, y_2)|\leqslant L|y_1-y_2|,$$

则初值问题在区间 $I=[x_0-h, x_0+h]$ 上存在唯一解，其中常数

$$h=\min\left(a, \frac{b}{M}\right), \quad M>\max_{(x, y)\in D}|f(x, y)|.$$

习题 12－1

1. 什么叫微分方程的阶？下列方程哪些是微分方程？并指出它的阶数.

(1) $y'=2x+6$；　(2) $y=2x+6$；

(3) $\frac{d^2y}{dx^2}=4y+x$；　(4) $x^2-2x=0$；

(5) $x^2dy+y^2dx=0$；　(6) $y(y')^2=1$；

(7) $\frac{d^2y}{dx^2}+2x+\left(\frac{dy}{dx}\right)^5=0$；　(8) $y^2-3y+2=0$；

(9) $3y^{(4)}+7y^{(3)}+8y'-15y^5=2t^3+t+1$；

(10) $y'''+8(y')^4+7y^8=e^{2t}$.

2. 验证下列函数（C 为任意常数）是否为相应微分方程的解？是通解还是特解？

(1) $\frac{dy}{dx}-2y=0$，$y=\sin x$，$y=e^x$，$y=Ce^{2x}$；

(2) $4y'=2y-x$，$y=\frac{1}{2}x+1$，$y=Ce^{-\frac{1}{x}x}$，$y=Ce^{\frac{1}{2}x}+\frac{x}{2}+1$；

(3) $xydx+(1+x^2)dy=0$，$y^2(1+x^2)=C$；

(4) $y''-9y=x+\frac{1}{2}$，$y=5\cos 3x+\frac{x}{9}+\frac{1}{8}$；

(5) $x^2y'''=2y'$，$y=\ln x+x^3$.

3. 验证 $x=2(\sin 2t-\sin 3t)$ 为 $\frac{d^2x}{dt^2}+4x=10\sin 3t$ 的满足初值条件 $x|_{t=0}=0$，$x'|_{t=0}=-2$ 的特解.

4. 求下列微分方程的特解.

(1) $\begin{cases}\frac{dy}{dt}=\sin\omega t,\\ y|_{t=0}=0;\end{cases}$　(2) $\begin{cases}y'=\frac{1}{x},\\ y|_{x=e}=0;\end{cases}$

(3)$\frac{d^2y}{dx^2}=6x$ 初值条件为 $y|_{x=0}=0$，$y'|_{x=0}=2$.

5. 一曲线通过点(1，0)，且曲线上任意点 $M(x, y)$ 处切线斜率为 x^2，求曲线的方程.

6. 试证:如果一曲线上各点处的曲率都等于零，此曲线一定是直线.

7. 已知一物体运动的加速度 a 按正弦规律变化，即

$$a = A\sin\frac{2\pi}{T}t,$$

且初速度为零，试求速度 v 承受时间的变化规律.

§12.2 一阶微分方程

一阶微分方程是含 x，y 及 y'的方程，它的一般形式为

$$F(x, y, y') = 0.$$

最简单的一阶微分方程为

$$\frac{dy}{dx} = f(x),$$

改写为

$$dy = f(x)dx,$$

将两边积分得出通解

$$y = \int f(x)dx = F(x) + C.$$

若微分方程满足条件

$$y|_{x=x_0} = y_0,$$

将它代入方程的通解，确定出任意常数 C，即可得出方程的特解.

下面介绍两种类型的一阶微分方程的解法.

§12.2.1 可分离变量的微分方程

在一阶微分方程

$$\frac{dy}{dx} = F(x, y)$$

中，如果函数 $F(x, y)$ 可分解为两个连续函数 $f(x)$和 $g(y)$的乘积，即

$$\frac{dy}{dx} = f(x)g(y) \tag{12.3}$$

或

$$M_1(x)M_2(y)dx + N_1(x)N_2(y)dy = 0, \tag{12.4}$$

式中，$M_1(x)$，$N_1(x)$，$M_2(y)$，$N_2(y)$ 分别是 x 或 y 的连续函数，则称该微分方程叫作**可分离变量的微分方程**.

对于方程(12.3)，当 $g(y)\neq 0$ 时，用 $\dfrac{dx}{g(y)}$ 乘方程的两端，得

$$\frac{dy}{g(y)}=f(x)dx,$$

这叫作**分离变量**，将上式两端分别积分，便得微分方程的通解为

$$\int\frac{dy}{g(y)}=\int f(x)dx+C \quad (C\text{ 为任意常数}).$$

式(12.3)中若 $g(y)=0$ 有实根 y_0，则 $y=y_0$(常函数)也是式(12.3)的解.

对于方程 (12.4)，当 $N_1(x)M_2(y)\neq 0$ 时，我们用$\dfrac{1}{N_1(x)M_2(y)}$ 乘方程(12.4)的两端，即得已分离变量的方程为

$$\frac{M_1(x)}{N_1(x)}dx+\frac{N_2(y)}{M_2(y)}dy=0,$$

两端分别积分，即得方程(12.4) 的通解为

$$\int\frac{M_1(x)}{N_1(x)}dx+\int\frac{N_2(y)}{M_2(y)}dy=C \quad (C\text{ 为任意常数}).$$

如果 $N_1(x)M_2(y)=0$，即若 $N_1(x)=0$ 有实根 x_0，则 $x=x_0$(常函数)也是方程 (12.4) 的解；若 $M_2(y)=0$ 有实根 y_0，则 $y=y_0$(常函数)也是方程 (12.4) 的解.

例 1 求微分方程 $\dfrac{dy}{dx}=-\dfrac{x}{y}$ 的通解和满足初值条件 $y|_{x=0}=1$ 的特解.

解 将原方程分离变量，改写为

$$ydy=-xdx,$$

将两边分别积分，得通解为

$$\frac{1}{2}y^2=-\frac{1}{2}x^2+C,$$

即

$$x^2+y^2=2C,$$

或

$$x^2+y^2=a^2 \quad (a\text{ 是任意常数}).$$

将初值条件 $y|_{x=0}=1$ 代入通解 $x^2+y^2=a^2$，得 $a^2=1$，于是特解为

$$x^2+y^2=1.$$

方程的通解为圆心在原点的一族同心圆，其特解是该圆族中过(0，1)点的单位圆.

例 2 求方程$(1+y^2)dx-x(1+x^2)ydy=0$ 的通解.

解 用 $x(1+x^2)(1+y^2)$ 除方程的两边，得

$$\frac{dx}{x(1+x^2)}-\frac{ydy}{1+y^2}=0.$$

两边分别积分得

$$\int\frac{dx}{x(1+x^2)}-\int\frac{ydy}{1+y^2}=C_1,$$

因为

$$\int\frac{dx}{x(1+x^2)}=\int\left(\frac{1}{x}-\frac{x}{1+x^2}\right)dx=\ln|x|-\frac{1}{2}\ln(1+x^2),$$

$$\int\frac{ydy}{1+y^2}=\frac{1}{2}\ln(1+y^2),$$

所以
$$\ln|x|-\frac{1}{2}\ln(1+x^2)-\frac{1}{2}\ln(1+y^2)=C_1,$$
即
$$\ln\frac{x^2}{(1+x^2)(1+y^2)}=2C_1,$$
也即
$$\frac{x^2}{(1+x^2)(1+y^2)}=e^{2C_1}=\frac{1}{C},$$
由此得出通解为
$$(1+x^2)(1+y^2)=Cx^2.$$
此外还有解 $x=0$.

例 3　衰变问题:衰变速度与未衰变原子含量 M 成正比,已知 $M|_{t=0}=M_0$,求衰变过程中铀含量 $M(t)$随时间 t 变化的规律.

解　衰变速度为$\frac{dM}{dt}$,由题设条件有
$$\frac{dM}{dt}=-\lambda M \qquad (\lambda>0,\text{衰变系数}),$$
将原方程分离变量,改写为
$$\frac{dM}{M}=-\lambda dt,$$
两边分别积分得
$$\int\frac{dM}{M}=\int-\lambda dt,$$
所以
$$\ln M=-\lambda t+\ln C,$$
由此得出通解为
$$M=Ce^{-\lambda t}.$$
将初值条件 $M|_{t=0}=M_0$ 代入通解 $M=Ce^{-\lambda t}$,得
$$M_0=Ce^0=C,$$
因此,衰变过程中铀含量 $M(t)$随时间 t 变化的规律为
$$M=M_0e^{-\lambda t}.$$

例 4　有高为 1 m 的半球形容器,水从它的底部小孔流出,小孔横截面面积为 1 cm^2(如图 12.2 所示).开始时容器内盛满了水,求水从小孔流出过程中容器里水面的高度 h(水面与孔口中心间的距离)随时间 t 的变化规律(由力学知识得,水从孔口流出的体积流量与孔的面积及水面高度的平方根成正比,其中水的流量系数为 2.74).

解　设孔的面积为 S,容器内水的体积为 V,由力学知识得,水从孔口流出的体积流量为
$$\frac{dV}{dt}=2.74\cdot S\sqrt{h},$$
由题设条件有
$$\frac{dV}{dt}=2.74\cdot 1\cdot\sqrt{h}, \tag{12.5}$$

设在微小的时间间隔$[t, t+\mathrm{d}t]$，水面的高度由 h 降至 $h+\mathrm{d}h$(如图 12.3 所示)，则

$$\mathrm{d}V = \pi r^2 \mathrm{d}h.$$

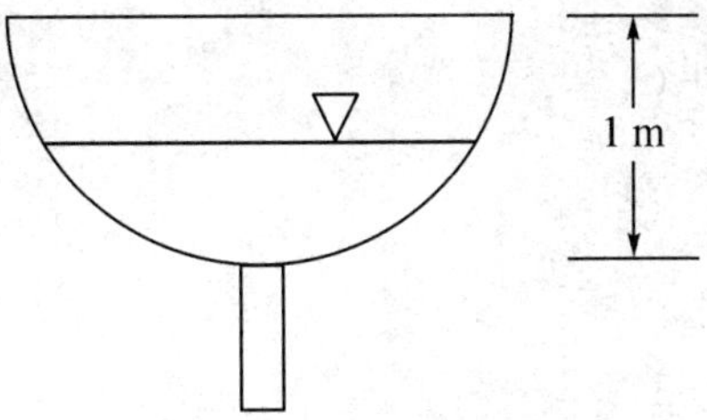

图 12.2

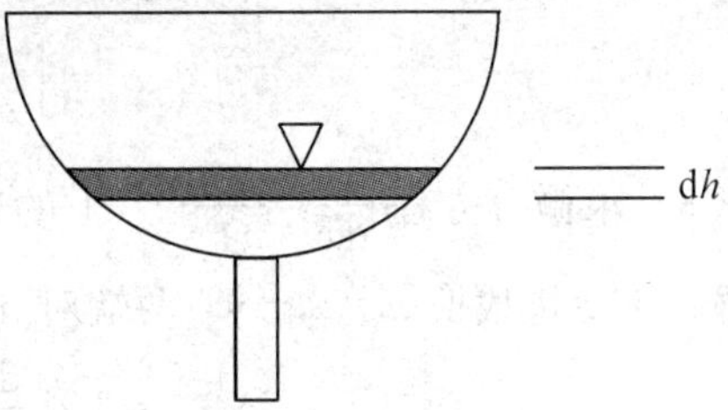

图 12.3

因为 $$r=\sqrt{1^2-(1-h)^2}=\sqrt{2h-h^2},$$

所以 $$\mathrm{d}V=-\pi(2h-h^2)\mathrm{d}h, \tag{12.6}$$

比较式(12.5)和(12.6)，得

$$-\pi(2h-h^2)\mathrm{d}h=2.74\cdot\sqrt{h}\,\mathrm{d}t.$$

此为可分离变量的微分方程.

将原方程分离变量，改写为

$$\mathrm{d}t=-\frac{\pi}{2.74}(2\sqrt{h}-\sqrt{h^3})\mathrm{d}h,$$

两边分别积分得

$$t=-\frac{\pi}{2.74}\left(\frac{4}{3}\sqrt{h^3}-\frac{2}{5}\sqrt{h^5}\right)+C,$$

将初值条件 $t|_{h=1}=0$ 代入通解，得

$$C=0.34\pi.$$

因此，水从小孔流出过程中容器里水面的高度 h 随时间 t 的变化规律为

$$t=0.34\pi-\frac{\pi}{2.74}\left(\frac{4}{3}\sqrt{h^3}-\frac{2}{5}\sqrt{h^5}\right).$$

有些微分方程从形式上看不是可分离变量方程，但只要作适当的代换，就可将它们化为可分离变量方程. 下面介绍两种常见的此类微分方程的解法.

1. $\dfrac{\mathrm{d}y}{\mathrm{d}x}=f(ax+by)$

作变量代换 $z=ax+by$，两端对 x 求导，得

$$\frac{\mathrm{d}z}{\mathrm{d}x}=a+b\frac{\mathrm{d}y}{\mathrm{d}x},$$

因 $\dfrac{\mathrm{d}y}{\mathrm{d}x}=f(z)$，故得

$$\frac{\mathrm{d}z}{\mathrm{d}x}=a+bf(z)$$

或 $$\frac{\mathrm{d}z}{a+bf(z)}=\mathrm{d}x.$$

这样，方程

$$\frac{\mathrm{d}y}{\mathrm{d}x}=f(ax+by) \tag{12.7}$$

已化为可分离变量方程，两端分别积分，得

$$x=\int\frac{\mathrm{d}z}{a+bf(z)}+C.$$

例 5　求微分方程 $\frac{\mathrm{d}y}{\mathrm{d}x}=\frac{1}{x-y}+1$ 的通解.

解　作变量代换 $z=x-y$，两端对 x 求导，得

$$\frac{\mathrm{d}z}{\mathrm{d}x}=1-\frac{\mathrm{d}y}{\mathrm{d}x},\quad \frac{\mathrm{d}y}{\mathrm{d}x}=\frac{1}{z}+1,$$

于是
$$\frac{\mathrm{d}z}{\mathrm{d}x}=1-\frac{1}{z}-1,$$

化简为
$$z\mathrm{d}z=-\mathrm{d}x\ .$$

两端分别积分得
$$z^2=-2x+C,$$

从而方程的通解为
$$(x-y)^2=-2x+C.$$

2. 一阶齐次微分方程

形如

$$\frac{\mathrm{d}y}{\mathrm{d}x}=\varphi\left(\frac{y}{x}\right) \tag{12.8}$$

的方程称为**一阶齐次微分方程**.

对方程(12.8)作变换代换 $\frac{y}{x}=u$，$y=ux$，两端对 x 求导，得

$$\frac{\mathrm{d}y}{\mathrm{d}x}=u+x\frac{\mathrm{d}u}{\mathrm{d}x},$$

由方程(12.8)有
$$\frac{\mathrm{d}y}{\mathrm{d}x}=\varphi(u),$$

于是
$$u+x\frac{\mathrm{d}u}{\mathrm{d}x}=\varphi(u),$$

分离变量得

$$\frac{\mathrm{d}u}{\varphi(u)-u}=\frac{\mathrm{d}x}{x}.$$

方程(12.8)已化为可分离变量方程，两边分别积分得

$$\int\frac{\mathrm{d}u}{\varphi(u)-u}=\ln x+C.$$

求出积分后，再用 $\frac{y}{x}$ 代替 u，便得方程(12.8)的通解.

例 6　求方程 $y\mathrm{d}x-(x+\sqrt{x^2+y^2})\mathrm{d}y=0$ 的通解.

解　将方程改写为
$$\frac{\mathrm{d}y}{\mathrm{d}x}=\frac{y}{x+\sqrt{x^2+y^2}},$$

因
$$\frac{y}{x+\sqrt{x^2+y^2}}=\frac{\frac{y}{x}}{1+\sqrt{1+\left(\frac{y}{x}\right)^2}}=\varphi\left(\frac{y}{x}\right),$$

故原方程为齐次微分方程.

作变量代换
$$u=\frac{x}{y},$$
则
$$x=uy,$$
两端微分得
$$dx=u\,dy+y\,du$$
代入方程，化简可得
$$\frac{dy}{y}=\frac{du}{\sqrt{u^2+1}}.$$
两端分别积分得
$$\ln y=\ln(u+\sqrt{u^2+1})+\ln C,$$
即
$$u+\sqrt{u^2+1}=\frac{y}{C}.$$
从而得
$$u-\sqrt{u^2+1}=-\frac{C}{y}.$$
将 $u=\frac{x}{y}$ 代入并整理，得方程的通解为
$$y^2=2C\left(x+\frac{C}{2}\right).$$

§12.2.2　一阶线性微分方程

在一阶微分方程中，如果方程中未知函数和未知函数的导数都是一次的，则此类方程称为**一阶线性微分方程**.

一阶线性微分方程的一般形式为
$$y'+P(x)y=Q(x), \tag{12.9}$$
式中，$P(x)$，$Q(x)$ 都是 x 的已知连续函数.

若 $Q(x)\equiv 0$，方程(12.9)变成
$$y'+P(x)y=0, \tag{12.10}$$
称为**一阶线性齐次微分方程**.

若 $Q(x)\not\equiv 0$，方程(12.9) 称为**一阶线性非齐次微分方程**.

1. 一阶线性齐次微分方程的通解

$$\frac{dy}{dx}+P(x)y=0$$
是可分离变量方程，$y\neq 0$ 时可改写为
$$\frac{dy}{y}=-P(x)dx.$$
将两边积分得
$$\ln y=-\int P(x)dx+C_1.$$
一阶线性齐次微分方程的通解为
$$y=e^{-\int P(x)dx+C_1}=Ce^{-\int P(x)dx}\quad(C\text{ 为任意常数}).$$

2. 一阶线性非齐次微分方程的通解

在§12.1.1中我们讨论的放电方程 $RE\dfrac{\mathrm{d}u}{\mathrm{d}t}+u=0$ 是一阶线性齐次微分方程，它的通解是 $Ce^{-\frac{t}{RE}}$；充电方程 $RC\dfrac{\mathrm{d}u}{\mathrm{d}t}+u=u_e$ 是一阶线性非齐次微分方程，它的通解是 $u_e+Ce^{-\frac{t}{RE}}$. 这里放电方程是充电方程相应的齐次微分方程，它们的通解相差一个常数 u_e，而且不难看出，u_e 也是非齐次微分方程 $RE\dfrac{\mathrm{d}u}{\mathrm{d}t}+u=u_e$ 的一个解. 这个事实不是偶然的，一般来说有下述定理.

定理1 一阶线性非齐次微分方程的通解，等于它的任意一个特解加上与其相应的一阶线性齐次微分方程的通解.

证明 设 y_1 是方程(12.9)的一个特解，即

$$y_1'+P(x)y_1=Q(x).$$

又设 y_2 是方程(12.10)的一个通解，即

$$y_2'+P(x)y_2=0,$$

则对 $y=y_1+y_2$，有

$$\begin{aligned}y'+P(x)y&=(y_1+y_2)'+P(x)(y_1+y_2)\\&=[y_1'+P(x)y_1]+[y_2'+P(x)y_2]\\&=Q(x)+0=Q(x).\end{aligned}$$

因此 y_1+y_2 是方程(12.9)的解. 又因为 y_2 是方程(12.10)的通解，它已包含一个任意常数，所以 y_1+y_2 就是非齐次微分方程(12.9)的通解，也就是说，非齐次微分方程的通解等于相应的齐次微分方程的通解与非齐次微分方程的任一特解之和.

前面已求得齐次微分方程 $y'+P(x)y=0$ 的通解为

$$y=Ce^{-\int P(x)\mathrm{d}x}. \tag{12.11}$$

式中，C 为任意常数.

现在设想非齐次微分方程 $y'+P(x)y=Q(x)$ 也有这种形式的解，但其中 C 不是常数，而是某个 x 的函数，即

$$y=C(x)e^{-\int P(x)\mathrm{d}x}. \tag{12.12}$$

确定 $C(x)$ 之后，可得非齐次微分方程的通解.

将式(12.12)及它的导数

$$y'=C'(x)e^{-\int P(x)\mathrm{d}x}-C(x)P(x)e^{-\int P(x)\mathrm{d}x}$$

代入方程(12.9)中，得

$$C'(x)e^{-\int P(x)\mathrm{d}x}-C(x)P(x)e^{-\int P(x)\mathrm{d}x}+C(x)P(x)e^{-\int P(x)\mathrm{d}x}=Q(x).$$

即

$$C'(x)e^{-\int P(x)\mathrm{d}x}=Q(x)$$

或

$$C'(x)=Q(x)e^{\int P(x)\mathrm{d}x}.$$

两端积分得

$$C(x)=\int Q(x)e^{\int P(x)\mathrm{d}x}\mathrm{d}x+C_1,$$

所以一阶线性非齐次微分方程的通解为

$$y = e^{-\int P(x)dx}\left[\int Q(x)e^{\int P(x)dx}dx + C_1\right]. \tag{12.13}$$

上述将相应齐次微分方程通解中任意常数 C 换为函数 $C(x)$，这种求非齐次微分方程通解的方法，叫作**常数变易法**.

从式(12.13)可以看出，方程(12.9)的通解由两项组成，其中一项 $Ce^{-\int P(x)dx}$ 是相应的齐次线性微分方程(12.10)的通解，另一项为 $e^{-\int P(x)dx}\int Q(x)e^{\int P(x)dx}dx$，可以验证它是方程(12.9)的一个特解.

例 7　求方程 $xy'+y=e^x(x>0)$ 的通解.

解

$$y'+\frac{y}{x}=\frac{e^x}{x},\quad P(x)=\frac{1}{x},\quad Q(x)=\frac{e^x}{x}.$$

先求

$$\int P(x)dx = \int \frac{1}{x}dx = \ln x.$$

故

$$e^{\int P(x)dx} = e^{\ln x} = x.$$

由式(12.13)可得通解为

$$y = \frac{1}{x}\left(\int \frac{e^x}{x}x\,dx + C\right) = \frac{1}{x}\left(\int e^x dx + C\right) = \frac{1}{x}(e^x + C).$$

例 8　解方程 $\dfrac{dy}{dx}-\dfrac{2y}{x+1}=(x+1)^{\frac{5}{2}}$.

解

$$P(x)=\frac{-2}{x+1},\quad Q(x)=(x+1)^{\frac{5}{2}}.$$

先求

$$\int P(x)dx = -2\int\frac{dx}{x+1} = -2\ln|x+1|,$$

$$e^{\int P(x)dx} = e^{-2\ln|x+1|} = |x+1|^{-2},$$

$$e^{-\int P(x)dx} = (x+1)^2.$$

方程的通解为

$$\begin{aligned} y &= (x+1)^2\left[\int (x+1)^{\frac{5}{2}}\cdot(x+1)^{-2}dx + C\right] \\ &= (x+1)^2\left[\int (x+1)^{\frac{1}{2}}dx + C\right] \\ &= (x+1)^2\left[\frac{2}{3}(x+1)^{\frac{3}{2}} + C\right] \\ &= \frac{2}{3}(x+1)^{\frac{7}{2}} + C(x+1)^2. \end{aligned}$$

例 9　如图12.4所示，平行于 y 轴的动直线被曲线 $y=f(x)$ 与 $y=x^3(x\geqslant 0)$ 截下的线段 PQ 之长数值上等于阴影部分的面积，求曲线 $f(x)$.

解　阴影部分的面积为

$$S = \int_0^x y\,dx,$$

线段 PQ 之长为

$$PQ = x^3 - y.$$

由题意

$$\int_0^x y\mathrm{d}x = \sqrt{(x^3-y)^2},$$

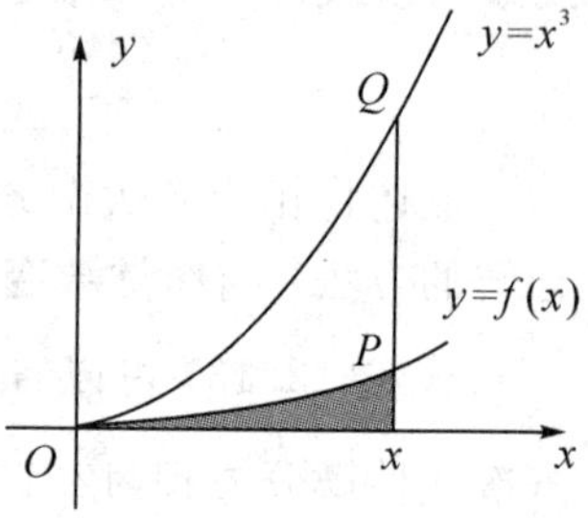

图 12.4

两边求导得

$$y' + y = 3x^2,$$

这是一个一阶线性非齐次微分方程，其中，

$$P(x) = 1, \quad Q(x) = 3x^2.$$

先求 $\int P(x)\mathrm{d}x = \int 1\mathrm{d}x = x.$

故方程的通解为

$$y = \mathrm{e}^{-x}\left(C + \int 3x^2\mathrm{e}^x\mathrm{d}x\right) = C\mathrm{e}^{-x} + 3x^2 - 6x + 6,$$

由 $y|_{x=0}=0$，得 $C=-6$，所求曲线为

$$y = 3(-2\mathrm{e}^{-x} + x^2 - 2x + 2).$$

下面我们讨论一个本身不是线性微分方程，但经过适当变换可化为线性微分方程的伯努利微分方程.

伯努利(Bernoulli)**微分方程：**

$$y' + P(x)y = Q(x)y^n, \tag{12.14}$$

式中，$P(x)$，$Q(x)$是 x 的连续函数，$n(n\neq 0, 1)$是任意常数.

方程(12.14)不是线性微分方程. 设 $y\neq 0$，以 y^n 除以方程(12.14)两端，得

$$y^{-n}y' + P(x)y^{1-n} = Q(x), \tag{12.15}$$

令 $u=y^{1-n}$，对 x 求导，则得

$$u'=(1-n)y^{-n}y',$$

代入式(12.14)得

$$u'+(1-n)P(x)u=(1-n)Q(x).$$

这是关于新未知函数 u 和 u' 的非齐次线性微分方程. 由此不难求得伯努利微分方程的通解.

例 10　求方程 $xy'-4y=2x^2\sqrt{y}\,(x\neq 0, y>0)$ 的通解.

解　将原方程改写为

$$y' - \frac{4}{x}y = 2xy^{\frac{1}{2}}.$$

这是一个伯努利微分方程，因 $n=\frac{1}{2}$，故作代换

$$u = y^{1-\frac{1}{2}} = y^{\frac{1}{2}}, \quad u' = \frac{1}{2}y^{-\frac{1}{2}}y',$$

代入原方程，并整理，得非齐次微分方程为

$$u' - \frac{2}{x}u = x,$$

它的通解为

$$u=x^2(\ln|x|+C),$$

将 u 换成 $y^{\frac{1}{2}}$，得原方程的通解为

$$y = x^4(\ln|x|+C)^2.$$

习题 12－2

1. 用分离变量法求下列一阶微分方程的解.

(1) $y' = e^y \sin x$；　(2) $y' = \dfrac{x^2}{\cos 2y}$；

(3) $x\dfrac{dy}{dx} - y\ln y = 0$；　(4) $(e^{x+y} - e^x)dx + (e^{x+y} + e^y)dy = 0$；

(5) $y' = \sqrt{\dfrac{1-y^2}{1-x^2}}$；　(6) $\sqrt{1-y^2}\,dx + y\sqrt{1-x^2}\,dy = 0$；

(7) $(xy^2 + x)dx + (y - x^2y)dy = 0$；

(8) $y\ln x\,dx + x\ln y\,dy = 0$；

(9) $\sec^2 x \cdot \tan y\,dx + \sec^2 y \cdot \tan x\,dy = 0$；

(10) $xy(y - xy') = x + yy'$；

(11) $y^2dx + y\,dy = x^2y\,dy - dx$；

(12) $\sqrt{1+y^2}\ln x\,dx + dy + \sqrt{1+y^2}\,dx = 0$.

2. 将下列方程化为可分离变量方程，并求解.

(1) $x^2y' + y^2 = xyy'$；（提示：令 $y = xu(x)$）

(2) $xy' = y\ln\dfrac{y}{x}$；

(3) $\left(x + y\cos\dfrac{y}{x}\right) = xy'\cos\dfrac{y}{x}$；

(4) $(y + xy^2)dx + (x - x^2y)dy = 0$.（提示：令 $xy = u(x)$）

3. 下列方程中哪些是线性方程？是齐次还是非齐次的？

(1) $\dfrac{dy}{dx} - y - 1 = 0$；　(2) $y' + xy^2 = 0$；

(3) $xy' + y = 0$；　(4) $y' = \tan y$；

(5) $3x^2 + 5y - 5y' = 0$；　(6) $x\left(\dfrac{dx}{dt} + 2\right) = t^3$；

(7) $y' = \ln x$；　(8) $y' - \dfrac{3y}{x} = x$.

4. 解下列线性微分方程.

(1) $y' + x^2y = 0$；　(2) $\dfrac{dy}{dx} + 4y + 5 = 0$；

(3) $\dfrac{dy}{dx} + y = e^{-x}$，$y|_{x=0} = 5$；　(4) $y' = -2xy + xe^{-x^2}$；

(5) $xy' + y - e^{2x} = 0$，$y|_{x=\frac{3}{2}} = 2e$；　(6) $y'\cos^2 x + y - \tan x = 0$；

(7) $y' - 2xy = e^{x^2}\cos x$；　(8) $xy' - y = \dfrac{x}{\ln x}$；

(9) $(x^2-1)y'+2xy-\cos x=0$；

(10) $\frac{ds}{dx}-s\cdot\tan x=\sec x$，$s|_{x=0}=0$；

(11) $(1+x^2)y'-2xy=(1+x^2)^2$；

(12) $x^2dy+(12xy-x+1)dx=0$.

5. 求解下列伯努利微分方程.

(1) $x\frac{dy}{dx}-4y=x^2\sqrt{y}$；　　(2) $y'-\frac{1}{x}y=x^2y^2$.

6. 一潜水艇在水中下降时，所受阻力与下降速度成正比，若潜水艇由静止状态开始下降，求其下降速度与时间的关系.

7. 设有一通过坐标原点的曲线，其上任一点的切线斜率等于 $\frac{\sqrt{1-y^2}}{1+x^2}$，求这曲线的方程.

§12.3　二阶微分方程

前面我们讨论了几种一阶微分方程的求解问题，但在科学和工程技术中，有许多实际问题归结为高阶微分方程，其中二阶常系数线性微分方程有着广泛的应用，本节我们将着重讨论这类方程的解法.

§12.3.1　特殊二阶微分方程

1. $y''=f(x)$型

如$\frac{d^2y}{dx^2}=-g$ 属此型，只要积分两次就可得出通解. 通解中包含两个任意常数，可由初始条件确定这两个任意常数.

例 1　求微分方程 $y''=e^{2x}-\cos x$ 的通解.

解　对所给方程积分，得

$$y'=\frac{1}{2}e^{2x}-\sin x+C_1,$$

再对上面的方程积分，得方程的通解为

$$y=\frac{1}{4}e^{2x}+\cos x+C_1x+C_2.$$

例 2　质量为 m 的质点受力 F 的作用沿 Ox 轴做直线运动. 设力 $F=F(t)$在开始时刻 $t=0$ 时 $F(0)=F_0$，随着时间 t 的增大，力 F 均匀地减小，直到 $t=T$ 时，$F(T)=0$. 如果开始时质点位于原点，且初速度为零，求这质点的运动规律.

解　设 $x=x(t)$表示在时刻 t 时质点的位置，根据牛顿第二定律，质点运动的微分方程为

$$m\frac{d^2x}{dt^2}=F(t).\tag{12.16}$$

由题设，力 $F(t)$ 随 t 增大而均匀地减小，且 $t=0$ 时，$F(0)=F_0$，所以 $F(t)=F_0-kt$；又当 $t=T$ 时，$F(T)=0$，从而

$$F(t)=F_0\left(1-\frac{t}{T}\right).$$

于是方程(12.16)可以写成

$$\frac{d^2x}{dt^2}=\frac{F_0}{m}\left(1-\frac{t}{T}\right).\tag{12.17}$$

其初始条件为

$$x\big|_{t=0}=0,\quad \left.\frac{dx}{dt}\right|_{t=0}=0.$$

把式(12.17)两端积分，得

$$\frac{dx}{dt}=\frac{F_0}{m}\int\left(1-\frac{t}{T}\right)dt,$$

即

$$\frac{dx}{dt}=\frac{F_0}{m}\left(t-\frac{t^2}{2T}\right)+C_1.\tag{12.18}$$

将条件 $\left.\frac{dx}{dt}\right|_{t=0}=0$ 代入式(12.18)，得

$$C_1=0,$$

于是式(12.18)变为

$$\frac{dx}{dt}=\frac{F_0}{m}\left(t-\frac{t^2}{2T}\right).\tag{12.19}$$

把式(12.19)两端积分，得

$$x=\frac{F_0}{m}\left(\frac{t^2}{2}-\frac{t^3}{6T}\right)+C_2,$$

将条件 $x\big|_{t=0}=0$ 代入上式，得

$$C_2=0.$$

于是所求质点的运动规律为

$$x=\frac{F_0}{m}\left(\frac{t^2}{2}-\frac{t^3}{6T}\right),\quad 0\leqslant t\leqslant T.$$

2. $y''=f(x,y')$ 型

这种类型方程右端不显含未知函数 y，可先把 y' 看作未知函数.

作代换 $y'=P(x)$，则 $y''=P'(x)$. 这样原方程 $y''=f(x,y')$ 可化为一阶微分方程

$$P'(x)=f(x,P(x)).$$

它是关于未知函数 $P(x)$ 的一阶微分方程，这种方法叫作降阶法. 解一阶微分方程可求出其通解为

$$P=P(x,C_1).$$

由关系式 $y'=P(x)$ 即得原方程的通解(通解中含有两个任意常数)为

$$y=\int P(x,C_1)dx+C_2.$$

例 3　求方程 $y''-y'=e^x$ 的通解.

解　令 $y'=P(x)$，则 $y''=\frac{dP}{dx}$，原方程化为

$$\frac{dP}{dx}-P=e^x.$$

这是一阶线性非齐次微分方程. 由§12.2.2 式(12.13)得通解为

$$\frac{dy}{dx}=P(x)=e^x(x+C_1),$$

故原方程的通解为

$$y=\int e^x(x+C_1)dx=xe^x-e^x+C_1e^x+C_2=e^x(x-1+C_1)+C_2.$$

例 4　设有一均匀、柔软的绳索，两端固定，绳索仅受重力的作用而下垂. 试问该绳索在平衡状态时是怎样的曲线?

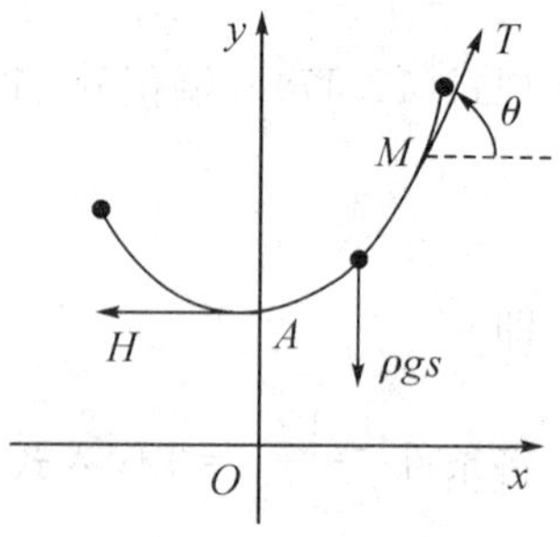

图 12.5

解　设绳索的最低点为 A. 取 y 轴通过点 A 铅直向上，并取 x 轴水平向右，且 $|OA|$ 等于某个定值(这个定值将在以后说明). 设绳索曲线的方程为 $y=\varphi(x)$. 考察绳索上点 A 到另一点 $M(x,y)$ 间的一段弧 $\overset{\frown}{AM}$，设其长为 s. 假定绳索的线密度为 ρ，则弧 $\overset{\frown}{AM}$ 所受重力为 ρgs. 由于绳索是柔软的，因而在点 A 处的张力沿水平的切线方向，其大小设为 H；在点 M 处的张力沿该点处的切线方向，设其倾角为 θ，其大小为 T(如图 12.5 所示). 因作用于弧段 $\overset{\frown}{AM}$ 的外力相互平衡，把作用于弧 $\overset{\frown}{AM}$ 上的力沿铅直及水平两方向分解，得

$$T\sin\theta=\rho gs,\quad T\cos\theta=H.$$

将此两式相除，得

$$\tan\theta=\frac{1}{a}s\quad\left(a=\frac{H}{\rho g}\right).$$

由于 $\tan\theta=y'$，$s=\int_0^x\sqrt{1+y'^2}\,dx$，代入上式即得

$$y'=\frac{1}{a}\int_0^x\sqrt{1+y'^2}\,dx.$$

将上式两端对 x 求导，便得 $y=\varphi(x)$ 满足的微分方程为

$$y''=\frac{1}{a}\sqrt{1+y'^2}.\tag{12.20}$$

取原点 O 到点 A 的距离为定值 a，即 $|OA|=a$，那么初始条件为

$$y|_{x=0}=a,\quad y'|_{x=0}=0.$$

下面来解方程(12.20).

方程(12.20)属于 $y''=f(x,y')$ 的类型. 设 $y'=p$，则

$$y''=\frac{dp}{dx}.$$

代入方程(12.20)，并分离变量，得

$$\frac{dp}{\sqrt{1+p^2}}=\frac{dx}{a}.$$

两端积分得

$$\ln(p+\sqrt{1+p^2})=\frac{x}{a}+C_1. \tag{12.21}$$

把条件 $y'|_{x=0}=p|_{x=0}=0$ 代入式(12.21)，得

$$C_1=0.$$

于是式(12.21)变为

$$\ln(p+\sqrt{1+p^2})=\frac{x}{a},$$

解得

$$p=\frac{1}{2}(e^{\frac{x}{a}}-e^{-\frac{x}{a}}),$$

即

$$y'=\frac{1}{2}(e^{\frac{x}{a}}-e^{-\frac{x}{a}}).$$

积分上式两端得

$$y=\frac{a}{2}(e^{\frac{x}{a}}+e^{-\frac{x}{a}})+C_2. \tag{12.22}$$

将条件 $y|_{x=0}=a$ 代入式(12.22)，得

$$C_2=0.$$

于是该绳索的形状可由曲线方程

$$y=\frac{a}{2}(e^{\frac{x}{a}}+e^{-\frac{x}{a}})=\frac{a}{2}\operatorname{ch}\frac{x}{a}$$

来表示. 这条曲线称为悬链线.

3. $y''=f(y,y')$ 型

这种类型方程右端不显含自变量 x.

若作代换 $y'=P(x)$，$y''=\frac{dP}{dx}$，代入原方程，则方程中含三个变量，即 x，P，y，将无法求解. 故令

$$y'=P(y),$$

则

$$y''=\frac{dP}{dy}\frac{dy}{dx}=\frac{dP}{dy}P,$$

从而方程化为

$$P\frac{dP}{dy}=f(y,P).$$

这是关于未知函数 $P(y)$ 的一阶微分方程，视 y 为自变量，P 是 y 的函数，设所求出的通解为 $P=P(y,C_1)$. 再由关系式$\frac{dy}{dx}=P$，得

$$\frac{dy}{dx}=P(y,C_1).$$

用分离变量法解此方程，可得原方程的通解为

$$y=y(x,C_1,C_2).$$

例 5　求方程 $yy''-y'^2=0$ 的通解.

解　作代换 $y'=P(y)$，则 $y''=P'P$，原方程化为

$$yP\frac{dP}{dy}-P^2=0.$$

分离变量得
$$\frac{dP}{P}=\frac{dy}{y},$$
积分得
$$P=C_1y,$$
即
$$\frac{dy}{dx}=C_1y,$$
再分离变量，求积分，得通解为
$$y=C-2e^{C_1x}.$$

例 6 一个离地面很高的物体，受地球引力的作用由静止开始落向地面. 求它落到地面时的速度和所需的时间(不计空气阻力).

解 取连接地球中心与该物体的直线为 y 轴，其方向铅直向上，取地球的中心为原点 O(如图 12.6 所示).

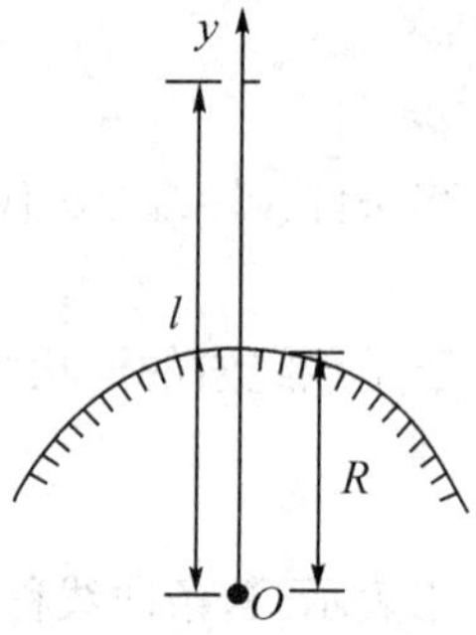

图 12.6

设地球的半径为 R，物体的质量为 m，物体开始下落时与地球中心的距离为 $l(l>R)$，在时刻 t 物体所在位置为 $y=\varphi(t)$，于是速度为 $v(t)=\frac{dy}{dt}$. 根据万有引力定律，即得微分方程为
$$m\frac{d^2y}{dt^2}=-\frac{GmM}{y^2},$$
即
$$\frac{d^2y}{dt^2}=-\frac{GM}{y^2}. \tag{12.23}$$
式中，M 为地球的质量，G 为引力常数. 因为当 $y=R$ 时，$\frac{d^2y}{dt^2}=-g$(这里取负号是由于物体运动加速度的方向与 y 轴的正向相反的缘故)，所以 $g=\frac{GM}{R^2}$，$GM=gR^2$. 于是方程(12.23)变为
$$\frac{d^2y}{dt^2}=-\frac{gR^2}{y^2}, \tag{12.24}$$
初始条件为
$$y|_{t=0}=l,\quad y'|_{t=0}=0.$$

先求物体到达地面时的速度. 由 $\frac{dy}{dt}=v$，得
$$\frac{d^2y}{dt^2}=\frac{dv}{dt}=\frac{dv}{dy}\cdot\frac{dy}{dt}=v\frac{dv}{dy}.$$
代入方程(12.24)并分离变量，得
$$v\,dv=-\frac{gR^2}{y^2}dy.$$
两端积分得
$$v^2=\frac{2gR^2}{y}+C_1.$$
把初始条件代入上式，得
$$C_1=-\frac{2gR^2}{l}.$$

于是

$$v^2 = 2gR^2\left(\frac{1}{y}-\frac{1}{l}\right),\quad v=-R\sqrt{2g\left(\frac{1}{y}-\frac{1}{l}\right)}. \tag{12.25}$$

这里取负号是由于物体运动的方向与 y 轴的正向相反的缘故.

在式(12.25)中令 $y=R$，就得到物体到达地面时的速度为

$$v=-\sqrt{\frac{2gR(l-R)}{l}}.$$

下面来求物体落到地面所需的时间. 由式(12.25)有

$$\frac{\mathrm{d}y}{\mathrm{d}t}=v=-R\sqrt{2g\left(\frac{1}{y}-\frac{1}{l}\right)},$$

分离变量得

$$\mathrm{d}t=-\frac{1}{R}\sqrt{\frac{l}{2g}}\sqrt{\frac{y}{1-y}}\,\mathrm{d}y.$$

两端积分(对右端积分利用置换 $y=l\cos^2 u$)，得

$$t=\frac{1}{R}\sqrt{\frac{l}{2g}}\left(\sqrt{ly-y^2}+l\arccos\sqrt{\frac{y}{l}}\right)+C_2. \tag{12.26}$$

由条件 $y|_{t=0}=l$，得

$$C_2=0.$$

于是式(12.26)变为

$$t=\frac{1}{R}\sqrt{\frac{l}{2g}}\left(\sqrt{ly-y^2}+l\arccos\sqrt{\frac{y}{l}}\right).$$

在上式中令 $y=R$，便得到物体到达地面所需的时间为

$$t=\frac{1}{R}\sqrt{\frac{l}{2g}}\left(\sqrt{lR-R^2}+l\arccos\sqrt{\frac{R}{l}}\right).$$

§12.3.2　二阶线性微分方程

如果一个二阶微分方程中出现的未知函数及未知函数的一阶、二阶导数都是一次的，这个方程称为二阶线性微分方程. 它的一般形式为

$$y''+P_1(x)y'+P_2(x)y=f(x). \tag{12.27}$$

式中，$P_1(x)$，$P_2(x)$，$f(x)$ 都是 x 的连续函数. 若 $f(x)\equiv 0$，方程(12.27)变为

$$y''+P_1(x)y'+P_2(x)y=0, \tag{12.28}$$

方程(12.28)称为**二阶齐次线性微分方程.**

特别地，若 $P_1(x)$，$P_2(x)$ 分别为常数 p，q 时，方程(12.27)、(12.28)变为

$$y''+py'+qy=f(x) \tag{12.29}$$

和

$$y''+py'+qy=0. \tag{12.30}$$

方程(12.30)称为**二阶常系数齐次线性微分方程**，方程(12.29)称为**二阶常系数非齐次线性微分方程.**

现在我们讨论二阶线性微分方程具有的一些基本性质. 事实上，二阶线性微分方程的

这些性质，对于 n 阶线性微分方程也成立.

定理 1 设 y_1，y_2是二阶齐次线性微分方程(12.28)

$$y'' + P_1(x)y' + P_2(x)y = 0$$

的两个解，则 y_1，y_2的线性组合 $y=C_1y_1+C_2y_2$也是方程(12.28)的解，其中 C_1，C_2是任意常数.

证明 由假设有

$$y_1'' + P_1y_1' + P_2y_1 \equiv 0, \quad y_2'' + P_1y_2' + P_2y_2 \equiv 0.$$

将 $y=C_1y_1+C_2y_2$代入方程(12.28)有

$$\begin{aligned}&(C_1y_1 + C_2y_2)'' + P_1(C_1y_1 + C_2y_2)' + P_2(C_1y_1 + C_2y_2)\\&= C_1(y_1'' + P_1y_1' + P_2y_1) + C_2(y_2'' + P_1y_2' + P_2y_2)\\&= 0.\end{aligned}$$

由此看出，如果 $y_1(x)$，$y_2(x)$ 是方程(12.28)的解，那么 $C_1y_1(x)+C_2y_2(x)$ 就是方程(12.28)含有两个任意常数的解. 它是否为方程(12.28)的通解呢？为了解决这个问题，需引入两个函数线性无关的概念.

如果 $y_1(x)$，$y_2(x)$ 中的任一个都不是另一个的非零常数倍，也就是说，$\dfrac{y_1(x)}{y_2(x)}$ 不恒等于非零常数，则称 $y_1(x)$ 和 $y_2(x)$ 是线性无关的.

在定理 1 中已知，若 y_1，y_2为方程(12.28)的解，则 $C_1y_1+C_2y_2$也是方程(12.28)的解. 但必须注意，并不是任意两个解的组合都是方程(12.28)的通解. 因为若 $y_1=ky_2$(k 为非零常数)，则

$$y = C_1y_1 + C_2y_2 = C_1ky_2 + C_2y_2 = (C_1k + C_2)y_2.$$

这样上式实际上只含一个任意常数 $C=C_1k+C_2$，y 就不是二阶方程(12.28)的通解. 于是我们有下面的定理.

定理 2 如果 $y_1(x)$，$y_2(x)$ 是方程(12.28)的两个线性无关的解，则

$$y = C_1y_1 + C_2y_2 \quad (C_1, C_2 \text{ 为任意常数})$$

是方程(12.28)的通解.

有了这个定理，求二阶线性微分方程的通解问题就转化为求它的两个线性无关的特解的问题.

定理 3 设 $y_1(x)$ 是二阶非齐次线性微分方程(12.27)

$$y'' + P_1(x)y' + P_2(x)y = f(x)$$

的一个特解，$y_2(x)$ 是相应齐次线性微分方程(12.28)的通解，则

$$Y = y_1(x) + y_2(x)$$

是方程(12.27)的通解.

证明 因为 $y_1(x)$ 是方程(12.27)的解，即

$$y_1'' + P_1(x)y_1' + P_2(x)y_1 = f(x),$$

又 $y_2(x)$ 是方程(12.28)的解，即

$$y_2'' + P_1(x)y_2' + P_2(x)y_2 = 0.$$

对 $Y=y_1+y_2$有

$$y'' + P_1(x)y' + P_2(x)y = (y_1 + y_2)'' + P_1(x)(y_1 + y_2)' + P_2(x)(y_1 + y_2)$$

$$= [y_1'' + P_1(x)y_1' + P_2(x)y_1] + [y_2'' + P_1(x)y_2' + P_2(x)y_2]$$
$$= f(x) + 0$$
$$= f(x).$$

因此 $y_1 + y_2$ 是方程(12.27)的解. 又因 y_2 是方程(12.28)的通解，在其中含有两个任意常数，故 $y_1 + y_2$ 也含有两个任意常数，所以它就是方程(12.27)的通解.

定理 4　如果 $Y(x) = y_1(x) + \mathrm{i}y_2(x)$（其中 $\mathrm{i} = \sqrt{-1}$）是方程

$$y'' + P_1(x)y' + P_2(x)y = f_1(x) + \mathrm{i}f_2(x) \tag{12.31}$$

的解，则 $y_1(x)$ 与 $y_2(x)$ 分别是方程

$$y'' + P_1(x)y' + P_2(x)y = f_1(x),$$
$$y'' + P_1(x)y' + P_2(x)y = f_2(x)$$

的解.

证明　i 是虚单位，可看作常数，故 $y = y_1 + \mathrm{i}y_2$ 对 x 的一阶及二阶导数为

$$y' = y_1' + \mathrm{i}y_2',$$
$$y'' = y_1'' + \mathrm{i}y_2'',$$

代入方程(12.31)，得

$$(y_1'' + \mathrm{i}y_2'') + P_1(x)(y_1' + \mathrm{i}y_2') + P_2(x)(y_1 + \mathrm{i}y_2)$$
$$= [y_1'' + P_1(x)y_1' + P_2(x)y_1] + \mathrm{i}[y_2'' + P_1(x)y_2' + P_2(x)y_2]$$
$$= f_1(x) + \mathrm{i}f_2(x).$$

因为两个复数相等是指它们的实部和虚部分别相等，所以有

$$y_1'' + P_1(x)y_1' + P_2(x)y_1 = f_1(x),$$
$$y_2'' + P_1(x)y_2' + P_2(x)y_2 = f_2(x).$$

定理 5　设 $y_1(x)$ 及 $y_2(x)$ 分别是方程

$$y'' + P_1(x)y' + P_2(x)y = f_1(x),$$
$$y'' + P_1(x)y' + P_2(x)y = f_2(x)$$

的解，则 $y_1(x) + y_2(x)$ 是方程

$$y'' + P_1(x)y' + P_2(x)y = f_1(x) + f_2(x)$$

的解.

这个定理请读者自己证明.

例 7　求方程 $y'' - \dfrac{x}{x-1}y' + \dfrac{1}{x-1}y = 0\,(x \neq 1)$ 满足初值条件 $y|_{x=0} = 3$，$y'|_{x=0} = 2$ 的特解.

解　由观察得出 $y_1 = x$，$y_2 = \mathrm{e}^x$ 是方程的两个线性无关的特解；由定理 2 知，方程的通解为

$$y = C_1x + C_2\mathrm{e}^x,$$

求导得

$$y' = C_1 + C_2\mathrm{e}^x.$$

由初值条件得出

$$3 = C_2,$$
$$2 = C_1 + C_2,$$

解得

$$C_1 = -1,\quad C_2 = 3.$$

于是方程满足初值条件的特解为

$$y=-x+3e^x.$$

例 8 已知 $y_1(x)=e^x$ 是齐次方程 $y''-2y'+y=0$ 的解,求非齐次方程 $y''-2y'+y=\frac{1}{x}e^x$ 的通解.

解 令 $y=e^x u$,则 $y'=e^x(u'+u)$,$y''=e^x(u''+2u'+u)$,代入非齐次方程,得

$$e^x(u''+2u'+u)-2e^x(u'+u)+e^x u=\frac{1}{x}e^x,$$

即

$$e^x u''=\frac{1}{x}e^x,\quad u''=\frac{1}{x}.$$

这里不需再作变换去化为一阶线性方程,只要直接积分,便得

$$u'=C+\ln|x|,$$

再积分得

$$u=C_1+Cx+x\ln|x|-x,$$

即

$$u=C_1+C_2x+x\ln|x|\quad(C_2=C-1).$$

于是所求通解为

$$y=C_1e^x+C_2xe^x+xe^x\ln|x|.$$

§12.3.3 二阶常系数线性微分方程

在生产实践和科学实验中,有时需要研究力学系统或电路系统的问题. 在一定条件下,这类问题的解决归结为二阶微分方程的研究. 在这类微分方程中,经常遇到的是线性微分方程. 如力学系统的机械振动等问题,都是最常见的问题.

例 9 弹簧的振动问题.

我们把弹簧作为简化了的振动系统来说明振动现象的基本特征.

在一垂直挂着的弹簧下端,系一质量为 m 的重物,弹簧伸长一段后,就会处于平衡状态. 如果用力将重物向下拉,松开手后,弹簧就会上、下振动,那么在运动中重物的位置随时间的变化规律怎样呢? 要想直接找出这个规律是困难的,但却容易建立它的微分方程.

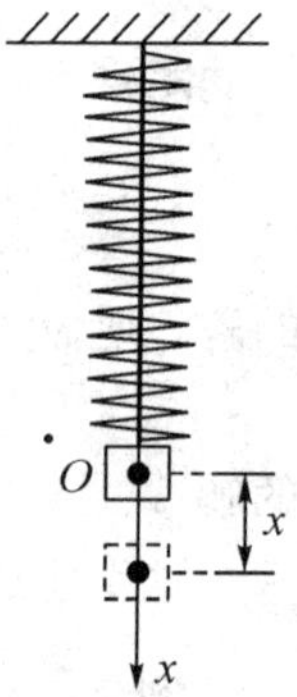

图 12.7

如图 12.7 所示,设平衡位置为坐标原点 O,运动开始后重物在某一时刻 t 离开平衡位置的位移为 x.

①如果不计摩擦阻力和介质阻力,则物体在任意位置所受的力只有弹簧的恢复力 f,由力学可知,f 与位移 x 成正比,即

$$f=-cx.$$

式中,$c>0$,是比例系数,称为弹簧刚度,负号表示恢复力和位移 x 反向.

由牛顿第二定律,得

$$m\frac{d^2x}{dt^2}=-cx.$$

设 $\omega^2=\frac{c}{m}(\omega>0)$,则方程化为

$$\frac{d^2x}{dt^2}+\omega^2x=0. \tag{12.32}$$

式(12.32)代表的振动称为无阻尼的自由振动或**简谐振动**.

②实际上，物体振动总要受到阻力的影响，例如摩擦力、介质阻力等. 实验证明，在运动速度不大的情况下，阻力 R 与速度成正比，而阻力的方向与物体运动的方向相反，设比例系数 $\mu>0$，则

$$R=-\mu\frac{dx}{dt}.$$

在这种情况下，物体所受的总外力为弹簧的恢复力及阻力之和，则物体运动的微分方程为

$$m\frac{d^2x}{dt^2}=-cx-\mu\frac{dx}{dt}. \tag{12.33}$$

设 $\frac{c}{m}=\omega^2(\omega>0)$，$\frac{\mu}{m}=2n>0$，方程(12.33)化为

$$\frac{d^2x}{dt^2}+2n\frac{dx}{dt}+\omega^2x=0. \tag{12.34}$$

式(12.34)代表的振动称为**阻尼自由振动**.

③外力仅在系统开始振动时作用的振动称为自由振动，但有些振动系统受到周期性外力的持续作用，这种振动称为强迫振动. 如电话耳机中的膜片或各种乐器的共鸣器部分的振动就是这种情形. 设外力方向是铅直的，且是正弦周期函数

$$f(t)=H\sin Pt,$$

也可用余弦周期函数 $f(t)=H\cos Pt$.

此时物体运动方程为

$$m\frac{d^2x}{dt^2}=-cx+H\sin Pt$$

或

$$m\frac{d^2x}{dt^2}=-cx-\mu\frac{dx}{dt}+H\sin Pt.$$

令 $\frac{H}{m}=h$，则有

$$\frac{d^2x}{dt^2}+\omega^2x=h\sin Pt \tag{12.35}$$

或

$$\frac{d^2x}{dt^2}+2n\frac{dx}{dt}+\omega^2x=h\sin Pt. \tag{12.36}$$

式(12.35)是无阻尼强迫振动的微分方程，式(12.36)是有阻尼的强迫振动的微分方程. 式(12.32)、(12.34)、(12.35)、(12.36)均为二阶常系数线性微分方程.

已知二阶常系数非齐次线性微分方程的一般形式为

$$y''+py'+qy=f(x), \tag{12.37}$$

式中，p，q 为常数.

若 $f(x)\equiv 0$，则式(12.37)变为

$$y'+py'+qy=0, \tag{12.38}$$

方程(12.38)称为**二阶常系数齐次线性微分方程**.

1. 二阶常系数齐次线性微分方程的解法

由§12.3.2定理2知，要求 $y''+py'+qy=0$ 的通解，只需求出它的两个线性无关的特解. 为此，需进一步观察方程(12.38)的特点：它的左端是 y''，py' 和 qy 三项之和，而右端为0，什么样的函数具有这个特点呢？如果某个函数和它的二阶导数、一阶导数都是同一函数的倍数，则有可能合并为0，这自然使我们想到指数函数 $e^{\lambda x}$. 下面我们验证这种想法.

设方程(12.38)有指数形式的特解 $y=e^{\lambda x}$(λ 为待定常数)，将

$$y=e^{\lambda x},\quad y'=\lambda e^{\lambda x},\quad y''=\lambda^2 e^{\lambda x}$$

代入方程(12.38)，有

$$\lambda^2 e^{\lambda x}+p\lambda e^{\lambda x}+qe^{\lambda x}=0,$$

即

$$e^{\lambda x}(\lambda^2+p\lambda+q)=0.$$

因 $e^{\lambda x}\neq 0$，故必有

$$\lambda^2+p\lambda+q=0, \tag{12.39}$$

这是一元二次代数方程，它有两个根

$$\lambda_{1,2}=\frac{-p\pm\sqrt{p^2-4q}}{2}.$$

因此只要 λ_1 和 λ_2 分别为方程(12.39)的根，则 $y_1=e^{\lambda_1 x}$，$y_2=e^{\lambda_2 x}$ 就是方程(12.38)的特解，代数方程(12.39)称为微分方程(12.38)的**特征方程**，它的根称为**特征根**.

下面分三种情况讨论方程(12.38)的通解.

①特征方程有两个相异实根的情形.

若 $p^2-4q>0$，则

$$\lambda_1=\frac{-p+\sqrt{p^2-4q}}{2},\quad \lambda_2=\frac{-p-\sqrt{p^2-4q}}{2}$$

为两个不相等的实根，这时

$$y_1=e^{\lambda_1 x},\quad y_2=e^{\lambda_2 x}$$

就是方程(12.38)的两个特解，由于 $\frac{y_1}{y_2}=\frac{e^{\lambda_1 x}}{e^{\lambda_2 x}}=e^{(\lambda_1-\lambda_2)x}\neq$ 常数，所以 y_1，y_2 线性无关，故方程(12.38)的通解为

$$y=C_1e^{\lambda_1 x}+C_2e^{\lambda_2 x}.$$

例10 求 $y''+3y'-4y=0$ 的通解.

解 特征方程为

$$\lambda^2+3\lambda-4=(\lambda+4)(\lambda-1)=0,$$

特征根为

$$\lambda_1=-4,\quad \lambda_2=1.$$

故方程的通解为

$$y=C_1e^{-4x}+C_2e^{x}.$$

②特征方程有等根的情形.

若 $p^2-4q=0$，则 $\lambda_1=\lambda_2=-\frac{p}{2}$，这时仅得到方程(12.38)的一个特解 $y_1=e^{\lambda_1 x}$，要

求通解，还需找一个与 $y_1=e^{\lambda_1 x}$ 线性无关的特解 y_2.

既然 $\dfrac{y_2}{y_1}\neq$常数，则必有 $\dfrac{y_2}{y_1}=u(x)$，其中 $u(x)$ 为待定函数.

设

$$y_2=u(x)e^{\lambda_1 x},\quad y_2'=e^{\lambda_1 x}[\lambda_1 u(x)+u'(x)],$$
$$y_2''=e^{\lambda_1 x}[\lambda_1^2 u(x)+2\lambda_1 u'(x)+u''(x)],$$

代入方程(12.38)整理后得

$$e^{\lambda_1 x}[u''(x)+(2\lambda_1+p)u'(x)+(\lambda_1^2+p\lambda_1+q)u(x)]=0.$$

因 $e^{\lambda_1 x}\neq 0$，且因 λ_1 为特征方程(12.39)的重根，故 $\lambda_1^2+p\lambda_1+q=0$ 及 $2\lambda_1+p=0$，于是上式变为 $u''(x)=0$. 即若 $u(x)$ 满足 $u''(x)=0$ ，则 $y_2=u(x)e^{\lambda_1 x}$ 是方程(12.38)的另一特解.

对 $u''(x)=0$ 积分两次，得 $u(x)=D_1 x+D_2$，其中 D_1，D_2 是任意常数. 我们取最简单的 $u(x)=x$（即令 $D_1=1$，$D_2=0$），于是 $y_2=xe^{\lambda_1 x}$ 且 $\dfrac{y_2}{y_1}=\dfrac{xe^{\lambda_1 x}}{e^{\lambda_1 x}}=x\neq$常数，故方程(12.38)的通解为

$$y=C_1e^{\lambda_1 x}+C_2xe^{\lambda_1 x}.$$

例 11　求方程 $\dfrac{d^2s}{dt^2}+2\dfrac{ds}{dt}+s=0$ 满足初值条件 $s|_{t=0}=4$，$\left.\dfrac{ds}{dt}\right|_{t=0}=-2$ 的特解.

解　特征方程为

$$\lambda^2+2\lambda+1=0,$$

特征根为

$$\lambda_1=\lambda_2=-1,$$

故方程通解为

$$s=e^{-t}(C_1+C_2t).$$

以初值条件 $s|_{t=0}=4$ 代入上式定出 $C_1=4$，从而

$$s=e^{-t}(4+C_2t).$$

由 $\dfrac{ds}{dt}=e^{-t}(C_2-4-C_2t)$，以初值条件 $\left.\dfrac{ds}{dt}\right|_{t=0}=-2$ 代入得 $-2=C_2-4$，定出 $C_2=2$. 所求特解为

$$s=e^{-t}(4+2t).$$

③特征方程有一对共轭复根的情形.

若 $p^2-4q<0$，特征方程(12.39)有两个复根

$$\lambda_1=\alpha+i\beta,$$
$$\lambda_2=\alpha-i\beta,$$

式中，

$$\alpha=-\frac{p}{2},\quad \beta=\frac{\sqrt{4q-p^2}}{2}.$$

方程(12.38)有两个特解

$$y_1=e^{(\alpha+i\beta)x},\quad y_2=e^{(\alpha-i\beta)x}.$$

它们是线性无关的，故方程(12.35)的通解为

$$y=C_1e^{(\alpha+i\beta)x}+C_2e^{(\alpha-i\beta)x}.$$

这是复函数形式的解. 为了把它表示成实函数形式的解，我们利用欧拉公式

$$e^{(\alpha\pm i\beta)x}=(\cos\beta x\pm i\sin\beta x)e^{\alpha x},$$

故有

$$\frac{y_1+y_2}{2}=e^{\alpha x}\cos\beta x,\quad \frac{y_1-y_2}{2}=e^{\alpha x}\sin\beta x.$$

由§12.3.2定理1知，$e^{\alpha x}\cos\beta x$ 及 $e^{\alpha x}\sin\beta x$ 也是方程(12.38)的特解，并且是线性无关的. 因此方程(12.38)的通解的实函数形式为

$$y=e^{\alpha x}(A_1\cos\beta x+A_2\sin\beta x).$$

例 12 求无阻尼自由振动的微分方程

$$\frac{d^2x}{dt^2}+\omega^2x=0$$

的通解.

解 特征方程为

$$\lambda^2+\omega^2=0,$$

它有两个复根

$$\lambda_i=\pm i\omega\quad(i=1,2).$$

故方程的通解为

$$x=C_1\cos\omega t+C_2\sin\omega t.$$

在工程上，为了便于应用，通常将这个通解表示为如下形式：

$$\begin{aligned}x&=C_1\cos\omega t+C_2\sin\omega t\\&=\sqrt{C_1^2+C_2^2}\left(\frac{C_1}{\sqrt{C_1^2+C_2^2}}\cos\omega t+\frac{C_2}{\sqrt{C_1^2+C_2^2}}\sin\omega t\right),\end{aligned}\tag{12.40}$$

令

$$A=\sqrt{C_1^2+C_2^2},\quad \sin\varphi=\frac{C_1}{\sqrt{C_1^2+C_2^2}},$$

则

$$\cos\varphi=\frac{C_2}{\sqrt{C_1^2+C_2^2}}.$$

再利用三角公式

$$\sin(\alpha+\beta)=\sin\alpha\cos\beta+\sin\beta\cos\alpha,$$

式(12.40)可写为

$$x=A\sin(\omega t+\varphi),$$

式中，A，φ 为常数.

在力学中，ω 称为角频率，A 称为振幅，φ 称为初相角，其大小与初值条件有关.

综上所述，求二阶段常系数齐次线性微分方程

$$y''+py'+qy=0\tag{12.41}$$

的通解的步骤如下：

第一步　写出微分方程(12.41)的特征方程

$$r^2+pr+q=0.\tag{12.42}$$

第二步　求出特征方程(12.42)的两个根 r_1，r_2.

第三步　根据特征方程(12.42)的两个根的不同情形，按照下表写出微分方程(12.41)的通解：

特征方程 $r^2+pr+q=0$ 的两个根 r_1,r_2	微分方程 $y''+py'+qy=0$ 的通解
两个不相等的实根 r_1,r_2	$y=C_1e^{r_1x}+C_2e^{r_2x}$
两个相等的实根 $r_1=r_2$	$y=(C_1+C_2x)e^{r_1x}$
一对共轭复根 $r_{1,2}=\alpha\pm i\beta$	$y=e^{\alpha x}(C_1\cos\beta x+C_2\sin\beta x)$

2. 二阶常系数非齐次线性微分方程的解法

由§12.3.2 定理 3 知，要求方程(12.37)的通解，只需求它的一个特解和它相应的齐次微分方程的通解. 而求齐次微分方程通解的问题已解决，因此这里只需求非齐次微分方程的一个特解.

怎样求非齐次微分方程的一个特解呢？显然此特解与方程(12.37)的右端函数 $f(x)$（$f(x)$叫作自由项)有关，因此必须针对 $f(x)$作具体分析. 力学和电学问题中常见的自由项$f(x)$为 x 的多项式、指数函数和三角函数，对于这些函数，可以用待定系数法来求方程(12.37)的特解.

下面将 $f(x)$ 常见的形式列出.

①$f(x)=\varphi(x)$.

②$f(x)=\varphi(x)e^{rx}$.

③$f(x)=\varphi(x)e^{\alpha x}\cos\beta x$ 或 $f(x)=\varphi(x)e^{\alpha x}\sin\beta x$，其中 $\varphi(x)$ 是一个 x 的多项式，α，β 是实常数.

事实上，上述三种形式可归结为下述形式（$r=\alpha+i\beta$）：

$$f(x)=\varphi(x)e^{(\alpha+i\beta)x}=\varphi(x)e^{\alpha x}(\cos\beta x+i\sin\beta x).$$

形式①和②是它的特殊情形，而形式③只是其实部或虚部.

因此，由§12.3.2 定理 4 知，可以先求方程

$$y''+py'+qy=\varphi(x)e^{(\alpha+i\beta)x}=\varphi(x)e^{\alpha x}(\cos\beta x+i\sin\beta x)$$

的特解，然后取其实部(或虚部)即为③所要求的特解. 因此，我们仅讨论右端具有形式

$$f(x)=\varphi(x)e^{rx}$$

的情形(其中 r 是复常数 $r=\alpha+i\beta$)，则上述三种情况全包含在内了.

设方程(12.37)的右端为

$$f(x)=\varphi(x)e^{rx}.$$

式中，$\varphi(x)$ 是 x 的 m 次多项式，r 是复常数(特殊情况下可以为 0，这时 $f(x)=\varphi(x)$).

由于方程(12.37)的系数是常数，再考虑到 $f(x)$ 的形状，可以设想方程(12.37)有形如

$$Y(x)=Q(x)e^{rx}$$

的特解，其中 $Q(x)$ 是待定多项式，这种假设是否合理要看能否定出多项式的次数及其系数，为此，把 $Y(x)$ 代入方程(12.37)，由于

$$Y'(x)=Q'(x)e^{rx}+rQ(x)e^{rx},$$

$$Y''(x)=Q''(x)e^{rx}+2rQ'(x)e^{rx}+r^2Q(x)e^{rx},$$

得

$$[Q''(x)e^{rx}+2rQ'(x)e^{rx}+r^2Q(x)e^{rx}]+p[Q'(x)e^{rx}+rQ(x)e^{rx}]+qQ(x)e^{rx}\equiv\varphi(x)e^{rx},$$

即

$$Q''(x)+(2r+p)Q'(x)+(r^2+pr+q)Q(x)\equiv\varphi(x). \tag{12.43}$$

显然，为了要使这个恒等式成立，必须要求恒等式的左端的次数与 $\varphi(x)$ 的次数相等且同次项的系数也相等，故用比较系数法可定出 $Q(x)$ 的系数.

(i)r 不是特征方程的根，即

$$r^2+pr+q\neq 0.$$

这时式(12.43)左端的次数就是 $Q(x)$ 的次数，它应与 $\varphi(x)$ 的次数相同，即 $Q(x)$ 是 m 次多项式，所以特解的形式为

$$Y(x)=(A_0x^m+A_1x^{m-1}+\cdots+A_m)\mathrm{e}^{rx}=Q(x)\mathrm{e}^{rx}.$$

式中，$m+1$ 个系数 A_0，A_1，…，A_m 可由式(12.43)通过比较同次项的系数求得.

(ii)r 是特征方程的单根，即

$$r^2+pr+q=0,\quad 2r+p\neq 0.$$

这时式(12.43)左端的最高次数由 $Q'(x)$ 决定，如果 $Q(x)$ 仍是 m 次多项式，则式(12.43)左端是 $m-1$ 次多项式，为了使左端是一个 m 次多项式，自然要找形式如下的特解：

$$Y(x)=x(A_0x^m+A_1x^{m-1}+\cdots+A_m)\mathrm{e}^{rx}=xQ(x)\mathrm{e}^{rx},$$

式中，$m+1$ 个系数可由

$$[xQ(x)]''+(2r+p)[xQ(x)]'\equiv\varphi(x) \tag{12.44}$$

比较同次项的系数而确定.

(iii)r 是特征方程的二重根，即

$$r^2+pr+q=0,\quad 2r+p=0.$$

如果 $Q(x)$仍是 m 次多项式，则式(12.43)左端是 $m-2$ 次多项式，为使左端是一个 m 次多项式，要找形如

$$Y(x)=x^2(A_0x^m+A_1x^{m-1}+\cdots+A_m)\mathrm{e}^{rx}=x^2Q(x)\mathrm{e}^{rx}$$

的特解，其中 $m+1$ 个系数可由

$$[x^2Q(x)]''=\varphi(x)$$

比较同次项的系数而确定.

因而，我们得到下面的结果:若方程 $y''+py'+qy=f(x)$ 的右端是 $f(x)=\varphi(x)\mathrm{e}^{rx}$，则具有形如

$$Y(x)=x^kQ(x)\mathrm{e}^{rx}$$

的特解，其中 $Q(x)$是与 $\varphi(x)$同次的多项式. 如果 r 是相应齐次微分方程的特征根，则式中的 k 是特征根的重数；如果 r 不是特征根，则 $k=0$.

例 13 求 $2y''+y'+5y=x^2+3x+2$ 的一特解(即 e^{rx} 中 $r=0$).

解 因为相应的齐次方程的特征根不为 0，令方程的特解 $Y(x)=ax^2+bx+c$，其中 a，b，c 是待定系数. 将 $Y'=2ax+b$，$Y''=2a$ 代入原方程，得

$$4a+(2ax+b)+5(ax^2+bx+c)=x^2+3x+2$$

或

$$5ax^2+(2a+5b)x+(4a+b+5c)=x^2+3x+2.$$

比较系数，得联立方程

$$\begin{cases}5a=1,\\2a+5b=3,\\4a+b+5c=2.\end{cases}$$

解之，得 $$a=\frac{1}{5},\quad b=\frac{13}{25},\quad c=\frac{17}{125}.$$

方程的特解为 $$Y=\frac{1}{5}x^2+\frac{13}{25}x+\frac{17}{125}.$$

例 14　求 $y''-3y'+2y=xe^x$ 的通解.

解　因相应齐次微分方程的特征方程为

$$\lambda^2-3\lambda+2=0,$$

$$\lambda_1=2,\quad \lambda_2=1,$$

因此相应齐次微分方程的通解为

$$C_1e^{2x}+C_2e^x.$$

再求非齐次微分方程的特解，因 $r=1$ 是特征方程的单根，故设特解为

$$Y=x(ax+b)e^x,$$

求出其导数，代入非齐次微分方程，得

$$-2ax+(2a-b)=x.$$

比较系数，得

$$\begin{cases}-2a=1,\\2a-b=0.\end{cases}$$

解之，得 $a=-\frac{1}{2}$，$b=-1$，因此非齐次微分方程的特解为

$$Y=x\left(-\frac{1}{2}x-1\right)e^x.$$

所以非齐次微分方程的通解为

$$y=C_1e^{2x}+C_2e^x+x\left(-\frac{1}{2}x-1\right)e^x.$$

例 15　求 $y''+6y'+9y=5e^{-3x}$ 的一特解.

解　特征方程 $\lambda^2+6\lambda+9=0$，特征根为

$$\lambda_1=\lambda_2=-3=r,$$

即 -3 为特征方程的二重根. 故设特解为

$$Y=Ax^2e^{-3x},$$

由 $$Y'=2Axe^{-3x}-3Ax^3e^{-3x}=e^{-3x}(2Ax-3Ax^2),$$

$$Y''=(2A-12Ax+9Ax^2)e^{-3x},$$

代入原方程整理，得 $A=\frac{5}{2}$，即

$$Y=\frac{5}{2}x^2e^{-3x}.$$

例 16　求解方程 $y''-y=3e^{2x}$.

解　特征方程 $\lambda^2-1=0$ 有两个实根 $\lambda_1=1$，$\lambda_2=-1$，故对应齐次方程的通解为 $C_1e^x+C_2e^{-x}$，原方程的右端 $f(x)=3e^{2x}$ 的多项式部分是零次的，且 2 不是特征根，故特解的多项式部分也是零次的，设

$$Y=Ae^{2x},$$

代入原方程得 $$3Ae^{2x}=3e^{2x},$$

于是 $A=1$. 因此求得特解为 $Y=e^{2x}$，从而原方程的通解为

$$y=C_1e^x+C_2e^{-x}+e^{2x}.$$

例 17　求解方程 $y''-y=4x\sin x$.

解　特征方程 $\lambda^2-1=0$ 的特征根为

$$\lambda_1=1,\quad \lambda_2=-1.$$

所以对应齐次微分方程的通解为

$$y=C_1e^x+C_2e^{-x}.$$

原方程右端 $f(x)=4x\sin x$ 是 $4xe^{ix}=4x(\cos x+i\sin x)$ 的虚部，故求特解时可先考虑方程

$$y''-y=4xe^{ix}. \tag{12.45}$$

这里 i 不是特征根，故令

$$Y^*=(Ax+B)e^{ix},$$

代入方程(12.45)，并整理，得

$$[-2(Ax+B)+2iA]e^{ix}=4xe^{ix},$$

消去 e^{ix}，并比较系数，得

$$\begin{cases}-2A=4,\\ -2B+2iA=0.\end{cases}$$

解之，得 $A=-2$，$B=-2i$. 即得方程(12.45)的特解为

$$\begin{aligned}Y^*&=(-2x-2i)e^{ix}\\&=(-2x-2i)(\cos x+i\sin x)\\&=-2[(x\cos x-\sin x)+i(x\sin x+\cos x)],\end{aligned}$$

取其虚部，即得原方程的特解为

$$Y=-2x\sin x-2\cos x.$$

因此，原方程的通解为

$$y=C_1e^x+C_2e^{-x}+(-2x\sin x-2\cos x).$$

例 18　求解方程 $y''-y=3e^{2x}+4x\sin x$.

解　由§12.3.2 定理 5，可先将原方程分解为

$$y''-y=3e^{2x},$$
$$y''-y=4x\sin x.$$

在例 16 及例 17 中已分别求得这两个方程的特解为 $Y_1=e^{2x}$ 及 $Y_2=-2(x\sin x+\cos x)$，故所求方程的特解为

$$Y_1+Y_2=e^{2x}-2(x\sin x+\cos x),$$

于是所求方程的通解为

$$y=C_1e^x+C_2e^{-x}+e^{2x}-2(x\sin x+\cos x).$$

3. n 阶常系数线性微分方程

上面讨论常系数二阶齐次和非齐次线性微分方程时，所用的方法可以推广到常系数 n 阶齐次和非齐次线性微分方程. 现将结果叙述如下.

设方程

$$y^{(n)}+p_1y^{(n-1)}+p_2y^{(n-2)}+\cdots+p_ny=f(x), \tag{12.46}$$

式中,诸系数 $p_1, p_2, \cdots, p_n$ 均为常系数 n 阶非齐次线性微分方程.

写出方程(12.46)对应的齐次线性微分方程为

$$y^{(n)} + p_1 y^{(n-1)} + p_2 y^{(n-2)} + \cdots + p_n y = 0, \tag{12.47}$$

用 $e^{\lambda x}$ 代换 y，得

$$(\lambda^n + p_1\lambda^{n-1} + p_2\lambda^{n-2} + \cdots + p_n)e^{\lambda x} = 0,$$

因 $e^{\lambda x} \neq 0$，故有

$$\lambda^n + p_1\lambda^{n-1} + p_2\lambda^{n-2} + \cdots + p_n = 0. \tag{12.48}$$

方程(12.48)称为方程(12.47)的**特征方程**. 如果 r 是方程(12.48)的一个根，则 $e^{\lambda x}$是方程(12.47)的一个特解.

(1)特征方程有 n 个相异实根 $\lambda_1, \lambda_2, \cdots, \lambda_n$时，方程(12.47)的 n 个线性无关的特解为

$$e^{\lambda_1 x},\ e^{\lambda_2 x},\ \cdots,\ e^{\lambda_n x}.$$

(2)特征方程的 k 重根 λ 对应着 k 个线性无关的特解

$$e^{\lambda x},\ xe^{\lambda x},\ \cdots,\ x^{k-1}e^{\lambda x}.$$

(3)特征方程的每一对共轭复根 $\lambda_1 = \alpha + i\beta$ 及 $\lambda_2 = \alpha - i\beta$ 对应的复值解 $e^{\lambda x}$ 的实部和虚部给出方程(12.47)的两个线性无关的实值解

$$e^{\alpha x}\cos\beta x,\quad e^{\alpha x}\sin\beta x.$$

对于非齐次线性微分方程(12.46)，先求出它的一个特解，再加上对应齐次线性微分方程(12.47)的通解，就得到非齐次微分方程(12.46)的通解. 特解的求法与二阶非齐次线性微分方程的求法同理.

根据特征方程的根,可以写出其对应的微分方程的解如下：

特征方程的根	微分方程通解中的对应项
单实根 r	给出一项:Ce^{rx}
一对单复根 $r_{1,2} = \alpha \pm i\beta$	给出两项:$e^{\alpha x}(C_1\cos\beta x + C_2\sin\beta x)$
k 重实根 r	给出 k 项:$e^{rx}(C_1 + C_2 x + \cdots + C_k x^{k-1})$
一对 k 重复根 $r_{1,2} = \alpha \pm i\beta$	给出 $2k$ 项:$e^{\alpha x}[(C_1 + C_2 x + \cdots + C_k x^{k-1})\cos\beta x + (D_1 + D_2 x + \cdots + D_k x^{k-1})\sin\beta x]$

例 19　求方程 $y^{(4)} - 4y''' + 10y'' - 12y' + 5y = e^x \sin 2x$ 的通解.

解　①求对应齐次线性微分方程的通解.

$$y^{(4)} - 4y''' + 10y'' - 12y' + 5y = 0,$$

特征方程为 $\lambda^4 - 4\lambda^3 + 10\lambda^2 - 12\lambda + 5 = 0$，特征根为 1，1，$1 \pm 2i$.

对应齐次线性微分方程的通解为

$$\begin{aligned} y &= e^x(C_1 + C_2 x) + e^x(C_3\cos 2x + C_4\sin 2x) \\ &= e^x(C_1 + C_2 x + C_3\cos 2x + C_4\sin 2x). \end{aligned}$$

②求非齐次方程的一个特解 y^*.

因 $1 \pm 2i$ 是特征方程的一对共轭复根，故设

$$y^* = xe^x(A\cos 2x + B\sin 2x),$$

代入原方程就能定出常数 A，B (请读者自己演算).

(4)欧拉微分方程.

在应用上常遇见一种线性微分方程，其形式为

$$x^{(n)}y^{(n)}+p_1x^{n-1}y^{(n-1)}+\cdots+p_{n-1}xy'+p_ny=f(x), \tag{12.49}$$

式中，$p_1, p_2, \cdots, p_n$为常数. 方程(12.49)称为**欧拉(Euler)微分方程**.

方程(12.49)可以化为常系数线性微分方程来求解. 为此，令

$$x=e^t,\quad t=\ln x.$$

有

$$y'=\frac{dy}{dx}=\frac{dy}{dt}\cdot\frac{dt}{dx}=\frac{1}{x}\frac{dy}{dt},$$

$$y''=\frac{d}{dx}\left(\frac{1}{x}\frac{dy}{dt}\right)=-\frac{1}{x^2}\frac{dy}{dt}+\frac{1}{x}\frac{d}{dx}\left(\frac{dy}{dt}\right)$$

$$=-\frac{1}{x^2}\frac{dy}{dt}+\frac{1}{x^2}\frac{d^2y}{dt^2}=\frac{1}{x^2}\left(\frac{d^2y}{dt^2}-\frac{dy}{dt}\right),$$

$$y'''=\frac{d}{dx}\left\{\frac{1}{x^2}\left(\frac{d^2y}{dt^2}-\frac{dy}{dt}\right)\right\}$$

$$=-\frac{2}{x^3}\left(\frac{d^2y}{dt^2}-\frac{dy}{dt}\right)+\frac{1}{x^2}\frac{d}{dx}\left(\frac{d^2y}{dt^2}-\frac{dy}{dt}\right)$$

$$=-\frac{2}{x^3}\left(\frac{d^2y}{dt^2}-\frac{dy}{dt}\right)+\frac{1}{x^2}\left(\frac{1}{x}\frac{d^3y}{dt^3}-\frac{1}{x}\frac{d^2y}{dt^2}\right)$$

$$=\frac{1}{x^3}\left(\frac{d^3y}{dt^3}-3\frac{d^2y}{dt^2}+2\frac{dy}{dt}\right),$$

……

用记号 $D=\frac{d}{dt}$，则

$$xy'=\frac{dy}{dt}=Dy,$$

$$x^2y''=\frac{d^2y}{dt^2}-\frac{dy}{dt}=D(D-1)y,$$

$$x^3y'''=\frac{d^3y}{dt^3}-3\frac{d^2y}{dt^2}+2\frac{dy}{dt}=D(D-1)(D-2)y,$$

……

一般地，

$$x^ky^{(k)}=D(D-1)\cdots(D-k+1)y.$$

代入方程(12.49)，则得以 t 为自变量的常系数线性微分方程. 它的特征方程是把式(12.49)的左边各 $x^ky^{(k)}$ 换写为

$$\lambda(\lambda-1)\cdot\cdots\cdot(\lambda-k+1),\quad k=1,2,\cdots,n,$$

把最后一项中的 y 换成 1，然后令整个式子等于零.

例 20 求方程 $x^3y'''+x^2y''-4xy'=3x^2$的通解.

解 设 $x=e^t$，或 $t=\ln x$，原方程化为

$$D(D-1)(D-2)y+D(D-1)y-4Dy=3e^{2x},$$

特征方程为

$$\lambda(\lambda-1)(\lambda-2)+\lambda(\lambda-1)-4\lambda=0,$$

化简得

$$\lambda^3-2\lambda^2-3\lambda=0,$$

特征根为

$$\lambda_1=0,\quad \lambda_2=-1,\quad \lambda_3=3.$$

对应的齐次微分方程的通解为

$$y=C_1+C_2e^{-t}+C_3e^{3t}$$
$$=C_1+\frac{C_2}{x}+C_3x^3.$$

非齐次微分方程的特解为

$$y^*=Ae^{2t}=Ax^2,$$

代入原方程定出常数 $A=-\frac{1}{2}$，故 $y^*=-\frac{x^2}{2}$. 于是，方程的通解为

$$y=C_1+\frac{C_2}{x}+C_3x^3-\frac{x^2}{2}.$$

习题 12－3

1. 求下列二阶微分方程的通解.

(1) $y''=2x+\cos x$；　(2) $xy''=y'\ln y'$；

(3) $y''-\frac{y'}{x}=0$；　(4) $\frac{1}{(y')^2}y''=y$；

(5) $y''=y'(1+y'^2)$.

2. 验证下列函数 $y_1(x)$ 和 $y_2(x)$ 是否为所给微分方程的解. 若是，能否由它们组成通解？通解如何？

(1) $y''+y'-2y=0$，$y_1(x)=e^x$，$y_2(x)=2e^x$；

(2) $y''+y=0$，$y_1(x)=\cos x$，$y_2(x)=\sin x$；

(3) $y''-4y'+4y=0$，$y_1=e^{2x}$，$y_2=xe^{2x}$.

3. 求下列微分方程的通解.

(1) $y''-5y'+6y=0$；　(2) $2y''+y'-y=0$；

(3) $y''-2y'+y=0$；　(4) $y''+2y'+5y=0$；

(5) $3y''-2y'-8y=0$；　(6) $y''+y=0$；

(7) $y''+y'=0$；　(8) $y''+6y'+13y=0$；

(9) $4y''-20y'+25y=0$；　(10) $2y''+5y'+2y=0$；

(11) $4\frac{d^2s}{dt^2}-8\frac{ds}{dt}+5s=0$；　(12) $\frac{d^2s}{dt^2}-4\frac{ds}{dt}+4s=0$；

(13) $y''-2\sqrt{3}y'+3y=0$.

4. 求下列微分方程的特解.

(1) $y''-4y'+3y=0$，$y|_{x=0}=6$，$y'|_{x=0}=10$；

(2) $y''-3y'-4y=0$，$y|_{x=0}=0$，$y'|_{x=0}=-5$；

(3) $y''+4y'+29y=0$，$y|_{x=0}=0$，$y'|_{x=0}=15$；

(4) $4y''+4y'+y=0$，$y|_{x=0}=2$，$y'|_{x=0}=0$；

(5) $2y''+3y=2\sqrt{6}y'$，$y|_{x=0}=0$，$y'|_{x=0}=1$.

5. 方程 $y''+9y=0$ 的一条积分曲线通过点 $(\pi, -1)$，且在该点和直线 $y+1=x-\pi$ 相切，求此曲线.

6. 一质点的加速度为 $a=-2v-5s$，以初速 $v_0=12$ m/s 由原点出发，试求质点的运动方程.

7. 求下列非齐次微分方程的特解.

(1) $y''-4y'+3y=1$；　(2) $2y''+5y'=5x^2-2x-1$；

(3) $y''+a^2y=e^{ax}$；　(4) $y''-2y=4x^2e^x$；

(5) $y''+2y'+5y=f(x)$，若 $f(x)$ 等于① x^3-2x+4，② $2e^{3x}$，③ $\cos x$；

(6) $y''-4y'+4y=8e^{2x}$.

8. 求下列非齐次微分方程的通解.

(1) $y''-7y'+6y=4$；　(2) $y''+y=4x^3$；

(3) $y''-2y'-3y=6e^{2x}$；　(4) $y''+2y'+y=3e^{-x}$；

(5) $y''+2y'+5y=-\dfrac{71}{2}\cos 2x$；　(6) $y''-7y'+6y=\sin x$；

(7) $y''+4y=2\sin 2x$；　(8) $y''+9y=4\cos 3x$；

(9) $y''-4y'+4y=f(x)$，若 $f(x)$ 等于① e^{-x}，② $3e^{2x}$，③ $2\sin x\cdot\cos x$，④ $e^{-x}+3e^{2x}+2\sin x\cdot\cos x$；

(10) $y''+y=f(x)$，若 $f(x)$ 等于① x，② $\cos x$，③ $e^{2x}\cos 3x$，④ $x+\cos x+e^{2x}\cos 3x$.

9. 设质量为 m 的物体在冲击力作用下得到初速 v_0 在一水平面上滑动，作用于物体的摩擦力为 $-km$. 问物体能滑多远(其中 k 为比例系数)?

10. 物体由静止状态开始运动，其规律为 $x''+ax'=g$ (其中 a，g 为常数)，求 x 与 t 的函数关系.

11. 质点作直线运动，其加速度为 $a=-s+\cos t$，且当 $t=0$ 时，$s=0$，$s'=1$，求该质点的运动方程.

12. 求下列各种类型的微分方程的通解.

(1) $y'+\dfrac{y}{1+x}=e^{-x}$；

(2) $y'+yx=x$；

(3) $(1+x^2)y'+y(x-\sqrt{1+x^2})=0$；

(4) $t^2ds+2ts\,dt=e^t dt$；

(5) $xy'=4(4+\sqrt{y})$；

(6) $2xyy'=2y^2+\sqrt{y^4+x^4}$；

(7) $xy''+y'=\ln x$；

(8) $yy''-2(y')^2=0$；

(9) $y''-m^2y=e^{-mx}$；

(10) $y'x\ln x+y=2\ln x$；

(11) $2y'+y=y^3(x-1)$；

(12) $y''+3y'+2y=\sin 2x+2\cos 2x$；

(13) $y''+5y'+6y=e^{-x}+e^{-2x}$.

13. 在间隔 $\left(-\dfrac{\pi}{2},\dfrac{\pi}{2}\right)$ 内确定曲线，使其与 x 轴相切于坐标原点，而在任一点的曲

率 $K=\cos x$.

总复习题十二

一、选择题

1. 设有微分方程

(1) $(y'')^2+5y'-y+x=0$,

(2) $y''+5y'+4y^2-8x=0$,

(3) $(3x+2)\mathrm{d}x+(x-y)\mathrm{d}y=0$, 则(　　).

A. 方程(1)是线性微分方程　　B. 方程(2)是线性微分方程

C. 方程(3)是线性微分方程　　D. 它们都不是线性微分方程

2. 函数 $y(x)$ 是方程 $xy'+y-y^2\ln x=0$ 的解,且当 $x=1$ 时,$y=1$,则当 $x=\mathrm{e}$ 时,$y=$(　　).

A. $\frac{1}{\mathrm{e}}$　　B. $\frac{1}{2}$

C. 2　　D. e

3. 微分方程 $y'+\frac{2}{y}+x=0$,满足 $y(2)=0$ 的特解是 $y=$(　　).

A. $\frac{4}{x^2}-\frac{x^2}{4}$　　B. $\frac{x^2}{4}-\frac{4}{x^2}$

C. $x^2(\ln 2-\ln x)$　　D. $x^2(\ln x-\ln 2)$

4. 方程 $y''-y'=0$ 的通解是(　　).

A. $\mathrm{e}^x+C_1x+C^2$　　B. C_1x+C_2

C. $C_1\mathrm{e}^x+C_2$　　D. $C_1x^2+C_2x$

5. 微分方程 $x\mathrm{d}y-y\mathrm{d}x=y^2\mathrm{e}^y\mathrm{d}y$ 的通解是(　　).

A. $y=x(\mathrm{e}^x+C)$　　B. $x=y(\mathrm{e}^y+C)$

C. $y=x(C-\mathrm{e}^x)$　　D. $x=y(C-\mathrm{e}^y)$

6. 微分方程 $xy'^2-2yy'+x=0$ 与 $x^2y''-xy'+y=0$ 的阶数分别是(　　).

A. 1,1　　B. 1,2

C. 2,1　　D. 2,2

7. 微分方程 $y''-4y'+4y=x\mathrm{e}^{2x}$ 具有的特解形式为(　　).

A. $(Ax+B)\mathrm{e}^{2x}$　　B. $(Ax^2+Bx)\mathrm{e}^{2x}$

C. $(Ax^3+Bx^2)\mathrm{e}^{2x}$　　D. $Ax^3\mathrm{e}^{2x}$

8. 微分方程 $\begin{cases}y'+2xy=x\mathrm{e}^{-x^2}\\y(0)=1\end{cases}$ 的特解为(　　).

A. $\mathrm{e}^{-x^2}(\frac{x}{2}+1)$　　B. $\mathrm{e}^{-x^2}(\frac{x^2}{2}+1)$

C. $\mathrm{e}^{-x^2}(1-\frac{x}{2})$　　D. $\mathrm{e}^{-x^2}(1-\frac{x^2}{2})$

二、填空题

1. 微分方程 $yy'=\frac{\sqrt{y^2-1}}{1+x^2}$ 的通解为__________.

2. 方程 $y'\sin x=y\ln y$ 满足初始条件 $y(\frac{\pi}{2})=e$ 的特解是____________.

3. 以 $y=C_1e^{-x}+C_2e^{2x}$ 为通解的二阶常系数线性齐次微分方程为____________.

4. 微分方程 $xy''+y'=0$ 的通解为 $y=$____________.

5. 一曲线过原点,且曲线上各点处切线的斜率等于该点横坐标的 2 倍,则此曲线方程为____________.

6. 曲线 $e^{x-y}=\frac{dy}{dx}$ 过点(1,1),则 $y(0)=$____________.

三、解答题

1. 求下列微分方程的通解.

(1) $y\ln x dx+x\ln y dy=0$; (2) $yy'+e^{y^2}+3x=0$;

(3) $y'+\sin\frac{x+y}{2}=\sin\frac{x-y}{2}$; (4) $y'-e^{x-y}+e^x=0$;

(5) $y''-x\ln x=0$; (6) $y'''=\sin x-\cos x$;

(7) $y''=\frac{2xy'}{x^2+1}$; (8) $y''=\frac{y'}{x}$.

2. 求下列微分方程满足初始条件的特解.

(1) $\sin y\cos x dy-\cos y\sin x dx=0, y(0)=\frac{\pi}{4}$;

(2) $y'+y\cos x=\sin x\cos x$, $y(0)=1$;

(3) $xy'-\frac{y}{1+x}=x, y(0)=1$;

(4) $y''-3y'-4y=0, y(0)=0, y'(0)=-5$;

(5) $9y''+6y'+y=0, y(0)=3, y'(0)=0$;

(6) $y''+2\sqrt{y}=0, y(0)=2, y'(0)=5$.

3. 求一曲线,曲线上各点处的切线、切点到原点的连线及 x 轴可以围成一个以 x 轴为底的等腰的三角形,且通过点(1,2).

4. 一船从河边 A 点驶向对岸码头 O 点,设河宽 $OA=a$,水流速度为 w,船的速度为 v,如果船总是往 O 点的方向前进,试求船的路线.

5. 试求 $y''=x$ 的经过点 $M(0,1)$ 且在此点与直线 $y=\frac{1}{2}x+1$ 相切的积分曲线.

6. 一质量为 m 的物体受到冲击而获得速度为 v_0,沿着水平面滑动,设所受的摩擦力与质量成正比,比例系数为 k,试求此物体能走的距离.

习题参考答案

第8章

习题 8－1

1. 6，$6\sqrt{3}$，$\sqrt{37}$，$\sqrt{13}$.

2. 15，$\sqrt{593}$.

3. 5.

4. (1)$\boldsymbol{a}\cdot\boldsymbol{b}=0$ 或 $\boldsymbol{a}\perp\boldsymbol{b}$；　(2)$\boldsymbol{a}$ 与 $\boldsymbol{b}$ 同向；
(3)$\boldsymbol{a}$ 与 $\boldsymbol{b}$ 反向且 $|\boldsymbol{a}|\geqslant|\boldsymbol{b}|$；　(4)$\boldsymbol{a}$，$\boldsymbol{b}$ 同向.

5. (1)错误；　(2)正确；
(3)错误；　(4)错误.

7. $\frac{1}{2}(\boldsymbol{a}-\boldsymbol{b})$，$\frac{1}{2}(\boldsymbol{a}+\boldsymbol{b})$.

8. 略.

9. 略.

10. 略.

11. $\pm\left(\boldsymbol{b}-\frac{\boldsymbol{a}\cdot\boldsymbol{b}}{\boldsymbol{a}^2}\boldsymbol{a}\right)$.

12. $\frac{\pi}{3}$.

13. 略.

14. 略.

15. 略.

16. 略.

习题 8－2

1. $|\overrightarrow{AB}|=2$；

$\cos\alpha=-\frac{1}{2}$，$\cos\beta=-\frac{\sqrt{2}}{2}$，$\cos\gamma=\frac{1}{2}$；

$\alpha=\frac{2}{3}\pi$，$\beta=\frac{3}{4}\pi$，$\gamma=\frac{\pi}{3}$.

2. $\left(\pm\frac{6}{11}, \mp\frac{7}{11}, \mp\frac{6}{11}\right)$.

3. $A(-2, 3, 0)$.

4. $B(18, 17, -17)$.

5. (1)$(0, -8, -24)$;　(2)$(0, -1, -1)$;
(3)2.

6. $\boldsymbol{a}_1$, $\boldsymbol{a}_6$ 共线, $\boldsymbol{a}_2$, $\boldsymbol{a}_4$ 共线, $\boldsymbol{a}_3$, $\boldsymbol{a}_5$ 共线, $\boldsymbol{a}_7$, $\boldsymbol{a}_8$ 共线.

7. (2), (3)共面.

8. (1)$\frac{1}{2}\sqrt{19}$;　(2)$\frac{9}{10}$;
(3)$\left(1, -\frac{9}{10}, \frac{3}{10}\right)$.

9. $\left(\frac{1}{4}, \frac{3}{4}\right)$.

10. $\left(0, \frac{1}{2}, -\frac{1}{2}\right)$.

11. $\boldsymbol{d}=(1, -1, -1)$.

12. $\left(\pm\frac{15}{\sqrt{17}}, \pm\frac{25}{\sqrt{17}}, 0\right)$.

13. 略.

习题 8-3

1. (1)yOz 面;　(2)平行于 xOz 面;
(3)过 y 轴;　(4)平行于 x 轴;
(5)过 z 轴;　(6)平行于 z 轴;
(7)过原点;　(8)过三点$(1,0,0)$,$(0,1,0)$,$(0,0,1)$的平面.

2. (1)$y+5=0$;　(2)$x+3y=0$;
(3)$9y-z-2=0$.

3. $\frac{x}{-2}=\frac{y-2}{3}=\frac{z-4}{1}$.

4. $8x-9y-22z-59=0$.

5. $\cos\alpha=\frac{1}{3}$, $\cos\beta=\frac{2}{3}$, $\cos\gamma=-\frac{2}{3}$.

6. $\cos\theta=0$.

7. $\varphi=0$.

8. (1)平行;　(2)垂直;
(3)直线在平面上.

9. $\left(-\frac{5}{3}, \frac{2}{3}, \frac{2}{3}\right)$.

10. $\begin{cases}17x+31y-37z-117=0,\\ 4x-y+z+1=0.\end{cases}$

11. $\frac{3}{2}\sqrt{2}$.

12. $x+2y+1=0$.

13. (1)$x-3=\frac{y-4}{\sqrt{2}}=\frac{z+4}{-1}$； (2)$x=\frac{y+3}{-3}=\frac{z-2}{-1}$；

(3)$\frac{x+1}{3}=\frac{y-2}{-1}=\frac{z-1}{1}$.

14. (1)$\frac{x-1}{4}=\frac{y-2}{1}=\frac{z-7}{-8}$和 $x=4t+1$，$y=t+2$，$z=-8t+7$；

(2)$\frac{x+3}{-5}=\frac{y}{1}=\frac{z-2}{5}$和 $x=-5t-3$，$y=t$，$z=5t+2$；

(3)$\frac{x}{4}=\frac{y-4}{1}=\frac{z+1}{-3}$和 $x=4t$，$y=t+4$，$z=-3t-1$.

15. 略.

16. $15x-3y-26z-6=0$.

17. $\frac{x+1}{48}=\frac{y}{37}=\frac{z-4}{4}$.

18. $\frac{2}{3}\sqrt{3}$.

19. $10x+9y+5z-74=0$.

20. (1)π_1，π_2，π_3 交于一点时，$\boldsymbol{n}_1$，$\boldsymbol{n}_2$，$\boldsymbol{n}_3$ 不共面；

(2)π_1，π_2，π_3 相交于一直线时，$\boldsymbol{n}_1$，$\boldsymbol{n}_2$，$\boldsymbol{n}_3$ 共面而不共线(当π_1，π_2,π_3 有公共交点时)；

(3)π_1，π_2，π_3 两两相交，三条交线互相平行时，$\boldsymbol{n}_1$，$\boldsymbol{n}_2$，$\boldsymbol{n}_3$ 共面不共线(π_1，π_2，π_3 无公共交点时)；

(4)$\pi_1 /\!/ \pi_2$ 与π_3 相交时，$\boldsymbol{n}_1$，$\boldsymbol{n}_2$ 共线，$\boldsymbol{n}_1$，$\boldsymbol{n}_2$，$\boldsymbol{n}_3$ 不共线；

(5)$\pi_1 /\!/ \pi_2 /\!/ \pi_3$ 时，$\boldsymbol{n}_1$，$\boldsymbol{n}_2$，$\boldsymbol{n}_3$ 共线.

习题 8－4

1. $(x-1)^2+(y+2)^2+(z-3)^2=14$.

2. (1)椭圆柱面； (2)双曲柱面；

(3)抛物柱面； (4)两相交直线；

(5)球面； (6)旋转椭球面.

3. (1)直线； (2)椭圆；

(3)直线； (4)圆.

4. (1)$y^2+z^2=5x$；

(2)$4x^2-9(y^2+z^2)=36$，$4(x^2+z^2)-9y^2=36$.

5. (1)旋转椭球面，曲线$\begin{cases}\frac{x^2}{4}+\frac{y^2}{9}=1,\\ z=0\end{cases}$绕 x 轴旋转一周；

(2)单叶旋转双曲面，曲线$\begin{cases}x^2-\frac{y^2}{4}=1,\\ z=0\end{cases}$绕 y 轴旋转一周；

(3)双叶旋转双曲面，曲线$\begin{cases}x^2-y^2=1,\\z=0\end{cases}$绕 x 轴旋转一周；

(4)圆锥面，直线$\begin{cases}z=a+x,\\y=0\end{cases}$绕 z 轴旋转一周.

6. 母线平行于 x 轴的柱面方程为 $3y^2-z^2=16$，母线平行于 y 轴的柱面方程为 $3x^2+2z^2=16$.

7. (1)$\begin{cases}2\left(x-\dfrac{1}{2}\right)^2+y^2=\dfrac{15}{2},\\z=0;\end{cases}$ (2)$\begin{cases}y-z+2=0,\\x=0;\end{cases}$

(3)$\begin{cases}x^2+y^2=a^2,\\z=0;\end{cases}$ $\begin{cases}z=b\arcsin\dfrac{y}{a},\\x=0;\end{cases}$ $\begin{cases}z=b\arccos\dfrac{x}{a},\\y=0.\end{cases}$

8. xOy 面上 $x^2+y^2\leqslant1$；

xOz 面上$\begin{cases}-1\leqslant x\leqslant1,\\x^2\leqslant z\leqslant1;\end{cases}$

yOz 面上$\begin{cases}-1\leqslant y\leqslant1,\\y^2\leqslant -z\leqslant1.\end{cases}$

9. 略.

10. $2y-2z-1=0$.

11. $\dfrac{x^2}{25}+\dfrac{y^2}{9}-\dfrac{(z-1)^2}{4}=0$.

习题 8-5

1. (1)椭球面； (2)椭圆抛物面；
(3)单叶双曲面； (4)双曲抛物面.

2. (1)椭圆； (2)双曲线；
(3)抛物线； (4)双曲线.

3. (1)双曲线； (2)双曲线；
(3)椭圆.

4. 略.

5. $5x^2-3y^2=1$.

6. $x^2+y^2+(z-3)^2=25$.

7. $x^2+20y^2+24x-116=0$ 与$\begin{cases}x^2+20y^2+24x-116=0,\\z=0.\end{cases}$

8. (1)$x^2-y^2=2z$，双曲抛物面；
(2)$4x^2-y^2+4z^2=0$，圆锥面；
(3)$x^2+z^2=4$，圆柱面；
(4)$x^2+y^2-z^2=3$，单叶旋转双曲面.

9. $m=0$，圆柱面；$0<m<1$，单叶双曲面；$m>1$，双叶双曲面；$m<0$，椭球面；$m=1$，双曲柱面.

10. $A(-5, 0, 2)$，$B(0, -7, -4)$，$C(4, 3, -2)$.

11. $x^2+y^2=16-8z$，旋转抛物面.

12. $z=x^2-y^2$，双曲抛物面.

总复习题八

1. $a=-1$，$b=4$；$a-b=9$.

2. -6；108；-61；972.

3. $B(6, -4, 5)$，$C(9, -6, 10)$，$\cos\angle A=\dfrac{41}{3\sqrt{231}}$.

4. $x\pm\sqrt{26}y+3z-3=0$.

5. $\dfrac{x+1}{16}=\dfrac{y}{19}=\dfrac{z-4}{28}$.

6. A.

7. B.

8. B.

9. D.

10. D.

11. $\sqrt{13}$.

12. $1+\dfrac{\sqrt{2}}{2}$与$\left(\sqrt{2}-\dfrac{1}{2}\right)\boldsymbol{i}+\dfrac{1}{2}\boldsymbol{j}+\boldsymbol{k}$.

13. $\dfrac{\sqrt{93}}{3}$.

14. 略.

15. $2x+y+2z\pm2\sqrt[3]{3}=0$.

16. $x+2y=0$与$z+1=0$.

17. $z=2$.

18. $2(x+y)^2+2z(z+2)=1$，椭圆柱面.

19. 单叶旋转双曲面$2(x^2+y^2)-4\left(z-\dfrac{1}{2}\right)^2=1$.

20. 略.

第9章

习题 9－1

1. (1)$\{(x, y)\mid x\leqslant x^2+y^2<2x\}$；(2)$\{(x, y)\mid y^2-4x+8>0\}$；

(3)$\{(x, y)\mid x>0$ 且 $-x<y<x\}$；(4)$\{(x, y)\mid x^2+y^2\leqslant 4\}$.

2. (1)$\begin{cases}1\leqslant x\leqslant 2,\\ \dfrac{1}{x}\leqslant y\leqslant x;\end{cases}$ (2)$\begin{cases}\dfrac{y^2}{2}\leqslant x\leqslant y+4,\\ -2\leqslant y\leqslant 4;\end{cases}$

(3) $\begin{cases}2\leqslant y\leqslant 4,\\ \dfrac{y}{2}\leqslant x\leqslant \dfrac{8}{y}\end{cases}$ 或 $\begin{cases}1\leqslant x\leqslant 2,\\ 2\leqslant y\leqslant 2x\end{cases}$ 及 $\begin{cases}2\leqslant x\leqslant 4,\\ 2\leqslant y\leqslant \dfrac{8}{x}.\end{cases}$

3. $\frac{1}{3}\pi h(l^2-h^2)$.

4. $S=(x+\sqrt{y^2-h^2})h$.

5. (1) $(x+y)^2-(\frac{y}{x})^2$;　　　　(2) $x^2(\frac{1-y}{1+y})$.

6. 略.

7. $f(x)=x^2+x$, $z=(x+y)^2+2x$.

8. (1)1; (2)3; (3)e.

9. (1)不存在; (2)存在.

10. (1) $\frac{\partial w}{\partial x}=2x-y^2$, $\frac{\partial w}{\partial y}=2y-zx$, $\frac{\partial w}{\partial z}=2z-xy$;

(2) $\frac{\partial z}{\partial x}=-\frac{1}{x}$, $\frac{\partial z}{\partial y}=\frac{1}{y}$;

(3) $\frac{\partial z}{\partial x}=-\frac{2y}{(x-y)^2}$, $\frac{\partial z}{\partial y}=\frac{2x}{(x-y)^2}$;

(4) $\frac{\partial z}{\partial x}=3\times 4^{3x+4y}\ln 4$, $\frac{\partial z}{\partial y}=4\times 4^{3x+4y}\ln 4$;

(5) $\frac{\partial z}{\partial x}-e^{-x}\sin y$, $\frac{\partial z}{\partial y}=e^{-x}\cos y$;

(6) $\frac{\partial z}{\partial x}=y(\cos xy-\sin 2xy)$, $\frac{\partial z}{\partial y}=x(\cos xy-\sin 2xy)$;

(7) $\frac{\partial z}{\partial x}=\frac{1}{1+x^2}$, $\frac{\partial z}{\partial y}=\frac{1}{1+y^2}$;

(8) $\frac{\partial u}{\partial x}=\frac{y}{z}x^{\frac{y}{z}-1}$, $\frac{\partial u}{\partial y}=\frac{1}{z}x^{\frac{y}{z}}\ln x$, $\frac{\partial u}{\partial z}=-\frac{y}{z^2}x^{\frac{y}{z}}\ln x$;

(9) $\frac{\partial u}{\partial x}=\frac{z(x-y)^{z-1}}{1+(x-y)^{2z}}$, $\frac{\partial u}{\partial y}=-\frac{z(x-y)^{z-1}}{1+(x-y)^{2z}}$, $\frac{\partial u}{\partial z}=\frac{(x-y)^z\ln(x-y)}{1+(x-y)^{2z}}$.

(10)略.

11. $f_x(1,0)=2$, $f_y(1,0)=0$.

12. 略.

13. 略.

14. (1) $\frac{\partial^2 z}{\partial y^2}=2y(2y-1)x^{2y-2}$, $\frac{\partial^2 z}{\partial x\partial y}=2x^{2y-1}+4yx^{2y-1}\ln x$, $\frac{\partial^2 z}{\partial y^2}=4x^{2y}(\ln x)^2$;

(2) $\frac{\partial^2 z}{\partial x^2}=2a^2\cos 2(ax+by)$, $\frac{\partial^2 z}{\partial x\partial y}=2ab\cos 2(ax+by)$, $\frac{\partial^2 z}{\partial y^2}=2b^2\cos 2(ax+by)$.

(3) $\frac{\partial^2 z}{\partial x^2}=\frac{2xy}{(x^2+y^2)^2}$, $\frac{\partial^2 z}{\partial y^2}=-\frac{2xy}{(x^2+y^2)^2}$, $\frac{\partial^2 z}{\partial x\partial y}=\frac{y^2-x^2}{(x^2+y^2)^2}$.

15. $f_{xx}(0,0,1)=2$, $f_{yz}(0,-1,0)=0$, $f_{xz}(1,0,2)=2$.

16. 略.

17. 略.

18. 略.

19. 略.

20. (1) $dz=2xy^2dx+2yx^2dy$； (2) $dz=\frac{1}{2\sqrt{xy}}dx-\frac{\sqrt{x}}{2y\sqrt{y}}dy$；

(3) $dz=e^{x+2y}dx+2e^{x+2y}dy$； (4) $dz=\frac{2x}{x^2+3y^2}dx+\frac{6y}{x^2+3y^2}dy$；

(5) $dz=(y+\frac{1}{y})dx+(x-\frac{x}{y^2})dy$； (6) $dz=-\frac{1}{x}e^{\frac{y}{x}}(\frac{y}{x}dx-dy)$；

(7) $du=\frac{xdx+ydy+zdz}{\sqrt{x^2+y^2+z^2}}$； (8) $dz=\frac{dx}{1+x^2}+\frac{dy}{1+y^2}$.

21. $\frac{1}{3}(dx+dy)$.

22. $\Delta z=-0.204$，$dz=-0.2$.

23. 0.25e

24. (1)2.95；(2)1.08.

25. 0.17 cm.

26. 14.8 m^3.

27. $\frac{\partial z}{\partial x}=3x^2\sin y\cos y(\cos y-\sin y)$，

$\frac{\partial z}{\partial y}=-2x^3\sin y\cos y(\sin y+\cos y)+x^3(\sin^3 y+\cos^3 y)$.

28. $\frac{e^x}{\ln x}\left(1-\frac{1}{x\ln x}\right)$.

29. $\frac{\partial u}{\partial x}=\frac{t-s}{t^2+s^2}=-\frac{y}{x^2+y^2}$，$\frac{\partial u}{\partial y}=\frac{t+s}{t^2+s^2}=\frac{x}{x^2+y^2}$.

30. $\frac{3(1-4t^2)}{\sqrt{1-(3t-4t^3)^2}}$.

31. (1) $\frac{\partial z}{\partial x}=2x\frac{\partial z}{\partial u}+y\frac{\partial z}{\partial v}$，$\frac{\partial z}{\partial y}=-2y\frac{\partial z}{\partial u}+x\frac{\partial z}{\partial v}$；

(2) $\frac{\partial u}{\partial x}=\frac{1}{y}f_t$，$\frac{\partial u}{\partial y}=-\frac{x}{y^2}f_t+\frac{1}{z}f_s$，$\frac{\partial u}{\partial z}=-\frac{y}{z^2}f_s$，其中 $t=\frac{x}{y}$，$s=\frac{y}{z}$；

(3) $u_x=f_x+yf_v+yzf_w$，$u_y=xf_v+xzf_w$，$u_z=xyf_w$，其中 $v=xy$，$w=xyz$；

(4) $\frac{\partial u}{\partial x}=(2x+y+yz)\frac{du}{dt}$，$\frac{\partial u}{\partial y}=(x+xz)\frac{du}{dt}$，$\frac{\partial u}{\partial z}=xy\frac{du}{dt}$，其中 $t=x^2+xy+xyz$.

34. $\frac{\partial z}{\partial x}=-\frac{\sin 2x}{\sin 2z}$，$\frac{\partial z}{\partial y}=-\frac{\sin 2y}{\sin 2z}$.

35. $\frac{\partial z}{\partial x}=\frac{z}{xz-x}$，$\frac{\partial z}{\partial y}=\frac{z}{yz-y}$.

36. $\frac{\partial z}{\partial x}=\frac{x}{2-z}$，$\frac{\partial^2 z}{\partial x^2}=\frac{(2-z)^2+x^2}{(2-z)^3}$.

37. x.

38. 略.

39. 略.

习题 9－2

1. $\frac{x-1}{2}=\frac{y}{-1}=\frac{z-1}{3}$, $2(x-1)-y+3(z-1)=0$.

2. $\frac{x-(\frac{\pi}{2}-1)}{1}=\frac{y-1}{1}=\frac{z-2\sqrt{2}}{\sqrt{2}}$.

3. $M_1(-1,\ 1,\ -1)$, $M_2(-\frac{1}{3},\ \frac{1}{9},\ -\frac{1}{27})$.

4. $x+2y-4=0$, $\frac{x-2}{1}=\frac{y-1}{2}=\frac{z}{0}$.

5. $8x+8y-z-12=0$, $\frac{x-2}{8}=\frac{y-1}{8}=\frac{z-12}{-1}$.

6. $x+4y+6z=\pm 21$.

7. $x=\pm\frac{a^2}{d}$, $y=\pm\frac{b^2}{d}$, $z=\pm\frac{c^2}{d}$, 其中, $d=\sqrt{a^2+b^2+c^2}$.

8. 略.

9. $(-3,\ -1,\ 3)$.

10. 略.

11. (1)极小值 -30, 极大值 30; (2)极大值 1; (3)极小值 $-\frac{e}{2}$.

12. 最小值为 0, 最大值为 3.

13. 最大值为 $f(\pm 2,\ 0)=4$, 最小值为 $f(0,\ \pm 2)=-4$.

14. $\left(\frac{8}{5},\ \frac{3}{5}\right)$.

15. $\frac{8\sqrt{3}}{9}abc$.

16. $x+y+z=3$, 最小体积为 $\frac{9}{2}$.

17. $R=\sqrt{\frac{2s}{3\pi}}$, $H=\frac{1}{\pi+2}\sqrt{\frac{2\pi s}{3}}$, R 为半径, H 为母线长.

18. $\frac{\partial u}{\partial l}=\cos\alpha+\sin\alpha$.

(1)当 $\alpha=\frac{\pi}{4}$时, $\frac{\partial u}{\partial l}$有最大值;

(2)当 $\alpha=\frac{5\pi}{4}$时, $\frac{\partial u}{\partial l}$有最小值;

(3)当 $\alpha=\frac{3\pi}{4}$时, $\frac{\partial u}{\partial l}=0$.

19. $\mathbf{grad}f\big|_{(1,1,1)}=\boldsymbol{i}+\boldsymbol{j}+\boldsymbol{k}$, $\frac{\partial u}{\partial l}=\frac{4}{\sqrt{14}}$.

20. $\mathbf{grad}f\big|_{(0,0,0)}=3\boldsymbol{i}-2\boldsymbol{j}$，$\big|\mathbf{grad}f\big|_{(0,0,0)}\big|=\sqrt{13}$；

$\mathbf{grad}f\big|_{(1,1,1)}=6\boldsymbol{i}+3\boldsymbol{j}+6\boldsymbol{k}$，$\big|\mathbf{grad}f\big|_{(1,1,1)}\big|=9$.

总复习题九

1. 0.

2. $e^{-\arctan\frac{y}{x}}[(2x+y)dx+(2y-x)dy]$.

3. $\frac{\partial z}{\partial x}=\frac{e^{xy}}{1+(x+y)^2}+ye^{xy}\arctan(x+y)$，$\frac{\partial z}{\partial y}=\frac{e^{xy}}{1+(x+y)^2}+xe^{xy}\arctan(x+y)$.

4. $u=0$(舍去)，$u=\frac{\ln y^2}{x}$.

5. $a=b=-1$(舍去)，$a=b=-\frac{1}{3}$（舍去），$\begin{cases}a=-1,\\ b=-\frac{1}{3}\end{cases}$或$\begin{cases}a=-\frac{1}{3},\\ b=-1.\end{cases}$

6. 长方体边长分别为$\frac{2\sqrt{3}}{3}a$，$\frac{2\sqrt{3}}{3}b$，$\frac{2\sqrt{3}}{3}c$ 时，体积 $V=8xyz=\frac{8}{9}\sqrt{3}abc$，为最大.

7. 切平面方程为 $6x+2y-5z=3$，法线方程为$\frac{x-1}{6}=\frac{y-1}{2}=\frac{z-1}{-5}$.

8. $\frac{\partial z}{\partial x}=\varphi(xy,y^2)+xy\varphi_1'(xy,y^2)$，$\frac{\partial^2 z}{\partial x\partial y}=2x\varphi_1'(xy,y^2)+2y\varphi_2'(xy,y^2)+x^2y\varphi_{11}''(xy,y^2)+2xy^2\varphi_{12}''(xy,y^2)$.

9. $z_x=\arctan(xy)+\frac{xy}{1+(xy)^2}$，$z_y=\frac{x^2}{1+(xy)^2}$，故 $z_x\big|_{(1,1)}=\frac{\pi}{4}+\frac{1}{2}$，$z_y\big|_{(1,1)}=\frac{1}{2}$，$\mathbf{grad}z\big|_{(1,1)}=(\frac{\pi}{4}+\frac{1}{2},\frac{1}{2})$.

10. $z_x(1,0)=1$，$z_y(1,0)=2$，$\overrightarrow{PQ}$同向的单位向量为$\frac{1}{\sqrt{2}}(1,-1)$，所求的方向导数为 $\frac{\partial z}{\partial l}\Big|_{(1,0)}=\frac{-1}{\sqrt{2}}$.

11. 极大值点(−9，−3)，极大值为−3；极小值点(9，3)，极小值为 3.

12. $\frac{\partial u}{\partial x}=f_1'+f_2'\varphi_1'+f_2'\varphi_2'\psi_1'$.

13. $f_{xy}''(0,0)=0$，$f_{yx}''(0,0)=0$.

14. $\frac{\partial^2 z}{\partial x^2}=-\frac{acz^2+a^2x^2}{c^2z^3}$，$\frac{\partial^2 z}{\partial x\partial y}=-\frac{abxy}{c^2z^3}$，$\frac{\partial^2 z}{\partial y^2}=-\frac{b^2y^2+bcz^2}{c^2z^3}$.

15. $xyf_1'+x(\frac{1}{x}+yg')f_2'-yxf_1'-yxg'f_2'=f_2'$.

第 10 章

习题 10−1

1. $I_1=4I_2$.

2. 略.

3. (1) $\iint\limits_D (x+y)^2 \mathrm{d}\sigma \geqslant \iint\limits_D (x+y)^3 \mathrm{d}\sigma$;

(2) $\iint\limits_D (x+y)^3 \mathrm{d}\sigma \geqslant \iint\limits_D (x+y)^2 \mathrm{d}\sigma$;

(3) $\iint\limits_D \ln(x+y) \mathrm{d}\sigma \geqslant \iint\limits_D [\ln(x+y)]^2 \mathrm{d}\sigma$;

(4) $\iint\limits_D [\ln(x+y)]^2 \mathrm{d}\sigma \geqslant \iint\limits_D \ln(x+y) \mathrm{d}\sigma$.

4. $\dfrac{2\pi}{3}$.

5. 1.

6. $\sqrt{a^2-x^2-y^2}+\dfrac{2\pi a^3}{3(1-\pi a^2)}$.

7. $\dfrac{2}{3}<I<\dfrac{2}{1+\cos^2 1+\cos^3 1}$.

8. 5.5.

习题 10－2

1. (1) $\int_0^1 \mathrm{d}x \int_x^1 f(x,y)\mathrm{d}y$;　　(2) $\int_0^4 \mathrm{d}x \int_{\frac{x}{2}}^{\sqrt{x}} f(x,y)\mathrm{d}y$;

(3) $\int_{-1}^1 \mathrm{d}x \int_0^{\sqrt{1-x^2}} f(x,y)\mathrm{d}y$;　　(4) $\int_0^1 \mathrm{d}y \int_{2-y}^{1+\sqrt{1-y^2}} f(x,y)\mathrm{d}x$.

2. (1) $\dfrac{6}{55}$;　　(2) $\dfrac{64}{15}$;

(3) $\mathrm{e}-\mathrm{e}^{-1}$;　　(4) $\dfrac{13}{6}$.

3. 略.

4. (1) $\int_0^4 \mathrm{d}x \int_x^{2\sqrt{x}} f(x,y)\mathrm{d}y$ 或 $\int_0^4 \mathrm{d}y \int_{\frac{y^2}{4}}^{y} f(x,y)\mathrm{d}x$;

(2) $\int_{-r}^r \mathrm{d}x \int_0^{\sqrt{r^2-x^2}} f(x,y)\mathrm{d}y$ 或 $\int_0^r \mathrm{d}y \int_{-\sqrt{r^2-y^2}}^{\sqrt{r^2-y^2}} f(x,y)\mathrm{d}x$;

(3) $\int_1^2 \mathrm{d}x \int_{\frac{1}{x}}^{x} f(x,y)\mathrm{d}y$ 或 $\int_{\frac{1}{2}}^1 \mathrm{d}y \int_{\frac{1}{y}}^2 f(x,y)\mathrm{d}x + \int_1^2 \mathrm{d}y \int_y^2 f(x,y)\mathrm{d}x$;

(4) $\int_{-1}^1 \mathrm{d}x \int_{\sqrt{1-x^2}}^{\sqrt{4-x^2}} f(x,y)\mathrm{d}y + \int_{-1}^1 \mathrm{d}x \int_{-\sqrt{4-x^2}}^{-\sqrt{1-x^2}} f(x,y)\mathrm{d}y +$

$\int_{-2}^{-1} \mathrm{d}x \int_{-\sqrt{4-x^2}}^{\sqrt{4-x^2}} f(x,y)\mathrm{d}y \int_1^2 \mathrm{d}x \int_{-\sqrt{4-x^2}}^{\sqrt{4-x^2}} f(x,y)\mathrm{d}y$,

或 $\int_1^2 \mathrm{d}y \int_{-\sqrt{4-y^2}}^{\sqrt{4-y^2}} f(x,y)\mathrm{d}x + \int_{-2}^{-1} \mathrm{d}y \int_{-\sqrt{4-y^2}}^{\sqrt{4-y^2}} f(x,y)\mathrm{d}x +$

$\int_{-1}^1 \mathrm{d}y \int_{-\sqrt{4-y^2}}^{-\sqrt{1-y^2}} f(x,y)\mathrm{d}x + \int_{-1}^1 \mathrm{d}y \int_{\sqrt{1-y^2}}^{\sqrt{4-y^2}} f(x,y)\mathrm{d}x$.

5. 略.

6. 略.

7. $\frac{4}{3}$.

8. $\frac{7}{2}$.

9. $\frac{17}{6}$.

10. 6π.

11. (1) $\int_0^{2\pi}\mathrm{d}\theta\int_0^a f(\rho\cos\theta,\rho\sin\theta)\rho\mathrm{d}\rho$;

(2) $\int_{-\frac{\pi}{2}}^{\frac{\pi}{2}}\mathrm{d}\theta\int_0^{2\cos\theta} f(\rho\cos\theta,\rho\sin\theta)\rho\mathrm{d}\rho$;

(3) $\int_0^{2\pi}\mathrm{d}\theta\int_a^b f(\rho\cos\theta,\rho\sin\theta)\rho\mathrm{d}\rho$;

(4) $\int_0^{\frac{\pi}{2}}\mathrm{d}\theta\int_0^{(\cos\theta+\sin\theta)^{-1}} f(p\cos\theta,\rho\sin\theta)\rho\mathrm{d}\rho$.

12. (1) $\int_0^{\frac{\pi}{4}}\mathrm{d}\theta\int_0^{\sec\theta} f(\rho\cos\theta,\rho\sin\theta)\rho\mathrm{d}\rho+\int_{\frac{\pi}{4}}^{\frac{\pi}{2}}\mathrm{d}\theta\int_0^{\csc\theta} f(\rho\cos\theta,\rho\sin\theta)\rho\mathrm{d}\rho$;

(2) $\int_{\frac{\pi}{4}}^{\frac{\pi}{3}}\mathrm{d}\theta\int_0^{2\sec\theta} f(\rho)\rho\mathrm{d}\rho$;

(3) $\int_0^{\frac{\pi}{2}}\mathrm{d}\theta\int_{(\cos\theta+\sin\theta)^{-1}}^{1} f(\rho\cos\theta,\ \rho\sin\theta)\rho\mathrm{d}\rho$;

(4) $\int_0^{\frac{\pi}{4}}\mathrm{d}\theta\int_{\sec\theta\tan\theta}^{\sec\theta} f(\rho\cos\theta,\rho\sin\theta)\rho\mathrm{d}\rho$.

13. (1) $\frac{3}{4}\pi a^4$;　(2) $\frac{1}{6}a^3[\sqrt{2}+\ln(1+\sqrt{2})]$;

(3) $\sqrt{2}-1$;　(4) $\frac{1}{8}\pi a^4$.

14. (1) $\pi(\mathrm{e}^4-1)$;　(2) $\frac{\pi}{4}(2\ln 2-1)$;

(3) $\frac{3}{64}\pi^2$.

15. $\frac{1}{40}\pi^5$.

16. $\frac{1}{3}R^3\arctan k$.

17. $\frac{3}{32}\pi a^4$.

18. (1) $\frac{\pi^4}{3}$;　(2) $\frac{7}{3}\ln 2$;

(3) $\frac{\mathrm{e}-1}{2}$;　(4) $\frac{1}{2}\pi ab$.

19. 略.

习题 10 − 3

1. (1) $\int_0^1 dx\int_0^{1-x} dy\int_0^{xy} f(x,y,z)dz$；

(2) $\int_{-1}^1 dx\int_{-\sqrt{1-x^2}}^{\sqrt{1-x^2}} dy\int_{x^2+y^2}^{1} f(x,y,z)dz$；

(3) $\int_{-1}^1 dx\int_{-\sqrt{1-x^2}}^{\sqrt{1-x^2}} dy\int_{x^2+2y^2}^{2-x^2} f(x,y,z)dz$；

(4) $\int_0^a dx\int_0^{b\sqrt{1-x^2/a^2}} dy\int_0^{xy/c} f(x,y,z)dz$.

2. $\frac{3}{2}$.

3. 略.

4. $\frac{1}{364}$.

5. $\frac{1}{2}\left(\ln 2-\frac{5}{8}\right)$.

6. $\frac{1}{48}$.

7. 0.

8. $\frac{\pi}{4}h^2R^2$.

9. (1) $\frac{7\pi}{12}$；　(2) $\frac{16}{3}\pi$.

10. (1) $\frac{4\pi}{5}$；　(2) $\frac{7}{6}\pi a^4$.

11. (1) $\frac{1}{8}$；　(2) $\frac{\pi}{10}$；

(3) 8π；　(4) $\frac{4\pi}{15}(A^5-a^5)$.

12. (1) $\frac{32}{3}\pi$；　(2) πa^3；

(2) $\frac{\pi}{6}$；　(4) $\frac{2}{3}\pi(5\sqrt{5}-4)$.

13. $\frac{2}{3}\pi a^3$.

14. $\frac{8\sqrt{2}-7}{6}\pi$.

15. $k\pi R^4$.

习题 10 − 4

1. (1) $\frac{4}{3}$；　(2) $\frac{8}{3}$.

2. (1) $\frac{1}{3}\cos x(\cos x-\sin x)(1+2\sin 2x)$；

(2) $\frac{2}{x}\ln(1+x^2)$；

(3) $\ln\sqrt{\frac{x^2+1}{x^4+1}}+3x^2\arctan x^2-2x\arctan x$；

(4) $2xe^{-x^5}-e^{-x^3}-\int_x^{x^2}y^2e^{-xy^2}\,dy$.

3. $3f(x)+2xf'(x)$.

4. (1) $\pi\arcsin a$；

(2) $\pi\ln\frac{1+a}{2}$；

(3) $\frac{\pi}{2}\ln(1+\sqrt{2})$；

(4) $\arctan(1+b)-\arctan(1+a)$.

习题 10－5

1. $2a^2(\pi-2)$.

2. $\sqrt{2}\pi$.

3. $16R^2$.

4. (1) $\bar{x}=\frac{3}{5}x_0$, $\bar{y}=\frac{3}{8}y_0$；　(2) $\bar{x}=0$, $\bar{y}=\frac{4b}{3\pi}$；

(3) $\bar{x}=\frac{b^2+ab+a^2}{2(a+b)}$, $\bar{y}=0$.

5. $\bar{x}=\frac{35}{48}$, $\bar{y}=\frac{35}{54}$.

6. $\bar{x}=\frac{2}{5}a$, $\bar{y}=\frac{2}{5}a$.

7. (1) $\left(0, 0, \frac{3}{4}\right)$；　(2) $\left(0, 0, \frac{3(A^4-a^4)}{8(A^3-a^3)}\right)$；

(3) $\left(\frac{2}{5}a, \frac{2}{5}a, \frac{7}{30}a^2\right)$.

8. $\left(0, 0, \frac{5}{4}R\right)$.

9. (1) $I_y=\frac{1}{4}\pi a^3b$；　(2) $I_x=\frac{72}{5}$, $I_y=\frac{96}{7}$.

10. $\frac{1}{12}Mh^2$, $\frac{1}{12}Mb^2$　($M=bh\mu$ 为矩形板的质量).

11. (1) $\frac{8}{3}a^4$；　(2) $\bar{x}=\bar{y}=0$, $\bar{z}=\frac{7}{15}a^2$；

(3) $\frac{112}{45}a^6\rho$.

12. $\frac{1}{2}a^2M$　($M=\pi a^2h\rho$ 为圆柱体的质量).

13. $\boldsymbol{F}=\left\{2G\mu\left(\ln\frac{R_2+\sqrt{R_2^2+a^2}}{R_1+\sqrt{R_1^2+a^2}}-\frac{R_2}{\sqrt{R_2^2+a^2}}+\frac{R_1}{R_1^2+a^2}\right),\right.$

$0, \pi G a\mu\left(\frac{1}{\sqrt{R_2^2+a^2}}-\frac{1}{\sqrt{R_1^2+a^2}}\right)\Big)$.

14. $F_x=F_y=0, F_z=-2\pi G\rho\left[\sqrt{(h-a)^2+R^2}-\sqrt{R^2+a^2}+h\right]$.

总复习题十

1. (1) $\sqrt{1-x^2-y^2}+\frac{2\pi}{3(1-\pi)}$; (2) $2\iint_{D_1}\cos x\sin y\mathrm{d}x\mathrm{d}y$;

(3) $f(2)$.

2. (1) $\frac{3}{2}+\cos 1+\sin 1-\cos 2-2\sin 2$; (2) $\pi^2-\frac{40}{9}$;

(3) $\frac{1}{3}R^3\left(\pi-\frac{4}{3}\right)$; (4) $\frac{\pi}{4}R^4+9\pi R^2$.

3. (1) $\int_{-2}^{0}\mathrm{d}x\int_{2x+4}^{4-x^2}f(x,y)\mathrm{d}y$; (2) $\int_0^2\mathrm{d}x\int_{\frac{1}{2}x}^{3-x}f(x,y)\mathrm{d}y$;

(3) $\int_0^1\mathrm{d}y\int_0^{y^2}f(x,y)\mathrm{d}x+\int_1^2\mathrm{d}y\int_0^{\sqrt{2y-y^2}}f(x,y)\mathrm{d}x$.

4. 略.

5. $-\frac{2}{5}$.

6. $\frac{2\pi\sqrt{3}}{3}\left(1-\cos\frac{R^3}{8}\right)$.

7. $\int_{-1}^{1}\mathrm{d}x\int_{x^2}^{1}\mathrm{d}y\int_0^{x^2+y^2}f(x,y,z)\mathrm{d}z$.

8. (1) $\frac{59}{480}\pi R^5$; (2) 0;

(3) $\frac{250}{3}\pi$.

9. 略.

10. $\frac{1}{2}\sqrt{a^2b^2+b^2c^2+c^2a^2}$.

11. $\sqrt{\frac{2}{3}}R$ (R 为圆的半径).

12. $I=\frac{368}{105}\mu$.

13. $\boldsymbol{F}=(F_x, F_y, F_z)$，其中 $F_x=0$,

$$F_y=\frac{4GmM}{\pi R^2}\left(\ln\frac{R+\sqrt{R^2+a^2}}{a}-\frac{R}{\sqrt{R^2+a^2}}\right), F_z=-\frac{2GmM}{R^2}\left(1-\frac{a}{\sqrt{R^2+a^2}}\right).$$

14. $\left(0, 0, \frac{3}{8}b\right)$.

第11章

习题 11－1

1. (1)$I_x=\int_L y^2\mu(x,y)\mathrm{d}s$，$I_y=\int_L x^2\mu(x,y)\mathrm{d}s$；

(2)$\bar{x}=\dfrac{\int_L x\mu(x,y)\mathrm{d}s}{\int_L \mu(x,y)\mathrm{d}s}$，$\bar{y}=\dfrac{\int_L y\mu(x,y)\mathrm{d}s}{\int_L \mu(x,y)\mathrm{d}s}$.

2. (1)$2\pi a^{2n+1}$；　(2)$\sqrt{2}$；

(3)$\dfrac{1}{12}(5\sqrt{5}+6\sqrt{2}-1)$；　(4)$\mathrm{e}^a\left(2+\dfrac{\pi}{4}a\right)-2$；

(5)$\dfrac{\sqrt{3}}{2}(1-\mathrm{e}^{-2})$；　(6)9；

(7)$\dfrac{256}{15}a^3$；　(8)$2\pi^2a^3(1+2\pi^2)$.

3. $\dfrac{2\sin\dfrac{\alpha}{2}}{\alpha}$

4. (1)$I_z=\dfrac{2}{3}\pi a^2\sqrt{a^2+k^2}(3a^2+4\pi^2k^2)$；

(2)$\bar{x}=\dfrac{6ak^2}{3a^2+4\pi^2k^2}$，　$\bar{y}=\dfrac{-6\pi ak^2}{3a^2+4\pi^2k^2}$，$\bar{z}=\dfrac{3k(\pi a^2+2\pi^3k^2)}{3a^2+4\pi^2k^2}$.

习题 11－2

1. 略.
2. 略.
3. (1)$-\dfrac{56}{15}$；　(2)$-\dfrac{\pi}{2}a^3$；

(3)0；　(4)-2π；

(5)$\dfrac{k^3\pi^3}{3}-a^2\pi$；　(6)13；

(7)$\dfrac{1}{2}$；　(8)$-\dfrac{14}{15}$.

4. (1)$\dfrac{34}{3}$；　(2)11；

(3)14；　(4)$\dfrac{32}{3}$.

5. $-|\boldsymbol{F}|R$.
6. $mg(z_2-z_1)$.
7. (1)$\int_L \dfrac{P(x,y)+Q(x,y)}{\sqrt{2}}\mathrm{d}s$；

(2) $\int_L \frac{P(x,y)+2xQ(x,y)}{\sqrt{1+4x^2}}ds$;

(3) $\int_L[\sqrt{2x-x^2}P(x,y)+(1-x)Q(x,y)]ds$.

8. $\int_\Gamma \frac{P+2xQ+3yR}{\sqrt{1+4x^2+9y^2}}ds$.

习题 11－3

1. 略.

2. 略.

3. 略.

4. (1) $\frac{1}{30}$;　(2)0.

5. $-\pi$.

6. (1) $\frac{5}{2}$;　(2)236;

(3)5.

7. (1) 略;　(2) $\frac{\pi^2}{4}$.

习题 11－4

1. $I_x=\iint\limits_{\Sigma}(y^2+z^2)\mu(x,y,z)dS$.

2. 略.

3. 略.

4. (1) $\frac{13}{3}\pi$;　(2) $\frac{149}{30}\pi$;

(3) $\frac{111}{10}\pi$.

5. (1) $\frac{1+\sqrt{2}}{2}\pi$;　(2)9π.

6. (1)$4\sqrt{61}$;　(2) $-\frac{27}{4}$;

(3)$\pi a(a^2-h^2)$;　(4) $\frac{64}{15}\sqrt{2}a^4$.

7. $\frac{2\pi}{15}(6\sqrt{3}+1)$.

8. $\frac{4}{3}\mu_0\pi a^4$.

习题 11－5

1. 略.

2. (1) $\frac{2}{105}\pi R^7$;　(2) $\frac{3}{2}\pi$;

(3) $\frac{1}{2}$； (4) $\frac{1}{8}$.

3. (1)$\iint\limits_{\Sigma}\left(\frac{3}{5}P+\frac{2}{5}Q+\frac{2\sqrt{3}}{5}R\right)\mathrm{d}S$；

(2)$\iint\limits_{\Sigma_{下}}\left(-P\frac{x}{a}-Q\frac{y}{a}-R\frac{\sqrt{a^2-x^2-y^2}}{a}\right)\mathrm{d}S$

$+\iint\limits_{\Sigma_{上}}\left(-P\frac{x}{a}-Q\frac{y}{a}-R\frac{\sqrt{a^2-x^2-y^2}}{a}\right)\mathrm{d}S$.

4. $\frac{1}{2}$.

习题 11－6

1. (1)$3a^4$； (2) $\frac{12}{5}\pi a^5$；

(3) $\frac{2}{5}\pi a^5$； (4)81π；

(5) $\frac{3}{2}$.

2. (1)0； (2)$a^3\left(2-\frac{a^2}{6}\right)$；

(3)108π.

3. (1)$\mathrm{div}\,\boldsymbol{A}=2x+2y+2z$；

(2)$\mathrm{div}\,\boldsymbol{A}=y\mathrm{e}^{xy}-x\sin(xy)-2xz\sin(xz^2)$；

(3)$\mathrm{div}\,\boldsymbol{A}=2x$.

4. 略.

习题 11－7

1. 略.

2. (1)$-\sqrt{3}\pi a^2$； (2)$-2\pi a(a+b)$；

(3)-20π； (4)9π.

3. (1)0； (2)-4.

4. (1)2π； (2)12π.

5. 略.

6. 0.

总复习题十一

1. (1)$\int_{\Gamma}(P\cos\alpha+Q\cos\beta+R\cos\gamma)\mathrm{d}s$，切向量；

(2)$\iint\limits_{\Sigma}(P\cos\alpha+Q\cos\beta+R\cos\gamma)\mathrm{d}S$，法向量.

2. C.

3. (1)$2a^2$； (2) $\frac{(2+t_0^2)^{\frac{3}{2}}-2\sqrt{2}}{3}$；

(3) $-2\pi a^2$;　(4) $\frac{1}{35}$;

(5) πa^2;　(6) $\frac{\sqrt{2}}{16}\pi$.

4. (1) $2\pi\arctan\frac{H}{R}$;　(2) $-\frac{\pi}{4}h^4$;

(3) $2\pi R^3$;　(4) $\frac{2}{15}$.

5. $\frac{1}{2}\ln(x^2+y^2)$.

6. 略.

7. (1) 略;　(2) $\frac{c}{d}-\frac{a}{b}$.

8. $\left(0, 0, \frac{a}{2}\right)$.

9. 略.

10. $\frac{1}{2}$.

第 12 章

习题 12－1

1. 略.
2. 略.
3. 略.
4. (1) $y=\frac{1}{\omega}(1-\cos\omega t)$;　(2) $y=\ln x-1\quad(x>0)$;

   (3) $y=x^3+2x$.
5. $y=\frac{x^3-1}{3}$.
6. 略.
7. $v(t)=-\frac{TA}{2\pi}\cos\frac{2\pi}{T}t+\frac{TA}{2\pi}$.

习题 12－2

1. (1) $e^{-y}-\cos x=C$;　(2) $3\sin 2y-2x^3=C$;

   (3) $y=e^{e^x}$;　(4) $(e^y-1)(e^x+1)=C$;

   (5) $\arcsin y-\arcsin x=C$;　(6) $\sqrt{1-y^2}-\arcsin x=C$;

   (7) $\frac{1+y^2}{1-x^2}=C$;　(8) $(\ln y)^2+(\ln x)^2=C$;

   (9) $x\cdot y=C$;　(10) $\frac{y^2-1}{1+x^2}=C$;

(11) $(y^2+1)\left|\frac{x+1}{x-1}\right|=C$; (12) $(y+\sqrt{1+y^2})x^x=C$.

2. (1) $y=Ce^{\frac{y}{x}}$; (2) $\ln\frac{y}{x}=Cx+1$;

(3) $\sin\frac{y}{x}-\ln x=C$; (4) $\ln\frac{y}{x}+\frac{1}{xy}=C$.

3. 略.

4. (1) $y=Ce^{-\frac{x^2}{3}}$; (2) $y=-\frac{5}{4}+Ce^{-4x}$;

(3) $y=e^{-x}(x+5)$; (4) $y=e^{-x^2}\left(\frac{x^2}{2}+C\right)$;

(5) $y=\frac{1}{2x}(e^{2x}+e)$; (6) $y=x-1+Ce^{-x}$;

(7) $y=e^{x^2}(\sin x+C)$; (8) $y=x(\ln\ln x+C)$;

(9) $y=\frac{1}{x^2-1}(\sin x+C)$; (10) $s=xx$;

(11) $y=(1+x^2)(x+C)$; (12) $y=\frac{1}{12}-\frac{1}{11x}+\frac{C}{x^2}$.

5. (1) $y=x^4\left(\frac{1}{2}\ln x+C\right)^2$; (2) $y=\frac{x}{\sqrt[3]{C-\frac{1}{2}x^6}}$.

6. $v(t)=\frac{mg}{k}(1-e^{-\frac{k}{m}t})$.

7. $\arcsin y=x$.

习题 12－3

1. (1) $y=\frac{x^3}{3}-\cos x+C_1x+C_2$; (2) $y=\frac{1}{C_1}e^{C_1x}+C_2$;

(3) $y=C_1x^2+C_2$; (4) $\frac{y}{2}=C_2e^{C_1x}$;

(5) $\sin(y+C_1)=C_2e^x$.

2. 略.

3. (1) $y=C_1e^{2x}+C_2e^{3x}$; (2) $y=C_1e^{\frac{1}{2}x}+C_2e^{-x}$;

(3) $y=(C_1+C_2x)e^x$; (4) $y=e^{-x}(C_1\cos 2x+C_2\sin 2x)$;

(5) $y=C_1e^{2x}+C_2e^{-\frac{4}{3}x}$; (6) $y=C_1\cos x+C_2\sin x$;

(7) $y=C_1+C_2e^{-x}$; (8) $y=e^{-3x}(C_1\cos 2x+C_2\sin 2x)$;

(9) $y=(C_1+C_2x)e^{\frac{5}{2}x}$; (10) $y=C_1e^{-\frac{1}{2}x}+C_2e^{-2x}$;

(11) $s=e^t\left(C_1\cos\frac{t}{2}+C_2\sin\frac{t}{2}\right)$; (12) $s=(C_1+C_2t)e^{2t}$;

(13) $y=(C_1+C_2x)e^{\sqrt{2}x}$.

4. (1) $y=2e^{3x}+4e^x$; (2) $y=e^{-x}-e^{4x}$;

(3) $y=3e^{-2x}\sin 5x$; (4) $y=e^{-\frac{x}{2}}(2+x)$;

(5)$y = x e^{\frac{\sqrt{6}}{2}x}$.

5. $y = \cos 3x - \frac{1}{3}\sin 3x$.

6. $s = 6e^{-t} \cdot \sin 2t$.

7. (1)$y = \frac{1}{3}$;　(2)$y = \frac{1}{3}x^3 - \frac{3}{5}x^2 + \frac{7}{25}x$;

(3)$y = \frac{1}{2a^2}e^{ax}$;　(4)$y = -4(x^2 + 4x + 10)e^x$;

(5)①$y = \frac{1}{5}x^3 - \frac{6}{25}x^2 - \frac{56}{125}x + \frac{672}{625}$,

②$y = \frac{1}{10}e^{3x}$;

③$y = \frac{1}{5}\cos x + \frac{1}{10}\sin x$;

(6)$y = 4x^2 e^{2x}$.

8. (1)$y = C_1 e^x + C_2 e^{6x} + \frac{2}{3}$;

(2)$y = C_1\cos x + C_2\sin x + 4x^3 - 24x$;

(3)$y = C_1 e^{-x} + C_2 e^{3x} - 2e^{2x}$;

(4)$y = (C_1 + C_2 x + \frac{3}{2}x^2)e^{-x}$;

(5)$y = e^{-x}(C_1\cos 2x + C_2\sin 2x) - \frac{71}{34}\cos 2x - \frac{142}{17}\sin 2x$;

(6)$y = C_1 e^x + C_2 e^{5x} + \frac{7}{74}\cos x + \frac{5}{74}\sin x$;

(7)$y = (C_1 - \frac{x}{2})\cos 2x + C_2\sin 2x$;

(8)$y = C_1\cos 3x + C_2\sin 3x + \frac{2}{3}x\sin 3x$;

(9)①$y = (C_1 + C_2 x)e^{2x} + \frac{1}{9}e^{-x}$,

②$y = (C_1 + C_2 x)e^{2x} + \frac{3}{2}x^2 e^{2x}$,

③$y = (C_1 + C_2 x)e^{2x} + \frac{1}{8}\cos 2x$,

④$y = (C_1 + C_2 x)e^{2x} + \frac{1}{9}e^{-x} + \frac{3}{2}x^2 e^{2x} + \frac{1}{8}\cos 2x$;

(10)①$y = C_1\cos x + C_2\sin x + x$,

②$y = C_1\cos x + C_2\sin x + \frac{x}{2}\sin x$,

③$y = C_1\cos x + C_2\sin x + \frac{1}{40}e^{2x}(3\sin 3x - \cos 3x)$,

④$y = C_1\cos x + C_2\sin x + y$，其中，$y = x + \frac{x}{2}\sin x + \frac{1}{40}e^{2x}(3\sin 3x - \cos 3x)$.

9. $s=\frac{v_0^2}{2k}$.

10. $x=\frac{g}{a^2}(at+e^{-at}-1)$.

11. $s=\sin t+\frac{t}{2}\sin t$.

12. (1) $y=\frac{1}{1+x}[-e^{-x}(2+x)+C]$;

(2) $y=1+C\cos x$;

(3) $y=C\left(\frac{x}{\sqrt{1+x^2}}+1\right)$;

(4) $s=\frac{1}{t^2}(e^t+C)$;

(5) $(4+\sqrt{y})^4x^2=Ce^{\sqrt{y}}$;

(6) $\frac{y^2+\sqrt{x^4+y^4}}{x^3}=C$;

(7) $y=x\ln x-2x+C_1\ln x+C_2$;

(8) $y=\frac{1}{C_1x+C_2}$;

(9) $y=C_1e^{mx}+C_2e^{-mx}-\frac{x}{2m}e^{-mx}$;

(10) $y=\frac{1}{\ln x}(\ln^2x+C)$;

(11) $y=\pm\frac{1}{\sqrt{x+Ce^x}}$;

(12) $y=C_1e^{-2x}+C_2e^{-x}+\frac{1}{4}\sin 2x-\frac{1}{4}\cos 2x$;

(13) $y=C_1e^{-2x}+C_2e^{-3x}+\frac{1}{2}e^{-x}+xe^{-2x}$.

13. $y=-\ln\cos x$.

总复习题十二

一、选择题

1. D　2. B　3. A　4. C　5. D　6. B　7. C　8. B

二、填空题

1. $\sqrt{y^2-1}=\arctan x+C$.　2. $e^{\tan\frac{x}{2}}$.　3. $y''-y'-2y=0$.

4. $-C_1\ln|x|+C_2$.　5. $y=x^2$.　6. 0.

三、解答题

1. (1) $\ln^2x+\ln^2y=C$;　(2) $3e^{-y^2}-2e^{3x}=C$;

(3) $\tan\frac{y}{2}=Ce^{-2\sin x}$;　(4) $e^x+\ln(1-e^y)+C=0$;

(5) $y=\frac{1}{6}x^3\ln x-\frac{5}{36}x^3+C_1x+C_2$;　(6) $y=\cos x+\sin y+C_1x+C_2x+C_3$;

(7) $y = C_1(x + \frac{1}{3}x^3) + C_2$;　　(8) $y = C_1x^2 + C_2$.

2. (1) $\cos x = \sqrt{2}\cos y$;　　(2) $y = 2e^{-\sin x} - 1 + \sin x$;

(3) $y = \frac{x}{x+1}(x + 1 + \ln x)$;　　(4) $y = e^{-x} - e^{4x}$;

(5) $y = (x+3)e^{-\frac{1}{3}x}$;　　(6) $y = 2\cos 5x + \sin 5x$.

3. $xy = 2$.

4. 略.

5. $y = \frac{1}{6}x^3 + \frac{1}{2}x + 1$.

6. $s = \frac{v_0^2}{2k}$.